山地城镇建设安全与防灾协同创新专著系列

重庆市绿色建筑评价应用指南

重庆大学

重庆市建筑节能协会绿色建筑专业委员会　　主编

科学出版社

北　京

内 容 简 介

本书结合细化绿色建筑的技术和政策要求，对重庆市绿色建筑评价工作的基本原则、有关术语、评价对象、评价阶段、评价指标、评价方法以及评价文件要求等做了阐释，在此基础上明确了包括室内车库、乡土植物、绿色建材、装配式建筑、绿色施工等专项发展要求与绿色建筑评价的对应性。综合考虑各类型建筑特点在绿色建筑评价中的技术要求，提供数值模拟分析报告模板，进一步明确竣工、运行评价阶段的现场勘查要点与要求。

本书适合重庆市绿色建筑研究人员、工程设计人员、设计咨询人员、有志于从事绿色建筑工作的学者以及高校师生借鉴。

图书在版编目（CIP）数据

重庆市绿色建筑评价应用指南/重庆大学，重庆市建筑节能协会绿色建筑专业委员会主编. —北京：科学出版社，2019.1

（山地城镇建设安全与防灾协同创新专著系列）

ISBN 978-7-03-057480-0

Ⅰ. ①重⋯　Ⅱ. ①重⋯　②重⋯　Ⅲ. ①生态建筑-建筑设计-评价标准-重庆-指南　Ⅳ. ①TU201.5-62

中国版本图书馆 CIP 数据核字（2018）第 107085 号

责任编辑：任加林 / 责任校对：马英菊
责任印制：吕春珉 / 封面设计：耕者设计工作室

科学出版社 出版
北京东黄城根北街 16 号
邮政编码：100717
http://www.sciencep.com

北京虎彩文化传播有限公司 印刷
科学出版社发行　各地新华书店经销

＊

2019 年 1 月第 一 版　　开本：B5（720×1000）
2019 年 1 月第一次印刷　印张：22 3/4
字数：438 000

定价：160.00 元

（如有印装质量问题，我社负责调换〈虎彩〉）

销售部电话 010-62136230　编辑部电话 010-62137026

山地城镇建设安全与防灾协同创新专著系列

编委会名单

主　任：周绪红

副主任：张四平　毛志兵　文安邦　王清勤　刘汉龙

委　员（按姓名笔画排序）：

卢　峰　申立银　任　宏　刘贵文　杜春兰

李正良　李百战　李英民　李和平　吴艳宏

何　强　陈宁生　单彩杰　胡学斌　高文生

黄世敏　蒋立红

《重庆市绿色建筑评价应用指南》

编　委　会

主　　编：重庆大学

重庆市建筑节能协会绿色建筑专业委员会

参　　编：中机中联工程有限公司

中煤科工集团重庆设计研究院有限公司

重庆市设计院

中冶赛迪工程技术股份有限公司建筑设计院

顾 问 组：董　勇　江　鸿　何　丹

审查专家组：胡望社　张陆润　周铁军　张京街

丁小猷　童　愚　周　强　况　平

龙莉莉　郭长春

编写组组长：丁　勇

成　　员：王永超　谢自强　李克玉　高亚锋

喻　伟　翁庙成　范凌枭　宗德新

梁建军　卿晓霞　杨永川　刘元元

瞿金东　刘立平　秦砚瑶　戴辉自

何开远　熊　海　吴泽玲　吴雅典

王　聪　李　丹　赵本坤　叶　强

郑和平　曾小花

总　　序

中国是一个多山国家，山地面积约为 666 万 km²，占全国陆地面积的 69%，山地县级行政机构数量约占全国的 2/3，蓄积的人口与耕地分别占全国的 1/3 和 2/5。山地区域是自然、文化资源的巨大宝库，蕴含着丰富的水力、矿产、森林、生物、旅游等自然资源，也因多民族数千年的聚居繁衍而积淀了灿烂多姿的历史遗迹与文化遗产。

然而，受制于山地地形复杂、灾害频发、生态脆弱的地理环境特点，山地城镇建设挑战多、难度大、成本高，导致山地区域城镇化水平低，经济社会发展滞后，存在资源低效开发、人口流失严重、生态环境恶化、文化遗产衰落等众多经济、社会问题。截至 2014 年，我国云南、贵州、西藏、甘肃、新疆等省、自治区的山地城镇化率不足 40%，距离《国家新型城镇化规划（2014—2020 年）》提出的常住人口城镇化率达到 60%的发展目标仍有很大差距。因此，采用"开发与保护"并重的方式推进山地城镇建设，促进山地城镇可持续发展，对推动我国经济结构顺利转型、促进经济社会和谐发展、支撑国家"一带一路"倡议具有不可替代的重要意义。

为解决山地区域城镇化建设的重大需求，2012 年 3 月重庆大学联合中国建筑股份有限公司、中国建筑科学研究院、中国科学院水利部成都山地灾害与环境研究所等单位共同成立了"山地城镇建设协同创新中心"，针对山地城镇建设面临的安全与防灾关键问题开展人才培养、科技研发、学科建设等创新工作。经过三年的建设，中心围绕"规划—设计—建造—管理"的建筑产业链，大力整合政府、企业、高校、科研院所的优势资源，在山地城镇建设安全与防灾领域汇聚了一流科研团队，建设了高水平综合性示范基地，取得了有重大影响的科研理论与技术成果。迄今为止，中心已在山地城镇生态规划、山地城镇防灾减灾、山地城镇环境安全、山地城镇绿色建造、山地城镇建设管理五大方向取得了一系列重大科研成果，培养和造就了一批高素质建设人才，有力地支撑了山地城镇的重大工程建设，并着力营造出城镇建设主动依靠科技创新、科技创新更加贴近城镇发展需求的良好氛围。

"山地城镇建设安全与防灾协同创新专著系列"丛书集中展示了山地城镇建设协同创新中心在山地城镇生态规划与文化遗产保护、山地灾害形成理论与减灾关键技术、山地环境安全理论与可再生能源利用、山地城镇建设管理与可持续发展等领域的最新科研成果，是山地城镇建设领域科技工作者智慧与汗水的结晶。本套丛书的出版，力图服务于山地城镇建设领域科学交流与技术转化，促进该领域高层次的学术传播、科技交流、技术推广与人才培养，努力营造出政产学研高效整合的协同创新氛围，为山地城镇的全面、协调与可持续发展做出新的重大贡献。

中国工程院院士、重庆大学校长

周绪红

2015 年 12 月 18 日

前　言

重庆市工程建设标准《绿色建筑评价标准》（DBJ50/T-066—2014）已于 2014年 11 月 1 日起实施。为了更好地实行《绿色建筑评价标准》（DBJ50/T-066—2014），重庆市建筑节能协会绿色建筑专业委员会 2015 年组织专家编写了《重庆市绿色建筑评价技术细则（试行）》（2015 版）（以下简称《细则》）。在《细则》的实施过程中，通过收集、整理相关的专家意见，并结合当前国家在推动绿色建筑发展中的相关要求，充分吸纳国家相关绿色建筑单项标准要求。经组织专家整理、研讨，在重庆市城乡建设委员会建筑节能处的指导下，由重庆市建筑节能协会绿色建筑专业委员会牵头，组织重庆大学、中机中联工程有限公司、中煤科工集团重庆设计研究院有限公司等单位共同编写完成了《重庆市绿色建筑评价应用指南》（以下简称《应用指南》）。希望对重庆市绿色建筑的评价起到进一步规范技术标准应用、明确技术标准要求、细化技术考核条件的目的，从而为重庆市绿色建筑标识的评价提供更加明确的技术原则和评判依据，推进重庆市绿色建筑质与量的同步发展。

《应用指南》章节编排与《绿色建筑评价标准》（DBJ50/T-066—2014）对应。《应用指南》第 1～3 章，对重庆市绿色建筑评价工作的基本原则、有关术语、评价对象、评价阶段、评价指标、评价方法、评价文件要求等做了阐释。第 4～11章，对《绿色建筑评价标准》评价技术条文逐条给出【条文说明】和【达标判断】。《应用指南》中的【条文说明】相较于《绿色建筑评价标准》进行了适当的补充和扩展，主要是对标准正文技术内容的细化以及相关标准规范的规定。【达标判断】主要是对评价工作要求的细化，是对定性条文判定或评分原则、对定量条文计算方法或工具的补充说明，明确评价时的判定要点和注意事项等。【技术途径】主要是实施有技术难度的条文给出相应的技术措施来指导达到相应条文的要求。此外，对于某些条文，考虑到各类型建筑在具体实施过程中有所差异，《应用指南》结合相关国家标准的内容和要求，针对目前已经明确了的某类型绿色建筑的评价要求，列出了【具体建筑类型要求】，明确了在特定建筑类型中条文要求的特殊性；对于目前尚未有国家标准明确的其他类型建筑，在进行对应条文评价时，仍按照《绿色建筑评价标准》（DBJ50/T-066—2014）的要求执行。为了规范和引导重庆绿色建筑性能分析的高质量发展，《应用指南》给出了目前在绿色建筑项目咨询中所需要开展的主要数值分析和计算分析报告的提纲和要求，作为附录 A、附录 B，咨询单位应按照附录中对应的报告提纲和要求完成相关报告，评审专家根据报告评分要求予以评价判断。《应用指南》还在附录 C 中列出了评审需要提交的材料清单和重庆市对于绿色建筑项目的特定性技术要求资料［重庆市绿色建筑评价标识用乡土植物推荐名录（附录 D）和重庆市绿色建筑室内车库技术要求（附录 E）] 以供咨询单位和专家评审时参考。附录 F 主要针对竣工、运行项目，给出项目现场查勘的技术要点，分专业给出了查勘方式、查勘对象、查勘数量等关键性指标。《应用指南》中所明确的内容与条文号在下表列出。

明确内容	条文号
项目申报要求	1.2.3、3.1.1、3.1.2、3.2.8
技术审查要求	3.1.4、3.1.5、3.2.1、3.2.2、4.1.5、4.2.2、4.2.3、4.2.5、4.2.10、5.1.2、5.2.5、5.2.7、5.2.9、6.2.8、6.2.11、6.2.14、7.2.3、7.2.6、8.1.9、8.2.7、8.2.10、9.1.1、11.2.4、11.2.9、11.2.10
细化适用范围	5.1.3、5.1.7、5.2.5、5.2.11、6.2.6、6.2.8、7.2.14、8.2.11、11.2.2、11.2.12
具体建筑类型要求	4.1.1、4.2.1、4.2.2、4.2.3、4.2.7、4.2.10、4.2.11、4.2.13、5.1.1、5.1.6、5.1.7、5.2.1、5.2.2、5.2.3、5.2.7、5.2.9、5.2.10、5.2.11、5.2.13、6.1.1、6.1.2、6.1.3、6.2.1、6.2.4、6.2.5、6.2.10、7.1.3、7.2.2、7.2.3、7.2.6、7.2.13、7.2.16、8.1.1、8.1.2、8.1.3、8.1.4、8.1.5、8.1.8、8.2.1、8.2.2、8.2.4、8.2.5、8.2.6、8.2.7、8.2.9、8.2.10、8.2.11、8.2.12、10.1.1、10.1.2、10.1.4、10.2.1、10.2.5、10.2.9
数值分析报告要求	4.2.5、4.2.6、5.2.1、5.2.7、8.2.6、8.2.10、8.2.11
计算分析报告要求	4.2.12、5.2.17、6.2.10、7.2.11、7.2.15、8.1.1、8.1.2、8.2.1、8.2.2

　　由于编者的学识水平有限及其他客观原因，本书难免会有一些不足，因此诚望学界专家及广大读者在使用过程中不吝批评指正，意见可以反馈至重庆市建筑节能协会绿色建筑专业委员会（E-mail：cqgreenbuilding@163.com），以便修订完善。

编者

2018 年 6 月

目　录

1 总　　则

1.1　基　本　规　定

1.1.1　为对科学引导和规范管理绿色建筑评价与标识工作提供更明确的技术依据，更好地实行《绿色建筑评价标准》（DBJ50/T-066—2014），制定本指南。本指南在综合考虑了国家标准《绿色建筑评价标准》（GB/T 50378—2014）、《公共建筑节能设计标准》（GB 50189—2015）、《民用建筑供暖通风与空气调节设计规范》（GB 50736—2012）、《民用建筑隔声设计规范》（GB 50118—2010）、《建筑采光设计标准》（GB 50033—2013）、《建筑照明设计标准》（GB 50034—2013）、《民用建筑工程室内环境污染控制规范（2013 年版）》（GB 50325—2010）、《绿色办公建筑评价标准》（GB/T 50908—2013）、《绿色校园评价标准》（CSUS/GBC 04—2013）、《绿色医院建筑评价标准》（GB/T 51153—2015）、《绿色商店建筑评价标准》（GB/T 51100—2015）、《可再生能源建筑应用工程评价标准》（GB/T 50801—2013）、地方标准《绿色建筑评价标准》（DBJ50/T-066—2014）、重庆市《公共建筑节能（绿色建筑）设计标准》（DBJ50-052—2016）、《居住建筑节能 65%（绿色建筑）设计标准》（DBJ50-071—2016）、《重庆市绿色建筑评价技术细则（试行）》（2015 版）、《重庆市绿色建筑评价标识管理办法》（试行）（渝建〔2011〕117 号）、《重庆市建设工程设计文件编制技术规定建筑节能与绿色建筑专篇（公共建筑部分）》等相关国家、地方标准、规范、文件的基础上，编制完成了《重庆市绿色建筑评价应用指南》。

1.1.2　根据《重庆市绿色建筑评价标识管理办法》（试行）（渝建〔2011〕117号）的规定，重庆市绿色建筑评价标识分为绿色建筑设计评价标识、绿色建筑竣工评价标识和绿色建筑评价标识三个阶段。针对各个阶段，本指南依照《绿色建筑评价标准》（GBJ50/T-066—2014）的内容和要求进行编制，对每条标准如何评判进行了详细规定，可指导本市行政区域内绿色建筑的评价标识，指导绿色建筑的规划设计、建造及运行管理。

1.1.3　国家和地方在绿色建筑发展过程中提出的相关要求，根据相关管理要求可适时纳入绿色建筑的控制项要求。

随着国家对绿色化发展的不断部署与要求，绿色建筑逐步由高速发展向高质发展转变，随之会有一系列提升发展质量的要求陆续出台，为了实时保证绿色建筑的先进性，绿色建筑的评价标识有必要与国家、地方相关要求保持一致。

因此，为了后续相关要求在绿色建筑评价标识中的落实，本条进行了相关的说明。具体到目前，主要涉及如装配式建筑、绿色建材等相关内容的发展，为推动其发展应根据相关技术要求分别纳入控制项、评分项和加分项内容，目前重庆市的绿色建材是指通过绿色建材评价并获得标识的建筑材料，建筑建材应选用纳入《重庆市绿色建材评价标识目录》的绿色建材产品。银级、金级、铂金级绿色建筑应全部使用纳入绿色建材评价标识的一星级及以上的绿色建材；金级、铂金级绿色建筑，当纳入绿色建材评价标识的建筑材料种类数为 1～4 类（含 4 类）时，应至少使用一类二星级及以上的主要绿色建材，当纳入评价标识的建筑材料种类数为 5～8 类（含 8 类）时，应至少使用两类二星级及以上的主要绿色建材；并以此类推确定二星级及以上绿色建材的使用。主要的绿色建材在发布的《重庆市绿色建材评价标识目录》中予以明确。

1.2 绿色建筑评价标识

1.2.1 项目按照控制项、评分项和加分项的评价内容判定得分情况和达标情况，进行绿色建筑评价。

1.2.2 取得重庆市绿色建筑标识的项目，按下述规定办理国家绿色建筑评价标识。

重庆市银级、金级、铂金级分别对应国家要求一星级、二星级、三星级绿色建筑评价标识，在取得标识后由市城乡建委上报住房和城乡建设部备案，根据住房和城乡建设部规定的编号和统一格式制作并颁发国家绿色建筑评价标识证书。

对于已通过 LEED、BREEAM 等其他绿色建筑评价体系认证的建筑，若符合《绿色建筑评价标准》（DBJ50/T-066—2014）适用范围及控制项规定的，可按规定申请重庆市绿色建筑评价标识，通过后颁发重庆市相应等级绿色建筑标识。

1.2.3 对于首次申报重庆市绿色建筑评价标识的项目，应按照重庆市建设行政主管部门颁布的现行标准执行，评价过程中对应的项目必备技术要求按照项目初设审批时对应的技术标准要求考核，对应的项目等级划分的技术要求按照项目申报时间对应的执行标准进行考核。

对于已获得重庆市绿色建筑前序标识的项目，为保障前后技术体系的一致性，其后续各阶段的绿色建筑评价按照项目前序评价对应的各技术标准执行。

对于项目设计、建设年限较长、项目申报绿色建筑评价标识距离设计时间较久远的项目，有可能存在技术先进性、项目先进性难以考核等问题，因此此类项目在申报绿色建筑评价标识时应充分论证项目在技术上的时期代表性和引领性。

2 术　语

2.0.1　绿色建筑（green building）

在全寿命期内，最大限度地节约资源（节能、节地、节水、节材）、保护环境和减少污染，为人们提供健康、适用和高效的使用空间，与自然和谐共生的建筑。

2.0.2　热岛强度（heat island intensity）

城市内一个区域的气温与郊区气温的差别，用两者代表性测点气温的差值表示，是城市热岛效应的表征参数。

2.0.3　年径流总量控制率（annual runoff volume capture ratio）

雨水通过自然和人工强化的入渗、滞蓄、调蓄和收集回用，场地内累计一年得到控制的雨水量占全年总降雨量的比例。

2.0.4　可再生能源（renewable energy）

风能、太阳能、水能、生物质能、地热能和海洋能等非化石能源的统称。

2.0.5　再生水（reclaimed water）

污水经适当处理后，达到规定的水质标准，满足一定使用要求的非饮用水。

2.0.6　非传统水源（non-traditional water source）

不同于传统地表水供水和地下水供水的水源，包括再生水、雨水、海水等。

2.0.7　全装修（fine decoration）

房屋所有功能空间的固定面全部铺装或粉刷完成，厨房和卫生间的基本设备全部安装完成的交付状态。

2.0.8　可再循环材料（recyclable material）

通过改变物质形态可实现循环利用的回收材料。

2.0.9　可再利用材料（reusable material）

不改变物质形态可直接再利用的，或经过组合、修复后可直接再利用的回收材料。

3 基 本 规 定

3.1 基 本 要 求

> **3.1.1** 绿色建筑的评价应以建筑单体或建筑群为评价对象。评价单栋建筑时，凡涉及系统性、整体性的指标，应基于该栋建筑所属工程项目的总体进行评价。

【条文说明】

建筑单体和建筑群均可以参评绿色建筑。绿色建筑的评价，首先应基于评价对象的功能要求，同时考虑材料、环保设施等方面的应用。当对某工程项目中的单栋建筑进行评价时，由于有些评价指标是针对该工程项目设定的（如住区的绿地率），或该工程项目中其他建筑也采用了相同的技术方案（如再生水利用），难以仅基于该单栋建筑进行评价，此时，应以该栋建筑所属工程项目的总体为基准进行评价。

常见的系统性、整体性指标主要有人均居住用地、容积率、绿地率、人均公共绿地等。对于总体性评价指标的认定，应核对申报项目所对应的土地出让、规划批复、初设审批和施工图审查等各个阶段的资料文件，考察各个阶段是否均处于同一项目，若其中有某一阶段存在申报项目中的部分单独进行的情况，则该申报项目不能认定为对应同一总体性指标。

> **3.1.2** 绿色建筑的评价分为设计评价、竣工评价和运行评价，绿色建筑评价标识分为绿色建筑设计评价标识、绿色建筑竣工评价标识和绿色建筑评价标识。
>
> 绿色建筑设计评价标识是指对已完成建筑施工图设计，并已通过施工图审查及备案的建筑设计图及资料进行评价，通过后颁发重庆市相应等级绿色建筑设计标识。绿色建筑竣工评价标识是指对已竣工验收的建筑进行评价，通过后颁发相应等级重庆市绿色建筑竣工标识。绿色建筑评价标识是指对已竣工验收并投入使用一年以上的建筑进行评价，拟申报重庆市绿色建筑运行评价的项目，应在竣工验收后三年内完成申报，通过后颁发重庆市相应等级绿色建筑标识。

【条文说明】

拟申报重庆市绿色建筑竣工评价的项目，应在项目竣工验收后二年内完成申报。对整体申报但分期实施建设的项目，以最后一期项目的竣工验收时间为准。

鉴于绿色建筑的发展需要，同时也参考国外开展绿色建筑评价的情况，将绿色建筑评价明确划分为设计评价、竣工评价和运行评价。设计评价的重点在评价绿色建筑各专业层面采取的绿色措施和预期效果上；竣工评价的重点在于评价绿色建筑设计采用的绿色措施的实施情况，同时要关注绿色建筑在施工过程中留下的"绿色足迹"；运行评价则不仅要评价绿色措施，而且要评价这些绿色措施所产生的实际效果，关注绿色建筑正常运行后的科学管理。简言之，设计评价所评的是建筑的绿色设计，竣工评价所评的是刚建成未运行未正式投入运行的绿色建筑，运行评价所评的是已有一年及以上运行记录的绿色建筑。

绿色建筑的运行评价应在其投入使用一年后进行，侧重评价建筑的实际性能和运行效果。根据绿色建筑发展的实际需求，结合目前有关管理制度，《绿色建筑评价标准》（DBJ50/T-066—2014）将绿色建筑的评价分为设计评价、竣工评价和运行评价，增加了对施工管理的评价。

> 3.1.3 申请评价方应进行建筑全寿命期技术和经济分析，合理确定建筑规模，选用适当的建筑技术、设备和材料，对规划、设计、施工、运行阶段进行全过程控制，并提交相应分析、测试报告和相关文件。

【条文说明】

申请评价方依据有关管理制度文件确定。本条对申请评价方的相关工作提出要求。绿色建筑注重考核全寿命期内能源资源节约与环境保护的性能，申请评价方应对建筑全寿命期内各个阶段进行控制，综合考虑性能、安全、耐久、经济、美观等因素，优化建筑技术、设备和材料选用，综合评估建筑规模、建筑技术与投资之间的总体平衡，并按《绿色建筑评价标准》（DBJ50/T-066—2014）的要求提交相应分析、测试报告和相关文档。

> 3.1.4 评价机构应按重庆市《绿色建筑评价标准》的有关要求，对申请评价方提交的报告、文件进行审查，出具评价报告，确定等级。对申请竣工和运行评价的建筑，尚应进行现场考察。

【条文说明】

绿色建筑评价机构依据有关管理制度文件，按照《重庆市绿色建筑评价标识管理办法》（试行）（渝建〔2011〕117号）组织评审专家开展评审。本条对绿色建筑评价机构的相关工作提出要求。绿色建筑评价机构应按照《绿色建筑评价标准》（DBJ50/T-066—2014）的有关要求审查申请评价方提交的报告、文档，并在评价报告中确定等级。对申请竣工评价和运行评价的建筑，评价机构还应组织现场考察，进一步审核规划设计要求的落实情况以及建筑的实际性能和运行效果。项目现场考察应参考本书附录 F。

随着相关管理要求和程序的调整，对于相关管理性文件的要求可根据相关政策调整予以适时改变。

3.2 评价与等级划分

> 3.2.1 绿色建筑评价指标体系由节地与室外环境、节能与能源利用、节水与水资源利用、节材与材料资源利用、室内环境质量、施工管理、运营管理7类指标组成。施工管理和运营管理2类指标不参与设计评价，运营管理指标不参与竣工评价。每类指标均包括控制项和评分项。评价指标体系还统一设置加分项。

【条文说明】

《绿色建筑评价标准》（DBJ50/T-066—2014）增加了施工管理评价指标，实现标准对建筑全寿命期内各环节和阶段的覆盖。《绿色建筑评价标准》（DBJ50/T-066—2014）将《绿色建筑评价标准》（DBJ50/T-066—2009）中一般项改为评分项。为鼓励绿色建筑在节约资源、保护环境的技术、管理上的创新和提高，增设了加分项。加分项部分条文本可以分别归类到7类指标中，但为了将鼓励性的要求和措施与对绿色建筑的7个方面的基本要求区分开来，将全部加分项条文集中在一起，列成单独一章。

对于申报项目属于重庆市强制执行绿色建筑标准的，还应提交项目强制执行绿色建筑标准的技术对照表，以便评审专家予以对照。

> 3.2.2 控制项的评定结果为满足或不满足；评分项和加分项的评定结果为分值。

【条文说明】

控制项的评价同《绿色建筑评价标准》（DBJ50/T-066—2014）。控制项应全部满足。评分项的评价，依据评价条文的规定确定得分或不得分，得分时根据需要对具体评分子项确定得分值，或根据具体达标程度确定得分值。加分项的评价，依据评价条文的规定确定得分或不得分。

评分项的赋分有以下几种方式：

1）当某条文评判一类性能或技术指标，且不需要根据达标情况不同赋以不同分值时，赋以一个固定分值，该评分项的得分为0分或固定分值，如《绿色建筑评价标准》（DBJ50/T-066—2014）第4.2.5条、第4.2.9条。

2）当某条文评判一类性能或技术指标，需要根据达标情况不同赋以不同分值时，不同分值以款或项的形式表达，且从低分到高分排列；如《绿色建筑评价标准》（DBJ50/T-066—2014）第4.2.1条，对居住建筑的人均居住用地指标和公共建筑的容积率采用这种递进赋分方式；又如《绿色建筑评价标准》（DBJ50/T-066—2014）第5.2.2条，对可开启面积比例也采用这种递进赋分方式。

3）当某条文评判多个技术指标，将多个技术指标的评判以款或项的形式表达，并按款或项赋以分值，该条得分为各款或项得分之和，如《绿色建筑评价标准》（DBJ50/T-066—2014）第4.2.4条、第5.2.9条。

4）当某条文评判多个技术指标，其中某技术指标需要根据达标情况不同赋以不同分值时，首先按多个技术指标的评判以款或项的形式表达并按款或项赋以分值，然后考虑达标程度不同对其中部分技术指标采用递进赋分方式。如《绿色建筑评价标准》（DBJ50/T-066—2014）第4.2.2条，对住区绿地率赋以2分，对住区人均公共绿地面积赋以最高7分，其中住区人均公共绿地面积又按达标程度不同分别赋以3分、5分、7分；对"公共建筑绿地率满足规划要求，并且向社会公众开放"赋以4分，对"公共建筑绿地率高于规划要求5%以上，并且向社会公众开放"赋以9分，这种赋分方式是上述第2、3种方式的组合。

5）对多功能综合性建筑，所有条文均按照各自的适用对象进行评审；对于同一条文多个参评对象的情况，各对象根据条文满足情况各自得分，该条文的最后得分按照"就低不就高"的原则，由多个参评对象该条文的最低得分数确定。

6）对于某些条文，《应用指南》列出了对于具体建筑类型的评价要求，具体建筑类型包括办公建筑、校园建筑、商店建筑、医院建筑、饭店建筑和博览建筑。其内容分别参考《绿色办公建筑评价标准》（GB/T 50908—2013）、《绿色校园评价标准》（CSUS/GBC 04—2013）、《绿色商店建筑评价标准》（GB/T 51100—2015）、《绿色医院建筑评价标准》（GB/T 51153—2015）、《绿色饭店建筑评价标准》（GB/T 51165—2015）和《绿色博览建筑评价标准》（GB/T 51148—2016）。选取原则为国家标准条文对具体建筑类型提出了特殊要求，将其列入本书并予以细化，对具体建筑类型给出要求。评价得分时除了满足基本要求，还应该满足具体建筑类型要求，当两者要求略有不同时，以具体建筑类型要求为准。

7）少数条文出现其他评分方式组合。评分项条文末尾给出该条文的评价分值，是该条可能得到的最高分值。

8）对于不参评条文，除标准中明确的阶段性不参评条文外，对于由于技术原因不参评的条文，其是否满足不参评的要求，应由评审确定。

3.2.3　在满足控制项要求的前提下，绿色建筑评价按总得分值确定等级。

设计评价的总得分为节地与室外环境、节能与能源利用、节水与水资源利用、节材与材料资源利用、室内环境质量5类指标的评分项得分经加权计算后与加分项的附加得分之和；竣工评价的总得分为节地与室外环境、节能与能源利用、节水与水资源利用、节材与材料资源利用、室内环境质量、施工管理6类指标的评分项得分经加权计算后与加分项的附加得分之和。运行评价的总得分为节地与室外环境、节能与能源利用、节水与水资源利用、节材与材料资源利用、室内环境质量、施工管理、运营管理7类指标的评分项得分经加权计算后与加分项的附加得分之和。

【条文说明】

与《绿色建筑评价标准》（DBJ50/T-066—2009）依据各类指标一般项达标的条文数以及优选项达标的条文数确定绿色建筑等级的方式不同，《绿色建筑评价标准》（DBJ50/T-066—2014）依据总得分来确定绿色建筑的等级。考虑到各类指标重要性方面的相对差异，计算总得分时引入了权重。同时，为了鼓励绿色建筑技术和管理方面的提升和创新，计算总得分时还计入了加分项的附加得分。但是《绿色建筑评价标准》（DBJ50/T-066—2014）也部分沿用了《绿色建筑评价标准》（DBJ50/T-066—2009）的思路，对各类指标的最低达标程度进行限制，规定了每类指标的最低得分要求，避免参评的绿色建筑存在某一方面性能过低的情况。

> 3.2.4 评价指标体系每类指标的总分为 100 分。评价指标体系 7 类指标各自的评分项得分 Q_1、Q_2、Q_3、Q_4、Q_5、Q_6、Q_7 按参评建筑该类指标的评分项实际得分值除以适用于该建筑的评分项总分值再乘以 100 分计算。

【条文说明】

《绿色建筑评价标准》（DBJ50/T-066—2014）按评价总得分确定绿色建筑的等级。对于具体的参评建筑而言，它们在功能、所处地域的气候、环境、资源等方面客观上存在差异，适用于各栋参评建筑的评分项的条文数量可能不一样。不适用的评分项条文可以不参评。这样，各参评建筑理论上可获得的总分也可能不一样。为克服这种客观存在的情况给绿色建筑评价带来的困难，计算各类指标的评分项得分时采用了"折算"的办法。"折算"的实质就是将参评建筑理论上可获得的总分值当作 100 分。折算后的实际得分大致反映了参评建筑实际采用的"绿色"措施占理论上可以采用的全部"绿色"措施的比例。针对任一类指标，一栋参评建筑理论上可获得的总分值等于所有参评的评分项条文的分数之和，某类指标评分项理论上可获得的总分值总是小于等于 100 分。

在满足控制项要求的前提下，绿色建筑评价按总得分值确定等级。分值计算及其分级步骤如下：

1）分别计算各类指标中适合项目的评分项总分值和实际得分值。某类指标中适合特定项目的评分项总分值，有可能就是 100 分；更有可能在扣除一些不参评条文的分数后小于 100 分，而该项目的评分项实际得分值必然是小于或等于该类指标适用于评分项的总分值，各类指标评分项总分值和实际得分值均为不大于 100 分的自然数。

2）分别计算各类指标评分项得分 Q_i（不含加分项得分）。分别将各类指标的评分项实际得分值除以该类的评分项总分值再乘以 100 分，计算得到该类指标评分项得分 Q_i。对于各类指标评分项得分 Q_i，要求对小数部分四舍五入，简化为一个不大于 100 分的自然数。

3）判断各类指标评分项得分 Q_i（不含加分项得分）是否达到 40 分，对于设计评价，不计算、判断施工管理和运营管理两部分的评分项得分 Q_6 和 Q_7，如不满足要求则不必继续后续步骤。

4）计算加分项附加得分 Q_8，需要注意的是，不再考虑不参评情况。当 Q_8 超过 10 分时也取 10 分，因此 Q_8 是一个不大于 10 分的自然数。

5）选取评分项权重值 w_i 项权，按照项目评价阶段和建筑类型，查《绿色建筑评价标准》（DBJ50/T-066—2014）表 3.2.6 确定。对于同时具有居住和公共功能的单体建筑，各类评价指标权重取为居住建筑和公共建筑所对应权重的平均值。

6）计算绿色建筑评价总得分 $\sum Q$。将分别计算各类指标评分项得分 Q_i 及对应的权重值 w_i，按《绿色建筑评价标准》（DBJ50/T-066—2014）式（3.2.6）计算得到绿色建筑评价总得分 $\sum Q$，同样，$\sum Q$ 也要对小数部分四舍五入，简化为一个自然数，如 $\sum Q$ 没有达到 50 分，则不必继续后续步骤。

7）确定绿色建筑等级。根据 $\sum Q$，对照《绿色建筑评价标准》（DBJ50/T-066—2014）第 3.2.7 条所列 50 分、60 分、80 分的要求，确定项目银级、金级、铂金级的绿色建筑等级。

设计评价的总得分为节地与室外环境、节能与能源利用、节水与水资源利用、节材与材料资源利用、室内环境质量 5 类指标的评分项得分经加权计算后与加分项的附加得分之和；竣工评价的总得分为节地与室外环境、节能与能源利用、节水与水资源利用、节材与材料资源利用、室内环境质量、施工管理 6 类指标的评分项得分经加权计算后与加分项的附加得分之和。运行评价的总得分为节地与室外环境、节能与能源利用、节水与水资源利用、节材与材料资源利用、室内环境质量、施工管理、运营管理 7 类指标的评分项得分经加权计算后与加分项的附加得分之和。

评价指标体系每类指标的总分为 100 分。评价指标体系 7 类指标各自的评分项得分 Q_1、Q_2、Q_3、Q_4、Q_5、Q_6、Q_7 按参评建筑该类指标的评分项实际得分值除以适用于该建筑的评分项总分值再乘以 100 分计算。

7 类指标总分均为 100 分，称为"理论满分"；对于某一具体的参评建筑而言由于在功能，所处地域的气候、环境、资源等方面客观上存在差异，总有一些条文不适用，对于不适用的评分项条文不予评定。这样，适用于该参评建筑的评分项条文数量和实际可能达到的满分值就会小于 100 分，成为"实际满分"。

实际满分 = 理论满分（100分）– $\sum$ 不参评条文的分值 = $\sum$ 参评条文的分值

每类指标的得分：

$$Q_{i-7} = (实际得分值 / 实际满分) \times 100 分 \qquad (i = 1, 2, \cdots, 7)$$

例如：$Q_2 = (72 / 80) \times 100 = 90 分$。

3.2.5 加分项的附加得分 Q_8 按重庆市《绿色建筑评价标准》（DBJ50/T-066—2014）第 11 章的有关规定确定。

3.2.6 绿色建筑评价的总得分按式（3.2.6）计算，其中评价指标体系 7 类指标评分项的权重 w_1～w_7 按表 3.2.6 取值。

$$\sum Q = w_1 Q_1 + w_2 Q_2 + w_3 Q_3 + w_4 Q_4 + w_5 Q_5 + w_6 Q_6 + w_7 Q_7 + Q_8 \quad (3.2.6)$$

表 3.2.6　绿色建筑每类指标权重

评价类型		节地与室外环境 w_1	节能与能源利用 w_2	节水与水资源利用 w_3	节材与材料资源利用 w_4	室内环境质量 w_5	施工管理 w_6	运营管理 w_7
设计评价	居住建筑	0.21	0.24	0.20	0.17	0.18	—	—
	公共建筑	0.16	0.28	0.18	0.19	0.19	—	—
竣工评价	居住建筑	0.19	0.21	0.18	0.16	0.16	0.10	—
	公共建筑	0.14	0.26	0.16	0.17	0.17	0.10	—
运行评价	居住建筑	0.17	0.19	0.16	0.14	0.14	0.10	0.10
	公共建筑	0.13	0.23	0.14	0.15	0.15	0.10	0.10

注：表中"—"表示该项指标不参与评价。

【条文说明】

本条对各类指标在绿色建筑评价中的权重作出规定。《绿色建筑评价标准》（DBJ50/T-066—2014）表 3.2.6 中给出了设计评价、竣工评价、运行评价时居住建筑、公共建筑的分项指标权重。施工管理和运营管理两类指标不参与设计评价。各类指标的权重经广泛征求意见和试评价后综合调整确定。

3.2.7 绿色建筑分为银级、金级、铂金级 3 个等级。3 个等级的绿色建筑都应满足重庆市《绿色建筑评价标准》（DBJ50/T-66—2014）所有控制项的要求，且每类指标的评分项得分不应小于 40 分。三个等级的最低总得分分别为 50 分、60 分、80 分。

【条文说明】

绿色建筑分为银级、金级、铂金级三个等级。三个等级的绿色建筑都应满足《绿色建筑评价标准》（DBJ50/T-066—2014）所有控制项的要求，且每类指标的评分项得分不应小于 40 分。三个等级的最低总得分分别为 50 分、60 分、80 分。申报的项目等级按照最后的得分进行确定等级。

3.2.8 对多功能的综合性单体建筑，应按重庆市《绿色建筑评价标准》（DBJ50/T—066—2014）全部评价条文逐条对适用的区域进行评价，并按各功能区域对应达到的最低等级确定建筑整体的等级。

【条文说明】

对多功能的综合性单体建筑，应按《绿色建筑评价标准》（DBJ50/T-066—2014）

全部条文逐条对适用的区域进行评价，确定各评价条文的得分即先对其中功能独立的各部分区域分别评价，并取其中最低的评价分数作为该建筑整体评价条文的得分；所评价建筑如同时具有居住和公共功能，则评价条文需按这两种功能分别评价后取其中最低的评价分数作为建筑整体的该条文评价分数；建筑整体的等级仍按《绿色建筑评价标准》（DBJ50/T-066—2014）的规定确定。商住楼、城市综合体为代表的多功能综合建筑的评价，是近些年绿色建筑评价工作中频频遭遇的老大难问题，也是《绿色建筑评价标准》（DBJ50/T-066—2014）修订工作力图解决的重要内容。

不论建筑功能是否综合，均以各个条/款为基本评判单元，总体处理原则按照优先权级，分别是：

1）只要有涉及即全部参评，以商住楼为例，虽只有商业部分适用于《绿色建筑评价标准》（DBJ50/T-066—2014）第 5.2.4 条（冷热源机组能效），面积比例很小，但只要达到相关要求即按整栋建筑给分（而不按面积折算）。其中，住宅底层为商业服务网点（房屋层数不超过两层且每单位建筑面积不超过 $300m^2$）的项目，可按居住建筑进行评价，不再判定为多功能综合性单体建筑。

2）系统性、整体性指标应总体评价。对于总体性评价指标的认定，应核对申报项目所对应的土地出让、规划批复、初设审批和施工图审查等各个阶段的资料文件，考察各个阶段是否均处于同一项目，若其中有某一阶段存在申报项目中的部分单独进行的情况，则该申报项目不能认定为对应同一总体性指标。

3）所有部分均满足要求才得分（允许部分不参评，但不允许部分不达标）。以《绿色建筑评价标准》（DBJ50/T-066—2014）第 5.2.6 条输配系统能效为例，如果建筑内设有 3 个输配系统，只有所有输配系统能效均满足要求才给分。更严格的是《绿色建筑评价标准》（DBJ50/T-066—2014）第 10.2.9 条智能化系统，商住楼只有住宅、商店均满足要求，才能得到该条第 1 款 8 分的要求。

4）就低不就高，在上述第三条的基础上，如遇递进式的分档分值，在条文及说明没有特别交代的情况下，适用本条原则。以《绿色建筑评价标准》（DBJ50/T-066—2014）第 8.2.6 条为例，若商住楼中的居住建筑可得 8 分，但公共建筑部分（商店）得 4 分，则该条最终得分为 4 分。

5）个别情况还需加权计算总指标（如按面积）。个别条文中已明确规定的，适用本条原则。这些条文一般都属于对于多个功能区分设指标要求，而且指标要求分档的情况。

4 节地与室外环境

4.1 控 制 项

> **4.1.1** 项目选址应符合所在地城乡规划，且符合各类保护区、文物古迹保护的建设控制要求。

【条文说明】

本条适用于各类民用建筑的设计、竣工和运行评价。

《中华人民共和国城乡规划法》（以下简称《城乡规划法》）第二条规定："本法所称城乡规划，包括城镇体系规划、城市规划、镇规划、乡规划和村庄规划。城市规划、镇规划分为总体规划和详细规划。详细规划分为控制性详细规划和修建性详细规划。"《城乡规划法》第三十八条规定："在城市、镇规划区内以出让方式提供国有土地使用权的，在国有土地使用权出让前，城市、县人民政府城乡规划主管部门应当依据控制性详细规划，提出出让地块的位置、使用性质、开发强度等规划条件，作为国有土地使用权出让合同的组成部分。未确定规划条件的地块，不得出让国有土地使用权。"《城乡规划法》第四十二条规定："城市规划主管部门不得在城乡规划确定的建设用地范围以外作出规划许可。"因此，绿色建筑建设项目应符合法定规划的要求，选择在城市总体规划、镇总体规划确定的城市建设用地内进行建设，并符合所在地控制性详细规划的规定。各类保护区是指受到国家法律法规保护、划定有明确的保护范围、制定有相应的保护措施的各类政策区，主要包括基本农田保护区、风景名胜区、自然保护区、历史文化名城名镇名村、历史文化街区等，分别对应国家《基本农田保护条例》《风景名胜区条例》《自然保护区条例》《历史文化名城名镇名村保护条例》《城市紫线管理办法》。文物古迹是指人类在历史上创造的具有价值的不可移动的实物遗存，包括地面与地下的古遗址、古建筑、古墓葬、石窟寺、古碑石刻、近代代表性建筑、革命纪念建筑等，主要指文物保护单位、保护建筑和历史建筑，对应国家《文物保护法》《城市紫线管理办法》等。

【具体建筑类型要求】

◎ 校园建筑

学校应远离殡仪馆、医院的太平间、传染病院等建筑或设施，且与易燃易爆场所的间距符合现行国家标准《建筑设计防火规范》（GB 50016—2014）等的相关规定。

◎ 商店建筑

商店建筑选址应满足现行行业标准《商店建筑设计规范》（JGJ 48—2014）选址要求；对于新建商店建筑除应满足城市整体商业布局要求外，还应满足当地城市规划（城市总体规划和商业布局规划）的控制要求。选址可按以下规则：

1）铁路、公路交通站点人员流动性强、流动量大的区域，布置商店建筑有利于商店建筑的后期运营及商业开发的成功。

2）人口集中居住区及大型企事业单位周边，人口密度大，服务距离短，方便顾客节省时间，缩短交通距离。

3）较为集中的商业、生活服务网点，这类地区自身通常能吸引较多人流，商店建筑的设置有利于提高区域服务的全面性和便捷性。

◎ 医院建筑

传染病院、医院传染科病房、焚烧炉等应考虑城市常年主导风向对周边环境的影响并设置足够的防护距离。当受到用地限制无法避让周边环境影响时，应在适当的防护距离处设置绿化隔离带。

为保证传染病医院和医院传染科病房的有效卫生隔离，在选址上应尽量远离人群密集活动区域。

【达标判断】

设计评价审核项目场地区位图、地形图以及当地城乡规划、国土、文化、园林、旅游或相关保护区等有关行政管理部门提供的法定规划文件或出具的证明文件；不涉及保护区或文物古迹的，只要符合城乡规划的要求即为达标。竣工评价和运行评价在设计评价方法之外还应现场核实。

判定要点：

应符合所在地城乡规划，且符合各类保护区、文物古迹保护的建设控制要求。

具体要求如下：

1）一般项目，应提供所在地城市（镇）总体规划的"土地利用规划图"或控制性详细规划的相关图纸及文件或控制性详细规划及建设项目地块的规划图，或提供项目规划许可证。

2）风景名胜区的项目，应提供已批复的风景名胜区总体规划有关图纸及文件，可核查城乡规划主管部门或该风景名胜区管理机构出具的同意该项目规划设计方案的证明文件。

3）历史文化名城或历史文化街区的项目，应提供已批复的历史文化名城或历史文化街区保护总体规划的有关图纸和文件，核查是否符合《城市紫线管理办法》的有关规定。

4）文物保护单位的项目，应由所在地文化行政主管部门出具有关文件，明确该文物保护单位的保护要求。或核查该项目规划设计方案是否满足有关法定规划或相关主管部门对文保单位有关保护范围及建设控制地带的建设控制要求。

> **4.1.2** 场地安全，无洪涝、滑坡、泥石流等自然灾害威胁，无危险化学品、易燃易爆等危险源的威胁，无电磁辐射、氡等放射性污染的危害。

【条文说明】

本条适用于各类民用建筑的设计、竣工和运行评价。

建筑场地与各类危险源的距离应满足相应危险源的安全防护距离等控制要求，对场地中的不利地段或潜在危险源应采取必要的避让、防护或控制、治理等措施，对场地中存在的有毒有害物质应采取有效的治理与防护措施进行无害化处理，确保符合各项安全标准。场地无洪涝、滑坡和泥石流等自然灾害的威胁是城市总体规划、镇总体规划选择城市建设用地的基本要求。因此符合总体规划的建设项目选址，一般可以避免上述大型自然灾害的发生，但基地内若有局部地方存在小规模地质灾害的隐患，建设项目在进行设计时应及时采取相关技术措施，如改变场地设计高程、设置护坡设施等，保障场地安全。应符合的主要相关标准包括《防洪标准》（GB 50201—2014）、《城市防洪工程设计规范》（GB/T 50805—2012）、《城市抗震防灾规划标准》（GB 50413—2007）、《建筑抗震设计规范（2016年版）》（GB 50011—2010）、《民用建筑工程室内环境污染控制规范（2013年版）》（GB 50325—2010）、《电磁环境控制限值》（GB 8702—2014）。

【达标判断】

设计评价查阅地形图，审核应对措施的合理性及相关检测报告或论证报告、应对措施的合理性及相关检测报告；竣工评价和运行评价在设计评价方法之外还应现场核实应对措施的落实情况及其有效性。

判定要点：

相关检测报告主要包括：地质灾害危险性评估报告（地质灾害多发区或严重地段）；污染源检测报告（可能涉及的污染源、电磁辐射、土壤含氡危害等），氡浓度报告的区域说明；核查相关污染源、危险源的防护距离或治理措施的合理性。核查项目防洪工程设计是否满足所在地防洪标准要求。核查项目是否符合城市抗震防灾的有关要求。对场地存在潜在污染问题的（如原用地为二、三类工业等用地转为民用），查看原有污染情况、有无残留物危害及主要环境问题，重点查看场地土壤污染物检测报告。查看土壤氡浓度检测报告（氡是主要存在于岩石和土壤中的天然放射性物质），建设项目应保障场地内及周围土壤氡浓度符合国家标准的规定。建设项目未进行区域土壤中氡浓度或土壤表面氡析出率测定的，应进行建筑场地土壤中氡浓度或土壤表面氡析出率测定并提供相应的检测报告。查看相关设计图纸及文件，了解存在不安全因素的场地与各类危险源的距离是否满足相应危险源的安全防护距离控制要求；对于场地中的不利地段或潜在危险源是否已采取必要的避让、防止、防护或控制、治理等措施；查看采取措施后的检测报告。

> **4.1.3** 建筑规划布局满足日照标准，且不降低周边建筑的日照标准。

【条文说明】

本条适用于各类民用建筑的设计、竣工和运行评价。

建筑室内的空气环境质量与日照密切相关，日照直接影响居住者的身心健康和居住生活质量。我国对居住建筑以及幼儿园、医院、疗养院等公共建筑都制定有相应的国家标准或行业标准，对其日照、消防、防灾、视觉卫生等提出了相应的技术要求，直接影响着建筑布局、间距和设计。《城市居住区规划设计标准》（GB 50180—2018）中第 4.0.9 条规定了住宅的日照标准，见表 4.1。

表 4.1　住宅建筑日照标准

建筑气候区划	Ⅰ、Ⅱ、Ⅲ、Ⅶ气候区		Ⅳ气候区		Ⅴ、Ⅵ气候区
城市常住人口/万人	≥50	<50	≥50	<50	无限定
日照标准日	大寒日			冬至日	
日照时数/h	≥2	≥3		≥1	
有效日照时间带（当地真太阳时）	8时~16时			9时~15时	
日照时间计算起点	底层窗台面				

注：1. 居住区所属的建筑气候区划应符合现行国家标准《建筑气候区划标准》（GB 50178—1993）的规定。

2. 底层窗台面是指距室内地坪 0.9m 高的外墙位置。

《城市居住区规划设计标准》（GB 50180—2018）中第 4.0.9 条还规定：

1）老年人居住建筑不应低于冬至日日照 2h 的标准。

2）在原设计建筑外增加任何设施不应使相邻住宅原有日照标准降低，既有住宅建筑进行无障碍改造加装电梯除外。

3）旧区改建的项目内新建住宅日照标准不应低于大寒日日照数 1h。

《宿舍建筑设计规范》（JGJ 36—2016）第 4.1.3 条中提道："宿舍应满足自然采光通风要求。宿舍半数及半数以上的居室应有良好朝向"；《民用建筑设计通则》（GB 50352—2005）第 5.1.3 条明确提出，建筑日照标准还应符合：托儿所、幼儿园的主要生活用房，应能获得冬至日不小于 3h 的日照标准；老年人住宅、残疾人住宅的卧室、起居室，医院、疗养院半数以上的病房和疗养室，中小学半数以上的教室应能获得冬至日不小于 2h 的日照标准。《中小学校设计规范》（GB 50099—2011）第 4.3.3 条对建筑物间距的规定是：普通教室冬至日满窗日照不应小于 2h。其他建筑的日照，有国家标准又有地方标准的，执行要求高者；没有国家标准但有地方标准的，执行地方标准；没有标准限定的，符合所在地城乡规划的要求即为达标。建筑布局与设计应充分考虑上述标准的要求，最大限度地为建筑及其主要用房提供良好的日照条件。建筑布局与设计能够充分结合自然环境，保证日照和自然通风，将有利于降低运营能耗，从根本上达到节能、环保的目的。不降低周边建筑的日照标准是指：

1）对于新建项目的建设，应满足周边建筑有关日照标准的要求。

2）对于改造项目分两种情况：周边建筑改造前满足日照标准的，应保证其改造后仍符合相关日照标准的要求；周边建筑改造前未满足日照标准的，改造后不可再降低其原有的日照水平。

【达标判断】

设计评价审核规划管理文件、设计文件和日照模拟分析报告；竣工评价和运行评价在设计评价方法之外还应核实竣工图、日照模拟分析报告并现场核实。

判定要点：

根据《重庆市规划管理规定》规定，执行本条文时，建筑布局满足《重庆市规划管理规定》要求可视为达到条文要求。

具体建筑类型应按照《宿舍建筑设计规范》（JGJ 36—2016）、《民用建筑设计通则》（GB 50352—2005）、《中小学校设计规范》（GB 50099—2011）等相应标准的具体要求执行。

1）日照模拟计算的范围应兼顾周边可能受到影响或影响本项目的建筑及场地，尤其是高层建筑。

2）日照分析报告应有明确的结论，包括本项目及周边可能受影响的建筑日照模拟分析结论。

竣工评价和运行评价查阅相关竣工图和日照模拟分析报告并现场核实是否按原设计进行建设。

> 4.1.4　场地内无排放超标的污染源。

【条文说明】

本条适用于各类民用建筑的设计、竣工和运行评价。

建筑场地内不应存在未达标排放或者超标排放的气态、液态或固态的污染源，例如：易产生噪声的营业场所，油烟未达标排放的厨房，煤气或工业废气超标排放的燃煤锅炉房，污染物排放超标的垃圾堆等。若有污染源应积极采取相应的治理措施并达到无超标污染物排放的要求。应符合的主要相关标准包括《环境空气质量标准》（GB 3095—2012）、《城镇污水处理厂污染物排放标准》（GB 18918—2002）、《污水综合排放标准》（GB 8978—1996）、《大气污染物综合排放标准》（GB 16297—1996）。

【达标判断】

设计评价查阅环评报告，审查应对措施的合理性。查看环境评估报告，了解场地范围内存在的污染源以及环评报告对废水、废气、固体废物的影响预测和污染防治措施的建议、推荐的隔离方法；查看图纸，建设项目是否落实了环评报告建议的相关防治措施。

竣工评价和运行评价在设计评价方法之外还应现场核实。现场核实环保措施落实情况及其有效性。现场核实污染物治理设施是否设置并正常运转，查验运行过程中的检测报告，核实废水、废气的排放是否超标，垃圾是否分类收集并及时清运等，是否及时清理中水处理站污泥并外运处理，废活性炭是否回收等。

判定要点：

场地内无排放超标的污染源。

> **4.1.5** 绿化植物以适应当地气候和土壤条件的乡土植物为主，选用少维护、抗逆性强、病虫害少、对人体无害的植物，乡土植物占总植物数量的比率应≥60%。

【条文说明】

本条适用于各类民用建筑的设计、竣工和运行评价。

乡土植物是当地土生土长的植物，是与当地的自然条件，尤其是气候、土壤条件达成稳定平衡，对当地具有天然的适应性的植物。乡土植物对塑造区域自身的绿化特色与乡土气息，维系区域生物多样性具有重要意义。乡土植物是区域自然选择的产物，具有很强的环境适应性，因而具有价格低廉、存活率高、病虫害少、维护费用低等优势。

在现代人居环境建设中，乡土植物通常还包括处于同一气候带的周边地区有自然分布，经过长期引种栽培，适应当地的自然地理条件，并能完成其生活史的树种。因为它们经过长期的驯化和适应，已成为本地自然植物区系的重要组成部分。

此外，不得选用外来有害入侵植物。因为部分外来有害入侵植物虽花朵美观，易于栽植，但严重妨碍并排挤其他植物生存，且植株有毒。

【技术途径】

1）种植设计前，应充分了解当地气候、土壤条件，熟悉当地乡土植物种类（可从当地植物志或周边区域植物志中查找）及其生物学、生态学特征。重庆市乡土植物推荐名录见本书附录 D。

2）种植设计时，应依据项目所涉及局部区域的小气候、土壤条件、水肥条件等因素，选择耐候性强、少维护、病虫害少，且对人体无害的植物，做到适地适树。植物应进行合理的配置，不得随意组合。在苗木规格的选择时，尽量少用胸径 15cm 以上的大规格苗木，以降低成本，提高苗木后期适应性。

3）种植时，大规格苗木应采用在苗圃中驯化后的植株，不得从乡村或山地挖掘自然生长的植株。绿化用地应进行适当的生境改造，形成异质生境，既满足不同植物的生存要求，又提升局部的生物多样性潜力。

【达标判断】

设计评价查阅规划设计文件及其植物配植报告；竣工评价和运行评价在设计

评价方法之外还应查看种植竣工图和植物采购合同、核查现场。

判定要点：

绿化植物以适应当地气候和土壤条件的乡土植物为主，选用少维护、抗逆性强、病虫害少、对人体无害的植物，乡土植物占总植物数量的比率应≥60%。乡土植物参考附录 D 选取。对于数量的确定，可按植物类型分别计算植株/丛/簇数，按"就低不就高"的原则确定。

4.1.6 场地内合理设置绿化用地，建筑绿地面积占建设用地总面积的比例应满足下列要求：

1 住区绿地率：新区建设不低于 30%，旧区改建项目不低于 25%；

2 住区的人均公共绿地面积新区建设不低于 1.2m²；

3 公共建筑的绿地率：公共建筑绿地率应满足当地控制性详细规划要求、严格遵照重庆市规划局建设工程选址意见书及工程规划许可证执行。

【条文说明】

本条适用于各类民用建筑的设计、竣工和运行评价。

本条文中所指的建筑绿地为建筑（建筑群）附属绿地。

绿地率是指建设项目用地范围内各类绿地面积的总和占该项目总用地面积的比率（%）。绿地包括建设项目用地中各类用作绿化的用地。合理设置绿地可起到改善和美化环境、调节小气候、缓解城市热岛效应等作用。绿地率以及公共绿地的数量则是衡量住区环境质量的重要指标之一。根据《城市居住区规划设计标准》（GB 50180—2018）的规定，居住区内绿地应包括公共绿地、宅旁绿地、公共服务设施所属绿地和道路绿地（道路红线内的绿地），包括满足当地绿化覆土要求的地下或半地下建筑的屋顶绿化，不包括其他屋顶、晒台的人工绿地。

住区的公共绿地是指满足规定的日照要求、适合安排游憩活动设施的、供居民共享的集中绿地，包括居住区公园、小游园和组团绿地及其他块状、带状绿地。集中绿地应满足的基本要求：宽度不小于 8m，面积不小于 400m²。《重庆市城市园林绿化条例》第十三条对城市绿地面积占建设用地总面积的规划指标进行了规定：

1）旧城区改造不低于 25%。

2）新区开发建设不低于 30%，其中居住区人均公共绿地面积不低于 1.2m²。

为保障城市公共空间的品质、提高服务质量，每个城市对不同地段或不同性质的公共设施建设项目，都制定有相应的绿地管理控制要求：公共建筑项目优化建筑布局提供更多的绿化用地或绿化广场，创造更加宜人的公共空间；鼓励绿地或绿化广场设置休憩、娱乐等设施并定时向社会公众免费开放，以提供更多的公共活动空间。

【技术途径】

1）在住宅项目中合理规划出公共绿地、宅旁绿地、公共服务设施所属绿地和道路绿地，在地下或半地下建筑的屋顶设置符合覆土厚度要求的屋顶绿化。

2）在公共建筑项目优化建筑布局提供更多的绿化用地或绿化广场，创造宜人的公共空间，有条件的区域在建筑地下或半地下建筑的屋顶设置符合覆土厚度要求的屋顶绿化。

3）对地上的室外停车位采用植草砖等地面，增加绿地率和透水地面。

【达标判断】

设计评价审核规划设计文件、公共绿地面积比例计算书、公共绿地面积分析图、园林绿化部门核发的绿地指标文件；竣工评价和运行评价在设计评价方法之外还应核实竣工图、计算书或现场核实。

判定要点：

住区公共绿地应满足的基本要求：宽度不小于8m，面积不小于400m²，并应有不少于1/3的绿地面积在标准的建筑日照阴影线范围之外。

4.2 评 分 项

4.2.1 节约集约利用土地，评价总分值为19分。评分规则如下：

1 居住建筑的人均居住用地指标 Y（单位：m²）

表 4.2.1-1 居住建筑的人均居住用地指标 Y

3 层及以下	4～6 层	7～12 层	13～18 层	19 层及以上	分值
$35 < Y \leqslant 41$	$23 < Y \leqslant 26$	$22 < Y \leqslant 24$	$20 < Y \leqslant 22$	$11 < Y \leqslant 13$	15 分
$Y \leqslant 35$	$Y \leqslant 23$	$Y \leqslant 22$	$Y \leqslant 20$	$Y \leqslant 11$	19 分

2 公共建筑的容积率 R

表 4.2.1-2 公共建筑的容积率 R

容积率 R	$0.5 \leqslant R < 0.8$	$0.8 \leqslant R < 1.5$	$1.5 \leqslant R < 3.5$	$3.5 \leqslant R$
分值	5 分	10 分	15 分	19 分

【条文说明】

本条适用于各类民用建筑的设计、竣工和运行评价。《绿色建筑评价标准》（DBJ50/T-066—2014）所指的居住建筑不包括国家明令禁止建设的别墅类项目。

对居住建筑，人均居住用地指标是控制居住建筑节地的关键性指标，根据现行国家标准《城市居住区规划设计标准》（GB 50180—2018）的规定，提出人均居住用地控制指标；15 分或 19 分是根据居住建筑的节地情况进行赋值的，评价时要进行选择，可得 0 分、15 分或 19 分。对于同一项目中有多种建筑类型时，可采用各类型建筑面积对应的加权平均的方法予以确定。

对公共建筑，因其种类繁多，故在保证其基本功能及室外环境的前提下应按照所在地城乡规划的要求采用合理的容积率。就节地而言，对于容积率不可能高的建设项目，在节地方面得不到太高的评分，但可以通过精心的场地设计，在创造更高的绿地率以及提供更多的开敞空间或公共空间等方面获得更好的评分；而对于容积率较高的建设项目，在节地方面则更容易获得较高的评分。

人均居住用地控制指标计算和评分方式：

1）当住区内所有住宅建筑层数相同时，计算人均居住用地控制指标，将其与标准中相应层数建筑的值比较，得到具体评价分值。人均居住用地控制指标计算如下：

$$A = R / (H \times 3.2) \tag{4.1}$$

式中，R——参评范围的居住用地面积；

A——人均居住用地面积；

H——住宅户数；

3.2——指每户 3.2 人，若当地有具体规定，按照当地规定取值。

2）当住宅内不同层数的住宅建筑混合建设时，计算现有居住户数可能占用的最大居住用地面积，将其与实际参评居住用地面积进行比较，得到具体分值。

当 $R \geqslant (H_1 \times 41 + H_2 \times 26 + H_3 \times 24 + H_4 \times 22 + H_5 \times 13) \times 3.2$ 时，得 0 分。

当 $R \leqslant (H_1 \times 41 + H_2 \times 26 + H_3 \times 24 + H_4 \times 22 + H_5 \times 13) \times 3.2$ 时，得 15 分。

当 $R \leqslant (H_1 \times 35 + H_2 \times 23 + H_3 \times 22 + H_4 \times 20 + H_5 \times 11) \times 3.2$ 时，得 19 分。

式中，H_1——3 层及以下户数；

H_2——4～6 层住宅户数；

H_3——7～12 层住宅户数；

H_4——13～18 层住宅户数；

H_5——19 层及以上住宅户数；

R——参评范围的居住用地面积。

【具体建筑类型要求】

◎ 校园建筑

生均学校用地指标要求如下：

1）小学每生用地不低于 21.8m²，中学每生用地不低于 28.8m²。

2）用地紧张地区或市中心，小学每生用地不低于 11m²，中学每生用地不低于 12m²。

3）普通高等学校，中心城地区生均用地一般为 35m²，中心城外地区生均用地一般为 47m²。

4）重点高校或特殊类型高校（如体育院校、农业、园林院校等），应根据现行标准具体研究，确定其用地及建筑指标。

中心城地区普通高校用地的容积率根据学校用地面积规模确定：

1）用地面积大于 100hm² 时，容积率一般为 0.8～0.9；用地面积大于 50hm² 且小于 100hm² 时，容积率一般为 0.8～1.2；用地面积小于 50hm² 时，容积率一般为 1.2～1.6。

2）中心城外地区普通高校用地的容积率一般为 0.6～0.8。

◎ 医院建筑

医院建筑应在保证功能和环境要求的前提下节约土地，评价时按表 4.2 评分并累计。

表 4.2 医院建筑评分规则

评价内容		得分
符合城乡规划有关控制要求		3
采用合理的床均用地面积	小于相关医院建设标准的规定值 25.1%～40%	4
	小于相关医院建设标准的规定值 5.1%～25%	6
	在相关医院建设标准的规定值±5%以内	7
采用合理的容积率	3.01～4.00	3
	1.0～1.39，1.81～3.00	6
	1.40～1.80	9

其中床均用地面积的指标可参考原卫生部 2008 年发布的《综合医院建设标准》（建标 110—2008）等 14 个医疗卫生机构建设与装备标准。

◎ 饭店建筑

饭店建筑按下列规则分别评分并累计：

1）饭店建筑的容积率：按表 4.3 的规则评分，最高得 12 分。

表 4.3 饭店建筑的容积率评分规则

容积率 R	得分
0.5≤R<1.5	4
1.5≤R<3.5	8
R≥3.5	12

2）70%以上标准客房使用面积：不大于 36m² 时，得 3 分；不大于 25m² 时，得 7 分。

由于饭店带有住宿功能，标准客房的大小是饭店规划和占有土地资源的重要要素；同时标准客房的面积也决定了结构上的柱网和梁的跨度，对平面布局有很大影响。

◎ 博览建筑

博览建筑按表 4.4 和表 4.5 的规则分别评分。

表 4.4　博物馆建筑的容积率评分规则

容积率 R	0.5≤R<0.8	0.8≤R<1.3	1.3≤R<1.5	1.5≤R
分值	5 分	10 分	15 分	19 分

表 4.5　展览建筑的容积率评分规则

容积率 R	0.3≤R<0.5	0.5≤R<0.8	0.8≤R<1.0	1.0≤R
分值	5 分	10 分	15 分	19 分

博物馆建筑的层数一般不多于 6 层，建筑密度不大于 40%，容积率很难达到国家标准《绿色建筑评价标准》（GB/T 50378—2014）最高档 3.5 的要求，因此最高档要求降低为 1.5。

大多数展览建筑只有 1~2 层，室外展场、卸货区、活动广场、停车场等占地较多，建筑密度一般不大于 35%，容积率偏低，因此本条降低了展览馆容积率要求。

【技术途径】

1）合理确定居住（区）用地面积，（居住区）用地的面积包括住宅用地、公建用地、道路用地和公共绿地四项用地，应选择相对完整的区域进行计算。

2）控制户均住宅面积，确定合理的套密度指标。

3）通过增加中高层住宅和高层住宅的比例，在增加户均住宅面积的同时，满足地方控制指标的要求，不同层数住宅混合时，可根据各层数类型建筑面积的比例，确定居住人口的分布及对应的用地指标。

4）就容积率而言，对于容积率不可能高的建设项目，在节地方面得不到太高的评分，但可以通过精心的场地设计，在创造更高的绿地率以及提供更多的开敞空间或公共空间等方面获得更好的评分；而对于容积率较高的建设项目，在节地方面则更容易获得较高的评分。

【达标判断】

设计评价查阅相关设计文件和人均居住用地指标计算书；竣工评价和运行评价查阅相关竣工图、计算书。

不同规模居住用地面积应按下列方法进行计算：

1）小型项目（达不到组团规模的）：按照所在地城乡规划管理部门核发的建设用地规划许可证的规划条件批准的用地面积进行计算。

2）居住组团：按照包含本次申报所有居住建筑且由住区道路完整围合区域内的用地面积进行计算。

3）居住小区：部分居住建筑或某栋居住建筑申报，按照管理部门批准的完整的居住建设项目的用地面积进行计算。

4）不同层数住宅混合建设时，可以根据各层数类型建筑面积的比例，确定居住人口的分布及对应的用地指标。

5）申报项目为某个综合开发项目，依照建设用地规划许可证的规划条件进行计算。评价规则按《绿色建筑评价标准》（DBJ50/T-066—2014）第3.2.8条的规定执行。

6）若申报项目为某个综合开发项目中的居住建筑时，其用地面积指标应按居住建筑部分的建设用地范围或者按照不同居住功能建筑面积相应比例折算出的相应用地比例及居住人口进行核算。

判定要点：

应特别注意居住用地的面积通常包括住宅用地和服务设施用地。人均居住用地控制指标和人均绿地指标应采用相同的人口基数。

1）居住建筑查阅住区总用地面积、总户数、总人口（可按3.2人/户换算人口数）等，根据设计指标核算申报项目的人均居住用地控制指标计算书。

2）公共建筑查阅总用地面积、地上总建筑面积、容积率等，核查项目的容积率指标计算书。容积率按照所在地城乡规划管理部门核发的建设用地规划许可证的规划条件进行核算。

4.2.2 场地内合理设置绿化用地，评价总分值为9分。评分规则如下：

1 居住建筑

表4.2.2 居住建筑评分规则

类别	新区建设	旧区改建项目	分值
住区绿地率	>30%	>25%	2分
人均公共绿地面积	≥1.2m² 但<1.3 m²	≥0.7m² 但<0.9m²	3分
	≥1.3m² 但<1.5m²	≥0.9m² 但<1.0m²	5分
	≥1.5m²	≥1.0m²	7分

2 公共建筑

1）公共建筑绿地率满足规划要求，并且向社会公众开放，得4分；

2）公共建筑绿地率高于规划要求5%以上，并且向社会公众开放，得9分。

【条文说明】

本条适用于各类民用建筑的设计、竣工和运行评价。

对于居住建筑，公共绿地是指满足规定的日照要求、适合安排游憩活动设施的、供居民共享的集中绿地，包括居住区公园、小游园和组团绿地及其他块状、带状绿地。公共绿地应满足的基本要求：宽度不小于8m，面积不小于400m²。本条充分体现了住区中不仅鼓励合理设置绿地，优化空间环境，而且更倡导住区充分体现以人为本的理念，设置必要的公共绿地，提供户外交往空间和活动空间，提高生活质量。

对于公共建筑，为保障城市公共空间的品质、提高服务质量，每个城市对不同地段或不同性质的公共设施建设项目，都制定有相应的绿地管理控制要求。本条鼓励公共建筑项目优化建筑布局，提供更多的绿化用地或绿化广场，创造更加宜人的公共空间；鼓励绿地或绿化广场设置休憩、娱乐等设施并定时向社会公众免费开放，以提供更多的公共活动空间。对于幼儿园、小学、中学、医院建筑的绿地，可直接视为开放的绿地，评价时直接得分。其他没有可开放绿地的公共建筑建设项目，该款不得分。

对于工业用地中的建筑，参评绿色建筑时此条不参评，但要求其绿地率应满足相关规划要求。

多层建筑（建筑高度小于 24m 的建筑、居住建筑 8 层以下）与低层建筑屋顶绿化，绿化种植土层深度大于 0.3m、宽度大于 4m、面积大于 80m^2，并便于人们使用的，经城市园林绿化主管部门审定后，可按其实际植物种植面积的 20%冲抵集中绿化面积，但冲抵的比例不得大于规定指标的 10%。

【具体建筑类型要求】

◎ 校园建筑

学校的绿地率不低于 35%；对于公共绿地面积，小学每生不低于 0.5m^2，中学每生不低于 1m^2，高等学校人均公共绿地面积每生不低于 2m^2。

校园建筑合理采用屋顶绿化、垂直绿化等方式，创造舒适的环境。中小学校的绿化用地宜包括集中绿地、零星绿地、水面和供教学实践的种植园及小动物饲养园。

1）中小学校应设置集中绿地。集中绿地的宽度不应小于 8m。

2）集中绿地、零星绿地、景观水面、种植园、小动物饲养园的用地应按各自的外缘围合的面积计算。

3）各种绿地内的步行道路应计入绿化用地。

4）铺栽植被达标的绿地停车场用地应计入绿化用地。

5）屋顶覆土达 1m 以上的屋顶绿化可计入绿化用地，经城市园林绿化主管部门审定后，可按其实际植物种植面积的 20%冲抵集中绿化面积，但冲抵的比例不得大于规定指标的 10%。

6）未铺栽植被或铺栽植被不达标的体育场地不宜计入绿化用地。

7）距建筑外墙 1.5m 和道路边线 1m 以内的用地，不计入绿化用地。

8）绿地的日照及种植环境宜结合教学、植物多样化等要求综合布置。

◎ 饭店建筑

饭店建筑按下列规则分别评分并累计。

1）饭店建筑的绿地率：按表 4.6 的规则评分，最高得 7 分。

表 4.6 饭店建筑的绿地率评分规则

绿地率 R_g	得分
30%≤R_g<35%	2
35%≤R_g<40%	5
R_g≥40%	7

2）绿地向社会公众开放，得 2 分。

◎ 博览建筑

博览建筑按下列规则分别评分并累计。

1）博览建筑的绿地率：按表 4.7 和表 4.8 的规则评分，最高得 7 分。

表 4.7 博物馆建筑的绿地率评分规则

绿地率 R_g	得分
25%≤R_g<30%	2
30%≤R_g<35%	5
R_g≥35%	7

表 4.8 展览建筑的绿地率评分规则

绿地率 R_g	得分
15%≤R_g<25%	2
25%≤R_g<30%	5
R_g≥30%	7

2）绿地向社会公众开放，得 2 分。

博物馆建筑的活动集散广场较多，展览建筑的室外展场较多，室外场地的面积一般不低于展厅占地面积的 50%，且往往有地面停车场，因而绿地率偏低，因此分别降低了绿地率要求。如项目在公园内及校园内，则通常绿地率较高。如果建在公园内，则可直接得 9 分；校园内可按照全校平衡的绿地率得分。

【达标判断】

对于设计评价，查阅相关设计文件、计算书。内容应包括：住区总用地面积、总户数、总人口（与人均居住用地面积计算时的居住人口总数应一致）、绿地面积、公共绿地面积等；核算申报项目的绿地率及人均公共绿地面积指标。

公共建筑应查阅相关设计文件中的相关技术经济指标，内容应包括项目总用地面积、绿地面积、绿地率；检查设计文件是否体现了绿地将向社会公众开放的设计理念。

竣工评价和运行评价应查阅相关竣工图和计算书并现场核实。

判定要点：

1）住区公共绿地应满足的基本要求：宽度不小于8m，面积不小于400m²，并应有不少于1/3的绿地面积在标准的建筑日照阴影线范围之外。

2）对于幼儿园、小学、中学、医院建筑的绿地，可直接视为开放的绿地，评价时直接得分。其他没有可开放绿地的公共建筑建设项目，该条不得分。

3）人均绿地指标和人均居住用地指标应采用相同的人口基数。

4）若申报范围为某建设项目中的局部，可基于该建设项目的总体为基准进行评价。

4.2.3　合理开发利用地下空间，评价总分值为6分。评分规则如下：

1　居住建筑的地下建筑面积与地上建筑面积的比率：

1）不小于5%，得2分；

2）不小于20%，得4分；

3）不小于35%，得6分。

2　公共建筑的地下建筑面积与总用地面积之比：

1）小于50%，不得分；

2）不小于50%但小于80%，得2分；

3）不小于80%但小于100%，得4分；

4）不小于100%，同时地下一层建筑面积与总用地面积的比率小于70%，得6分。

【条文说明】

本条适用于各类民用建筑的设计、竣工和运行评价。由于地下空间的利用受诸多因素制约，未利用地下空间的项目应提供相关说明，经论证场地区位和地质条件、建筑结构类型确实不适宜开发地下空间的，本条不参评。

开发利用地下空间是城市节约集约用地的重要措施之一。地下空间的开发利用应与地上建筑及其他相关城市空间紧密结合、统一规划，但从雨水渗透及地下水补给、减少径流外排等生态环保要求出发，地下空间应利用有度、科学合理。本条提出了地下一层建筑面积占总用地面积的比率应控制在70%以内。

【技术途径】

1）新建建筑地下空间宜与相邻建筑地下空间相连通或整体开发利用。

2）地下空间应与地面交通系统有效连接。

3）地下室应符合城市规划管理相关规定，可充分利用自然通风，宜与地面景观充分结合。

4）地下空间可结合出入口、天井、侧窗、天窗等直接或间接利用自然采光。

5）进风口设置须考虑避开污染源，排风口设置须考虑减少对人员活动的影响。

6）充分考虑地下空间多功能利用的可能，在建筑荷载、空间高度、水、电、空调等配套上予以适当预留。

7）地下车库可考虑适当加大层高，采用双层车库，以实现在有限的面积内容纳更多的车辆。

【具体建筑类型要求】

◎ 饭店建筑

饭店建筑按表 4.9 的规则评分。

表 4.9　饭店建筑地下空间开发利用评分规则

地下空间开发利用指标		得分
地下建筑面积与总用地面积之比 R_{p1}	$R_{p1} \geqslant 0.5$	3
地下一层建筑面积与总用地面积的比率 R_{p2}	$R_{p1} \geqslant 0.7$ 且 $R_{p2} < 70\%$	6

由于饭店建筑的特性，考虑到其选址的特点，在山地和坡地的饭店建筑其半地下空间一并计入地下建筑面积。

◎ 博览建筑

博览建筑按下列规则分别评分并累计。

1）博物馆建筑的地下建筑面积与总用地面积之比：达到 0.4，得 3 分；达到 0.6，得 6 分。

2）展览建筑的地下建筑面积与总用地面积之比：达到 0.2，得 3 分；达到 0.4，得 6 分。

博物馆建筑相对比较集中，一般设有地下室用作车库、藏品库、辅助用房，但很多博物馆建筑只有一层地下室，因此地下建筑面积比有小幅降低。

展览建筑一般比较分散，占地面积较大，大多数没有或很少地下室，因此降低了展览建筑地下建筑面积比的要求。

【达标判断】

设计评价审核地下空间设计的合理性、相关设计文件及计算书；竣工评价和运行评价在设计评价方法之外还应核实各项措施的落实情况（表 4.10）。

表 4.10　地下空间开发利用评分规则

建筑类型	地下空间开发利用指标		得分
居住建筑	地下建筑面积与地上建筑面积的比率 R_r	$5\%\leqslant R_r\leqslant20\%$	2
		$20\%\leqslant R_r<35\%$	4
		$R_r\geqslant35\%$	6
公共建筑	地下建筑面积与总用地面积的之比 R_{p1}	$50\%\leqslant R_{p1}<80\%$，且同时地下一层建筑面积与总用地面积的比率小于 70%	2
	地下一层建筑面积与总用地面积的之比 R_{p2}	$80\%\leqslant R_{p2}<100\%$，且同时地下一层建筑面积与总用地面积的比率小于 70%	4
	地下一层建筑面积与总用地面积的之比 R_{p3}	$R_{p3}\geqslant100\%$，且同时地下一层建筑面积与总用地面积的比率小于 70%	6

判定要点：

查阅地下室平面图，居住建筑核查地上、地下建筑面积比率；公共建筑核查地下建筑面积与总用地面积的比率及地下一层建筑面积与总用地面积的比率。对于地下建筑面积无法划分的建筑，应根据各自对应的建筑功能在设计时予以的地下建筑配置量进行面积划分计算（不能仅由不同功能的建筑面积比例得到）。

> **4.2.4**　建筑及照明设计避免产生光污染，评价总分值为 4 分。评分规则如下：
>
> 　1　对于居住建筑：限制设置玻璃幕墙，未设置，得 2 分。
>
> 　2　对于公共建筑：玻璃幕墙应满足《玻璃幕墙光热性能》（GB/T 18091—2015）的要求，可见光反射比不大于 0.2；在城市主干道、立交桥、高架路两侧的建筑物 20m 以下，其余路段 10m 以下不宜设置玻璃幕墙的部位如使用玻璃幕墙，应采用反射比不大于 0.16 的低反射玻璃。得 2 分。
>
> 　3　室外照明设计满足现行行业标准《城市夜景照明设计规范》（JGJ/T 163—2008）关于光污染限制的相关要求；有控制减少室内产生溢光措施，得 2 分。

【条文说明】

本条适用于各类民用建筑的设计、竣工和运行评价。室外市政照明部分本条可不参评。

建筑物的光污染主要是指夜间的室外照明、室内照明的溢光、广告照明以及建筑反射光（眩光）等造成的光污染。光污染使得夜空的明亮度增大，不仅对天体观测等造成障碍，而且对人造成不良影响。眩光会让人感到不舒服，还会使人降低对灯光信号等重要信息的辨识力，甚至带来道路安全隐患。光污染控制对策包括降低建筑物外装修材料（玻璃、涂料）因眩光的影响，合理选配照明器具，并特别需要采取防止溢光措施等。光污染控制对策包括降低建筑物表面（玻璃、和其他材料、涂料）的可见光反射比，合理选配照明器具，并采取防止溢光措施等。室外照明设计应满足《城市夜景照明设计规范》（JGJ/T 163—2008）第 7 章关于光污染控制的相关要求：

1）夜景照明设施在居住建筑窗户外表面产生的垂直面照度不应大于表 7.0.2-2 的规定值。

2）夜景照明灯具朝居室方向的发光强度不应大于表 7.0.2-2 的规定值。

3）城市道路的非道路照明设施对汽车驾驶员产生眩光的阈值增量不应大于 15%。

4）居住区和步行区的夜景照明设施应避免对行人和非机动车人造成眩光。夜景照明灯具的眩光限制应满足表 7.0.2-3 的规定值。

5）灯具的上射光通比的最大值不应大于表 7.0.2-4 的规定值。

6）夜景照明在建筑立面和标识面产生的平均亮度不应大于规定值。

同时，避免夜间室内照明溢光，或者所有室内非应急照明在非运营时间能够自动控制关闭，包括在工作时间外可手动关闭。

【技术途径】

1）限制室内照明光线由窗户溢出室外，限制室外照明光线溢出到场地外。

2）距居住区边界距离在其安装高度 2.5 倍内的光源须加装遮光罩。

3）限制面向步行者的照明器具的光度。

4）限制景观和道路照明中射向天空的直射光。

5）建筑夜景照明宜采用内透光照明与轮廓照明相结合的方法，既能获得良好的效果，又可以节约大量的能源，还可以有效控制逸散光，减少光污染。

6）玻璃幕墙主要有明框幕墙、半隐框幕墙、单元式幕墙等形式，应根据项目的实际情况，综合性能、造价等因素确定幕墙的形式，幕墙中的玻璃可见光透射比、透光折减系数、太用能总透射比、遮阳系数、光热比、色差及颜色透射指数，应满足《玻璃幕墙光学性能》（GB/T 18091—2015）的要求。玻璃幕墙的选择应按照节能相关要求进行，一般可采用断桥铝合金+普通玻璃或铝合金+Low-E 玻璃（6mm 厚）的组合，甚至节能性能更优的组合。玻璃幕墙应采用可见光反射比不大于 0.30 的幕墙玻璃，对有采光功能要求的玻璃幕墙，其透光折减系数不应低于 0.45；在城市主干道、立交桥、高架路两侧的建筑 20m 以下，其余路段 10m 以下玻璃幕墙的反射比是否不大于 0.16。常见幕墙玻璃的性能参数如表 4.11 所示。

表 4.11　常见幕墙玻璃的性能参数

材料类型	规格	可见光		太阳辐射		遮阳系数	光热比
		透射比	反射比	直接透射比	总透射比		
单层玻璃	6mm 普通白玻	0.89	0.08	0.80	0.84	0.97	1.06
	12mm 普通白玻	0.86	0.08	0.72	0.78	0.90	1.10
	6mm 超白白玻	0.91	0.08	0.89	0.90	1.04	1.01
	12mm 超白白玻	0.91	0.08	0.87	0.89	1.02	1.03
	6mm 浅蓝玻璃	0.75	0.07	0.56	0.67	0.77	1.12
	6mm 水晶灰玻	0.64	0.06	0.56	0.67	0.77	0.96
夹层玻璃	夹层玻璃 6C+1.52PVB+6C	0.88	0.08	0.72	0.78	0.89	1.14
	夹层玻璃 6C+0.76PVB+6C	0.87	0.08	0.72	0.78	0.89	1.14
	夹层玻璃 6F绿+0.38PVB+6C	0.72	0.07	0.38	0.57	0.65	1.27
Low-E 中空玻璃	6 单银 Low-E+12A+6C	0.76	0.11	0.47	0.54	0.62	1.41
	6C+12A+6 单银 Low-E	0.67	0.13	0.46	0.61	0.70	1.10
	6 单银 Low-E+12A+6C	0.65	0.11	0.44	0.51	0.59	1.27
	6 单银 Low-E+12A+6C	0.57	0.18	0.36	0.43	0.39	1.34
	6 双银 Low-E+12A+6C	0.66	0.11	0.34	0.40	0.46	1.65
	6 双银 Low-E+12A+6C	0.68	0.11	0.37	0.41	0.47	1.66
	6 双银 Low-E+12A+6C	0.62	0.11	0.34	0.38	0.44	1.62
	6 三银 Low-E+12A+6C	0.48	0.15	0.22	0.26	0.30	1.85
	6 三银 Low-E+12A+6C	0.61	0.11	0.28	0.32	0.37	1.91
	6 三银 Low-E+12A+6C	0.66	0.11	0.29	0.33	0.38	2.00
热反射镀膜玻璃	6mm	0.64	0.18	0.59	0.66	0.76	0.97
在线低辐射镀膜玻璃	6mm	0.82	0.10	0.66	0.74	0.85	1.11
	8mm	0.81	0.10	0.62	0.67	0.77	1.21
	10mm	0.80	0.10	0.59	0.65	0.75	1.23
	12mm	0.80	0.10	0.57	0.64	0.73	1.26
	6mm（金色）	0.41	0.34	0.44	0.55	0.63	0.75
	8mm（金色）	0.39	0.34	0.42	0.53	0.61	0.73

注：1. 本表引用《玻璃幕墙光学性能》（GB/T 18091—2015）附录 A。

2. 遮阳系数=太阳能总透射比/0.87。

3. 光热比=可见光透射比/太阳能总透射比。

4. 测试依据《建筑玻璃可见光透射比、太阳光直接透射比、太阳能总透射比、紫外线透射比及相关窗玻璃参数的测定》（GB/T 2680—1994）和《建筑玻璃可见光透射比、太阳光直接透射比、太阳能总透射比、紫外线透射比及相关窗玻璃参数的测定》（ISO 9050—2003）进行。

【达标判断】

设计评价核查光污染分析专项报告、玻璃的光学性能检验报告、灯具的光度检验报告；核查照明设计资料、照明施工图。

竣工评价和运行评价查阅相关竣工图、光污染分析专项报告、玻璃及灯具进场复验报告等相关检测报告，并现场核查玻璃的可见光反射、夜间照明光污染控制情况。

判定要点:

1) 非玻璃幕墙建筑,第 2 款直接得 2 分。

2) 不设室外夜景照明且经论证合理的,第 3 款直接得 2 分。

> **4.2.5** 场地内环境噪声符合现行国家标准《声环境质量标准》(GB 3096—2008)的规定,评价分值为 4 分。

【条文说明】

本条适用于各类民用建筑的设计、竣工和运行评价。

环境噪声是绿色建筑的评价重点之一。绿色建筑设计应对场地周边的噪声现状进行检测,并对规划实施后的环境噪声进行预测,必要时采取有效措施改善环境噪声状况,使之符合现行国家标准《声环境质量标准》(GB 3096—2008)中对不同声环境功能区噪声标准的规定。当拟建噪声敏感建筑不能避免临近交通干线,或不能远离固定的设备噪声源时,需要采取措施降低噪声干扰。

需要说明的是,噪声监测的现状值仅作为参考,分析报告中需结合场地环境条件的变化(如道路车流量的增长)进行对应的在绿色建筑有效期内的噪声改变情况预测。

【技术途径】

1) 总平面规划应注意噪声源及噪声敏感建筑物的合理布局,避免将住宅建筑布置在面向强噪声源的位置。

2) 在总平面规划时,不宜把噪声敏感性高的居住用建筑布置在临近交通干道等强声源的位置。对各类噪声源在总平面规划时要统筹考虑,尽量减少对环境造成噪声污染。

3) 在室外声环境无法改变的情况下,可通过优化调整建筑平面的方式减少室外噪声的影响。对于可能产生噪声干扰的电梯、空调设备,以及水泵等固定设备采取隔声和消声措施。采用自然通风降噪窗、隔声门及浮筑楼板等有效的隔声、减噪措施提高围护结构的隔声性能。

4) 在建筑施工过程中应在施工现场应制定降噪措施,使噪声排放达到或优于《建筑施工场界环境噪声排放标准》(GB 12523—2011)的要求。

【达标判断】

对于设计评价和竣工评价,查阅环境噪声影响测试评估报告、噪声预测分析报告。若环评报告中包含噪声预测分析的相关内容,则可不单独提供噪声预测分析报告。查阅总平面规划是否关注了噪声源及噪声敏感建筑物的合理布局。是否采用了适当的隔离或降噪措施,减少环境噪声干扰。

对于运行评价,查阅环境噪声影响测试评估报告、现场测试报告。

判定要点:

1) 应对场地周边的噪声现状进行检测,并对规划实施后的环境噪声进行预测，必要时采取有效措施改善环境噪声状况，使之符合现行国家标准《声环境质量标准》（GB 3096—2008）中对于不同声环境功能区噪声标准的规定（表4.12）。

表4.12　环境噪声限值

声环境功能区类别		时段	
		昼间/dB（A）	夜间/dB（A）
0 类		50	40
1 类		55	45
2 类		60	50
3 类		65	55
4 类	4a 类	70	55
	4b 类	70	60

　　2）采用数值分析时，室外声环境的数值分析报告应满足本书附录 A.1 的要求。

　　4.2.6　场地内风环境有利于冬季室外行走舒适及过渡季、夏季的自然通风，评价总分值为 6 分。评分规则如下：

　　1　冬季典型风速和风向条件下，建筑物周围人行风速低于 5m/s，且室外风速放大系数小于 2，得 2 分；

　　2　冬季典型风速和风向条件下，除迎风第一排建筑外，建筑迎风面与背风面表面风压差不超过 5Pa，得 1 分；

　　3　过渡季、夏季典型风速和风向条件下，场地内人活动区不出现涡旋或无风区，得 2 分；

　　4　过渡季、夏季典型风速和风向条件下，50%以上可开启外窗室内外表面的风压差大于 0.5Pa，得 1 分。

【条文说明】

本条适用于各类民用建筑的设计、竣工和运行评价。

近年来，再生风和二次风环境问题逐渐凸显。由于建筑单体设计和群体布局不当而导致行人举步维艰或强风卷刮物体撞碎玻璃的报道屡见不鲜。此外，室外风环境还与室外热舒适及室内自然通风状况密切相关。

基于研究结果，冬季建筑物周围人行区距地 1.5m 高处风速 $v < 5m/s$ 是不影响人们正常室外活动的基本要求。建筑的迎风面与背风面风压差不超过 5Pa，可以减少冷风向室内渗透。一般来说，经过迎风区第一排建筑的阻挡之后，绝大多数板式建筑的迎风面与背风面（或主要开窗）表面平均风压系数差为 0.2～0.4，风速 3.5～5m/s，因此对应的表面风压差不会超过 5Pa。验算时只需要取第 2 排建筑迎风面与背风面（或主要开窗）表面风压差进行核算即可进行判断。

此外，过渡季、夏季通风不畅还会严重地阻碍风的流动，在某些区域形成无风区和涡旋区，这对于室外散热和污染物消散是非常不利的，应尽量避免。外窗室内外表面的风压差达到0.5Pa有利于建筑的自然通风。0.25m/s是人所能感受到的最低风速。考虑大多数地区的夏季、过渡季来流风速约为2m/s，第一排建筑的风压系数差超过1，第2排为0.2～0.4，50%以上可开启外窗室内外表面的风压差达到0.5Pa是不难实现的。

要求采用成熟可靠CFD计算流体力学软件的通过不同季节典型风向、风速的建筑外风环境分布情况并进行模拟评价，其中来流风速、风向均为对应季节内出现频率最高的风向和平均风速，可通过查阅建筑设计、暖通空调设计手册或气象数据中所在城市的相关资料得到。

【技术途径】

建筑布局宜采用斜列式、自由式或采用"前低后高"和有规律地"高低错落"，有利于自然风进入到建筑群深处，建筑前后形成压差，促进建筑自然通风。

当建筑呈一字平直排开且体形较长时，应在前排住宅适当位置设置过街楼以加强夏季或过渡季的自然通风。建筑过长，不仅不利于建筑本身的自然通风，对后排及周边建筑的自然通风也会有不利影响，应尽量避免，或者通过合理设定过街楼、首层架空等方式加以改进。建筑物朝向、中庭、天井等有利于夏季、过渡季节自然通风及冬季室外行走舒适。

使用计算机数值分析辅助设计是解决建筑复杂布局条件下风环境评估和预测的有效手段。通过风环境模拟，指导建筑在规划时合理布局建筑群，优化场地的夏季、过渡季节自然通风，避开冬季主导风向的不利影响。

【达标判断】

数值分析报告中边界条件的确定可参照本书附录A.2执行。

对于设计评价，检查风环境模拟计算报告；竣工评价和运行评价应现场实测或检验工程是否全部按照设计进行施工，验证是否符合设计要求。

判定要点：

1）室外风环境的数值分析报告应满足本书附录A.2的要求。

2）若只有1排建筑，《绿色建筑评价标准》（DBJ50/T-066—2014）第4.2.6条第2款直接得1分。

3）对于半下沉室外空间，《绿色建筑评价标准》（DBJ50/T-066—2014）第4.2.6条也需进行评价。

4.2.7 增加绿化覆盖率、户外透水铺装面积，缓解城市热岛效应，评价总分值为4分。评分规则如下：

1 红线范围内户外活动场地有乔木遮阴的面积达到10%，得1分；达到20%，得2分。

　　2　超过70%的道路路面、建筑屋面的太阳辐射反射系数不低于0.4，得2分。

【条文说明】

本条适用于各类民用建筑的设计、竣工和运行评价。

热岛是由人们改变城市地表而引起小气候变化的综合现象，是城市气候最明显的特征之一。户外场地、建筑墙体及路面的辐射散热是造成建筑物及其周边热环境恶化的主要原因。这些散热不仅与建筑周围的环境恶化密切相关，而且也是造成城市热岛效应的原因之一。

户外活动场地包括步道、庭院、广场、游憩场和停车场。乔木遮阴面积按照成年乔木的树冠正投影面积计算。

屋面、地面以及红线范围内的道路采用太阳辐射反射系数较大的材料，可降低太阳得热或蓄热，降低表面温度，达到降低热岛效应、改善室外热舒适的目的。表4.13列出了常见的普通材料和颜色的反射系数，可作为参考。

表4.13　常见普通材料和颜色的反射系数

颜色	反射系数 r	材料	反射系数 r
白色	0.8	塑料	0.8
浅黄色	0.7	石板	0.7
浅绿色、粉红色	0.4	枫木、白桦木	0.6
天蓝色	0.4	亮的橡木	0.4
浅灰色	0.4	混凝土	0.3
浅棕色	0.3	暗的胡桃木	0.2
中灰色	0.2	暗的橡木	0.2
深红色	0.1	红砖	0.2
黑色	0.1	焦渣石	0.1

【具体建筑类型要求】

◎　办公建筑

室外日平均热岛强度不宜高于1.5℃。

规划设计阶段，要求对夏季典型日的室外热岛强度进行模拟计算，以夏季典型时刻的郊区气候条件（风向、风速、气温、湿度等）为例，模拟建筑室外1.5m高处的典型时刻的温度分布情况。除应采用计算机模拟手段优化室外建筑规划设计外，还可采取相应措施改善室外热环境，降低热岛效应。

◎　校园建筑

保证校园及周边环境的景观建设质量，改善室外热环境，室外日平均热岛强度不高于1.5℃。

学校内有大量的人工构筑物，如混凝土、柏油路面，各种建筑墙面、空调排热等，改变了下垫面的热力属性，这些人工构筑物吸热快而比热容（即是单位质量物体改变单位温度时的吸收或释放的内能）小，在相同的太阳辐射条件下，它们比自然下垫面（绿地、水面等）升温快。

◎ 博览建筑

博览建筑按下列规则评分：

1）博物馆建筑红线范围内室外活动场地有乔木、构筑物遮阴措施的面积达到 10%，得 1 分；达到 20%，得 2 分。

2）展览建筑红线范围内室外活动场地有乔木、构筑物遮阴措施的面积达到 5%，得 1 分；达到 10%，得 2 分。

3）博览建筑的地面机动车停车位有乔木、构筑物遮阴措施的面积达到 70%，得 2 分。

展览建筑的室外场地往往需要兼作室外展场或停车场等，不适宜采用乔木或构筑物遮阴，因此调低了遮阴比例的要求。

【技术途径】

1）可选择高效美观的绿化形式，包括屋顶绿化、墙壁垂直绿化及水景设置等，尽可能在步道两侧、场地、停车场、广场种植大冠幅树木，形成林荫路、林荫停车场等，增加室外夏季舒适度。

2）营造绿色通风系统，把室外新鲜空气引进市内，以改善小气候。

3）除建筑物、硬路面和林木之外，其他地表尽量为草坪所覆盖。

4）建筑物淡色化以增加热量的反射。

5）控制使用空调设备，提高建筑物隔热材料的质量，以减少人工热量的排放。

6）改善道路的保水性能，用透水性强的新型材料铺设路面，以储存雨水，降低路面温度。

7）建筑物和室外道路的下垫层宜使用热容量较小的材料等措施。

8）乔木遮阴面积按照成年乔木平均遮阴半径取为 4m，棕榈科乔木平均遮阴半径取 2m；构筑物遮阴面积按照构筑物正投影面积计算。建筑自遮挡面积按照夏至日 8:00～16:00 内有 4h 处于建筑阴影区域的户外活动场地面积计算。

【达标判断】

对于设计评价，查阅相关设计文件。查阅室外景观总平图、乔木种植平面图、乔木遮阴面积比例计算书；屋面做法详图及道路铺装详图；屋面、道路表面建材的太阳辐射反射系数统计表。

对于竣工评价和运行评价，查阅相关竣工图、材料性能检测报告并现场核实。核实各项设计措施的实施情况、审核建筑屋面、道路表面建材的太阳辐射反射系数检验报告。

判定要点：

户外活动场地包括步道、庭院、广场、游憩场和停车场。

乔木遮阴面积：按照成年乔木的树冠正投影面积计算；首层架空且架空空间是活动空间，可计算在内。

若项目设计选用材料的太阳辐射反射系数低于 0.4 时，在核算该项目迎风面积比满足《城市居住区热环境设计标准》（JGJ 286—2013）第 4.1.1 条或采取其他能有效降低热岛效应的措施后，可认定满足《绿色建筑评价标准》（DBJ50/T-066—2014）第 4.2.7 条中第 2 款的要求。

4.2.8 场地与公共交通设施具有便捷的联系，评价总分值为 9 分。评分规则如下：

1 场地出入口到达公共汽车站的步行距离不超过 500m，或到达轨道交通站的步行距离不超过 800m，得 3 分；

2 场地出入口步行距离 800m 范围内设有 2 条或 2 条以上线路的公共交通站点（含公共汽车站和轨道交通站），得 3 分；

3 有便捷的人行通道联系公共交通站点，得 3 分。

【条文说明】

本条适用于各类民用建筑的设计、竣工和运行评价。

优先发展公共交通是缓解大中城市交通拥堵问题的重要措施，因此建筑与公共交通联系的便捷程度非常重要。为便于选择公共交通出行，在选址与场地规划中应重视建筑场地与公共交通站点的便捷联系，合理设置出入口。据我国有关交通调查显示，居民步行的平均速度为 3～5km/h，5～10min 的步行距离为可普遍接受的范围，因此提出的步行距离不大于 500m；800m 步行 8～16min 是轨道交通可普遍接受的距离。有便捷的人行通道联系公共交通站点包括：建筑外的平台直接通过天桥与公交站点相连，建筑的部分空间与地面轨道交通站点出入口直接连通；为减少到达公共交通站点的绕行距离，设置专用人行通道或地下空间与地铁站点直接相连，步行路与城市道路的步行系统便捷相连等。

场地出入口与公交和轨道交通站点的步行距离，从场地出入口起，延续至被选择的公交站点或轨道交通最近入口为止。线路如需穿越马路，需选择人行横道、天桥、地下通道。步行过程中通过的垂直距离可以不计入步行距离内；由于选择人行横道、天桥、地下通道产生的额外水平距离，应计入步行距离内。本条中的场地出入口是指主要出入口。

【具体建筑类型要求】

◎ 医院建筑

医院建筑按表 4.14 规则分别评分并累计。

表 4.14 场地与公共交通联系的评分要求

评价内容		得分
医院院区主入口到达公交交通站点的步行距离	到达公交车站不超过 400m 或轨道交通站点不超过 700m	2
	到达公交车站不超过 200m 或轨道交通站点不超过 500m	3
医院院区主入口 400m 范围内设有公共交通站点（含公共汽车站和轨道交通站）		3
有便捷的专用人行通道联系公共交通站点		3

医院院区主入口 400m 范围内应设有公共交通站点（含公共汽车站和轨道交通站）。为便于建筑使用者选择公共交通出行，在医院建筑的选址与场地规划中应重视其主要出入口的设置方位，形成与公共交通站点的有机联系，应减少患者行走距离，体现对患者的关爱。

◎ 饭店建筑

饭店建筑按下列规则分别评分并累计：

1）场地出入口到达公共汽车站的步行距离不超过 350m，或到达轨道交通站的步行距离不超过 500m，得 3 分。

2）场地出入口步行距离 350m 范围内设有 2 条及以上线路的公共交通站点（含公共汽车站和轨道交通站），得 3 分。

3）有便捷的人行通道联系公共交通站点，得 3 分。

◎ 博览建筑

博览建筑按下列规则分别评分并累计。

1）场地出入口到达公共汽车站的步行距离不超过 500m，或到达轨道交通站的步行距离不超过 500m，得 3 分。

2）场地出入口步行距离 500m 范围内设有 2 条或 2 条以上线路的公共交通站点（含公共汽车站和轨道交通站），得 2 分。

3）有便捷的人行通道联系公共交通站点，得 2 分。

4）设有摆渡车或提供公共自行车用于近距离交通，得 2 分。

大型和特大型博览建筑的展期往往车流量和人流量很大，容易造成拥堵，有的需要从中转停车场、公交站点接送人员，因此鼓励使用摆渡车或提供公共自行车用于近距离交通；展览建筑的场馆比较分散，也可以设置内部摆渡车方便通行。建筑面积小于 2 万 m² 的博物馆建筑和小于 3 万 m² 时的展览建筑，此条可直接得分。

【达标判断】

对于设计评价，查阅相关设计文件。查阅建筑总平面图、场地公共交通设施布局图，应标出场地到达公交站点的步行线路、公交线路数量、场地出入口到达公交站点的距离，包括建筑与公共交通站点、场联通的专用通道、连接口等内容。

对于竣工评价和运行评价，查阅相关竣工图、现场照片并现场核实。

判定要点：

有便捷的人行通道联系公共交通站点，包括：建筑外的平台直接通过天桥与公交站点相连，建筑的部分空间与地面轨道交通站点出入口直接连通；为减少到达公共交通站点的绕行距离，设置专用人行通道或地下空间与地铁站点直接相连，步行路与城市道路的步行系统便捷相连等。

4.2.9　场地内人车分流，人行通道、主要出入口和停车位均采用无障碍设计，且与建筑场地外人行通道无障碍连通，评价分值为 3 分。

【条文说明】

本条适用于各类民用建筑的设计、竣工和运行评价。

场地内人行通道及场地内外联系的无障碍设计是绿色出行的重要组成部分，是保障各类人群方便、安全出行的基本设施。建筑场地内部的无障碍以及其与外部人行系统的连接是目前无障碍设施建设的薄弱环节，建筑作为城市的有机单元，其无障碍设施建设应纳入城市无障碍系统，并符合现行国家标准《无障碍设计规范》（GB 50763—2012）的要求。

【具体建筑类型要求】

◎ 医院建筑

医院建筑评价时，本条为控制项。

500 床以上的大中型医院建筑设计时，应设计急救车的绿色通道。

◎ 商店建筑

商店建筑评价时，本条为控制项。

【达标判断】

对于设计评价，查阅相关设计文件。查阅建筑总平面图、竖向及景观设计文件。重点审查建筑的主要出入口是否满足无障碍要求，场地内的人行系统以及与外部城市道路的连接是否满足无障碍要求。

对于竣工评价和运行评价，查阅相关竣工图并现场核实。如果建筑场地外已有无障碍人行通道，场地内的无障碍通道必须与之联系才可得分。

判定要点：

如果建筑场地外已有无障碍人行通道，场地内的无障碍通道必须与之联系才能得分。

4.2.10 合理设置停车场所，评价总分值为6分。评分规则如下：

1 自行车、摩托车、电瓶车等停车设施位置合理、方便出入，且有遮阳防雨和安全防盗措施，得2分；

2 合理设置机动车停车设施，并采取下列措施中至少2项，得4分：

1）采用机械式停车库、地下停车库或停车楼等方式节约集约用地；

2）采用错时停车方式向社会开放，提高停车场（库）使用效率；

3）合理设计地面停车位，停车不挤占行人活动空间。

【条文说明】

本条适用于各类民用建筑的设计、竣工和运行评价。

自行车、摩托车、电瓶车停车场所应规模适度、布局合理，符合使用者出行习惯；鼓励使用绿色环保的交通工具，绿色出行。机动车停车应符合所在地控制性详细规划要求，地面停车应按照国家或地方有关标准适度设置并科学管理，合理组织交通流线，不应挤占人行、活动场所。车库设计应满足《车库建筑设计规范》（JGJ 100—2015），且应满足本书附录E中的相关要求。

本书附录E中确定了基本要求条文和更高要求条文，其中基本要求条文是申报重庆市绿色建筑评价标识项目必须达到的技术要求。项目申报时，应针对本书附录E编制单独的绿色建筑室内车库技术要求自评报告。

采用错时停车方式提升停车效率的前提条件主要是停车设施之间具有时空互补性：一是步行距离近，心理可接受距离一般不超过500m；二是停车高峰时段有时差。典型情况发生在城市用地布局多功能混合区域内的公共建筑（如城市行政办公、文化、教育科研、体育、医疗卫生和商业服务等）和居住建筑的停车设施之间。以下情况视为不具备错时停车条件：使用时间相对一致的公共建筑之间；居住建筑（包括为自身配套的公共建筑）之间。幼儿园、中小学的停车设施因安全防范需要，不应选择向社会开放，也不具备错时停车条件。

【具体建筑类型要求】

◎ **办公建筑**

机动车停车的数量和设施宜满足最基本的需要，且宜采用多种停车方式节约用地。

绿色建筑不鼓励机动车的使用，以减少因交通产生的大气污染、能源消耗和噪声，因此停车位数量符合城市规划规定的下限指标即可，不应盲目增加停车位数量。通过对地面停车比例的控制，以及采取机械停车或建设停车楼等措施，有利于更好地利用空间、节约用地。

◎ 校园建筑

根据校园空间的承载力合理设计机动车及非机动车停车场，减少停车场地设置对环境的不利影响。停车场地及地下车库的出入口不应直接通向师生人流集中的道路充分利用地下空间，地面停车比例不超过总停车量的40%。

学校周边划定接送车辆专用临时停车区域，并有专人指挥管理，不影响城市交通；对交通不便的学校有学生专用通勤车辆，通勤车应为教育主管部门指定的安全车型。

【达标判断】

对于设计评价，查阅总平面，应注明自行车、摩托车、电瓶车库/棚的位置、地面停车场位置；自行车、摩托车、电瓶车库/棚及附属设施设计施工图，停车场（库）设计施工图。自行车、摩托车、电瓶车库/棚的设置数量，满足或高于规划条件中的要求（如没有考虑自行车、摩托车、电瓶车停车则判定不得分），在地面需考虑设置遮阳篷等设施。机动车停车的数量应满足所在地城乡规划的有关要求；在相关图纸中标注出拟实行错时停车的停车区域，提供错时停车管理制度证明、地面交通流线分析图等。

对于竣工评价和运行评价，查阅相关竣工图，自行车、摩托车、电瓶车停车设施，机动车停车设施现场照片及错时停车管理记录，并现场核查。

运行评价还应现场核实错时向社会开放停车空间的实施情况。

4.2.11 提供便利的公共服务，评价总分值为6分。评分规则如下：

1 居住建筑和住区满足下列要求中至少3项，得3分；满足4项及以上，得6分：

1）场地出入口到达幼儿园的步行距离不超过300m；

2）场地出入口到达小学的步行距离不超过500m；

3）场地出入口到达商业服务设施的步行距离不超过500m；

4）相关设施集中设置并向周边居民开放；

5）场地1000m范围内设有5种以上的公共服务设施。

2 公共建筑满足下列要求中至少2项，得3分；满足3项及以上，得6分：

1）2种及以上的公共建筑集中设置，或公共建筑兼容2种及以上的公共服务功能；

2）配套辅助设施设备共同使用、资源共享；

3）建筑向社会公众提供开放的公共空间；

4）室外活动场地错时向周边居民免费开放。

【条文说明】

本条适用于各类民用建筑的设计、竣工和运行评价。

根据 2015 年公安部和教育部共同发布的《中小学幼儿园安全防范工作规范（试行）》规定，针对幼儿园、中小学及设有未成年人集中教育培训场所的建筑等不允许对公众开放的特殊建筑，该类公共建筑评审时，本条不参评。

根据《城市居住区规划设计标准》（GB 50180—2018）相关规定，住区配套服务设施（也称配套公建）应包括教育、医疗卫生、文化体育、商业服务、金融邮电、社区服务、市政公用和行政管理八类设施。住区配套公共服务设施，是满足居民基本的物质与精神生活所需的设施，也是保证居民居住生活品质不可缺少的重要组成部分。居民步行 5～10min 可以到达，将大大减少机动车出行需求，有利于节约能源、保护环境。设施整合集中布局、协调互补，和社会共享可提高使用效率、节约用地和投资。

公共服务设施主要指城市行政办公、文化、教育科研、体育、医疗卫生和社会福利六大类设施。公共建筑集中设置，配套的设施设备共享，也是提高服务效率、节约资源有效方法。兼容 2 种以上主要公共服务功能是指主要服务功能在建筑内部混合布局，部分空间共享使用，如建筑中设有共用的会议设施、展览设施、健身设施以及交往空间、休息空间等；大学的专用运动场所科学管理，在非校用时间向社会公众开放；文化、体育设施的室外活动场地错时向社会开放；办公建筑的室外场地在非办公时间向周边居民开放等。公共空间的共享既可增加公众的活动场所，有利陶冶情操、增进社会交往，又可提高各类设施和场地的使用效率，是绿色建筑倡导和鼓励的建设理念。

【具体建筑类型要求】

◎ 医院建筑

医院建筑应该有设施完备、环境良好的室外休息区域，有与建筑邻近的、可以直接进入的庭院。

室外休息区域是指患者、员工、来访者可以进入、距离建筑出入口 60m 以内、没有医疗干预活动、可以接触自然环境的开放空间。其中应有座椅、遮阳等设施；道路平整、景观怡人、禁止吸烟。

◎ 博览建筑

博览建筑评分时，除了《绿色建筑评价标准》（DBJ50/T-066—2014）第 4.2.11 条第 2 款中的 4 项，还可以从以下 2 项中选择，评分方式不变：

1）有观众休息场所，有充足的座椅。

2）公众区域女厕所的大便器配置数量不低于现行行业标准《博物馆建筑设计规范》（JGJ 66—2018）和《展览建筑设计规范》（JGJ 218—2010）配置标准的

1.25 倍；或设有不低于女厕所大便器配置标准的 25% 的无性别厕所。

博览建筑作为公共活动场所，便捷的服务设施十分重要，常见的问题是厕位、座椅、休息场地不充足，因而本条增加了对休息场地及厕位、座椅的设置要求。

现行行业标准《博物馆建筑设计规范》（JGJ 66—2015）规定厕所卫生器具的配置标准为：陈列展览区男厕每 60 人设 1 个大便器、2 个小便器、1 个洗手盆，女厕每 40 人设 2 个大便器、1 个洗手盆；教育区男厕每 40 人设 1 个大便器、2 个小便器、1 个洗手盆，女厕每 25 人设 2 个大便器、1 个洗手盆。

行业标准《展览建筑设计规范》（JGJ 218—2010）中第 4.3.8 条规定：男厕所每 1000m^2 展览面积至少设置 2 个大便器、2 个小便器、2 个洗手盆；女厕所每 1000m^2 展览面积至少设置 4 个大便器、2 个洗手盆。

由于男女使用时间不同，博览建筑经常出现男厕人少、女厕排长队的现象，鼓励增加女厕所的大便器配置数量，大约为原规定为 4 个大便器的变成 5 个大便器。或设置男女通用的"无性别厕所"，一般用"男女，中间加个轮椅"作为标识，英文单词为"UNISEX"，即男女都能使用，残疾人、老人和幼儿也可以在异性家属陪同下进入。无性别厕所的厕位数不低于按照标准计算出的男女总厕位数（含蹲位、座位和站位）的 25% 即算满足此项要求。

【技术途径】

1）居住建筑和住区应合理设置出入口，便于到达教育、商业等城市公共服务设施。居住区内的部分公共服务设施对周边居民开放。

2）公共建筑向社会公众提供开放的公共空间，配套辅助设施设备共同使用、资源共享。

3）规划布局配置综合公共服务设施时应考虑不同功能的完备与互补，也要考虑周边地区公共服务设施的既有现状，避免重复建设。

4）基于人性化的住区发展理念，在进行绿色住区规划设计时，应控制封闭住区的规模，同时充分强调住区资源的开放性与人文关怀。

【达标判断】

设计评价查阅总平面图、建筑平面图（含公共配套服务设施的相关楼层）、管理实施方案；核查共享共用设施或空间，拟向社会开放部分的规划设计与组织管理实施方案等。

竣工评价和运行评价查阅相关竣工图，有关证明文件并现场核实。配套服务设施使用的实景照片以及公共设施共享或错时向周边居民免费开放的证明（制度及其他经营证明文件），现场核实。

判定要点：

《绿色建筑评价标准》（DBJ50/T-066—2014）第 4.2.11 条第 1 款中，如果参评项目为单体建筑，则"场地出入口"用"建筑主要出入口"替代。

> **4.2.12** 结合现状地形地貌进行场地设计与建筑布局，保护场地内原有的自然水域、湿地，采取生态恢复措施，充分利用表层土，对建设项目进行了土石方平衡，评价分值为 3 分。

【条文说明】

本条适用于各类民用建筑的设计、竣工和运行评价。

建设项目应对场地可利用的自然资源进行勘查，充分利用原有地形地貌，尽量减少土石方工程量，减少开发建设过程对场地及周边环境生态系统的改变，包括原有水体和植被，特别是胸径在 15~40cm 的中龄期以上的乔木。在建设过程中确需改造场地内的地形、地貌、水体、植被等时，应在工程结束后及时采取生态复原措施，减少对原场地环境的改变和破坏。表层土需要很长时间的自然演变才能形成，是十分珍贵的资源，因此，应对表层土进行分类收集并利用，有利于资源的利用以及环境生态的恢复。表层土含有丰富的有机质、矿物质和微量元素，适合植物和微生物的生长，场地表层土的保护和回收利用是土壤资源保护、维持生物多样性的重要方法之一。除此之外，根据场地实际状况，采取其他生态恢复或补偿措施，如对土壤进行生态处理，对污染水体进行净化和循环，对植被进行生态设计以恢复场地原有动植物生存环境等，也可作为得分依据。土石方平衡是开发建设项目水土保持方案和体现山地城市风貌的重要内容，其最终目的是在不影响使用功能的前提下，通过合理地组织安排，移挖作填，综合利用资源，减少工程废渣的排放，产生节地、节能、节材和生态环保效益。

【技术途径】

1）通过合理地组织安排，移挖作填，综合利用资源，减少工程废渣的排放，产生节能效益。土石方量平衡中需先计算土石方工程量，土石方工程量常用的计算方法有方格网计算法、横断面计算法：方格网计算法是将绘有等高线的总平面图划分为若干正方形网格，在每个方格中分别填入自然标高、设计标高、施工高程、分别计算出每个方格的控、填方量，然后汇总；横断面计算法一般用于场地纵横坡度变化有规律的地段，精度较低。目前计算机辅助设计技术飞速发展，土石方平衡可由专业的预算、工程造价人员采用相关软件进行计算，尤其是对复杂地形下的土石方分别计算挖方量、填方量、弃方量、借方量。设计阶段应进行良好的竖向设计，避免深挖高填；在施工阶段通过合理组织施工工序、合理组织施工总平面图，做好场地内临时弃方的堆置工再利用工作，减少弃方和借方。

2）高填、高切、深挖较大地改变了场地生态环境，且易导致安全事故，因此应在满足各项使用功能的条件下避免采用。关于高填、深挖的界定，可参照《建筑地基基础设计规范》（GB 50007—2011）和《公路路基设计规范》（JTG D30—2015），将填方深度大于 8m 区域定义为高填方区。根据重庆市城乡建设委员会《关于进一步加强全市高切坡、深基坑和高填方项目勘察设计管理的意见》（渝建发

〔2010〕166 号），高填方为填方边坡高度≥8m；深基坑为岩质基坑高度≥12m，岩土混合基坑高度≥8m 且土层厚度≥4m，土质基坑高度≥5m；高切坡为岩质边坡高度≥15m，岩土混合边坡高度≥12m 且土层厚度≥4m，土质边坡高度≥8m。

3）通过仔细分析场地环境，通过合理设计与施工，项目过程中尽量减少对场地地形、地貌、水体、植被等的改变和破坏。

4）在施工过程中，应将表层土进行保护和回收利用。

【达标判断】

对于设计评价，查阅相关设计文件、生态保护和补偿计划及土石方平衡的相关分析报告。表层查阅场地原地形图及带地形的规划设计图、表层土利用方案、乔木等植被保护方案（保留场地内全部原有中龄期以上的乔木，允许移植）；水面保留方案总平面图、竖向设计图、景观设计总平面图、拟采取的生态恢复措施与实施方案。

对于竣工评价和运行评价，现场核实地形地貌与原设计的一致性以及原有场地自然水域、湿地和植被的保护情况，对场地的水体和植被进行了改造的项目，需查阅水体和植被修复改造过程的照片和记录，核实修复补偿情况；查阅表层土收集、堆放、回填过程的照片、施工组织文件和施工记录，以及表层土收集利用量的计算书。

判定要点：

土石方平衡分析计算报告应满足本书附录 B.1 的要求。

4.2.13 充分利用场地空间合理设置绿色雨水基础设施。超过 $10hm^2$ 的场地进行雨水专项规划设计。评价总分值为 9 分。评分规则如下：

1 尊重地形地貌而保留的自然凹地、谷地、溪流、水塘、湿地等有调蓄雨水功能的水体面积之和占绿地面积的比例不小于 30%，得 3 分；

2 合理衔接和引导屋面雨水、道路雨水进入地面生态设施，并设置相应的径流污染控制措施，得 3 分；

3 硬质铺装地面中透水铺装面积的比例不小于 50%，得 3 分。

【条文说明】

本条适用于各类民用建筑的设计、竣工和运行评价。

本条对参评绿色建筑的场地雨水利用方式、规划方法、基础设施种类和材料等进行了规定和推荐，并根据雨水利用程度的不同分别给出了相应的分值。

绿色雨水基础设施有雨水花园、下凹式绿地、屋顶绿化、植草沟、雨水管截留（又称断接）、渗透设施、雨水塘、雨水湿地、景观水体、多功能调蓄设施等。绿色雨水基础设施有别于传统的灰色雨水设施（雨水口、雨水管道等），能够以自然的方式控制城市雨水径流、减少城市洪涝灾害、控制径流污染、保护水环境。

　　根据现行的《城市居住区规划设计标准》（GB 50180—2018），面积超过 $10hm^2$ 生活聚集地称为小区，基础配套设施较为完善和独立，所以沿用该标准划分标准，项目申报范围用地面积超过 $10hm^2$ 应独立进行雨水利用的专项规划。

　　雨水利用应充分考虑重庆地区的自然地形，合理规划和施工，尽量与原有地貌相协调，达到减少投资和保证排水安全目的；重庆地区常规屋面及地面的初期雨水污染物浓度较高，弃留量大，绿色建筑要合理控制径流污染，充分利用雨水。

　　尊重地形地貌，合理利用场地的河流、湖泊、水塘、湿地、低洼地作为雨水调蓄设施，或利用场地内设计景观（如景观绿地和景观水体）来调蓄雨水，可达到有限土地资源多功能开发的目标。能调蓄雨水的景观绿地包括自然凹地、谷地、溪流、水塘、湿地等。

　　屋面雨水和道路雨水是建筑场地产生径流的重要源头，易被污染并形成污染源，故宜合理引导其进入地面生态设施进行调蓄、下渗和利用，并在雨水进入生态设施前后采取相应截污措施，保证雨水在滞蓄和排放过程中有良好的衔接关系，保障自然水体和景观水体的水质、水量安全。地面生态设施是指下凹式绿地、植草沟、树池等，即在地势较低的区域种植植物，通过植物截流、土壤过滤滞留处理小流量径流雨水，达到径流污染控制目的。需要注意的是，如仅将经物化净化处理后的雨水，再回用于绿化浇灌，不能认定为满足要求。

　　雨水下渗也是消减径流和径流污染的重要途径之一。

　　对于项目属于海绵城市建设内容，且具备通过相关评审的海绵城市建设方案的项目，经专家评议，可认可进行了雨水专项规划设计。

【具体建筑类型要求】

◎ 校园建筑

　　高等学校室外透水地面面积比不小于 55%。透水地面面积比是指透水地面面积占室外地面总面积的比例。校园透水型地面选材时候，需慎重考虑采用透水地面材料，防止对学生造成伤害。自然裸露地、公共绿地、绿化地面和面积大于等于 55% 的镂空铺地（如植草砖）可计入透水地面面积。

◎ 博览建筑

博览建筑在评价本条第 3 款时，按下列规则评分：

　　1）博物馆建筑硬质铺装地面中透水铺装面积的比例达到 30%，得 3 分。

　　2）展览馆建筑硬质铺装地面中透水铺装面积的比例达到 10%，或不低于 70% 的室外机动车停车位采用镂空透水铺装，得 3 分。

　　博物馆建筑室外硬质铺装面积较大，且一定比例的室外硬质铺装场地因室外展场、公共活动等功能需求，不宜采用透水铺装，因此调低了透水铺装的比例要求。

　　展览馆建筑室外场地同样具有室外展场、公共活动、集会场地等功能需求，且因展品类型、展览规模等对硬质铺装场地有更高的承重荷载要求，更大比例的室外场地不适宜采用透水铺装，因此相较博物馆建筑，进一步调低了透水铺装的比例要求。同时，如果不低于70%的室外机动车停车位设置为镂空透水铺装，如植草晴、碎石铺砌等，且镂空率不低于40%，此款也可得分。

【技术途径】

1）注意区分绿色雨水基础设施与普通雨水基础设施。常见的绿色雨水基础设施系统包括植草沟、卵石沟等收集与输送系统，下沉式绿地、天然凹地、池塘等调蓄滞留设施，透水地面、渗透管沟等雨水入渗设施，湿地、潭塘等生态处理工艺。

2）雨水专项规划设计内容应包括水量水质预测，水量平衡与利用系统选型，收集与输送，滞留与入渗，雨水处理工艺选择与设计，雨水调蓄、回用与排放。

3）绿色雨水基础设施设计施工可参考《建筑与小区雨水控制及利用工程技术规范》（GB 50400—2016），同时可根据项目要求适当调整。

【达标判断】

设计评价审核地形图及场地规划设计文件、场地雨水综合利用方案或雨水专项规划设计（场地大于10hm²的应提供雨水专项规划设计，没有提供的此条不得分）、施工图纸（含总图、景观设计图、室外给排水总平面图等）、计算书，现场核查设计要求的实施情况，按达标项得分。

竣工评价和运行评价查阅地形图、相关竣工图、场地雨水综合利用方案或雨水专项规划设计、计算书并现场核实。

判定要点：

场地大于10hm²的应提供雨水专项规划设计（申报绿色建筑的场地面积的范围，应按照申报建筑所具有的规划批复文件对应的范围进行计算；综合性建筑为项目整体指标），没有提供的此条不得分。如仅将经物化净化处理后的雨水，再回用于绿化浇灌，不能认定为满足要求。《绿色建筑评价标准》（DBJ50/T-066—2014）第4.2.13条第3款所指的"硬质铺装地面"指场地中停车场、道路和室外活动场地等，不包括建筑占地（屋面）、绿地、水面、重型消防车道等。停车场、道路和室外活动场地等具有一定承载能力要求，多采用石材、砖、混凝土、砾石等为铺地材料，透水性能较差，雨水无法入渗，形成大量地面径流，增加城市排水系统的压力。"透水铺装"是指采用如植草砖、透水沥青、透水混凝土、透水地砖等透水铺装系统，既能满足路用及铺地强度和耐久性要求，又能使雨水通过本身与铺装下基层相通的渗水路径直接渗入下部土壤的地面铺装。采用如透水沥青、透水混凝土、透水地砖等透水铺装系统，可以改善地面透水性能。当透水铺装下为地下室顶板时，若地下室顶板设有疏水板及导水管等可将渗透雨水导入与地下室顶板接壤的实土，或地下室顶板上覆土深度能满足当地绿化要求时，仍可认定其为透水铺装地面，并且《绿色建筑评价标准》（DBJ50/T-066—2014）第4.2.13条中透水铺装面积要求有效覆土深度达到1.5m以上。有新增材料的，需要提交材料样本，并经相关主管部门的认可。评价时以场地中硬质铺装地面中透水铺装所占的面积比例为依据。

对于项目属于海绵城市建设内容，且具备通过相关评审的海绵城市建设方案的项目，经专家评议，可认可进行了雨水专项规划设计。

> **4.2.14** 合理规划地表与屋面雨水径流，对场地雨水实施外排总量控制，评价总分值为 6 分。评分规则如下：
>   1 场地年径流总量控制率不低于 55% 但低于 70%，得 3 分；
>   2 场地年径流总量控制率不低于 70%，得 6 分。

【条文说明】

本条适用于各类民用建筑的设计、竣工和运行评价。

场地设计应合理评估和预测场地可能存在的水涝风险，尽量使场地雨水就地消纳或利用，防止径流外排在其他区域形成水涝和污染。径流总量控制同时包括雨水的减排和利用，实施过程中减排和利用的比例需依据场地的实际情况，通过合理的技术经济比较，来确定最优方案。

从区域角度看，雨水的过量收集会导致原有水体的萎缩或影响水系统的良性循环。要使硬化地面恢复到自然地貌的环境水平，最佳的雨水控制量应以雨水排放量接近自然地貌为标准，因此从经济性和维持区域性水环境的良性循环角度出发，径流的控制率也不宜过大而应有合适的量（除非具体项目有特殊的防洪排涝设计要求）。本条设定的年径流总量控制率不宜超过 85%。

根据 1977～2006 年的统计数据，重庆年均降雨量为 1101mm，年径流总量控制率 55%、70% 和 85% 对应的设计控制雨量分别为 9.6mm、16.7mm 和 31.0mm。设计时应根据年径流总量控制率对应的设计控制雨量来确定雨水设施规模和最终方案，有条件时，可通过相关雨水控制利用模型进行设计计算；也可采用简单计算方法，结合项目条件，用设计控制雨量乘以场地综合径流系数、总汇水面积来确定项目雨水设施总规模，再分别计算滞蓄、调蓄和收集回用等措施实现的控制容积，达到设计控制雨量对应的控制规模要求，即达标。

对于项目属于海绵城市建设内容，且具备通过相关评审的海绵城市建设方案的项目，经专家评议，可认可对场地实施了雨水外排总量控制。

【技术途径】

雨量径流系数是一定时间内降雨产生的径流总量与总雨量之比。年径流总量控制率是指雨水通过自然和人工强化的入渗、滞蓄、调蓄和收集回用，场地内累计一年得到控制的雨水量占全年总降雨量的比例。径流总量控制同时包括雨水的减排和利用，实施过程中减排和利用的比例需依据场地的实际情况，通过合理的技术经济比较，来确定最优方案。

城市化进程中的路面硬化是近年来城市内涝的原因之一，绿色建筑应在技术经济合理范围内控制场地雨水径流的产生和排放，为控制城市内涝做贡献。试验研究测试数据表明：不透水建筑物屋顶、硬化地面、透水型地面和绿地4种下垫面径流系数（表4.15）分别为0.95、0.90、0.45和0.15，因此通过调整屋面、地面材料，合理调整不同下垫面的比例，可大幅削减雨水的径流总量。

表4.15　雨量径流系数表

下垫面种类	雨量径流系数 ψ_c
硬屋面、未铺石子的平屋面、沥青屋面	0.8～0.9
铺石子的平屋面	0.6～0.7
绿化屋面	0.3～0.4
混凝土和沥青路面	0.8～0.9
块石等铺砌路面	0.5～0.6
干砌砖、石及碎石路面	0.4
非铺砌的土路面	0.3
绿地	0.15
水面	1
地下建筑覆土绿地（覆土厚度≥500mm）	0.15
地下建筑覆土绿地（覆土厚度<500mm）	0.3～0.4

年均雨量径流系数是一年中所有场次降雨径流厚度（年径流厚度）和降雨厚度（年降雨厚度）之比，反映了流域降雨厚度和径流厚度长时间的关系，是一个累积结果。国外的暴雨管理模型（SWMM Level 1）使用 Heany 等于1976年提出的年均径流系数的估算公式（该公式为估算的经验公式，仅供年径流系数的估算做参考）

$$\psi_a = 0.15 \times (1-N) + 0.90 \times N \tag{4.2}$$

$$N = 9.6 \times \left(\frac{D_d}{2.5}\right)^{0.573 - 0.0391 \times (\lg D_d - 0.398)} \tag{4.3}$$

式中，ψ_a——年均雨量径流系数；

　　　N——不透水面积所占比例；

　　　D_d——人口密度，人/hm²；

　　0.15、0.90——常数，分别假设为透水和不透水面积的年径流系数值。

统计因素如土地利用及人口密度对年径流系数的影响都合并到不透水面积所占比例 N 中。

国外学者提出用SCS产流模型对全年所有降雨场次进行连续模拟计算得出年径流系数，既比较充分地考虑了流域的水文特征，也考虑了土壤的先前湿润状况。通过SCS持续模拟的年径流系数能比较准确地反映流域的实际情况，是一个可行的方法。具体途径如下：

1）不破坏场地现有水系和滞水场所，尊重自然地形；结合场地特点，整饬地形和水系，强化对雨水进行调蓄和回用。

2）调整屋面和下垫面材质，尽量采用绿色雨水基础设施，增加雨水下渗量，延长雨水滞留时间。

3）合理规划和设计，提高绿色屋面和下垫面采用比例。

4）采用雨水渗透铺装和生物滞留技术，增加雨水渗透量，减少地表径流。

5）要求新建和改造的非机动车行路面、广场、停车场、花园小径、公共活动场地等采用透水性铺装，如采用多孔沥青地面、多孔混凝土地面、透水砖等。

6）结合道路设计，采用生物滞留池、下凹式绿地、生态浅沟等。

7）结合屋面设计，采用屋面绿化等。

8）设计时应根据年径流总量控制率对应的设计控制雨量来确定雨水设施规模和最终方案，有条件时，可通过相关雨水控制利用模型进行设计计算；也可采用简单计算方法，结合项目条件，用设计控制雨量乘以场地综合径流系数、总汇水面积来确定项目雨水设施总规模，再分别计算滞蓄、调蓄和收集回用等措施实现的控制容积，达到设计控制雨量对应的控制规模要求，即达标。

【达标判断】

对于设计评价，查阅当地降雨统计资料、设计说明书（或雨水专项规划设计报告）、设计控制雨量计算书、施工图文件（含总图、景观设计图、室外给排水总平面图等）。

对于竣工评价和运行评价，查阅当地降雨统计资料，相关竣工图、设计控制雨量计算书、场地年径流总量控制报告并现场核实相关设施情况。

判定要点：

本条设定的年径流总量控制率不宜超过85%。

4.2.15 合理选择绿化方式，科学配置绿化植物，评价总分值为6分。评分规则如下：

1 绿化植物以适应当地气候和土壤条件的乡土植物为主，乡土植物占总植物数量的比率应≥70%，得1.5分。

2 种植区域覆土深度和排水能力满足植物生长需求，架空层平台的覆土深度应达到1.5m的要求，得1.5分。

3 居住建筑及住区植物配置合理：常绿树与落叶树按1:1比例搭配；乔、灌、草复层配置合理，群落乔木量不少于3株/100m² 绿地；复层群落占绿地面积≥20%；纯草坪面积占绿地面积≤20%；得3分。

4 能全面进行屋面空间绿化的公共建筑，得2分。

5 能全面进行附属绿地、壁面空间、中庭空间绿化和护坡、堡坎绿化等内容的公共建筑，得1分。

【条文说明】

本条适用于各类民用建筑的设计、竣工和运行评价。

植物配置应充分体现本地区植物资源的特点，突出地方特色。乡土植物具有较强的适应能力，耐候性强、病虫害少。种植乡土植物可提高植物的存活率，有效降低维护费用。

种植区域的覆土深度和排水能力应满足乔、灌木自然生长的需要，满足申报项目所在地有关覆土深度的控制要求。其中，架空平台的覆土深度应达到 1.5m 的要求。

大面积的草坪不但维护费用昂贵，其生态效益也远远小于灌木、乔木。因此，合理搭配乔木、灌木和草坪，以乔木为主，能够提高绿地的空间利用率、增加绿量，使有限的绿地发挥更大的生态效益和景观效益。绿化植物配植中常绿树与落叶树按 1∶1 比例（±10%）搭配，以适应重庆冬季采光与夏季遮阳需要；乔木、灌木、草坪和绿地的合理比例，可参照北京市园林科学研究所对北京城市园林绿化生态效益的研究的成果，即 1（乔木/株）∶6（灌木/株）∶20（草坪/m²）∶29（绿地/m²）的指标，可有效地指导城市绿化的生产实践。同时为避免群落乔木密集，群落乔木数量不宜过多，宜按 3 株/100m² 绿地考虑。

公共建筑环境空间绿化包含了屋面空间、附属绿地、壁面空间、中庭空间和护坡、堡坎绿化等内容。对重庆地区而言，建筑围护结构节能的重点在于夏季隔热。这些外围围护结构的绿化能减少传入室内的热量，是绿色建筑节能的重要生态措施，既能增加绿化面积，提高绿化在二氧化碳固定方面的作用，又可以改善屋顶和墙壁的保温隔热效果，是重要的辅助建筑节能技术。绿地空间，尤其是用于调蓄雨水的绿地，其覆盖植被应有很好的耐旱、耐涝性能和较小的浇灌需求。

【技术途径】

合理的植物物种选择和搭配会对绿地植被的生长起到促进作用。种植区域的覆土深度和排水能力应满足乔、灌木自然生长的需要，满足所在地相关要求。有效覆土深度的定义就是埋管的管顶距地面的距离。

1）绿化设计时应尽量采用景观和生态效果俱佳的乡土植物，并进行合理配置，充分利用绿化用地的水平和垂直空间，形成乔、灌、草结合构成的多层次复层绿化，不应出现大面积的纯草坪。对场地内的原有植物尽量保留。

2）除坡度超过 15° 的坡屋面、大跨度轻质屋面、局部突出屋面的楼梯间和设备用房屋面外的屋面视为具备屋面绿化条件。屋面绿化设置要求：

① 屋面绿化面积应不小于屋面可绿化面积的 50%，面积均按正投影方式计算；屋顶设备及其检修通道（按 2m 宽计）所占面积可不计入屋面可绿化面积。

② 屋面绿化构造及其他要求应符合《种植屋面工程技术规程》（JGJ 155—2013）、重庆市《种植屋面技术规程》（DBJ/T50-067—2007）等标准的规定。

在屋顶绿化设计时，应特别注意校核屋顶荷载是否满足安全要求，注意做好防水，阻根，排水，过滤等构造层，保证屋顶绿化的安全性和实用性，改善屋顶保温隔热效果。植物应尽量选择多肉植物，提高屋顶绿化抗旱性。

3）利用植物对建筑墙体进行绿化，也可用模块化绿化墙体进行墙面立体绿化。

4）种植时应混种，常绿树种和落叶树种的布局应充分考虑夏季遮阳和冬季采光的需求，落叶树种一般种植在建筑物和道路旁。

【达标判断】

对于设计评价，查阅相关设计文件、计算书，审核景观设计文件及其植物配植报告，现场对实际使用的绿化植物种类进行调查、鉴定，乡土植物种类数与总植物种类数的比值不低于70%；对植物群落类型及其分布面积进行计核；对绿化形态进行综合评价。

对于竣工评价及运行评价，查阅相关竣工图、计算书和植物采购合同并现场核实。

判定要点：

居住建筑和公共建筑均参评《绿色建筑评价标准》（DBJ50/T-066—2014）第4.2.15条第1款、第2款，居住建筑参评第3款，公共建筑参评第4款、第5款。

《绿色建筑评价标准》（DBJ50/T-066—2014）第4.2.15条第2款中，种植区域的覆土深度应满足申报项目所在地有关覆土深度的控制要求。

5 节能与能源利用

5.1 控 制 项

5.1.1 建筑设计应符合重庆市建筑节能设计标准中的强制性条文的规定。

【条文说明】

本条适用于各类民用建筑的设计、竣工和运行评价。

建筑围护结构的热工性能指标、外窗和玻璃幕墙的气密性能指标、供暖锅炉的额定热效率、空调系统的冷热源机组能效比、分户（单元）热计量和分室（户）温度调节等对建筑供暖和空调能耗都有很大的影响。

对于居住建筑，住房与城乡建设部颁布的现行《夏热冬冷地区居住建筑节能设计标准》（JGJ 134—2010）要求的节能率为 50%，重庆市根据本地实际，分别制定了适用于不同区域的节能 50% 和节能 65% 的地方居住建筑节能设计标准。建筑和建筑热工设计应按建筑节能标准要求，严格控制居住建筑体系数、不同朝向的窗墙面积比、外窗可开启面积、围护结构各部分的传热系数和热惰性指标、外窗的气密性等级，采取适合的活动外遮阳。当建筑围护结构的热工性能不能满足标准的规定时，应按照标准要求采用围护结构热工性能权衡判断法进行评判。暖通空调系统的节能要求主要是控制设备的能效比。

对于公共建筑，围护结构的热工性能评判不对单个部件（如体形系数、外墙传热系数、窗墙比、幕墙遮阳系数、遮阳方式等）进行强制性规定，仅考虑其整体热工性能，即采用重庆市《公共建筑节能（绿色建筑）设计标准》（DBJ50-052—2016）中的围护结构热工性能权衡判断法进行评判。当所设计的建筑不能同时满足公共建筑节能设计围护结构热工性能的所有规定性指标时，可通过调整设计参数并计算能耗，最终实现所设计建筑全年的空气调节和采暖能耗不大于参照建筑的能耗的目的。其中参考建筑的体形系数应与实际建筑完全相同，而热工性能要求（包括围护结构热工要求、各朝向窗墙比设定等）、各类热扰（通风换气次数、室内发热量等）和作息设定按照现行重庆市《公共建筑节能（绿色建筑）设计标准》（DBJ50-052—2016）中的要求进行设定，且参考建筑与所设计建筑的空气调节和采暖能耗采用同一个动态计算软件计算。

【具体建筑类型要求】

◎ 办公建筑

办公建筑外窗或透明幕墙宜采用外遮阳设计。

建筑形体设计时，可利用建筑自身的形体变化形成自遮阳；立面设计时，可把普通构件和遮阳构件进行整合，形成与建筑统一协调的遮阳形式；天窗、东西向外窗宜设置活动外遮阳。外窗或透明幕墙宜采用外遮阳设计，当采用外遮阳设施进行阳光入射控制时，应综合比较遮阳效果、天然采光和视觉影响等因素，采用可调节遮阳或固定遮阳。在建筑设计中也可以考虑自遮阳，并通过软件模拟进行分析优化。

【达标判断】

对于设计评价，查阅所有建筑的围护结构、外窗及幕墙设计图纸、设备选型、计算文件和节能计算书；竣工评价和运行评价在设计评价方法之外还应检查竣工交付报告，并进行必要的现场核实工作。

判定要点：

居住建筑应符合现行重庆市《居住建筑节能 50%设计标准》（DBJ50-102—2010）或重庆市《居住建筑节能 65%（绿色建筑）设计标准》（DBJ50-071—2016）。

公共建筑应符合现行重庆市《公共建筑节能（绿色建筑）设计标准》（DBJ50-052—2016）。

5.1.2 当采用集中空调系统时，所选用的冷水机组或单元式空调机组的性能系数、能效比以及锅炉热效率符合现行国家标准《公共建筑节能设计标准》（GB 50189—2015）和现行重庆市《公共建筑节能（绿色建筑）设计标准》（DBJ50-052—2014）中的有关规定值。

【条文说明】

本条适用于设置空调系统的居住建筑和公共建筑的设计、竣工和运行评价。

对于用电驱动的集中空调系统，冷源（主要指冷水机组和单元式空调机）的能耗是空调系统能耗的主体，因此，冷源的能效对节省能源至关重要。性能系数、能效比是反映冷源能效的主要指标，为此，将冷源的性能系数、能效比作为必须达标的项目。

重庆市《公共建筑节能（绿色建筑）设计标准》（DBJ50-052—2016）中规定了冷水（热泵）机组制冷性能系数（COP）限值和单元式空气调节机能效比（EER）限值。对于采用集中空调系统的居民小区，或者设计阶段设计有户式中央空调系统的住宅，其冷源能效的要求应该等同于公共建筑的规定。

本条依据现行重庆市《公共建筑节能（绿色建筑）设计标准》（DBJ50-052—2016）对锅炉额定热效率的规定以及对冷热源机组能效比的规定。冷热源机组的能效比符合国家能效标准《冷水机组能效限定值及能效率等级》（GB 19577—2015）和《单元式空气调节机能效限定值及能源效率等级》（GB 19576—2004）的规定。

原中华人民共和国国家质量监督检验检疫总局、中国国家标准化管理委员会发布了《冷水机组能效限定值及能效等级》（GB 19577—2015）、《单元式空气调节机能效限定值及能源效率等级》（GB 19576—2004）、《多联式空调（热泵）机组能效限定值及能源效率等级》（GB 21454—2008）、《房间空气调节器能效限定值及能效等级》（GB 12021.3—2010）、《转速可控型房间空气调节器能效限定值及能效等级》（GB 21455—2013）五个产品的强制性国家能效标准，根据能效将产品划分为不同等级，目的是配合我国能效标识制度的实施。

【达标判断】

设计评价查阅设计图纸及说明书；竣工评价和运行评价查阅设计图纸及说明书，并核对设备的能效值。

对于冷水机组，根据产品形式检验报告，依据表 5.1，判定该机组的额定能效等级。产品的性能系数应不小于其表 5.1 中能效等级 2 级所对应的指标规定值。

表 5.1　能效等级指标（冷水机组）

类型	名义制冷量 CC /kW	能效等级			
		1 级	2 级	3 级	
		COP /（W/W）	COP /（W/W）	COP /（W/W）	IPLV /（W/W）
风冷式或蒸发冷却式	CC≤50	3.20	3.00	2.50	2.80
	CC>50	3.40	3.20	2.70	2.90
水冷式	CC≤528	5.60	5.30	4.20	5.00
	528<CC≤1163	6.00	5.60	4.70	5.50
	CC>1163	6.30	5.80	5.20	5.90

对于单元式空气调节机，根据产品形式检验报告，依据表 5.2，判定该机组的额定能效等级。产品的性能系数应不小于其表 5.2 中能效等级 2 级所对应的指标规定值。

表 5.2　能效等级指标（单元式空气调节机）

类型		能效等级（EER）/（W/W）				
		1 级	2 级	3 级	4 级	5 级
风冷式	不接风管	3.20	3.00	2.80	2.60	2.40
	接风管	2.90	2.70	2.50	2.30	2.10
水冷式	不接风管	3.60	3.40	3.20	3.00	2.80
	接风管	3.30	3.10	2.90	2.70	2.50

电机驱动的蒸气压缩循环冷水（热泵）机组的综合部分负荷性能系数（IPLV）应按式（5.1）计算：

$$IPLV = 1.2\% \times A + 32.8\% \times B + 39.7\% \times C + 26.3\% \times D \qquad (5.1)$$

式中，A——100%负荷时的性能系数（W/W），冷却水进水温度30℃/冷凝器进气干球温度35℃；

B——75%负荷时的性能系数（W/W），冷却水进水温度26℃/冷凝器进气干球温度31.5℃；

C——50%负荷时的性能系数（W/W），冷却水进水温度23℃/冷凝器进气干球温度28℃；

D——25%负荷时的性能系数（W/W），冷却水进水温度19℃/冷凝器进气干球温度24.5℃。

电机驱动的蒸气压缩循环冷水（热泵）机组的综合部分负荷性能系数不应低于表5.3的规定。

水冷变频离心式冷水机组的综合部分负荷性能系数（IPLV）不应低于表5.3中水冷离心式冷水机组限值的1.30倍。

水冷变频螺杆式冷水机组的综合部分负荷性能系数（IPLV）不应低于表5.3中水冷螺杆式冷水机组限值的1.15倍。

表5.3　冷水（热泵）机组综合部分负荷性能系数

类型		额定制冷量 CC/kW	综合部分负荷性能系数 IPLV					
			严寒A、B区	严寒C区	温和地区	寒冷地区	夏热冬冷地区	夏热冬暖地区
水冷	活塞式/涡旋式	CC≤528	4.90	4.90	4.90	4.90	5.05	5.25
	螺杆式	CC≤528	5.35	5.45	5.45	5.45	5.55	5.65
		528<CC≤1163	5.75	5.75	5.75	5.85	5.90	6.00
		CC>1163	5.85	5.95	6.10	6.20	6.30	6.30
	离心式	CC≤1163	5.15	5.15	5.25	5.35	5.45	5.55
		1163<CC≤2110	5.40	5.50	5.55	5.60	5.75	5.85
		CC>2110	5.95	5.95	5.95	6.10	6.20	6.20
风冷或蒸发冷却	活塞式/涡旋式	CC≤50	3.10	3.10	3.10	3.10	3.20	3.20
		CC>50	3.35	3.35	3.35	3.35	3.40	3.45
	螺杆式	CC≤50	2.90	2.90	2.90	3.00	3.10	3.10
		CC>50	3.10	3.10	3.10	3.20	3.20	3.20

注：重庆属于夏热冬冷地区，因此表中重点为粗框部分。下同。

采用名义制冷量大于7.1kW、电机驱动的单元式空气调节机、风管送风式和屋顶式空气调节机组时，其在名义制冷工况和规定条件下的能效比（EER）不应低于表5.4的数值。

表 5.4 名义制冷工况和规定条件下单元式空气调节机、风管送风式和
屋顶式空气调节机组能效比（EER）

类型		名义制冷量 CC /kW	能效比 EER/（W/W）					
			严寒 A、B 区	严寒 C 区	温和地区	寒冷地区	夏热冬冷地区	夏热冬暖地区
风冷式	不接风管	7.1＜CC≤14.0	2.70	2.70	2.70	2.75	2.80	2.85
		CC＞14.0	2.65	2.65	2.65	2.70	2.75	2.75
	接风管	7.1＜CC≤14.0	2.50	2.50	2.50	2.55	2.60	2.60
		CC＞14.0	2.45	2.45	2.45	2.50	2.55	2.55
水冷式	不接风管	7.1＜CC≤14.0	3.40	3.45	3.45	3.50	3.55	3.55
		CC＞14.0	3.25	3.30	3.30	3.35	3.40	3.45
	接风管	7.1＜CC≤14.0	3.10	3.10	3.15	3.20	3.25	3.25
		CC＞14.0	3.00	3.00	3.05	3.10	3.15	3.20

在名义工况和额定条件下，锅炉的热效率不应低于表 5.5 的规定值。

表 5.5 名义工况和规定条件下锅炉的热效率 单位：%

锅炉类型及燃料种类		锅炉额定蒸发量 D/（t/h）或额定热功率 Q/（MW）					
		D＜1 或 Q＜0.7	1≤D≤2 或 0.7≤Q≤1.4	2＜D＜6 或 1.4＜Q＜4.2	6≤D≤8 或 4.2≤Q≤5.6	8＜D≤20 或 5.6＜Q≤14.0	D＞20 或 Q＞14.0
燃油燃气锅炉	重油	86			88		
	轻油	88			90		
	燃气	88			90		
层状燃烧锅炉	Ⅲ类烟煤	75	78	80		81	82
抛煤机链条炉排锅炉		—	—	—	82		83
流化床燃烧锅炉		—	—	—	84		

采用电机驱动的蒸气压缩循环冷水（热泵）机组时，在名义制冷工况和规定条件下的性能系数（COP）应符合下列规定：

1）水冷定频机组及风冷或蒸发冷却机组的性能系数（COP）不应低于表 5.6 的数值。

2）水冷变频离心式机组的性能系数（COP）不应低于表 5.6 中数值的 0.93 倍。

3）水冷变频螺杆式机组的性能系数（COP）不应低于表 5.6 中数值的 0.95 倍。

表 5.6 名义制冷工况和规定条件下冷水（热泵）机组的制冷性能系数（COP）

类型		名义制冷量 CC/kW	性能系数 COP/（W/W）					
			严寒 A、B 区	严寒 C 区	温和地区	寒冷地区	夏热冬冷地区	夏热冬暖地区
水冷	活塞式/涡旋式	CC≤528	4.10	4.10	4.10	4.10	4.20	4.40
	螺杆式	CC≤528	4.60	4.70	4.70	4.70	4.80	4.90
		528＜CC≤1163	5.00	5.00	5.00	5.10	5.20	5.30
		CC＞1163	5.20	5.30	5.40	5.50	5.60	5.60
	离心式	CC≤1163	5.00	5.00	5.10	5.20	5.30	5.40
		1163＜CC≤2110	5.30	5.40	5.40	5.50	5.60	5.70
		CC＞2110	5.70	5.70	5.70	5.80	5.90	5.90
风冷或蒸发冷却	活塞式/涡旋式	CC≤50	2.60	2.60	2.60	2.60	2.70	2.80
		CC＞50	2.80	2.80	2.80	2.80	2.90	2.90
	螺杆式	CC≤50	2.70	2.70	2.70	2.80	2.90	2.90
		CC＞50	2.90	2.90	2.90	3.00	3.00	3.00

采用蒸汽、直燃型溴化锂吸收式冷（温）水机组时，应选用能量调节装置灵敏、可靠的机型，蒸汽型机组根据实测单位制冷量蒸汽耗量分级，各等级单位冷量蒸汽耗量应不大于表 5.7 的规定。直燃型溴化锂吸收式冷（温）水机组在名义工况和规定条件下的性能参数应符合表 5.8 的规定。

表 5.7 名义工况和规定条件下蒸汽型溴化锂吸收式冷（温）水机组的性能参数

能效等级		1 级	2 级	3 级
单位冷量蒸汽耗量/［kg/（kW·h）］	饱和蒸汽 0.4MPa	1.12	1.19	1.40
	饱和蒸汽 0.6MPa	1.05	1.11	1.31
	饱和蒸汽 0.8MPa	1.02	1.09	1.28

表 5.8 名义工况和规定条件下直燃型溴化锂吸收式冷（温）水机组的性能参数

名义工况		性能系数/（W/W）	
冷（温）水进/出口温度/℃	冷却水进/出口温度/℃	制冷	供热
12/7（供冷）	30/35	≥1.20	—
—/60（供热）	—	—	≥0.90

采用房间空调器（热泵型）作为房间空气调节系统的冷热源设备时，其能效比不应低于表 5.9 的规定。

表 5.9　房间空调器能效比

类型	额定制冷量（CC）/W	能效等级		
		1级	2级	3级
整体式		3.30	3.10	2.90
分体式	CC≤4 500	3.60	3.40	3.20
	4 500＜CC≤7 100	3.50	3.30	3.10
	7 100＜CC≤14 000	3.40	3.20	3.00

采用转速可控型房间空气调节器作为房间空气调节系统的冷热源设备时，其能效等级不应低于表 5.10 和表 5.11 的规定。

表 5.10　单冷式转速可控型房间空调器能效等级

类型	额定制冷量（CC）/W	制冷季节能源消耗效率/[(W·h)/(W·h)]		
		能效等级		
		1级	2级	3级
分体式	CC≤4 500	5.40	5.00	4.30
	4 500＜CC≤7 100	5.10	4.40	3.90
	7 100＜CC≤14 000	4.70	4.00	3.50

表 5.11　热泵型转速可控型房间空调器能效等级

类型	额定制冷量（CC）/W	全年能源消耗效率/[(W·h)/(W·h)]		
		能效等级		
		1级	2级	3级
分体式	CC≤4 500	4.50	4.00	3.50
	4 500＜CC≤7 100	4.00	3.50	3.30
	7 100＜CC≤14 000	3.70	3.30	3.10

采用多联式空调（热泵）机组能作为房间空气调节系统的冷热源设备时，其实测制冷综合性能系数 IPLV（C）不应低于表 5.12 的规定。

表 5.12　多联式空调（热泵）机组能效等级对应的制冷综合性能系数指标

（单位：W/W）

额定制冷量（CC）/W	能效等级				
	5级	4级	3级	2级	1级
CC≤28 000	2.80	3.00	3.20	3.40	3.60
28 000＜CC≤84 000	2.75	2.95	3.15	3.35	3.55
CC＞84 000	2.70	2.90	3.10	3.30	3.50

采用燃气热水器和采暖炉进行采暖时，燃气热水器和采暖炉的热效率不应低于表 5.13 的规定。

表5.13　热水器和采暖炉（热效率）值

类型		最低热效率值η/%		
		能效等级1级	能效等级2级	能效等级3级
热水器	η_1	98	89	86
	η_2	94	85	82
采暖炉	热水 η_1	96	89	86
	热水 η_2	92	85	82
	采暖 η_1	99	89	86
	采暖 η_2	95	85	82

注：能效等级判定举例
例1：某热水器产品实测 η_1=98%， η_2=94%， η_1 和 η_2 同时满足1级要求，判定为1级产品；
例2：某热水器产品实测 η_1=88%， η_2=81%，虽然 η_1 满足3级要求，但 η_2 不满足3级要求，故判定为不合格产品；
例3：某采暖炉产品热水状态实测 η_1=98%， η_2=94%，热水状态满足1级要求；采暖状态实测 η_1=100%， η_2=82%，采暖状态为3级产品，故判定为3级产品。

判定要点：

当采用集中空调系统时，所选用的冷水机组或单元式空调机组的性能系数、能效比以及锅炉热效率符合现行国家标准《公共建筑节能设计标准》（GB 50189—2015）和现行重庆市《公共建筑节能（绿色建筑）设计标准》（DBJ50-052—2016）中的有关规定值。

> **5.1.3** 集中采暖或集中空调的居住建筑，设置住户分室（户）温度调节、控制装置及分户冷热计量（分户冷热分摊）的装置或设施。

【条文说明】

本条适用于采用集中供暖或集中空调的居住建筑的设计、竣工和运行评价。

采用集中采暖和（或）集中空调机组向住宅供热（冷）的住宅，用户需支付采暖、空调费用。作为收费服务项目，用户应能自主调节室温，因此应设置用户自主调节室温的装置；收费与用户使用的热（冷）量多少有关联，作为收费的一个主要依据，计量用户用热（冷）量的相关测量装置和制定费用分摊的计算方法是必不可少的。

采用集中采暖或集中空调的住宅，改变24h恒温设置的状况，对末端进行调节是节约能源的重要手段，为此要求能够进行室温调节；同时，为将能效与经济效益发生关联，进一步通过经济杠杆的手段推动建筑节能，要求对此类建筑的冷热量进行分户计量。

【技术途径】

对集中采暖或集中空调的居住建筑进行合理设计，设置住户分室（户）温度调节、控制装置及分户冷热计量（分户冷热分摊）的装置或设施。热量计量装置设置及热计量改造应符合下列规定：

1）热源和换热机房应设热量计量装置；居住建筑应以楼栋为对象设置热量表。对建筑类型相同、建设年代相近、围护结构做法相同、用户热分摊方式一致的若干栋建筑，也可设置一个共用的热量表。

2）当热量结算点为楼栋或者换热机房设置的热量表时，分户热计量应采取用户热分摊的方法确定。在同一个热量结算点内，用户热分摊方式应统一，仪表的种类和型号应一致。

3）当热量结算点为每户安装的户用热量表时，可直接进行分户热计量。

4）供暖系统进行热计量改造时，应对系统的水力工况进行校核。当热力人口资用压差不能满足既有供暖系统要求时，应采取提高管网循环泵扬程或增设局部加压泵等补偿措施，以满足室内系统资用压差的需要。

户内温控装置设置应符合下列规定：

1）每组散热器的进水管上，应设温控阀或性能可靠的手动调节阀，并应根据室内采暖系统形式选择恒温阀类型，各种双管式系统应采用高阻力的两通恒温阀，下供下回水平单管跨越式和垂直单管跨越式系统可采用低阻力的两通恒温阀或三通恒温阀。低温热水辐射采暖系统应在每一分支环路上设置手动调节阀或关断阀加分体式恒温阀。

2）垂直单管或水平单管跨越式系统的跨越管（与主管错开布置）管径，设三通调节阀时宜与散热器的进出水管同管径；不设三通调节阀时宜较散热器的进出水管管径小一号，特别是当散热器为串片类高阻力类型时。

3）当采用冬夏共用一个管道系统的户式中央空调系统时，空调器的恒温器应具备供冷和供暖的转换功能。

4）恒温阀的感温元件类型，应与散热器的安装情况相适应。不设置散热器罩时，应采用内置型；设散热器罩时，应采用外置型。选用温控阀，应按通过恒温阀的水量和压差确定规格，恒温阀全开时的阻力不宜小于散热器环路总阻力值的 50%，阀前、后压差应小于 30kPa。

【达标判断】

对于设计评价，查阅图纸及说明书中有关室（户）温调节设施及分户计量热量的技术措施内容。

对于竣工评价和运行评价，查阅图纸及说明书中有关室（户）温调节设施及分户计量热量的技术措施内容，核查现场。

判定要点：

集中供暖或集中空调的居住建筑，设置住户分室（户）温度调节、控制装置及分户冷热计量（分户冷热分摊）的装置或设施。

5.1.4　不采用电直接加热设备作为空调和供暖系统的供暖热源和空气加湿热源。

【条文说明】

本条适用于采用集中空调或供暖的各类民用建筑的设计、竣工和运行评价。

合理利用能源、提高能源利用率、节约能源是我国的基本国策。高品位的电能直接用于转换为低品位的热能进行供暖或空调，热效率低，运行费用高，必须严格限制这种"高质低用"的能源转换利用方式。

【技术途径】

供暖空调冷源与热源应根据建筑物规模、用途、建设地点的能源条件、结构、价格以及国家节能减排和环保政策的相关规定等，通过综合论证确定，并应符合下列规定：

1）有可供利用的废热或工业余热的区域，热源宜采用废热或工业余热。当废热或工业余热的温度较高、经技术经济论证合理时，冷源宜采用吸收式冷水机组。

2）在技术经济合理的情况下，冷、热源宜利用浅层地能、太阳能、风能等可再生能源。当采用可再生能源受到气候等原因的限制无法保证时，应设置辅助冷、热源。

3）不满足第1）、2）条的，但有城市或区域热网的地区，集中式空调系统的供热热源宜优先采用城市或区域热网。

4）不满足第1）、2）条的，但城市电网夏季供电充足的地区，空调系统的冷源宜采用电动压缩式机组。

5）不满足第1）、2）条的，但城市燃气供应充足的地区，宜采用燃气锅炉、燃气热水机供热或燃气吸收式冷（温）水机组供冷、供热。

6）不满足第1）～5）条的地区，可采用燃煤锅炉、燃油锅炉供热，蒸汽吸收式冷水机组或燃油吸收式冷（温）水机组供冷、供热。

7）夏季室外空气设计露点温度较低的地区，宜采用间接蒸发冷却冷水机组作为空调系统的冷源。

8）天然气供应充足的地区，当建筑的电力负荷、热负荷和冷负荷能较好匹配、能充分发挥冷、热、电联产系统的能源综合利用效率并经济技术比较合理时，宜采用分布式燃气冷热电三联供系统。

9）全年进行空气调节，且各房间或区域负荷特性相差较大，需要长时间地向建筑物同时供热和供冷，经技术经济比较合理时，宜采用水环热泵空调系统供冷、供热。

10）在执行分时电价、峰谷电价差较大的地区，经技术经济比较，采用低谷电价能够明显起到对电网"削峰填谷"和节省运行费用时，宜采用蓄能系统供冷供热。

11）夏热冬冷地区以及干旱缺水地区的中、小型建筑宜采用空气源热泵或土壤源地源热泵系统供冷、供热。

12）有天然地表水等资源可供利用或者有可利用的浅层地下水且能保证

100%回灌时，可采用地表水或地下水地源热泵系统供冷、供热。

13）具有多种能源的地区，可采用复合式能源供冷、供热。

【达标判断】

对于设计评价，查阅暖通空调专业设计图纸和文件；竣工评价和运行评价在设计评价方法之外还应现场核实。

判定要点：

符合下列条件之一的建筑不在本条的限制范围内：

1）采用太阳能供热的建筑，夜间利用低谷电进行蓄热补充。

2）以供冷为主、供暖负荷非常小，且无法利用热泵或其他方式提供供暖热源的建筑，当冬季电力供应充足、夜间可利用低谷电进行蓄热且电锅炉不在用电高峰和平段时间启用时。

3）无城市或区域集中供热，且采用燃气、煤、油等燃料受到环保或消防严格限制的建筑。

4）利用可再生能源发电，且其发电量能够满足直接电热用量需求的建筑。

5）冬季无加湿用蒸汽源，且冬季室内相对湿度要求较高的建筑。

6）对于居住建筑，除电力充足和供电政策支持，或者建筑所在地无法利用其他形式的能源外，严寒和寒冷地区、夏热冬冷地区的住宅不应设计直接电热作为室内供暖主体热源。

7）医院、科研楼等建筑的特殊性功能需求。

5.1.5　建筑的冷热源及输配系统等各部分能耗应进行独立分项计量。

【条文说明】

本条适用于采用集中空调或采暖的公共建筑的设计、竣工和运行评价。

公共建筑和采用集中冷热源的住宅建筑，能源消耗情况较复杂，主要包括空调冷热源系统、输配系统、热水能耗和其他电力系统等。当未分项计量时，不利于建筑各类系统设备的能耗分布，难以发现能耗不合理之处。根据《民用建筑供暖通风与空气调节设计规范》（GB 50736—2012）第9.1.5条规定：锅炉房、换热机房和制冷机房的能量计量应符合下列规定：

1）应计量燃料的消耗量。

2）应计量耗电量。

3）应计量集中供热系统的供热量。

4）应计量补水量。

5）应计量集中空调系统冷源的供冷量。

6）循环水泵耗电量宜单独计量。

分项计量的相关规定参考《公共建筑节能设计标准》（GB 50189—2015）6.4节和《空气调节系统经济运行》（GB/T 17981—2007）4.2节。

【技术途径】

1) 要求采用集中冷热源的建筑，在系统设计（或既有建筑改造设计）时必须考虑，使建筑内各能耗环节如空调冷热源系统、输配系统、热水能耗和其他电力系统等都能实现独立分项计量，有助于分析建筑各项能耗水平和能耗结构是否合理，发现问题并提出改进措施，从而有效地实施建筑节能。

2) 可参照《国家机关办公建筑和大型公共建筑能耗监测系统分项能耗数据采集技术导则》等相关技术规范的要求。

3) 热计量方式具体设置如下：

① 户用热量表方式：每户入户装置处设一表，每楼或几楼热力入口处设一总热表。

② 热分配表方式：户内每组散热器上设一热分配表，每楼或几楼热力入口处设总热表。

4) 对用能数据定期进行统计分析，指导空调系统经济运行。

【达标判断】

对于设计评价，查阅相关冷热源设计图纸和文件；竣工评价和运行评价在设计评价方法之外还应现场核实，运行评价还需查阅分项计量记录。

建筑的冷热源及输配系统等各部分能耗应进行独立分项计量。评价依据为《民用建筑供暖通风与空气调节设计规范》（GB 50736—2012）、《空气调节系统经济运行》（GB/T 17981—2007）中的相关规定。对于未设集中空调系统及多联机空调系统的公共建筑，除总层数不超过两层且每单位建筑面积（每个分隔单元建筑面积）不大于300m²的公共建筑外，空调系统均应采用单独计量设计。

5.1.6 建筑的电气系统能耗应根据用电性质进行独立分项计量。

【条文说明】

本条适用于公共建筑的设计、竣工和运行评价。

公共建筑电能源消耗情况较复杂，主要包括空调系统、照明插座系统、电力系统、特殊用电等。当未分项计量时，不利于建筑各类系统设备的用电能耗分布统计，难以发现用电能耗的不合理之处。为此，要求公共建筑在电气系统设计（或既有建筑改造设计）时必须考虑计量系统，使建筑内各功能部分的能耗如空调系统、照明插座和电力系统及特殊用电能耗等都能实现独立分项计量，有助于分析建筑各项能耗水平和能耗结构是否合理，发现问题并提出改进措施，从而有效地实施建筑节能。因此，本条根据《国家机关办公建筑和大型公共建筑能耗监测系统分项能耗数据采集技术导则》要求，按用户及公共设备分别计量和考核用电。能耗监测系统的具体设计与安装验收，按照重庆市地方标准《公共建筑能耗监测系统技术规程》（DBJ/T 50-153—2012）的规定执行。

【具体建筑类型要求】

◎ 商店建筑

商店建筑照明插座系统设置电能表时可按功能区域或租户设置。

商店电气照明等按租户或使用单位的区域来设置电能表不仅有利于管理和收费，用户也能及时了解和分析电气照明耗电情况，加强管理，提高节能意识和节能的积极性，自觉采用节能灯具和设备。

◎ 医院建筑

医院建筑宜对大型医疗设备进行单独计量。

【达标判断】

对于设计评价，查阅相关照明系统设计图纸和文件；竣工评价和运行评价在设计评价方法之外还应现场核实，运行评价还需查阅分项计量记录。

若产权独立、独立出租或独立核算的办公、商业及住宿等场所的室内空调末端（风机盘管、VAV 末端、VRV 末端）、排气扇、分体式空调器难以单独计量时，可计算在照明插座用电子项中。

判定要点：

根据《国家机关办公建筑和大型公共建筑能耗监测系统分项能耗数据采集技术导则》要求，按用户及公共设备分别计量和考核用电。能耗监测系统的具体设计与安装验收，按照重庆市地方标准《公共建筑能耗监测系统技术规程》（DBJ 50/T-153—2012）的规定执行。

5.1.7　各房间或场所的照明功率密度值不高于现行国家标准《建筑照明设计标准》（GB 50034—2013）规定的现行值。

【条文说明】

本条适用于各类民用建筑的设计、竣工和运行评价。对于非全装修的居住建筑，仅考核其公用部分。

国家标准《建筑照明设计标准》（GB 50034—2013）规定了各类房间或场所的照明功率密度值，分为现行值和目标值，其中现行值是新建建筑必须满足的最低要求，目标值要求更高，是努力的方向。因此，将本条文列为绿色建筑必须满足的控制项。

【具体建筑类型要求】

◎ 商店建筑

在满足炫光限制和配光要求条件下，灯具效率或效能不应低于现行国家标准《建筑照明设计标准》（GB 50034—2013）的规定。具体要求如下：

1）照明光源、镇流器等的能效等级满足现行有关国家标准规定的 1 级要求。

2）使用电感镇流器的气体放电灯应在灯具内设置电容补偿，荧光灯功率因数不应低于 0.9，高强气体放电灯功率因数不应低于 0.85。

3）室内外照明不应采用高压汞灯、自镇流荧光高压汞灯和普通照明白炽灯，照明光源、镇流器等的能效等级满足现行有关国家标准规定的 2 级要求。

4）夜景照明应采用平时、一般节日、重大节日三级照明控制方式。

5）室外广告与标识照明的平均亮度低于现行行业标准《城市夜景照明设计规范》（JGJ/T 163—2008）规定的最大允许值。

【技术途径】

1）公共场所和部位的照明采用高效光源、高效灯具和低能耗镇流器等附件。

2）设置合理的照明声控、光控、定时、感应等自控装置。具体控制如下。

① 室内照明控制：

A．合理选择照明控制方式，充分利用天然光；可根据天然光的照度变化，控制照明灯具的点亮范围；靠外墙窗户一侧的照明灯具应单独控制。

B．走廊、楼梯间、电梯前室及公共场所的照明，宜采用集中控制或智能照明控制系统，并按建筑使用条件和天然采光状况采取分区、分组控制措施；建筑设有 BA 系统时，应纳入 BA 系统进行集中管理。

C．体育馆、影剧院、候机厅、候车厅等公共场所应采用集中控制或智能照明控制系统，并按需要采取可变照度的控制措施。

② 室外照明控制：

A．夜间景观照明和室外照明宜采用集中控制方式，并可通过人工分时段控制或通过线路分区域控制。

B．可通过建筑 BA 系统或智能照明控制系统进行自动控制。

C．可采用定时开关、光控开关进行自动控制。

3）公共场所照明设计不高于《建筑照明设计标准》（GB 50034—2013）中规定的照明功率密度的现行值，并达到对应照度值的要求。

【达标判断】

对于设计评价，查阅电气专业设计图纸和文件、照明功率密度值计算书；竣工评价和运行评价在设计评价方法之外还应现场核实。

住宅建筑每户照明功率密度值不宜大于表 5.14 的规定。

表 5.14 住宅建筑每户照明功率密度值

房间或场所	照度标准值/lx	照明功率密度限值/（W/m²）	
		现行值	目标值
起居室	100	≤6.0	≤5.0
卧室	75		
餐厅	150		
厨房	100		
卫生间	100		
职工宿舍	100	≤4.0	≤3.5
车库	30	≤2.0	≤1.8

办公建筑照明功率密度值不应大于表 5.15 的规定。

表 5.15　办公建筑照明功率密度值

房间或场所	照度标准值/lx	照明功率密度限值/（W/m²）	
		现行值	目标值
普通办公室	300	≤9.0	≤8.0
高档办公室、设计室	500	≤15.0	≤13.5
会议室	300	≤9.0	≤8.0
服务大厅	300	≤11.0	≤10.0

商业建筑照明功率密度值不应大于表 5.16 的规定。

表 5.16　商业建筑照明功率密度值

房间或场所	照度标准值/lx	照明功率密度限值/（W/m²）	
		现行值	目标值
一般商店营业厅	300	≤10.0	≤9.0
高档商店营业厅	500	≤16.0	≤14.5
一般超市营业厅	300	≤11.0	≤10.0
高档超市营业厅	500	≤17.0	≤15.5
专卖店营业厅	300	≤11.0	≤10.0
仓储超市	300	≤11.0	≤10.0

旅馆建筑照明功率密度值不应大于表 5.17 的规定。

表 5.17　旅馆建筑照明功率密度值

房间或场所	照度标准值/lx	照明功率密度限值/（W/m²）	
		现行值	目标值
客房	—	≤7.0	≤6.0
中餐厅	200	≤9.0	≤8.0
西餐厅	150	≤6.5	≤5.5
多功能厅	300	≤13.5	≤12.0
客房层走廊	50	≤4.0	≤3.5
大堂	200	≤9.0	≤8.0
会议室	300	≤9.0	≤8.0

医疗建筑照明功率密度值不应大于表 5.18 的规定。

表 5.18　医疗建筑照明功率密度值

房间或场所	照度标准值/lx	照明功率密度限值/（W/m²）	
		现行值	目标值
治疗室、诊室	300	≤9.0	≤8.0
化验室	500	≤15.0	≤13.5
候诊室、挂号厅	200	≤6.5	≤5.5
病房	100	≤5.0	≤4.5
护士站	300	≤9.0	≤8.0
药房	500	≤15.0	≤13.5
走廊	100	≤4.5	≤4.0

教育建筑照明功率密度值不应大于表 5.19 的规定。

表 5.19　教育建筑照明功率密度值

房间或场所	照度标准值/lx	照明功率密度限值/（W/m²）	
		现行值	目标值
教室、阅览室	300	≤9.0	≤8.0
实验室	300	≤9.0	≤8.0
美术教室	500	≤15.0	≤13.5
多媒体教室	300	≤9.0	≤8.0
计算机教室、电子阅览室	500	≤15.0	≤13.5
学生宿舍	150	≤5.0	≤4.5

判定要点：

各房间或场所的照明功率密度值不高于现行国家标准《建筑照明设计标准》（GB 50034—2013）规定的现行值。

5.2　评　分　项

5.2.1　结合场地自然条件，对建筑的体形、朝向、楼距、窗墙比等进行优化设计，使建筑获得良好的通风、日照和采光，评价总分值为 6 分。评分规则如下：

1　建筑朝向接近南北向，居室夏季避免东、西向日晒，得 2 分；

2　提供相关设计文档证明已做过通风、日照和采光方面的优化设计，得 4 分。

【条文说明】

本条适用于各类民用建筑的设计、竣工和运行评价。

建筑的体形、朝向、楼距以及楼群的布置都对通风、日照和采光有明显的影响，因而也间接影响建筑的采暖和空调能耗以及建筑的室内环境的舒适与否，应该给予足够的重视。然而，这方面的优化又很难通过定量的指标加以描述，所以在评审过程中，应通过检查在设计过程中是否进行过设计优化，优化内容是否涉及体形、朝向、楼距对通风、日照和采光等的影响来判断是否得分。

【具体建筑类型要求】

◎　商店建筑

有中庭的商店建筑，中庭应设置采光顶遮阳设施及通风窗。

采光顶作为一种特殊的采光天窗，在白天可以充分引入室外的天然光，降低室内的照明能耗，另外采光顶导致更多的太阳辐射热进入室内，增加夏季的空调负荷。设置采光顶遮阳设施及通风窗，对温室效应及烟囱效应加以综合考虑。

【技术途径】

1）改善日照条件同时节地的措施很多，如通过宜利用或创造南低北高的场地条件，通过在场地北侧建筑底层设计半地下室、公共活动空间等非居住空间创造斜坡效应；改变建筑形体，采用切削手法或逐层减少建筑面积等。另外，当建筑平面布置不规则、体形复杂、板式住宅长度较长或高层点式住宅布置较密时，常规的日照间距计算与判断已不适用，应采取计算机模拟计算进行日照小时核对，应满足现行国家标准和当地规划部门对日照要求。

2）应充分利用天然采光，房间的有效采光面积和采光系数除应符合国家现行标准《民用建筑设计通则》（GB 50352—2005）和《建筑采光设计标准》（GB 50033—2013）的要求外，尚应符合下列要求：

① 每套住宅至少有一个居住空间能获得冬季日照。

② 当住宅建筑有 4 个及 4 个以上居住空间时，应至少有 2 个居住空间满足日照标准的要求。

③ 卧室、起居室（厅）、厨房应有直接天然采光，采光窗洞口的窗地面积比不应小于 1/7，采光系数不应低于 2%。

④ 居住建筑的公共空间宜有天然采光，其采光系数标准值不宜低于 1%；楼梯、走道等公共空间其采光系数标准值不宜低于 0.5%。

⑤ 办公、宾馆类公共建筑 75%以上的主要功能空间室内采光系数标准值宜满足现行国家标准《建筑采光设计标准》（GB 50033—2013）的要求。

采光不足的建筑室内和地下空间宜结合场地、环境和建设条件，采用下列措施改善室内天然采光效果：

① 采用采光井、采光天窗、下沉广场、半地下室等设计措施。

② 采用反光板、散光板、集光导光设备等技术措施。

③ 建筑外立面设计不应对周围环境产生光照污染，不应采用镜面玻璃或抛光金属板等材料。玻璃幕墙的设计应满足政府相关规定的要求。

【达标判断】

设计评价查阅建筑专业及建筑节能相关设计图纸和文件，进行优化设计的尚需查阅优化设计报告；竣工评价和运行阶段在设计评价方法之外还应现场核实。

判定要点：

1）室内采光数值分析报告应满足本书附录 A.3 的要求。

2）室内风环境数值分析报告应满足本书附录 A.4 的要求。

3）如果建筑的体形简单、朝向接近正南正北（即朝向为南偏西 30°至南偏东 30°范围内），楼间距、窗墙比也满足标准要求，可视为设计合理，《绿色建筑评价标准》（DBJ50/T-066—2014）第 5.2.1 条直接得 6 分。

4）体形等复杂时，应通过检查在设计过程中是否进行过设计优化，优化内容是否涉及体形、朝向、楼距对通风、日照和采光等的影响来判断是否能得分。

5）对于公共建筑，如果经过优化之后的建筑窗墙比都低于 0.5，《绿色建筑评价标准》（DBJ50/T-066—2014）第 5.2.1 条直接得 6 分。

> 5.2.2 外窗、玻璃幕墙等外立面透明部分围护结构应有较大可开启部分，使建筑获得良好的通风，评价总分值为 6 分。评分规则如下：
>
> 1 设玻璃幕墙且不设外窗的建筑，其玻璃幕墙透明部分可开启面积比例：
>
> 1）不低于 5% 但低于 10%，得 3 分；
>
> 2）不低于 10%，得 6 分。
>
> 2 设外窗且不设玻璃幕墙的建筑，外窗可开启面积比例：
>
> 1）不低于 35% 但低于 40%，得 3 分；
>
> 2）不低于 40%，得 6 分。
>
> 3 设玻璃幕墙和外窗的建筑，对其玻璃幕墙透明部分和外窗分别按本条第 1 款和第 2 款进行评价，得分取两项得分的平均值。

【条文说明】

本条适用于采用外窗、玻璃幕墙的各类民用建筑的设计、竣工和运行评价。有严格的室内温湿度要求、不宜进行自然通风的建筑或房间，本条不参评。当建筑层数大于 18 层时，18 层以上部分不参评。

本条窗户的可开启比例对室内的通风有很大的影响。对开推拉窗的开启比例为 40%～45%，平开窗的开启比例更大。

玻璃幕墙的可开启部分比例对建筑的通风性能也有很大的影响，但现行建筑节能标准未对其提出定量指标，而且大量的玻璃幕墙建筑确实存在幕墙可开启部分非常少的现象。因此，本条作为绿色建筑的评分项。

玻璃幕墙的开启方式有多种，通风效果各自不同，考虑到玻璃幕墙建筑一般都很高，高处的风力比较大，为简单起见，无论玻璃幕墙采用何种开启方式（上悬式或下悬式开启最为常见），活动扇都可认定为可开启面积，不再计算实际的或当量的可开启面积。

【具体建筑类型要求】

◎ 校园建筑

教学楼建筑外窗可开启面积不小于外窗总面积的 50%，其他类型建筑的外窗可开启面积不小于 30%。幕墙具有可开启部分或设有通风换气装置。

教学楼外窗不应采用玻璃幕墙和落地大玻璃窗，且应避免普通教室靠黑板侧的外窗产生眩光。同时，开启外窗为平开窗或平推窗，不宜用上悬窗和中悬窗，确保可开启面积达到要求，使教室的自然通风更加舒适。

【技术途径】

1）根据建筑立面设计风格，灵活选用上悬窗、中悬窗、平开窗等外窗形式，确保外窗可开启面积不小于外窗总面积的 30%。

2）幕墙部分应至少具备可开启部分或设有通风换气设备，在条件允许的情况下，可适当增大幕墙可开启面积比例，以使室内人员在较好的室外气象条件下，通过通风来获得热舒适性和良好的室内空气品质，并可减少房间空调设备的运行时间。

3）公共建筑过渡季节自然通风设计应按下列要求进行：

① 自然通风排气口应设于建筑的负压区，尽量高置。为提高室内热压作用，宜在排风竖井屋面处采用太阳光辐射加热的措施或其他被动式通风技术。

② 自然通风进风口应尽量低，其下缘距室内地面高度不应大于 1.2m；自然通风进风口应远离污染源 3m 以上；冬季自然通风进风口的设计，冷风不应直接吹向人体。

③ 自然通风口应阻力系数小、并易于维护。通风口的操作应设置电动或手动开关装置。

4）居住建筑通风设计应按下列规定处理好室内气流组织，提高通风效率：

① 在供暖空调期间关闭门窗时，应有保证 1 次/h 的新风换气措施；当卫生通风口不能满足要求时，应采用机械通风。

② 当室外干球温度不大于 28℃时，应首先采用通风降温措施改善室内热环境。同时，在夏季高温时段应避免室外热风大量侵入室内。

③ 应使室外新鲜空气首先进入居室、然后经厨房、卫生间排出，防止污浊空气进入居室，排气口应设于建筑的负压区。

④ 夏季夜间采用自然通风降温时，换气次数不应小于 10 次/h；当自然通风不能满足该要求时，应采用机械通风系统，机械通风装置的设置，应使卧室、起居室气压高于厨房、卫生间气压。

⑤ 供暖、空调房间的排风宜经厨房、卫生间等非供暖、空调房间排出，充分利用排风中的冷热量。

⑥ 厨房应设置外窗和局部机械排风，就近捕集和排除炊事油烟，4 层以上建筑的厨房排风应采用高空排放。当采用竖向通风道时，应采取防止支管回流和竖井泄漏的措施。

⑦ 采用集中空调或户式中央空调的居住建筑，应设置通风换气装置满足新风量的需求，宜安装带热回收功能的双向换气装置或新风系统。

⑧ 重要功能区域通风或空调供暖工况下的气流组织应满足热环境参数设计要求。

【达标判断】

对于设计评价，查阅建筑专业及建筑节能相关设计图纸和文件；竣工阶段和运行评价在设计评价方法之外还应现场核实。

判定要点：

外窗可开启面积计算按以下规则执行。

1）平开窗、推拉窗自然通风的有效开启面积按实际可开启面积计算。

2）上悬窗、中悬窗、下悬窗自然通风的有效开启面积按外窗开启扇面积×开启角度的 sin 值计算；当开启角度大于 70°时，有效开启面积按 100%计算。

3）玻璃幕墙自然通风的有效开启面积均按可开启扇面积计算。

4）外门可开启面积可纳入外窗可开启面积计算。

无论玻璃幕墙采用何种开启方式（上悬式或下悬式开启最为常见），活动扇都可认定为可开启面积，不再计算实际的或当量的可开启面积。

本条的玻璃幕墙系指透明的幕墙，背后有非透明实体墙的纯装饰性玻璃幕墙不在此列。

对于高层和超高层建筑，由于高处风力过大以及安全方面的原因，自然通风不再是外窗和玻璃幕墙是否能开启主要考虑因素，故仅评判第 18 层及其以下各层的外窗和玻璃幕墙，18 层以上部分不参评。

5.2.3　围护结构热工性能指标优于国家、地方有关建筑节能设计标准的规定，评价总分值为 10 分。评分规则如下：

1　围护结构热工性能比国家或行业有关建筑节能设计标准规定高 5%，得 5 分；高 10%，得 10 分；

或者

2　供暖空调全年计算负荷降低幅度达到 5%，得 5 分，达到 10%，得 10 分。

【条文说明】

本条适用于各类民用建筑的设计、竣工和运行评价。

建筑围护结构的热工性能指标对建筑冬季连续供暖和夏季连续空调的负荷和能耗有很大的影响，国家、行业和重庆市建筑节能设计标准都对围护结构的热工性能提出明确的要求。本条对优于国家和行业节能设计标准规定的热工性能指标进行评分。

对于《绿色建筑评价标准》（DBJ50/T-066—2014）第 5.2.3 条第 1 款，要求在国家、行业和重庆市有关建筑节能标准对外墙、屋顶、外窗、幕墙等围护结构主要部位的传热系数 K 和太阳得热系数 SHGC 的要求上有进一步的提升。特别地，不同窗墙比情况下，节能标准对于透明围护结构的传热系数和太阳得热系数 SHGC 要求是不一样的，需要在此基础上具体分析，针对性地改善。具体来说，要求绿色建筑的围护结构的传热系数 K 和太阳得热系数 SHGC 比标准要求的数值均降低 5% 得 5 分；均降低 10% 得 10 分。夏热冬冷地区要求同时比较传热系数和太阳得热系数。重庆市建筑节能设计标准规定的建筑围护结构的热工性能已经比国家或行业标准规定值有明显提升，按此设计的建筑在进行《绿色建筑评价标准》（DBJ50/T-066—2014）第 5.2.3 条第 1 款的判定时有利于得分。

对于《绿色建筑评价标准》（DBJ50/T-066—2014）第 5.2.3 条第 2 款的判定很复杂，需要经过模拟计算，即需根据供暖空调全年计算负荷降低幅度分档评分，其中参考建筑的设定应该符合国家、行业或重庆市有关建筑节能设计标准的规定。计算不仅要考虑建筑本身，而且还必须与供暖空调系统的类型以及设计的运行状态综合考虑，当然也要考虑建筑所处的气候区。应该做如下的比较计算：其他条件不变[包括建筑的外形、内部的功能分区、气象参数、建筑的室内供暖空调设计参数、空调供暖系统形式和设计的运行模式（人员、灯光、设备等）、系统设备的参数取同样的设计值]，第一个算例取国家、行业或重庆市建筑节能设计标准规定的建筑围护结构的热工性能参数，第二个算例取实际设计的建筑围护结构的热工性能参数，然后比较两者的负荷差异。

【具体建筑类型要求】

◎ 校园建筑

校园建筑外窗的气密性不低于现行国家标准《建筑外门窗气密、水密、抗风压性能分级及检测方法》（GB/T 7106—2008）规定的 6 级要求。

◎ 商店建筑

商店建筑的主要外门应设置风幕。

商店的性质决定了它的外门开启频繁，采取设置风幕保温隔热措施可以避免冷风直接进入室内，在节能的同时，提高建筑的热舒适性。建筑外窗的气密性不低于现行国家标准《建筑外门窗气密、水密、抗风压性能分级及检测方法》（GB/T 7106—2008）规定的 6 级要求，幕墙的气密性不低于现行国家标准《建筑幕墙》（GB/T 21086—2007）规定的 3 级要求。

【技术途径】

建筑设计时要考虑建筑本身，必须与供暖空调系统的类型以及设计的运行状态综合考虑，当然也要考虑建筑所处的气候区。应该做如下的比较计算：其他条件不变[包括建筑的外形、内部的功能分区、气象参数、建筑的室内供暖空调设计参数、空调供暖系统形式和设计的运行模式（人员、灯光、设备等）、系统设备的参数取同样的设计值]，第一个算例取国家或行业建筑节能设计标准规定的建筑围护结构的热工性能参数，第二个算例取实际设计的建筑围护结构的热工性能参数，然后比较两者的负荷差异。

1）提高外围护结构的热工性能是建筑节能的主要措施。改善围护结构的热工性能，主要通过采用保暖隔热性能好的墙体材料和建筑材料；其次是采用合理节能措施与施工方法，设计合理的建筑节能构造。

2）墙体保温隔热技术。单一材料墙体是利用材料自身良好的热工性能及其他力学性能来作为墙体材料。目前常用墙材中加气混凝土、多孔砖等可以作为单一节能墙体。在单一材料墙体不能满足保温要求的情况下，可以使用复合墙体技术。用导热系数小的高效绝热材料附着在墙体结构表层进行复合。根据复合材料与主体结构位置的不同，可分为内保温技术、外保温技术及夹芯保温技术。

3）门窗节能技术。建筑外门窗是围护结构中热工性能最薄弱的部位，门窗的能耗约占建筑围护结构总能耗的 40%～50%。建筑外门窗一方面是能耗大的构件，另一方面也是得热构件，即太阳光通过玻璃透射入室内使室内温度升高。因此，在门窗节能设计时，应根据当地的建筑气候条件、功能要求，确定合理的窗墙比，选择高性能的门窗材料、窗型和相应的节能技术，以获得良好的节能效果。

表 5.20～表 5.24 分别为《公共建筑节能设计标准》（GB 50189—2015）、重庆市《居住建筑节能 65%（绿色建筑）设计标准》（DBJ50-071—2016）、重庆市《公共建筑节能（绿色建筑）设计标准》（DBJ50-052—2016）围护结构热工性能限值。

表 5.20　夏热冬冷地区甲类公共建筑围护结构热工性能限值

围护结构部位		传热系数 K/［W/（m²·K）］	太阳得热系数 SHGC（东、南、西向/北向）
屋面	围护结构热惰性指标 $D \leqslant 2.5$	≤0.40	—
	围护结构热惰性指标 $D > 2.5$	≤0.50	
外墙（包括非透光幕墙）	围护结构热惰性指标 $D \leqslant 2.5$	≤0.60	—
	围护结构热惰性指标 $D > 2.5$	≤0.80	
底面接触室外空气的架空或外挑楼板		≤0.70	—
单一立面外窗（包括透光幕墙）	窗墙面积比≤0.2	≤3.5	—
	0.20＜窗墙面积比≤0.30	≤3.0	≤0.44/0.48
	0.30＜窗墙面积比≤0.40	≤2.6	≤0.40/0.44
	0.40＜窗墙面积比≤0.50	≤2.4	≤0.35/0.40
	0.50＜窗墙面积比≤0.60	≤2.2	≤0.35/0.40
	0.60＜窗墙面积比≤0.70	≤2.2	≤0.30/0.35
	0.70＜窗墙面积比≤0.80	≤2.0	≤0.26/0.35
	窗墙面积比>0.80	≤1.8	≤0.24/0.30
屋顶透光部分（屋顶透光部分面积≤20%）		≤2.6	≤0.30

表 5.21　乙类公共建筑屋面、外墙、楼板热工性能限值

围护结构部位	传热系数 K/［W/（m²·K）］				
	严寒 A、B 区	严寒 C 区	寒冷地区	夏热冬冷地区	夏热冬暖地区
屋面	≤0.35	≤0.45	≤0.55	≤0.70	≤0.90
外墙（包括非透光幕墙）	≤0.45	≤0.50	≤0.60	≤1.0	≤1.5
底面接触室外空气的架空或外挑楼板	≤0.45	≤0.50	≤0.60	≤1.0	—
地下车库和供暖房间之间的楼板	≤0.50	≤0.70	≤1.0	—	—

表 5.22　乙类公共建筑外窗（包括透光幕墙）热工性能限值

围护结构部位	传热系数 K/［W/（m²·K）］					太阳得热系数 SHGC		
外窗（包括透光幕墙）	严寒 A、B 区	严寒 C 区	寒冷地区	夏热冬冷地区	夏热冬暖地区	寒冷地区	夏热冬冷地区	夏热冬暖地区
单一立面外窗（包括透光幕墙）	≤2.0	≤2.2	≤2.5	≤3.0	≤4.0	—	≤0.52	≤0.48
屋顶透光部分（屋顶透明部分面积≤20%）	≤2.0	≤2.2	≤2.5	≤3.0	≤4.0	≤0.44	≤0.35	≤0.30

表 5.23　居住建筑围护结构热工性能限值

围护结构部位		传热系数 $K/$ ［W/（m^2 · K）］	
		热惰性指标 D≤2.5	热惰性指标 D>2.5
体形系数≤0.40	屋面	K≤0.6	K≤0.8
	外墙	K≤0.8	K≤1.2
	底面接触室外空气的架空或外挑楼板	K≤1.2	
	分户墙、楼板（含分户楼板）、楼梯间隔墙、外走廊隔墙	K≤2.0	
	户门	K≤3.0（通往封闭空间） K≤2.0（通往非封闭空间或户外）	
	外窗（含阳台门透光部分）、幕墙透光部分	满足重庆市《居住建筑节能 65%（绿色建筑）设计标准》（DBJ50-071—2010）表 4.2.5 的规定	
体形系数>0.40	屋面	K≤0.5	K≤0.6
	外墙	K≤0.6	K≤1.0
	底面接触室外空气的架空或外挑楼板	K≤1.2	
	分户墙、楼板（含分户楼板）、楼梯间隔墙、外走廊隔墙	K≤2.0	
	户门	K≤3.0（通往封闭空间） K≤2.0（通往非封闭空间或户外）	
	外窗（含阳台门透光部分）、幕墙透光部分	满足重庆市《居住建筑节能 65%（绿色建筑）设计标准》（DBJ50-071—2016）表 4.2.5 的规定	

表 5.24　公共建筑围护结构热工性能限值

围护结构部位		传热系数 $K/$ ［W/（m^2 · K）］	太阳得热系数 SHGC（东、南、西向/北向）
屋面	围护结构热惰性指标 D≤2.5	≤0.40	—
	围护结构热惰性指标 D>2.5	≤0.50	
外墙（包括非透光幕墙）	围护结构热惰性指标 D≤2.5	≤0.60	—
	围护结构热惰性指标 D>2.5	≤0.80	
底面接触室外空气的架空或外挑楼板		≤0.70	—
单一立面外窗（包括透光幕墙）	窗墙面积比≤0.20	≤3.5	—
	0.20<窗墙面积比≤0.30	≤3.0	≤0.44/0.48
	0.30<窗墙面积比≤0.40	≤2.6	≤0.40/0.44
	0.40<窗墙面积比≤0.50	≤2.4	≤0.35/0.40
	0.50<窗墙面积比≤0.60	≤2.2	≤0.35/0.40
	0.60<窗墙面积比≤0.70	≤2.2	≤0.30/0.35
	0.70<窗墙面积比≤0.80	≤2.0	≤0.26/0.35
	窗墙面积比>0.80	≤1.8	≤0.24/0.30
屋顶透光部分（屋顶透光部分面积≤20%）		≤2.6	≤0.30

【达标判断】

对于设计评价，查阅建筑节能计算书等相关设计文件和专项计算分析报告；

竣工和运行评价在设计评价方法之外还应现场核实。

判定要点：

《绿色建筑评价标准》（DBJ50/T-066—2014）第 5.2.3 条第 1 款中，围护结构热工性能重点核查传热系数 K 和太阳得热系数 SHGC。要求传热系数 K 和太阳得热系数 SHGC 比标准要求的数值均降低 5%得 5 分；同时降低 10%得 10 分。

《绿色建筑评价标准》（DBJ50/T-066—2014）第 5.2.3 条第 2 款中，应该做如下的比较计算：其他条件不变［包括建筑的外形、内部的功能分区、气象参数、建筑的室内供暖空调设计参数、空调供暖系统形式和设计的运行模式（人员、灯光、设备等）、系统设备的参数取同样的设计值］，第一个算例取国家、行业或重庆市建筑节能设计标准规定的建筑围护结构的热工性能参数，第二个算例取实际设计的建筑围护结构的热工性能参数，然后比较两者的负荷差异。

5.2.4 建筑外围护结构采用墙体自保温体系，评价分值为 2 分。

【条文说明】

本条适用于各类民用建筑的设计、竣工和运行评价。

墙体自保温技术体系是指按照一定的建筑构造，采用节能型墙体材料及配套专用砂浆使墙体的热工性能等物理性能指标符合相应标准的建筑墙体保温隔热技术体系，其系统性能及组成材料的技术要求须符合相关技术标准及《重庆市墙体自保温系统技术要点（试行）》的规定，按照《蒸压加气混凝土砌块自保温墙体建筑构造图集》（DJBT-039—2008）和《JN 节能型烧结页岩空心砌块自保温墙体建筑构造图集》（DJBT-040—2008）设计和施工。该技术体系具有工序简单、施工方便、安全性能好、便于维修改造和可与建筑物同寿命等特点，工程实践证明应用该技术体系不仅可降低建筑节能增量成本，而且对提高建筑节能工程质量具有十分重要的现实意义。

【技术途径】

1）外保温复合墙体的热工和节能设计应符合下列规定。

① 保温层内表面温度应高于 0℃。

② 外保温系统应包覆门窗框外侧洞口、女儿墙以及封闭阳台等热桥部位。

③ 对于机械固定 EPS 钢丝网架板外墙外保温系统，应考虑固定件、承托件的热桥影响。

2）对于具有薄抹面层的系统，保护层厚度应不小于 3mm 并且不宜大于 6mm。对于具有厚抹面层的系统，厚抹面层厚度应为 25～30mm。

3）应做好外保温工程的密封和防水构造设计，确保水不会渗入保温层及基层，重要部位应有详图。水平或倾斜的出挑部位以及延伸至地面以下的部位应做防水处理。在外墙外保温系统上安装的设备或管道应固定于基层上，并应做密封和防水设计。

4）除采用现浇混凝土外墙外保温系统外，外保温工程的施工应在基层施工质量验收合格后进行。

5）除采用现浇混凝土外墙外保温系统外，外保温工程施工前，外门窗洞口应通过验收，洞口尺寸、位置应符合设计要求和质量要求，门窗框或辅框应安装完毕。伸出墙面的消防梯、水落管、各种进户管线和空调器等的预埋件、连接件应安装完毕，并按外保温系统厚度留出间隙。

6）外保温工程的施工应具备施工方案，施工人员应经过培训并经考核合格。

7）基层应坚实、平整。保温层施工前，应进行基层处理。

8）EPS 板表面不得长期裸露，EPS 板安装上墙后应及时做抹面层。

9）薄抹面层施工时，玻纤网不得直接铺在保温层表面，不得干搭接，不得外露。

10）外保温工程施工期间以及完工后 24h 内，基层及环境空气温度不应低于 5℃。夏季应避免阳光暴晒在 5 级以上大风天气和雨天不得施工。

11）外保温施工各分项工程和子分部工程完工后应做好成品保护。

墙体自保温系统构造可参考表 5.25 和表 5.26。

表 5.25　墙体自保温系统基本构造（1）

墙体自保温系统基本构造			构造示意图
①基层墙体	②抹灰层	③饰面层	
节能型墙体材料，配以专用砌筑砂浆	专用抹灰砂浆	涂料饰面：建筑外墙用腻子+涂料 面砖饰面：黏结砂浆+面砖	

注：挂网增强材料及锚固按设计及有关标准规定设置。

表 5.26　墙体自保温系统基本构造（2）

墙体自保温系统基本构造			构造示意图
①钢筋混凝土柱或梁	②保温层	③饰面层	
钢筋混凝土	黏结砂浆+保温材料+专用抹灰砂浆	涂料饰面：建筑外墙用腻子+涂料 面砖饰面：黏结砂浆+面砖	

注：挂网增强材料及锚固按设计及有关标准规定设置。

【达标判断】

核实建筑围护结构墙体是否采用保温隔热材料及其相关技术是否符合《重庆市墙体自保温系统技术要点（试行）》的规定。设计评价查阅设计文件；竣工评价和运行评价查阅设计文件，核查现场。

判定要点：

墙体自保温体系的系统性能及组成材料的技术要求须符合相关技术标准及《重庆市墙体自保温系统技术要点（试行）》的规定，按照《蒸压加气混凝土砌块自保温墙体建筑构造图集》（DJBT-039—2008）和《JN 节能型烧结页岩空心砌块自保温墙体建筑构造图集》（DJBT-040—2008）设计和施工。

5.2.5 供暖空调系统的冷、热源机组能效等级均优于现行国家标准《公共建筑节能设计标准》（GB 50189—2015）及现行有关国家标准能效限定值的要求，评价总分值为 6 分。评分规则如下：

1 对电机驱动的蒸气压缩循环冷水（热泵）机组，直燃型和蒸汽型溴化锂吸收式冷（温）水机组，单元式空气调节机、风管送风式和屋顶式空调机组，多联式空调（热泵）机组，燃煤、燃油和燃气锅炉，其能效指标比现行国家标准《公共建筑节能设计标准》（GB 50189—2015）规定值的提高或降低幅度满足表 5.2.5 的要求。

2 对房间空气调节器和家用燃气热水炉，其能效等级满足现行有关国家标准的节能评价值要求。

表 5.2.5 冷、热源机组能效指标比现行国家标准《公共建筑节能设计标准》
（GB 50189—2015）的提高或降低幅度

机组类型		能效指标	提高或降低幅度
电机驱动的蒸气压缩循环冷水（热泵）机组		制冷性能系数（COP）	提高 6%
溴化锂吸收式冷水机组	直燃型	制冷、供热性能系数（COP）	提高 6%
	蒸汽型	单位制冷量蒸汽耗量	降低 6%
单元式空气调节机、风管送风式和屋顶式空调机组		能效比（EER）	提高 6%
多联式空调（热泵）机组		制冷综合性能系数 IPLV（C）	提高 8%
锅炉	燃煤	热效率	提高 3%
	燃油燃气	热效率	提高 2%

【条文说明】

本条适用于空调或供暖的各类民用建筑的设计、竣工和运行评价。对于城市市政热源，不对其热源机组能效进行评价。对于非集中购置或安装空调系统或空调器的项目竣工和运行评价本条直接判定为不得分。

国家标准《公共建筑节能设计标准》（GB 50189—2015）强制性条文第 4.2.5 条、4.2.10 条、4.2.14 条、4.2.19 条，分别对锅炉额定热效率、电机驱动压缩机的蒸气压缩循环冷水（热泵）机组的性能系数（COP）、名义制冷量大于 7100W、采用电机驱动压缩机的单元式空气调节机、风管送风式和屋顶式空气调节机组的能效比（EER）、蒸汽、热水型溴化锂吸收式冷水机组及直燃型溴化锂吸收式冷（温）水机组的性能参数提出了基本要求。

本条在此基础上结合《公共建筑节能设计标准》（GB 50189—2015）的最新修订情况，以比其强制性条文规定值提高百分比（锅炉热效率则以百分点）的形式，对包括上述机组在内的供暖空调冷热源机组能效［补充了多联式空调（热泵）机组等］提出了更高要求。对于国家标准《公共建筑节能设计标准》（GB 50189—2015）中未予规定的情况，如量大面广的住宅或小型公建中采用分体空调器、燃气热水炉等其他设备作为供暖空调冷热源（含热水炉同时作为供暖和生活热水热源的情况），可以把《房间空气调节器能效限定值及能源效率等级》（GB 12021.3—2010）、《转速可控型房间空气调节器能效限定值及能源效率等级》（GB 21455—2013）、《溴化锂吸收式冷水机组能效限定值及能效等级》（GB 29540—2013）、《家用燃气快速热水器和燃气采暖热水炉能效限定值及能效等级》（GB 20665—2015）等现行有关国家标准中的节能评价值作为判定本条是否达标的依据。

【技术途径】

依据《公共建筑节能设计标准》（GB 50189—2015）对锅炉额定热效率的规定，以及对冷热源机组能效比的规定，冷热源机组的能效比符合国家能效标准《冷水机组能效限定值及能效等级》（GB 19577—2015）和《单元式空气调节机能效限定值及能源效率等级》（GB 19576—2004）中的规定，具体为：

1）按照《冷水机组能效限定值及能效等级》（GB 19577—2015）的规定，活塞/涡旋式、螺杆式冷水机组采用第 3 级，水冷离心式冷水机组采用第 2 级，螺杆式冷水机组采用第 4 级。

2）单元式空调机组名义制冷量时能效比（EER）值，采用《单元式空气调节机能效限定值及能源效率等级》（GB 19576—2004）中规定的第 4 级。

3）针对办公建筑中使用较多的 VRV 系统，可参照现行《多联式空调（热泵）机组能效限定值及能源效率等级》（GB 21454—2008）。

【达标判断】

设计评价查阅暖通空调专业设计图纸和文件；竣工评价在设计评价方法外还应查阅系统竣工图纸、主要产品型式检验报告，并现场检查；运行评价在设计评价方法之外还应查阅系统竣工图纸、主要产品型式检验报告、运行记录等，并现场核查。

对于冷水机组，根据机组的性能系数测试结果，依据表 5.1，判定其额定能效等级提高幅度。

对于单元式空气调节机，根据机组的性能系数测试结果，依据表 5.2，判定其额定能效等级提高幅度。

电机驱动的蒸气压缩循环冷水（热泵）机组的综合部分负荷性能系数（IPLV）计算参照《绿色建筑评价标准》（DBJ50/T-066—2014）第 5.1.2 条。依据表 5.3，判定其冷水（热泵）机组综合部分负荷性能系数提高幅度。

对于名义制冷量大于 7100W、采用电动驱动压缩机的单元式空气调节机、风管送风式和屋顶式空气调节机组，依据表 5.4，判定其机组能效比（EER）提高幅度。

对于锅炉在名义工况和额定条件下，依据表 5.5，判定其热效率提高幅度。

采用电机驱动的蒸气压缩循环冷水（热泵）机组时，依据表 5.6，判定其制冷性能系数（COP）提高幅度。

采用蒸汽型机组时，根据实测单位制冷量蒸汽耗量分级，依据表 5.7，判定其性能参数的降低幅度。采用直燃型溴化锂吸收式冷（温）水机组时，依据表 5.8，判定其性能参数提高幅度。

采用房间空调器（热泵型）作为房间空气调节系统的冷热源设备时，依据表 5.9，判定其能效比提高幅度。

采用转速可控型房间空气调节器作为房间空气调节系统的冷热源设备时，依据表 5.10 和表 5.11，判定其能效比提高幅度。

采用多联式空调（热泵）机组作为房间空气调节系统的冷热源设备时，依据表 5.12，判定其制冷综合性能系数提高幅度。

采用燃气热水器和采暖炉进行采暖时，依据表 5.13，判定其热效率值提高幅度。

判定要点：

对于城市市政热源，不对其热源机组能效进行评价。

5.2.6　集中供暖系统热水循环泵的耗电输热比和通风空调系统风机的单位风量耗功率符合现行国家标准《公共建筑节能设计标准》（GB 50189—2015）的规定，空调冷热水系统循环水泵的耗电输冷（热）比较现行国家标准《民用建筑供暖通风与空气调节设计规范》（GB 50736—2012）规定值低20%，评价分值为 6 分。

【条文说明】

本条适用于空调或供暖的各类民用建筑的设计、竣工和运行评价。

1）供暖系统热水循环泵耗电输热比满足现行国家标准《公共建筑节能设计标准》（GB 50189—2015）、现行重庆市《公共建筑节能（绿色建筑）设计标准》（DBJ 50-052—2016）的要求。

2）通风空调系统风机的单位风量耗功率满足现行国家标准《公共建筑节能设计标准》（GB 50189—2015）、现行重庆市《公共建筑节能（绿色建筑）设计标准》（DBJ50-052—2016）的要求。

3）空调冷热水系统循环水泵的耗电输冷（热）比需要比《民用建筑供暖通风与空气调节设计规范》（GB 50736—2012）的要求低20%以上。耗电输冷（热）比反映了空调水系统中循环水泵的耗电与建筑冷热负荷的关系，对此值进行限制是为了保证水泵的选择在合理的范围，降低水泵能耗。

【技术途径】

集中供暖系统耗电输热比应符合《公共建筑节能设计标准》（GB 50189—2015）中第4.3.3条的规定；空调冷（热）水系统耗电输冷（热）比、风机单位风量耗功率必须符合国家标准《公共建筑节能设计标准》（GB 50189—2015）中第4.3.9条、第4.3.22条的规定。

【达标判断】

对于设计评价，查阅暖通空调专业设计图纸和计算文件；竣工评价在设计评价方法外还应查阅系统竣工图纸并现场检查；运行评价在设计评价方法之外还应查阅系统竣工图纸、主要产品型式检验报告、运行记录等，并现场检查。

1）在选配集中供暖系统的循环水泵时，应计算集中供暖系统耗电输热比（EHR-h），并应标注在施工图的设计说明中。集中供暖系统耗电输热比为

$$\text{EHR-h}=0.003\,096\sum\left(G\times H/\eta_{\mathrm{b}}\right)/Q\leqslant A\left(B+\alpha\sum L\right)/\Delta T \qquad (5.2)$$

式中，EHR-h——集中供暖系统耗电输热比；

G——每台运行水泵的设计流量，$\mathrm{m^3/h}$；

H——每台运行水泵对应的设计扬程，$\mathrm{mH_2O}$；

η_{b}——每台运行水泵对应的设计工作点效率；

Q——设计热负荷，kW；

ΔT——设计供回水温差，℃；

A——与水泵流量有关的计算系数；

B——与机房及用户的水阻力有关的计算系数，一级泵系统时B取17，二级泵系统时B取21；

$\sum L$——热力站至供暖末端（散热器或辐射供暖分集水器）供回水管道的总长度，m；

α——与$\sum L$有关的计算系数。当$\sum L\leqslant 400\mathrm{m}$时，$\alpha=0.0115$；当$400\mathrm{m}<\sum L<1000\mathrm{m}$时，$\alpha=0.003\,833+3.067/\sum L$；当$\sum L\geqslant 1000\mathrm{m}$时，$\alpha=0.0069$。

2）空调风系统和通风系统的风量大于$10\,000\mathrm{m^3/h}$时，风道系统单位风量耗功率（W_{s}）不宜大于表5.27的数值。风道系统单位风量耗功率（W_{s}）应按下式计算：

$$W_s = P / (3600 \times \eta_{CD} \times \eta_F) \tag{5.3}$$

式中，W_s——风道系统单位风量耗功率，W/（m^3/h）；

      P——空调机组的余压或通风系统风机的风压，Pa；

      η_{CD}——电机及传动效率，%，η_{CD}取 0.855；

      η_F——风机效率，%，按设计图中标注的效率选择。

表 5.27　风机的单位风量耗功率限值　　　　单位：W/（m^3/h）

系统形式	W_s 限值
机械通风系统	0.27
新风系统	0.24
办公建筑定风量系统	0.27
办公建筑变风量系统	0.29
商业、酒店建筑全空气系统	0.30

3）在选配空调冷（热）水系统的循环水泵时，应计算空调冷（热）水系统耗电输冷（热）比［EC（H）R-a］，并应标注在施工图的设计说明中。空调冷（热）水系统耗电输冷（热）比计算应符合下列规定。

空调冷（热）水系统耗电输冷（热）比应为

$$EC(H)R\text{-}a = 0.003\,096 \sum (G \times H / \eta_b) / Q \leqslant A(B + \alpha \sum L) / \Delta T \tag{5.4}$$

式中，$EC(H)R\text{-}a$——空调冷（热）水系统循环水泵的耗电输冷（热）比；

      G——每台运行水泵的设计流量，m^3/h；

      H——每台运行水泵对应的设计扬程，mH$_2$O；

      η_b——每台运行水泵对应的设计工作点效率；

      Q——设计冷（热）负荷，kW；

      ΔT——规定的计算供回水温差，℃，按表 5.28 选取；

      A——与水泵流量有关的计算系数，按表 5.29 选取；

      B——与机房及用户的水阻力有关的计算系数，按表 5.30 选取；

      α——与 $\sum L$ 有关的计算系数，按表 5.31 或表 5.32 选取；

      $\sum L$——从冷热机房出口至该系统最远用户供回水管道的总输送长度，m。

表 5.28　ΔT 值　　　　　　　　　　单位：℃

冷水系统	热水系统			
	严寒地区	寒冷地区	夏热冬冷地区	夏热冬暖地区
5	15	15	10	5

表 5.29　A 值

设计水泵流量 G	G≤60m³/h	60m³/h<G≤200m³/h	G>200m³/h
A 值	0.004 225	0.003 858	0.003 749

表 5.30　B 值

系统组成		四管制单冷、单热管道 B 值	两管制热水管道 B 值
一级泵	冷水系统	28	—
	热水系统	22	21
二级泵	冷水系统	33	—
	热水系统	27	25

表 5.31　四管制冷、热水管道系统的 α 值

系统	管道长度 $\sum L$ 范围		
	$\sum L \leqslant 400m$	$400m < \sum L < 1000m$	$\sum L \geqslant 1000m$
冷水	$\alpha = 0.02$	$\alpha = 0.016 + 1.6 / \sum L$	$\alpha = 0.013 + 4.6 / \sum L$
热水	$\alpha = 0.014$	$\alpha = 0.0125 + 0.6 / \sum L$	$\alpha = 0.009 + 4.1 / \sum L$

表 5.32　两管制热水管道系统的 α 值

系统	地区	管道长度 $\sum L$ 范围		
		$\sum L \leqslant 400m$	$400m < \sum L < 1000m$	$\sum L \geqslant 1000m$
热水	严寒地区	$\alpha = 0.009$	$\alpha = 0.0072 + 0.72 / \sum L$	$\alpha = 0.0059 + 2.02 / \sum L$
	寒冷地区			
	夏热冬冷地区	$\alpha = 0.0024$	$\alpha = 0.002 + 0.16 / \sum L$	$\alpha = 0.0016 + 0.56 / \sum L$
	夏热冬暖地区	$\alpha = 0.0032$	$\alpha = 0.0026 + 0.24 / \sum L$	$\alpha = 0.0021 + 0.74 / \sum L$
	冷水	$\alpha = 0.02$	$\alpha = 0.016 + 1.6 / \sum L$	$\alpha = 0.013 + 4.6 / \sum L$

> 5.2.7　合理选择和优化供暖、通风与空调系统，且暖通空调系统能耗降低幅度满足下列任意一款的要求，评价总分值为 10 分：
> 　　1　不小于 5%，但小于 10%，得 3 分；
> 　　2　不小于 10%，但小于 15%，得 7 分；
> 　　3　不小于 15%，得 10 分。

【条文说明】

本条适用于进行采暖、通风或空调的各类民用建筑的设计、竣工和运行评价。

主要考虑暖通空调系统的节能贡献率。采用以建筑供暖空调系统节能率 φ 为评价指标,被评建筑的参照系统与实际空调系统所对应的围护结构要求与 5.2.3 条优化后实际实施要求一致。暖通空调系统节能计算措施包括合理选择系统形式,提高设备与系统效率,优化系统控制策略等。以建筑供暖空调系统节能率 φ 为评价指标,可参照式(5.5)计算为

$$\varphi_{\mathrm{HVAC}} = \left(1 - \frac{Q_{\mathrm{HVAC}}}{Q_{\mathrm{HVAC,ref}}}\right) \times 100\% \tag{5.5}$$

式中, Q_{HVAC} ——被评建筑实际空调采暖系统全年能耗,GJ;

$Q_{\mathrm{HVAC,ref}}$ ——被评建筑参照空调采暖系统全年能耗,GJ。

关于参考系统的选取,遵循表 5.33 原则。

表 5.33 参照系统的选取原则

设定内容		设计系统	参照系统
采暖、空调负荷			相同
暖通空调系统设定	冷源系统	实际设计方案(设计采用水冷冷水机组系统,或水源或地源热泵系统,或蓄能系统)IPLV 值	采用电制冷的离心机与螺杆机,其能效值(或 IPLV 值)应按照国家《公共建筑节能设计标准》(GB 50189—2015)规定取值。若地标能效规定高于国标,仍应采用国标作为参照值
		实际设计方案(设计采用风冷、蒸发冷却冷水机组或吸收制冷机组或系统)	采用风冷、蒸发冷却螺杆机或吸收式制冷机组,其能效值参考《公共建筑节能设计标准》(GB 50189—2015)规定取值
		实际设计方案(设计采用直接膨胀式系统)	系统与实际设计系统相同,其效率满足相应国家和行业标准的单元式空调机组、多联式空调(热泵)机组或风管送风式空调(热泵)机组的空调系统的要求
	热源系统	实际设计方案,包括采用地源热泵系统	热源采用燃气锅炉,锅炉效率满足相应的标准的要求
	输配系统	实际设计方案	供暖输配系统能效比参照《严寒寒冷地区居住建筑节能设计标准》的要求;冷冻水输送系数和冷却水输送系数的应满足《空气调节系统经济运行》(GBT 17981—2007)的要求
	末端	实际设计方案	末端与实际设计方案相同

参照系统选取原则如下。

1)集中空调系统:参照系统的设计新风量、冷热源、输配系统设备能效比等均应严格按照节能标准选取,不应盲目提高新风量设计标准,不考虑风机、水泵变频、新风热回收、冷却塔免费供冷等节能措施。对于集中式空调采暖系统,计算采暖空调系统能耗时,需考虑部分负荷下的设备效率。计算空调冷热源的能耗时,要计入冷却侧的水泵和风机的能耗,即冷却泵及冷却塔风机电耗。此外,水源热泵、土壤源热泵系统要同时计算地下水取水及回灌用水泵电耗;利用冷却

塔自由冷却的风机电耗要计入此项；水环路热泵系统各热泵分别计算后并累加后统一计算。

2）对于单元式机组，参考系统为相对应的国家标准的单元式机组本身。采用分散式房间空调器进行空调和采暖时，选用符合《房间空气调节器能效限定值及能效等级》（GB 12021.3—2010）和《转速可控型房间空气调节器能效限定值及能效等级》（GB 21455—2013）中规定的第三级产品；采用多联式空调（热泵）机组作为户式集中空调（采暖）机组时，选用国家标准《多联式空调（热泵）机组能效限定值机能源效率等级》（GB 21454—2008）中规定的第三级产品。

3）对于新风热回收系统，热回收装置机组名义测试工况下的热回收效率，全热焓交换效率制冷不低于 50%，制热不低于 55%，显热温度交换效率制冷不低于 60%，制热不低于 65%。需要考虑新风热回收耗电，热回收装置的性能系数（COP 值）大于 5（COP 值为回收的热量与附加的风机耗电量比值），超过 5 以上的部分为热回收系统的节能值。

4）对于水泵的一次泵、二次泵系统，参考系统为对应一、二次泵定频系统。考虑变频的措施，水泵节能率可计入。

5）对于不宜采用风机盘管的空间，选用全空气定风量系统。本条针对 VAV 空调系统，有两种比较形式：一种是与风机盘管比较。另一种是针对冷水不宜进室或室内噪声有严格要求的房间，应该与全空气定风量系统比较。

6）对于有多种能源形式的空调采暖系统，其能耗应折算为一次能源进行计算。

【具体建筑类型要求】

◎ 饭店建筑

饭店建筑供暖空调系统能耗降低幅度按表 5.34 的规则评分。

表 5.34 供暖空调系统能耗降低幅度评分规则

供暖空调系统能耗降低幅度 φ_{HVAC}	分值
3%≤φ_{HVAC}<6%	2
6%≤φ_{HVAC}<9%	4
9%≤φ_{HVAC}<12%	6
12%≤φ_{HVAC}<15%	8
φ_{HVAC}≥15%	10

◎ 博览建筑

博物馆建筑因对藏品及展品的保护要求，一般都有恒温恒湿要求的房间，这是博物馆建筑的特点。因恒温恒湿房间对空调要求高、能耗大，布置在地下或建筑内区，可以减少外围护结构热工对空调能耗的影响，有利于减小空调能耗。因此对于博物馆建筑，鼓励在有条件的情况下，设计时将有恒温恒湿要求的房间，设置在地下室或者建筑内区，不直接贴邻外围护结构。恒温恒湿系统能耗较大，恒温恒湿的范围及其室内基准参数和精度要求应根据工艺要求确定合理、恰当，有利于避免空调系统投资和运行能耗的增加。

展览建筑的日常办公和展览空间的暖通空调系统分别独立设置。由于展览建筑的展览空间存在布展间歇，并非每天连续使用，而日常办公却同所有办公建筑一样正常使用，两者的使用时间不同，所以其暖通空调系统应分开设置。

【达标判断】

设计评价查阅建筑节能计算书等相关设计文件和专项计算分析报告；竣工评价在设计评价方法之外还应查阅系统竣工图纸、主要产品型式检验报告，并现场检查；运行评价在设计评价方法之外还应查阅系统竣工图纸、主要产品型式检验报告、运行记录、数值分析报告等，并现场检查。

表 5.35～表 5.38 为不同类型空调器能效等级指标表，所选用空调器能效等级不应低于表 5.35～表 5.38 中规定的第二级。

表 5.35 房间空调器能效等级指标

类型	额定制冷量（CC）/W	能效等级		
		1 级	2 级	3 级
整体式		3.30	3.10	2.90
分体式	CC≤4 500	3.60	3.40	3.20
	4 500<CC≤7 100	3.50	3.30	3.10
	7 100<CC≤14 000	3.40	3.20	3.00

表 5.36 单冷式转速可控型房间空气调节器能效等级

类型	额定制冷量（CC）/W	制冷季节能源消耗效率/[（W·h）/（W·h）]		
		能效等级		
		1 级	2 级	3 级
分体式	CC≤45 00	5.40	5.00	4.30
	4 500<CC≤7 100	5.10	4.40	3.90
	7 100<CC≤14 000	4.70	4.00	3.50

表 5.37 热泵型转速可控型房间空气调节器能效等级

类型	额定制冷量（CC）/W	能效等级		
		1 级	2 级	3 级
整体式	—	3.30	3.10	2.90
分体式	CC≤4 500	3.60	3.40	3.20
	4 500<CC≤7 100	3.50	3.30	3.10
	7 100<CC≤14 000	3.40	3.20	3.00

表 5.38　多联式空调（热泵）机组能效等级对应的制冷综合性能系数指标

额定制冷量（CC）/W	能效等级				
	5 级	4 级	3 级	2 级	1 级
CC≤28 000	2.80	3.00	3.20	3.40	3.60
28 000＜CC≤84 000	2.75	2.95	3.15	3.35	3.55
CC＞14 000	2.70	2.90	3.10	3.30	3.50

判定要点：

供暖空调系统能耗模拟分析报告应满足本书附录 A.5 的要求。

> **5.2.8**　全空气空调系统采取可实现全新风运行或可调新风比的措施，评价总分值为 5 分。评分规则如下：
>
> 1　最大可调新风比不小于 75%，得 3 分；
>
> 2　可实现全新风运行，得 5 分。

【条文说明】

本条适用于采用全空气空调系统的各类公共建筑的设计、竣工和运行评价。

空调系统设计时不仅要考虑到设计工况，而且应考虑全年运行模式。在过渡季，空调系统采用全新风或增大新风比运行，都可以有效地改善空调区内空气的品质，大量节省空气处理所需消耗的能量，应该大力推广应用。但要实现全新风运行，设计时必须认真考虑新风取风口和新风管所需的截面积，妥善安排好排风出路，并应确保室内合理的正压值。本条所指最大新风可调比是指新风系统可以实现的风量调节范围，与为满足过渡季节通风所需的风量的比值。

重庆市的实际气候表明，过渡季、夏季或夏季的夜间存在过渡季的时段，因而利用加大新风或全新风运行，会带来明显的节能效果，同时，大幅度提高了室内空气质量标准，故应在设计中反映。视公共建筑的类型、建筑的自然通风设计，过渡季如可利用自然通风则是最佳节能措施。

1）设计定风量全空气空气调节系统时，强调应采取实现全新风运行或可调新风比的措施，是由于夏季新风耗能所占比例大，措施应当是：新风入口和新风管截面积足够，且新回风管的阀门应能联动动作。同时，为适应过渡季实现全新风运行，本条规定了应设计相应的机械排风系统。

2）地下、半地下或地上人员密集度大的大型公共建筑，如商店、车站等场所，当采用风机盘管+新风系统时，会经常出现过渡季新风不足、室内空气品质低下的问题。为了实现空调系统可调新风比的设计，做到过渡季节运行节能，同时提高室内空气品质，本条要求地上楼层的设计最小新风量≥20 000m³/h 时，应执行本条规定，同时应设计相应的机械排风系统，且排风系统应与新风量的调节相适应。地上楼层的设计最小新风量≥20 000m³/h，是考虑系统承担的空调面积的规模，如人均使用面积按 3m²/人，新风量按 20m³/（h·人）设计时，则楼层使用面积≥3000m² 时，应执行本条规定。设计采用风机盘管加新风系统时，应设置过渡季节全新风运行的措施。

3）采用吊柜式机组处理新风，并设有回风口的系统，在商店等建筑中普遍存在。由于缺乏新风、回风的调节措施，往往是一次固定，全年不变，既不能适应过渡季节的全新风要求，又不能适应使用场所内部人员负荷变动的实际，故提出该规定。

4）应选择设置有旁通风管的热回收装置，以便在过渡季节减少风机能耗。

5）采用机械通风系统，按全面通风设计房间换气，独立于空气调节系统，或旁通相关空气处理机组，调节送风量（阀门、双速或变频送、排风机）满足最大新风要求，应是可行的措施。

【具体建筑类型要求】

◎ 医院建筑

新风系统设计时，其过滤净化设施的设置应符合《综合医院建筑设计标准》（GB 51039—2014）和《医院洁净手术部建筑技术规范》（GB 50333—2013）的规定。对医疗过程产生的废气设置可靠的排放系统，医用真空汇设置细菌过滤器或采取其他灭菌消毒措施，排气口排除的气体不影响其他人员工作和生活区域。例如，手术中大量应用吸入麻醉药物，若排放不佳极易引起麻醉废气污染，同时还可能引起接台手术病人的交叉感染。

【技术途径】

空气调节系统应具有过渡季最大限度利用新风的功能，设计应符合下列规定：

1）设计定风量全空气空气调节系统时，应采取实现全新风运行或可调新风比运行的措施，同时应设计相应的机械排风系统。新风量的控制与工况的转换，宜采用新风和回风的焓值控制方法。

2）建筑中人员密集度大的地下、半地下空间，或人员密集度大的地上空间且楼层的设计最小新风量≥20 000m³/h 时，过渡季可利用新风的最大新风比，应不低于总送风量的50%；同时应设计相应的机械排风系统，且排风系统应与新风量的调节相适应。设计为风机盘管加新风系统时，应设置过渡季节全新风运行的措施。

3）采用吊柜式机组处理新风，并设有回风口时，应设置互为联动的电动新风阀和电动回风阀，控制与工况的转换，宜采用新风和回风的焓值控制方法。

4）当设置有排风热回收装置，应选择设置带有旁通风管的热回收装置。

5）间歇运行的空调系统提前预热或预冷时，应能够优先利用全新风运行。

6）设计专用的机械通风系统，应采用自动控制实现空调系统与机械通风系统之间的切换。

7）有内区的建筑应优先采用室外新风冷却措施。

【达标判断】

设计评价查阅暖通空调及其他相关专业的设计图纸和计算文件；竣工和运行评价在设计评价方法之外还应查阅系统竣工图纸、主要产品型式检验报告、运行记录等，并现场检查。

> 5.2.9　降低建筑物在部分冷热负荷和部分空间使用下的暖通空调系统能耗，评价总分值为9分。评分规则如下：
>
> 　　1　区分房间的朝向，细分供暖、空调区域，对空调系统进行分区控制，得3分；
>
> 　　2　合理选配空调冷、热源机组台数与容量，制定实施根据负荷变化调节制冷（热）量的控制策略，且空调冷源机组的部分负荷性能符合现行国家标准《公共建筑节能设计标准》（GB 50189—2015）和现行重庆市《公共建筑节能（绿色建筑）设计标准》（DBJ50-052—2016）的规定，得3分；
>
> 　　3　水系统采用水泵变频技术，或全空气系统采用变风量控制，且采取相应的水力平衡措施，得3分。

【条文说明】

本条适用于空调或通风的各类民用建筑的设计、竣工和运行评价。

多数空调系统都是按照最不利情况（满负荷）进行系统设计和设备选型的，而建筑在绝大部分时间内是处于部分负荷状况的，或者同一时间仅有一部分空间处于使用状态。针对部分负荷、部分空间使用条件的情况，如何采取有效的措施以节约能源，显得至关重要。系统设计中应考虑合理的系统分区、水泵变频、变风量、变水量等节能措施，保证在建筑物处于部分冷热负荷时和仅部分建筑使用时，能根据实际需要提供恰当的能源供给，同时不降低能源转换效率，并能够指导系统在实际运行中实现节能高效运行。

【具体建筑类型要求】

◎　校园建筑

对于集中采暖或空调的教学实验用房，在确定采暖或空调负荷时，考虑学生寒暑假期间使用率较低的影响，在设备选型时对负荷进行修正。

【技术途径】

将不同要求的空调区放置在一个空调风系统中时，会难以控制，影响使用，所以强调不同要求的空调区宜分别设置空调风系统。当个别局部空调区的标准高于其他主要空调区的标准要求时，从简化空调系统设置、降低系统造价等原则出发，两者可合用空调风系统；但此时应对标准要求高的空调区进行处理，如同一风系统中有空气的洁净度或噪声标准要求不同的空调区时，应对洁净度或噪声标准要求高的空调区采取增设符合要求的过滤器或消声器等处理措施。

需要同时供热和供冷的空调区，是指不同朝向、周边区与内区等。进深较大的开敞式办公用房、大型商店等，内外区负荷特性相差很大，尤其是冬季或过渡季，常常外区需供热时，内区因过热需全年供冷；过渡季节朝向不同的空调区也常需要不同的送风参数。此时，可按不同区域划分空调区，分别设置空调风系统，以满足调节和使用要求；当需要合用空调风系统时，应根据空调区的负荷特性，采用不同类型的送风末端装置，以适应空调区的负荷变化。

空气调节系统分区可按下列条件划分：对于空气调节房间的设计参数（主要是温度、湿度等）相近、房间内空气的热湿比数值相近、使用和运行时间接近的房间，宜划分为同一系统，同一系统的各空气调节房间应尽可能靠近；空气调节房间的瞬时负荷变化差异较大时，应分设系统，可根据空气调节房间的朝向划分；空气调节房间所需的新鲜空气量比例相差悬殊时，可按比例相近者分设系统；有消声要求的房间不宜与无消声要求的房间划为同一系统，如划为同一系统，应作局部处理；有空气洁净度要求的房间不应与空气污染严重的房间划为同一系统，也不宜与无空气洁净度要求的房间划为同一系统，如与后者划为同一系统时，应作局部处理；空气调节房间的面积很大时，应按内区和外区分设系统，一般距外围护结构 5m 左右范围内的面积为外区，其余面积为内区；要尽量缩短风管长度，减少风管重叠，便于施工、管理、调试和维护。

【达标判断】

设计评价查阅暖通空调及其他相关专业的设计图纸和计算文件；竣工在设计评价方法之外还应查阅系统竣工图纸、主要产品型式检验报告，并现场检查；运行评价在设计评价方法之外还应查阅系统竣工图纸、主要产品型式检验报告、运行记录等，并现场检查。

《绿色建筑评价标准》（DBJ50/T-066—2014）第 5.2.9 条第 1 款主要针对系统划分及其末端控制，空调方式采用分体空调以及多联机的，可认定为满足（但前提是其供暖系统也满足本款要求，或没有供暖系统）。

《绿色建筑评价标准》（DBJ50/T-066—2014）第 5.2.9 条第 2 款主要针对系统冷热源，如热源为市政热源可不予考察（但小区锅炉房等仍应考察）。

对于冷水机组，根据机组的性能系数测试结果，依据表 5.39 判定该机组的额定能效等级。产品的性能系数测试值和标注值不应小于表 5.39 中额定能效等级所对应的指标规定值。

表 5.39　能效等级指标

类型	额定制冷量（CC）/kW	能效等级			
		1 级	2 级	3 级	
		IPLV/（W/W）	COP/（W/W）	IPLV/（W/W）	IPLV/（W/W）
风冷式或蒸发冷却式	CC≤50	3.80	3.60	2.50	2.80
	CC>50	4.00	3.70	2.70	2.90
水冷式	CC≤528	7.20	6.30	4.20	5.00
	528<CC≤1163	7.50	7.00	4.70	5.50
	CC>1163	8.10	7.60	5.20	5.90

蒸气压缩循环冷水（热泵）机组的综合部分符合性能系数不应小于表 5.40 的规定。

表 5.40　冷水（热泵）机组综合部分负荷性能系数

类型		额定制冷量/kW	综合部分负荷性能系数/（W/W）
水冷	螺杆式	<528	4.47
		528～1163	4.81
		>1163	5.13
	离心式	<528	4.49
		528～1163	4.88
		>1163	5.42

《绿色建筑评价标准》（DBJ50/T-066—2014）第 5.2.9 条第 3 款主要针对系统输配系统，包括供暖、空调、通风等系统，如冷热源和末端一体化而不存在输配系统的，可认定为满足，如住宅中仅设分体空调以及多联机。

判定要点：

《绿色建筑评价标准》（DBJ50/T-066—2014）第 5.2.9 条第 1 款中，对于采用分体空调、多联机的建筑，可实现自然分区、分室调控，可直接得分（但前提是其供暖系统也满足本款要求，或没有供暖系统）。

《绿色建筑评价标准》（DBJ50/T-066—2014）第 5.2.9 条第 2 款主要针对系统冷热源，如热源为市政热源可不予考察（但小区锅炉房等仍应考察）。

《绿色建筑评价标准》（DBJ50/T-066—2014）第 5.2.9 条第 3 款中，水系统、风系统必须全部采用变频技术和水力平衡技术方可认为达标；不设水系统或风系统的可认为不参评。对于变制冷剂流量的多联机或者变频空调，本款可直接得分。

5.2.10　照明系统采取分区、定时、感应等节能控制措施，评价总分值为 5 分。评分规则如下：

1　照明系统采用分区控制、定时控制、自动感应和照度调节等措施中的两种及两种以上，得 2 分；

2　照明系统分区需满足自然光利用、功能和作息差异的要求，得 1 分；

3　公共活动区域（走廊、楼梯间、卫生间、地下车库等）全部采取分区、定时、感应等节能控制措施，得 2 分。

【条文说明】

本条适用于各类民用建筑的设计、竣工和运行评价。对于住宅建筑，仅评价其公用部分。

在建筑的实际运行过程中，照明系统的分区控制、定时控制、自动感应、照度调节等措施对降低照明能耗作用很明显。

照明系统分区需满足自然光利用、功能和作息差异的要求。一般建筑的公共活动区域（走廊、楼梯间、卫生间、地下车库等）宜全部采取定时、感应等节能控制措施。

体育馆、影剧院、候机厅、报告厅等公共场所应采用集中控制，并按需要采取调光或降低照度的控制措施；照明环境要求高或功能复杂的公共建筑，宜设置智能照明控制系统，除采用上述定时、自动感应控制外，对大开间办公区域和会议室，还可采取随室外天然光的变化自动调节人工照明照度的控制措施，在获得良好的室内光环境的同时，达到节电的目的。智能照明系统宜具有相对的独立性，并宜具备与建筑设备管理系统网络通信的功能。

【具体建筑类型要求】

◎ 饭店建筑

客房设置节能控制型总开关。

由于旅馆的楼梯间和走廊人流量较低，适合采用自动调节照度的节能措施，当无人时，自动将照度降到标准值的一定百分数。客房设置总开关控制可以保证旅客离开客房后能自动切断电源，以满足节电的需要。

【技术途径】

1）照明系统设计时，应根据建筑物的功能、建设标准、管理要求等采取条文中对应的 2 种及以上节能控制方式。

2）公共建筑的走廊、楼梯间、门厅等公共场所的照明，宜按建筑使用条件和天然采光状况采取分区、分组控制，并采用夜间定时降低照度的自动控制装置；住宅建筑公共部位的照明，宜采用延时自熄或自动降低照度等节能措施。

3）除设置单个灯具的房间外，每个房间照明控制开关不宜少于 2 个。

4）景观、立面照明、室外照明等宜采用光控或定时控制方式。

【达标判断】

对于设计评价，查阅电气专业的设计图纸和计算文件；竣工在设计评价方法之外还应查阅系统竣工图纸、主要产品型式检验报告等，并现场检查。运行评价在设计评价方法之外还应查阅系统竣工图纸、主要产品型式检验报告、运行记录等，并现场检查。

5.2.11　在照明质量符合现行国家标准《建筑照明设计标准》（GB 50034—2013）有关规定的同时，照明功率密度值达到现行国家标准《建筑照明设计标准》（GB 50034—2013）规定的目标值，评价总分值为 8 分。评分规则如下：

1　主要功能房间的照明功率密度值不高于现行国家标准《建筑照明设计标准》（GB 50034—2013）规定的目标值，得 4 分；

2　所有区域的照明功率密度值均不高于现行国家标准《建筑照明设计标准》（GB 50034—2013）规定的目标值，得 8 分。

【条文说明】

本条适用于各类民用建筑的设计、竣工和运行评价。对于非全装修的居住建筑，仅评价其公用部分。

国家标准《建筑照明设计标准》（GB 50034—2013）规定了各类房间或场所的照明功率密度值，分为"现行值"和"目标值"，其中"现行值"是新建建筑必须满足的最低要求，"目标值"要求更高，是努力的方向。

选用控光合理的灯具，如蝠翼式配光灯具、块板式高效灯具等，以提高灯具效率。选用涂二氧化硅保护膜、反射器采用真空镀铝工艺和蒸镀银光学多层膜反射材料以及采用活性炭过滤器等光通量维持率好的灯具，以提高灯具效率。选用利用系数高的灯具。电子镇流器具有功耗低、高功率因数、体积小、重量轻、启动可靠、无频闪、无噪声、可调光、允许电压偏差大等优点，应推广应用。荧光灯应配用电子镇流器或节能电感镇流器；对频闪效应有限制的场合，应采用高频电子镇流器；高压钠灯、金属卤化物灯应配用节能电感镇流器；在电压偏差较大的场所，宜配用恒功率镇流器；功率较小者可配用电子镇流器。

【具体建筑类型要求】

◎ 商店建筑

照明功率密度值不应高于现行国家标准《建筑照明设计标准》（GB 50034—2015）规定的现行值规定，以下情况可适当增加：

1）一般商店营业厅、高档商店营业厅、专卖店营业厅需要装设重点照明时，该营业厅的照明功率密度限值应增加 $5W/m^2$。

2）当房间或场所的室形指数值等于或小于 1 时，其照明功率密度限值应增加，但增加值不应超过限值的 20%。

3）设装饰性灯具场所，可将实际采用的装饰性灯具总功率的 50% 计入照明功率密度值的计算。

◎ 医院建筑

医院建筑中满足室内照度设计标准的前提下，建筑面积的 70% 以上的室内照明功率密度值不高于现行国家标准《建筑照明设计标准》（GB 50034—2013）的目标值。但特殊房间可不适用，如手术室、检查室和实验室等。

【技术途径】

1）应采用一般照明的照明功率密度值（LPD）作为评价指标。

2）照明设计不高于《建筑照明设计标准》（GB 50034—2013）中规定的照明功率密度（LPD）的目标值并达到对应的照度值要求。

3）电气施工图设计中应有各类房间或场所相关照明设计参数，包括照明功率密度值、照度等的详细描述，并与照明平面图一致；应明确是否所有区域均满足本条文要求以及满足要求的主要功能房间。

4）照明设计时宜采取以下节能措施。

① 合理选择照明方式：尽量采用混合照明，用局部照明来提高作业面的照度。

当同一场所不同区域有不同照度要求时，可采取分区一般照明的设计方式；在高大房间或场所可采用一般照明与加强照明相结合的方式，在上部设一般照明，在柱子或墙壁装设壁灯，比单独采用一般照明更节能。

② 选择高光效电光源：一般照明优先选用 LED 灯、T5 系列直管荧光灯、紧凑型荧光灯、小功率金属卤化物灯等。

除商场、博物馆等对显色要求高的重点照明可采用卤钨灯外，一般场所不应选用卤钨灯。一般照明不应采用荧光高压汞灯。

一般照明在满足照度均匀度条件下，优先选择单灯功率较大、光效较高的光源，如优先选用 28～45W 细直管荧光灯，而不选用 14～18W 灯管。

③ 选择高效率的节能灯具、节能型镇流器。在满足眩光限制和配光要求条件下，直管形荧光灯灯具效率不应低于：开敞式的为 75%，带透明保护罩的为 65%，带磨砂或棱镜保护罩的为 55%，带格栅的为 65%；紧凑型荧光灯筒灯灯具效率不应低于：开敞式的为 55%，带保护罩的为 50%，带格栅的为 45%；小功率金属卤化物筒灯灯具效率不应低于：开敞式的为 60%，带保护罩的为 50%，带格栅的为 45%；高强度气体放电灯灯具效率不应低于：开敞式的为 75%，格栅或透光罩的为 60%；发光二极管筒灯灯具效率不应低于：色温 2700K 时，带保护罩的为 60%，带格栅的为 55%，色温 3000K 时，带保护罩的为 65%，带格栅的为 60%，色温，4000K 时，带保护罩的为 70%，带格栅的为 65%；常规道路照明灯具不应低于 70%、泛光灯具不应低于 65%。

【达标判断】

本条的评价方法为：设计评价查阅电气专业设计图纸和文件；竣工和运行评价在设计评价方法之外还应现场核实。

住宅建筑每户照明功率密度值不宜大于表 5.41 的规定。

表 5.41 住宅建筑每户照明功率密度值

房间或场所	照度标准值/lx	照明功率密度限值/（W/m²）	
		现行值	目标值
起居室	100		
卧室	75		
餐厅	150	≤6.0	≤5.0
厨房	100		
卫生间	100		
职工宿舍	100	≤4.0	≤3.5
车库	30	≤2.0	≤1.8

办公建筑照明功率密度值不应大于表 5.15 的规定。

商业建筑照明功率密度值不应大于表 5.16 的规定。

旅馆建筑照明功率密度值不应大于表 5.17 的规定。

医疗建筑照明功率密度值不应大于表 5.18 的规定。

教育建筑照明功率密度值不应大于表 5.19 的规定。

5.2.12 合理选用电梯和自动扶梯，并采取电梯群控、扶梯自动启停等节能控制措施，评价分值为 3 分。

【条文说明】

本条适用于各类民用建筑的设计、运行评价。对于仅设有一台电梯的建筑，本条中的节能控制措施部分不参评。对于不设电梯的建筑，本条不参评。

电梯等动力用电形成了一定比例的能耗，目前也出现了包括变频调速拖动、能量再生回馈等在内的多种节能技术措施。

【技术途径】

1）电梯应优先选用节能效益显著的变频调速拖动、能量再生回馈等在内的多种节能技术措施的电梯；当电梯厅内装有 2 台电梯时，应选择并联控制方式；3 台及以上的电梯集中布置时，其控制系统应具备群控功能，并达到节能的目的。

2）自动扶梯电动机的功率是按最大使用需求配置的，当其承载的负荷很低甚至空载时，电动机效率很低，因此宜根据使用场所的情况，选用以下控制方式：

① 无人时自动低速运行，有人时恢复正常运行。

② 无人时自动停运，有人时恢复正常运行。

③ 根据负荷的大小自动调节输出功率。

3）节能控制措施：包括电梯群控、扶梯感应启停、轿厢无人自动关灯技术、驱动器休眠技术、自动扶梯变频感应启动技术、群控楼宇智能管理技术等。

【达标判断】

对于设计评价，查阅相关专业的设计图纸和计算文件，以及人流平衡计算分析报告；竣工在设计评价方法之外还应查阅系统竣工图纸、主要产品型式检验报告等，并现场检查；运行评价在设计评价方法之外还应查阅系统竣工图纸、主要产品型式检验报告、运行记录等，并现场检查。

本条内容包括以下三层含义。

第一层是电梯、扶梯的选用：充分考虑使用需求和客/货流量，电梯台数、载客量、速度等指标。

第二层是电梯、扶梯产品的节能特性：暂以是否采取变频调速拖动方式或能量再生回馈等具有显著节能效果的技术作为判定要求。

第三层是其节能控制措施：包括电梯群控、扶梯感应启停、轿厢无人自动关灯技术、驱动器休眠技术、自动扶梯变频感应技术、群控楼宇智能管理技术等。

5.2.13 合理选用节能型电气设备，评价总分值为 5 分。评分规则如下：

1 三相配电变压器满足现行国家标准《三相配电变压器能效限定值及能效等级》（GB 20052—2013）的节能评价值二级及以上要求，得 3 分；

2 水泵、风机等设备，及其他电气装置满足相关现行国家标准的节能评价值要求，得 2 分。

【条文说明】

本条适用于各类民用建筑的设计、竣工和运行评价。

《绿色建筑评价标准》（DBJ50/T-066—2014）已有要求优先选用高效用电设备，积极采用变频、热泵、蓄冷蓄热等技术。本条文要求绿色建筑选用的配电变压器满足现行国家标准《三相配电变压器能效限定值及能效等级》（GB 20052—2013）中规定的节能评价值 2 级及以上要求。

合理选用高效节能设备及控制方法，有利于降低电力系统损耗。例如，选用合理补偿方式提高系统的功率因数，对可能产生的谐波采取预防和治理措施；合理计算、选择变压器容量，选择低损耗、低噪声的节能高效变压器等，均可以达到提高电能质量和节能的目的。

水泵、风机（及其电机）等功率较大的用电设备满足应相应的能效限定值及能效等级国家标准［《中小型三相异步电动机能效限定值及能效等级》（GB 18613—2012）、《通风机能效限定值及能效等级》（GB 19761—2009）、《清水离心泵能效限定值及节能评价值》（GB 19762—2007）等］所规定的节能评价值。

【具体建筑类型要求】

◎ 办公建筑

合理选用高效节能设备及合理的控制方法，有利于降低建筑输配电和变配电系统损耗。例如，采用必要的补偿方式提高系统的功率因数，并对谐波采取预防和治理措施；合理地计算、选择变压器容量，并选择低损耗、低噪声的节能高效变压器等，均可以达到提高电能质量和节能的目的。

【技术途径】

1）配电变压器应选用 Dyn11 结线组别的变压器。

2）应选择低损耗、低噪声的节能产品。施工图设计说明或设备材料表中列出所选用三相配电变压器的空载损耗、负载损耗及达标等级；配电变压器的空载损耗和负载损耗均应不高于现行国家标准《三相配电变压器能效限定值及能效等级》（GB 20052—2013）节能评价值中 2 级的规定。

3）风机、水泵等配套的交流电动机应选用高效能电动机，其效率应不低于现行国家标准《中小型三相异步电动机能效限定值及能效等级》（GB 18613—2012）中的节能评价值，杂散损耗应不大于《中小型三相异步电动机能效限定值及能效等级》（GB 18613—2012）中的规定。通风机应达到《通风机能效限定值及能效等级》的要求。

4）当符合《通用用电设备配电设计规范》（GB 50055—2011）中电动机全压启动的条件时，电动机启动宜采用直接启动方式；当电动机采用降压启动方式时，宜采用节能型软启动器（消防设备除外）；负荷变化较大且长期运行的风机、水泵等电动机宜采用变频调速控制。

【达标判断】

对于设计评价，查阅相关专业的设计图纸和计算文件；竣工在设计评价方法之外还应查阅系统竣工图纸、主要产品型式检验报告等，并现场检查；运行评价在设计评价方法之外还应查阅系统竣工图纸、主要产品型式检验报告、运行记录等，并现场检查。

对于应急设备，如消防水泵、潜水泵、防排烟风机等，不包括在本条评价范围内（表5.42～表5.47）。

表5.42　油浸式配电变压器能效等级

额定容量/(kV·A)	1级 电工钢带 空载损耗/W	1级 电工钢带 负荷损耗/W Dyn11/Ym11	1级 电工钢带 负荷损耗/W Yyn0	1级 非晶合金 空载损耗/W	1级 非晶合金 负荷损耗/W Dyn11/Ym11	1级 非晶合金 负荷损耗/W Yyn0	2级 空载损耗/W 电工钢带	2级 空载损耗/W 非晶合金	2级 负荷损耗/W Dyn11/Ym11	2级 负荷损耗/W Yyn0	3级 空载损耗/W	3级 负荷损耗/W Dyn11/Ym11	3级 负荷损耗/W Yyn0	短路阻抗/%
30	80	505	480	33	565	540	80	33	630	600	100	630	600	4.0
50	100	730	695	43	820	785	100	43	910	870	130	910	870	
63	110	870	830	50	980	935	110	50	1090	1040	150	1090	1040	
80	130	1050	1000	60	1180	1125	130	60	1310	1250	180	1310	1250	
100	150	1265	1200	75	1420	1350	150	75	1580	1500	200	1580	1500	
125	170	1510	1440	85	1700	1620	170	85	1890	1800	240	1890	1800	
160	200	1850	1760	100	2080	1980	200	100	2310	2200	280	2310	2200	
200	240	2185	2080	120	2455	2340	240	120	2730	2600	340	2730	2600	
250	290	2560	2440	140	2880	2745	290	140	3200	3050	400	3200	3050	
315	340	3065	2920	170	3445	3285	340	170	3830	3650	480	3830	3650	
400	410	3615	3440	200	4070	3870	410	200	4520	4300	570	4520	4300	
500	480	4330	4120	240	4870	4635	480	240	5410	5150	680	5410	5150	
630	570	4960		320	5580		570	320	6200		810	6200		4.5
800	700	6000		380	6750		700	380	7500		980	7500		
1000	830	8240		450	9270		830	450	10300		1150	10300		
1250	970	9600		530	10800		970	530	12000		1360	12000		
1600	1170	11600		630	13050		1170	630	14500		1640	14500		

表 5.43　干式配电变压器能效等级

额定容量(/kV·A)	1级								2级					3级				短路阻抗/%
	电工钢带				非晶合金				空载损耗/W		负荷损耗/W			空载损耗/W	负荷损耗/W			
	空载损耗/W	负荷损耗/W			空载损耗/W	负荷损耗/W			电工钢带	非晶合金	B(100℃)	F(120℃)	H(145℃)		B(100℃)	F(120℃)	H(145℃)	
		B(100℃)	F(120℃)	H(145℃)		B(100℃)	F(120℃)	H(145℃)										
30	135	605	640	685	70	635	675	720	150	70	670	710	760	190	670	710	760	
50	195	845	900	965	90	895	950	1015	215	90	940	1000	1070	270	940	1000	1070	
80	265	1160	1240	1330	120	1225	1310	1405	295	120	1290	1380	1480	370	1290	1380	1480	
100	290	1330	1415	1520	130	1405	1490	1605	320	130	1480	1570	1690	400	1480	1570	1690	
125	340	1565	1665	1780	150	1655	1760	1880	375	150	1740	1850	1980	470	1740	1850	1980	
160	385	1800	1915	2050	170	1900	2025	2165	430	170	2000	2130	2280	540	2000	2130	2280	
200	445	2135	2275	2440	200	2250	2405	2575	495	200	2370	2530	2710	620	2370	2530	2710	
250	515	2330	2485	2665	230	2460	2620	2810	575	230	2590	2760	2960	720	2590	2760	2960	
315	635	2945	3125	3355	280	3105	3295	3545	705	280	3270	3470	3730	880	3270	3470	3730	4.0
400	705	3375	3590	3850	310	3560	3790	4065	785	310	3750	3990	4280	980	3750	3990	4280	
500	835	4130	4390	4705	360	4360	4635	4970	930	360	4590	4880	5230	1160	4590	4880	5230	
630	965	4975	5290	5660	420	5255	5585	5975	1070	420	5530	5880	6290	1340	5530	5880	6290	
800	1095	5895	6265	6715	480	6220	6610	7085	1215	480	6550	6960	7460	1520	6550	6960	7460	
1000	1275	6885	7315	7885	550	7265	7725	8320	1415	550	7650	8130	8760	1770	7650	8130	8760	
1250	1505	8190	8720	9335	650	8645	9205	9850	1670	650	9100	9690	10370	2090	9100	9690	10370	
1600	1765	9945	10555	11320	760	10495	11145	11950	1960	760	11050	11730	12580	2450	11050	11730	12580	
2000	2195	12240	13005	14005	1000	12920	13725	14780	2440	1000	13600	14450	15560	3050	13600	14450	15560	
2500	2590	14535	15455	16605	1200	15340	16310	17525	2880	1200	16150	17170	18450	3600	16150	17170	18450	

表 5.44　电动机能效等级

额定功率/kW	效率/%								
	1级			2级			3级		
	2极	4极	6极	2极	4极	6极	2极	4极	6极
0.75	84.9	85.6	83.1	80.7	82.5	78.9	77.4	79.6	75.9
1.1	86.7	87.4	84.1	82.7	84.1	81.0	79.6	81.4	78.1
1.5	87.5	88.1	86.2	84.2	85.3	82.5	81.3	82.8	79.8
2.2	89.1	89.7	87.1	85.9	86.7	84.3	83.2	84.3	81.8
3	89.7	90.3	88.7	87.1	87.7	85.6	84.6	85.5	83.3
4	90.3	90.9	89.7	88.1	88.6	86.8	85.8	86.6	84.6
5.5	91.5	92.1	89.5	89.2	89.6	88.0	87.0	87.7	86.0
7.5	92.1	92.6	90.2	90.1	90.4	89.1	88.1	88.7	87.2
11	93.0	93.6	91.5	91.2	91.4	90.3	89.4	89.8	88.7
15	93.4	94.0	92.5	91.9	92.1	91.2	90.3	90.6	89.7
18.5	93.8	94.3	93.1	92.4	92.6	91.7	90.9	91.2	90.4
22	94.4	94.7	93.9	92.7	93.0	92.2	91.3	91.6	90.9
30	94.5	95.0	94.3	93.3	93.6	92.9	92.0	92.3	91.7

额定功率 /kW	效率/%								
	1级			2级			3级		
	2极	4极	6极	2极	4极	6极	2极	4极	6极
37	94.8	95.3	94.6	93.7	93.9	93.3	92.5	92.7	92.2
45	95.1	95.6	94.9	94.0	94.2	93.7	92.9	93.1	92.7
55	95.4	95.8	95.2	94.3	94.6	94.1	93.2	93.5	93.1
75	95.6	96.0	95.4	94.7	95.0	94.6	93.8	94.0	93.7
90	95.8	96.2	95.6	95.0	95.2	94.9	94.1	94.2	94.0
110	96.0	96.4	95.6	95.2	95.4	95.1	94.3	94.5	94.3
132	96.0	96.5	95.8	95.4	95.6	95.4	94.6	94.7	94.6
160	96.2	96.5	96.0	95.6	95.8	95.6	94.8	94.9	94.8
200	96.3	96.6	96.1	95.8	96.0	95.8	95.0	95.1	95.0
250	96.4	96.7	96.1	95.8	96.0	95.8	95.0	95.1	95.0
315	96.5	96.8	96.1	95.8	96.0	95.8	95.0	95.1	95.0
355～375	96.6	96.8	96.1	95.8	96.0	95.8	95.0	95.1	95.0

表 5.45　离心通风机能效等级

压力系数 ψ	比转速 n_s		效率 η_r/%								
			No 2＜机号＜No 5			No 5≤机号＜No 10			机号≥No 10		
			3级	2级	1级	3级	2级	1级	3级	2级	1级
1.4～1.5	45＜n_s≤65		55	61	64	59	65	68			
1.1～1.3	35＜n_s≤55		59	65	68	63	69	72			
1.0	10≤n_s＜20		63	69	72	66	72	75	69	75	78
	20≤n_s＜30		65	71	74	68	74	77	71	77	80
0.9	5≤n_s＜15		66	72	75	69	75	78	72	78	81
	15≤n_s＜30		68	74	77	71	77	80	74	80	83
	30≤n_s＜45		70	76	79	73	79	82	76	82	85
0.8	5≤n_s＜15		66	72	75	69	75	78	72	78	81
	15≤n_s＜30		69	75	78	72	78	81	75	81	84
	30≤n_s＜45		71	77	80	74	80	83	76	82	85
0.7	10≤n_s＜30		68	74	77	70	76	79	72	79	83
	30≤n_s＜50		70	76	79	72	78	81	74	81	84
0.6	20≤n_s＜45	翼型	72	77	80	74	79	82	76	82	85
		板型	69	74	77	71	76	79	73	79	83
	45≤n_s＜70	翼型	73	78	81	75	80	83	77	83	86
		板型	70	75	78	72	77	80	74	80	83
0.5	10≤n_s＜30	翼型	70	76	79	72	78	81	74	81	84
		板型	67	73	76	69	75	78	71	78	81
	30≤n_s＜50	翼型	73	79	82	75	81	84	77	83	86
		板型	70	76	79	72	77	80	74	81	84
	50≤n_s＜70	翼型	75	80	83	77	82	85	79	84	87
		板型	72	77	80	74	79	82	76	81	84

续表

压力系数 ψ	比转速 ns		效率 ηt /%								
			No 2<机号<No 5			No 5≤机号<No 10			机号≥No 10		
			3级	2级	1级	3级	2级	1级	3级	2级	1级
0.4	50≤ns<65	翼型	76	81	84	78	83	86	80	85	88
		板型	73	78	81	75	80	83	77	82	85
0.4	65≤ns<80		机号<No 3.5 (3级/2级/1级) · No 3.5≤机号<No 5 (3级/2级/1级)								
		翼型	70 75 78 · 75 80 83			78	84	87	81	86	89
		板型	67 72 75 · 72 77 80			75	81	84	78	83	86
0.3	65≤ns<80	翼型				76	81	84	78	83	86
		板型				73	78	81	75	80	83

注：此表也适用于非外转子电动机的空调离心式风机。

表 5.46　轴流通风机能效等级

毂比 γ	效率 ηt /%								
	No 2<机号<No 5			No 5≤机号<No 10			机号≥No 10		
	3级	2级	1级	3级	2级	1级	3级	2级	1级
γ<0.3	60	66	69	63	69	72	66	73	77
0.3≤γ<0.4	62	68	71	65	71	74	68	75	79
0.4≤γ<0.55	65	70	73	68	73	76	71	77	81
0.55≤γ<0.75	67	72	75	70	75	78	73	79	83

注：1. γ=d/D，γ——轴流通风机轮毂比；d——叶轮的轮毂外径；D——叶轮的叶片外径。

2. 子午加速轴流通风机毂比按轮毂出口直径计算。

3. 轴流通风机出口面积按圆面积计算。

表 5.47　采用外转子电动机的空调离心通风机能效等级

压力系数 ψ	比转速 ns	机组效率 ηe /%													
		机号≤No 2			No 2<机号≤No 2.5			No 2.5<机号≤No 3.5			No 3.5<机号≤No 4.5			机号≥No 4.5		
		3级	2级	1级	3级	2级	1级	3级	2级	1级	3级	2级	1级	3级	2级	1级
1.0~1.4	40<ns≤65	38	43	46												
1.1~1.3	40<ns≤65				44	49	52									
1.0~1.2	40<ns≤65							46	50	53						
1.3~1.5	40<ns≤65										44	48	51			
1.2~1.4	40<ns≤65										51	55	58	55	59	62

5.2.14 排风能量回收系统设计合理并运行可靠，评价分值为 3 分。

【条文说明】

本条适用于进行集中采暖、通风或空调的各类民用建筑的设计、竣工和运行评价；对无独立新风系统的建筑，或新风与排风的温度差不超过 8℃，或其他情况下能量投入产出收益不合理，可不设置排风热回收系统（装置），本条不参评。

参评建筑的排风能量回收应满足下列两项之一：

1）采用集中空调系统的建筑，利用排风对新风进行预热（预冷）处理，降低新风负荷，且排风热回收装置（全热和显热）的额定热回收效率不低于表 5.48 的要求。

表 5.48　常用空气热回收装置性能和适用对象

项目	热回收装置形式					
	转轮式	液体循环式	板式	热管式	板翅式	溶液吸收式
热回收形式	显热或全热	显热	显热	显热	全热	全热
热回收效率	50%～85%	55%～65%	50%～80%	45%～65%	50%～70%	50%～85%
排风泄漏量	0.5%～10%	0	0～5%	0～1%	0～5%	0
适用对象	风量较大且允许排风与新风间有适量渗透的系统	新风与排风热回收点较多且比较分散的系统	仅需回收显热的系统	含有轻微灰尘或温度较高的通风系统	需要回收全热且空气较清洁的系统	需回收全热并对空气有过滤的系统

2）采用带热回收的新风与排风双向换气装置，且双向换气装置的额定热回收效率不低于 55%。

【技术途径】

排风能量回收系统设计步骤：

1）计算可供热回收的排风量。

2）计算供冷和供热季节的节能量。

3）计算节能费用，概算系统投资，通过计算投资回收期来评价收益。

4）如果对节能收益不满意，可以调整热回收类型（全热或显热）和效率后重新计算，判断是否采用热回收及确定热回收装置设计效率。

5）编写设计说明。

【达标判断】

对于设计评价，查阅暖通空调及其他专业的相关设计文件和专项计算分析报告；竣工在设计评价方法之外还应查阅系统竣工图纸、主要产品型式检验报告、专项计算分析报告等，并现场检查；运行评价在设计评价方法之外还应查阅系统竣工图纸、主要产品型式检验报告、运行记录、专项计算分析报告等，并现场检查。对无独立新风系统的建筑，新风与排风的温差不超过 8℃或其他不宜设置排风能量回收系统的建筑，本条不参评。

判定要点：

对于新风与排风的温度差超过 8℃的集中空调系统，设置了相应的排风热回收系统（装置），并且额定热回收效率不低于 60%。

排风能量回收系统设计合理并运行可靠，并满足下列两项之一。

1）采用集中空调系统的建筑，利用排风对新风进行预热（预冷）处理，降低新风负荷，且排风热回收装置（全热和显热）的额定热回收效率不低于表 5.52 的要求。

2）采用带热回收的新风与排风双向换气装置，且双向换气装置的额定热回收效率不低于 55%。

5.2.15 合理采用蓄冷蓄热系统，评价分值为 3 分。

【条文说明】

本条适用于进行供暖或空调的公共建筑的设计、竣工和运行评价；如若当地峰谷电价差低于 2.5 倍或没有峰谷电价的，本条不参评。

蓄冷蓄热技术虽然从能源转换和利用本身来讲并不节约，但是其对于昼夜电力峰谷差异的调节具有积极的作用，能够满足城市能源结构调整和环境保护的要求，为此，宜根据当地能源政策、峰谷电价、能源紧缺状况和设备系统特点等进行选择。

对采用集中冷热源的空调系统，若经常有低于冷热源设备最低安全运行负荷的空调负荷出现，可设置小型蓄冷蓄热系统用于保障空调服务。

【技术途径】

以电力制冷的空调工程，当符合下列条件之一且经技术经济分析合理时，宜设置蓄冷空调系统：

1）执行峰谷电价，且差价较大的地区。

2）空调冷负荷高峰与电网高峰时段重合，且在电网低谷时段空调负荷较小的空调工程。

3）逐时符合的峰谷悬殊，使用常规空调系统会导致装机容量过大，且大部分时间处于部分负荷下运行的空调工程。

4）电力容量或电力供应受到限制的空调工程。

5）要求部分时段备用制冷量的空调工程。

6）要求提供低温冷水，或要求采用低温送风的空调工程。

7）区域性集中供冷的空调工程。

蓄冷空调系统的设计应包括下列内容：

1）空调冷负荷计算。

2）确定蓄冷方式和蓄冷介质。

3）确定系统流程、运行模式和控制策略。

4）计算制冷设备、蓄冷装置的容量。

5）确定其他辅助设备的形式和容量。

6）编制蓄冷——释冷负荷逐时分配表。

7）计算蓄冷——释冷周期内移峰电量、减少的电力负荷以及总能效比。

当空调系统的一次能源为除电以外的其他能源时，由于不存在电力需求与电量的费用，一般不宜采用蓄冷蓄热系统。

对于用冷时间短，并且在高峰用电时段需冷量相对较大的系统，可以采用全负荷蓄冷，一般工程建议采用部分负荷蓄冷。

在对蓄冷空调系统进行技术经济分析时，需要考虑以下因素对空调系统初投资的影响：

1）增加蓄冷装置、相应自动控制系统及其他设备（蓄冷空调系统主要有换热器和载冷剂）所增加的一次投资。

2）制冷机、水泵等设备及输配系统容量变化所带来的投资变化。

3）采用低温送风系统时所节省的空调送风系统的一次投资。

4）空调系统电力容量减小对一次投资的影响。

5）考虑当地蓄冷空调电力优惠政策对一次投资的影响。

还需考虑以下因素对运行费用的影响：

1）峰谷电价差对运行费用的影响。

2）夜间蓄冷时制冷机的冷凝温度降低，制冷机 COP 提高对运行费用的影响。

3）夜间蓄冷和间接系统制冷机供冷时的蒸发温度降低，制冷机 COP 降低对运行费用的影响。

4）蓄冷空调系统的冷量损失增加对运行费用的影响。

5）水系统和风系统输配能耗减小对运行费用的影响。

6）蓄冷系统额外的维护。

【达标判断】

根据当地能源政策、峰谷电价、能源紧缺状况和设备系统特点等选择合理的蓄冷蓄热系统，有效地减少昼夜电力峰谷差异。

对于设计评价，查阅暖通空调及其他专业的相关设计文件和专项计算分析报告；竣工评价在设计评价方法之外还应查阅系统竣工图纸、主要产品型式检验报告、专项计算分析报告等，并现场检查；运行评价在设计评价方法之外还应查阅系统竣工图纸、主要产品型式检验报告、运行记录、专项计算分析报告等，并现场检查。

判定要点：

合理采用蓄冷蓄热系统，并满足下列两项之一。

1）用于蓄冷的电驱动蓄能设备提供的设计日的冷量达到 30%；电加热装置的蓄能设备能保证高峰时段不用电。

2）采取该方案的工程，应最大限度地利用谷电，作为评定的要求，谷电时段蓄冷设备全负荷运行的 80%应能全部蓄存并充分利用。

5.2.16　合理利用余热废热提供建筑所需的蒸汽、供暖或生活热水等，评价分值为 3 分。

【条文说明】

本条适用于各类民用建筑的设计、竣工和运行评价。若建筑无可用的余热废热源，或建筑无稳定热需求，本条不参评。

生活用能系统的能耗在整个建筑总能耗中占有不容忽视的比例，尤其对于有稳定热需求的公共建筑而言更是如此。用自备锅炉房满足建筑蒸汽或生活热水，不仅可能对环境造成较大污染,而且从能源转换和利用的角度看也不符合"高质高用"的原则,不宜采用。鼓励采用热泵、空调余热、其他废热等节能方式供应生活热水,在没有余热或废热可用时,对于蒸汽洗衣、消毒、炊事等应采用其他替代方法(如紫外线消毒)。此外,在靠近热电厂、高能耗工厂等余热、废热丰富的地域,如果设计方案中很好地实现了回收排水中的热量,以及利用如空调凝结水或其他余热废热作为余热,可降低能源的消耗,同样也能够提高生活热水系统的用能效率。一般情况下的具体指标规定为,蒸汽、余热或废热提供的能量分别不少于建筑所需蒸汽设计日总量的 40%、供暖设计日总量的 30% 或生活热水设计日总量的 60%。

【技术途径】

1)对可利用的余热资源按品位高低、量值多少和应用需求进行依次集中回收,显著提高余热回收率,降低余热收利用系统的运行费用,可进一步降低余热利用系统的总成本。

2)设置余热集中分配站,汇集热泵制取的热水,相互补充,实现多热源供热。

【达标判断】

对于设计评价,查阅暖通空调、给排水及其他专业的相关设计文件和专项计算分析报告;竣工评价在设计评价方法之外还应查阅系统竣工图纸、主要产品型式检验报告、专项计算分析报告等,并现场检查;运行评价在设计评价方法之外还应查阅系统竣工图纸、主要产品型式检验报告、运行记录、专项计算分析报告等,并现场检查。

判定要点:

蒸汽、余热或废热提供的能量分别不少于建筑所需蒸汽设计日总量的 40%、供暖设计日总量的 30% 或生活热水设计日总量的 60%。

5.2.17 根据当地气候和自然资源条件,合理利用可再生能源,评价总分值为 10 分。评分规则如下:

1 由可再生能源提供的生活用热水比例不低于 20%,得 4 分,每提高 10% 加 1 分,最高分为 10 分;

2 由可再生能源提供的空调用冷量和热量的比例不低于 20%,得 4 分,每提高 10% 加 1 分,最高分为 10 分;

3 由可再生能源提供的电量比例不低于 1%,得 4 分,每提高 0.5% 加 1 分,最高分为 10 分。

【条文说明】

本条适用于各类民用建筑的设计、竣工和运行评价。

本条目根据计算得到的各种可再生能源全年预期可提供的能量所占建设用地内建筑物全年所需的总能源量的比例,即可再生能源替代率 ϕ_i 来评分。由于不同种类可再生能源的度量方法、品位和价格都不同,本条分三类进行评价。如有多种用途可同时得分，但本条累计得分不超过 10 分。

在《可再生能源建筑应用工程评价标准》（GB/T 50801—2013）、《地源热泵系统工程技术规范（2009 年版）》（GB 50366—2005）、《民用建筑太阳能热水系统应用技术规范》（GB 50364—2018）、《太阳能供热采暖工程技术规范》（GB 50495—2009）、《民用建筑太阳能空调工程技术规范》（GB 50787—2012）、《民用建筑太阳能光伏系统应用技术规范》（JGJ 203—2010）等中均对可再生能源的应用做出了具体规定。

【技术途径】

1）建筑设置太阳能热利用系统时，太阳能热利用系统的太阳能保证率 f 及集热效率 η 应满足表 5.49 要求；太阳能热水系统的贮热水箱应根据设计环境温度设置保温措施，满足 24h 内的热损失不超过系统蓄热量的 5%。

表 5.49　不同区域太阳能热利用系统的太阳能保证率 f 及集热效率 η

项目	太阳能资源	太阳能热水系统	太阳能采暖系统	太阳能空调系统
太阳能保证率 f/%	资源极富区	$f \geqslant 60$	$f \geqslant 50$	$f \geqslant 40$
	资源丰富区	$f \geqslant 50$	$f \geqslant 40$	$f \geqslant 30$
	资源较富区	$f \geqslant 40$	$f \geqslant 30$	$f \geqslant 20$
	资源一般区	$f \geqslant 30$	$f \geqslant 20$	$f \geqslant 10$
集热效率 η/%	—	$\eta \geqslant 42$	$\eta \geqslant 35$	$\eta \geqslant 30$

注：重庆太阳能属于资源一般区。

2）建筑设置太阳能光伏系统时，其光电转换效率应满足表 5.50 的要求。且光伏组件应满足全天不低于 4h 的建筑日照时数。

表 5.50　光伏系统光电转换效率

项目	数值	
光电转换效率 η_d/%	晶硅电池	$\eta_d \geqslant 8$
	薄膜电池	$\eta_d \geqslant 4$

3）建筑设置地源热泵系统时，应选用高能效水源热泵机组且水源热泵机组性能应满足国家现行标准的相关规定，且地源热泵系统的性能系数应满足表 5.51 的要求。

表 5.51　地源热泵系统性能系数

工况	数值
制热性能系数	COP $\geqslant 3.5$
制冷能效比	COP $\geqslant 3.9$

注：COP 表示性能系数，coefficient of performance。

4）其他满足国家和地方节能要求的技术措施。

【达标判断】

对于设计评价，查阅暖通空调、给排水、电气及其他专业的相关设计文件和专项计算分析报告；竣工评价在设计评价方法之外还应查阅系统竣工图纸、主要产品型式检验报告、第三方检测报告、专项计算分析报告等，并现场检查；运行评价在设计评价方法之外还应查阅系统竣工图纸、主要产品型式检验报告、运行记录、第三方检测报告、专项计算分析报告。

判定要点：

可再生能源利用率分析计算报告应满足本书附录 B.2 的要求。

如果采用热泵方式（污水源、地表水、地下水、地源、空气源）提供生活热水，则要求"热泵+冷热源侧水系统"的综合 COP≥2.0（相当于风冷热泵的 COP），否则不能作为可再生能源利用来参评。

如果采用热泵方式（污水源、地表水、地下水、地源）供暖或空调制冷，则要求"热泵+冷热源侧水系统"的综合 COP≥2.3（相当于风冷热泵的 COP），否则不能作为可再生能源利用来参评。

运行评价时，对于上述各款的评价，应扣除常规辅助能源系统以及水泵风机系统能耗之后的可再生能源净贡献率。

本条评分规则见表 5.52。

表 5.52　可再生能源利用评分规则

可再生能源利用类型和指标		得分
由可再生能源提供的生活用热水比例 R_{hw}	$20\% \leqslant R_{hw} < 30\%$	2
	$30\% \leqslant R_{hw} < 40\%$	3
	$40\% \leqslant R_{hw} < 50\%$	4
	$50\% \leqslant R_{hw} < 60\%$	5
	$60\% \leqslant R_{hw} < 70\%$	6
	$70\% \leqslant R_{hw} < 80\%$	7
	$80\% \leqslant R_{hw} < 90\%$	8
	$90\% \leqslant R_{hw} < 100\%$	9
	$R_{hw} = 100\%$	10
由可再生能源提供的空调用冷量和热量比例 R_{ch}	$20\% \leqslant R_{ch} < 30\%$	4
	$30\% \leqslant R_{ch} < 40\%$	5
	$40\% \leqslant R_{ch} < 50\%$	6
	$50\% \leqslant R_{ch} < 60\%$	7
	$60\% \leqslant R_{ch} < 70\%$	8
	$70\% \leqslant R_{ch} < 80\%$	9
	$R_{ch} \geqslant 80\%$	10
由可再生能源提供的电量比例 R_e	$1.0\% \leqslant R_e < 1.5\%$	4
	$1.5\% \leqslant R_e < 2.0\%$	5
	$2.0\% \leqslant R_e < 2.5\%$	6
	$2.5\% \leqslant R_e < 3.0\%$	7
	$3.0\% \leqslant R_e < 3.5\%$	8
	$3.5\% \leqslant R_e < 4.0\%$	9
	$R_e \geqslant 4.0\%$	10

6 节水与水资源利用

6.1 控 制 项

> **6.1.1** 制定水资源利用方案，统筹利用各种水资源。

【条文说明】

本条适用于各类民用建筑的设计、竣工和运行评价。

本章涉及的水量计算均应按照《民用建筑节水设计标准》（GB 50555—2010）执行。

节约水资源是绿色建筑基本要素之一，不同等级的绿色建筑应满足非传统水源利用量占总用水量的比例的相关规定。水资源综合利用方案应在熟悉项目用水对象、所在区域的市政给排水条件、水资源状况、气候特点等实际情况，通过全面的分析研究，制定水资源利用方案，提高水资源循环利用率，减少市政供水量和污水排放量。

水资源利用方案主要内容包括：

1）项目规划建设条件及规划建设技术经济指标概述。

2）不同类型用水对象评价及其用水量计算。

3）项目所在地水文气象、水资源、市政设施等情况评价。

4）节水用水定额确定、用水量计算及水量平衡表编制。

5）水资源综合利用方案技术经济分析。

6）水资源综合利用保障措施。

7）景观水体补水严禁采用市政供水和自备地下水井供水，可以采用地表水和非传统水源，取用建筑场地外的地表水时，应事先取得当地政府主管部门的许可；采用雨水和建筑中水作为水源时，水景规模应根据设计可收集利用的雨水或中水量来确定。

【技术途径】

1）根据建筑等级、技术经济指标及相关技术政策要求，合理划分不同种类的用水对象，划分或评估适用水质标准。

2）根据绿色建筑等级，明确不同种类用水对象（如冲厕、绿化、浇洒）使用非传统水源的比例，须满足相关文件的规定。

3）结合水资源丰沛程度、水文气象条件及项目具体情况，制定节水定额及目标。

4）进行非传统水源利用分析，分析雨水、中水及再生水等水资源利用的技术经济可行性，进行水量平衡计算，确定雨水、中水及再生水等水资源综合利用方案、规模、处理工艺流程等。

5）结合当地主管部门政策及建议，制定节水器具、设备和措施的利用率和相关参数。

6）预测水资源综合利用全寿命周期增量成本及增量收益，全面评估方案的技术经济可行性。

【达标判断】

对于设计评价，查阅水资源利用方案，包括项目水资源利用的可行性分析报告、水量平衡分析、设计说明书、施工图、计算书等，对照水资源利用方案核查设计文件（施工图、设计说明、计算书等）的落实情况；竣工评价查阅水资源利用方案，包括项目水资源利用的可行性分析报告、水量平衡分析、设计说明书、施工图、计算书、产品说明，并现场核查设计文件的落实情况；运行评价查阅水资源利用方案，包括项目水资源利用的可行性分析报告、水量平衡分析、设计说明书、施工图、计算书、产品说明，并现场核查设计文件的落实情况、查阅运行数据报告等。上述文件应有满足达标要求的内容，则达标得分。

判定要点：

资源利用方案应包含下列内容。

1）当地政府规定的节水要求、地区水资源状况、气象资料、地质条件及市政设施情况等。

2）项目概况。当项目包含多种建筑类型，如住宅、办公建筑、旅馆、商店、会展等时，可统筹考虑项目内水资源的各种情况，确定综合利用方案。

3）确定节水用水定额、编制用水量计算（水量计算表）及水量平衡表。

4）给排水系统设计方案介绍。

5）采用的节水器具、设备和系统的相关说明。

6）非传统水源利用方案。对雨水、再生水及海水等水资源利用的技术经济可行性进行分析和研究，进行水量平衡计算，确定雨水、再生水及海水等水资源的利用方法、规模、处理工艺流程等。

7）景观水体补水严禁采用市政供水和自备地下水井供水，可以采用地表水和非传统水源，取用建筑场地外的地表水时，应事先取得当地政府主管部门的许可；采用雨水和建筑中水作为水源时，水景规模应根据设计可收集利用的雨水或中水量来确定。

6.1.2 给排水系统设置合理、安全。

【条文说明】

本条适用于各类民用建筑的设计、竣工和运行评价。

给排水系统安全包括水质、水量及水压安全，绿色建筑不应片面追求水资源综合利用效率而影响用户使用的安全性、方便性和舒适性；同时，为保证绿色建筑给排水系统建成后的可持续运营，应充分考虑用户对绿色建筑给排水系统运营成本的付费意愿和承受能力。

给水系统设计方案应包含水源情况分析、供水方式、超压出流控制、水压稳定措施、水量安全措施及防污染措施等；排水系统设计方案应包含项目周边排水条件、室外排水方略、室内排水系统选择、排水体制选择、避免对周边环境和人员造成负面影响的措施等。

【具体建筑类型要求】

◎ 商店建筑

商店建筑评价时给水系统应充分利用城市自来水管网压力。商店建筑绝大多数为多层建筑或位于高层建筑的下部，供水系统所需水压值较小，利用市政管网水压可获得较高的节能效益，所以商店建筑中"给水系统应充分利用城市自来水管网压力"作为"给排水系统设置合理、安全"的补充要求。如出现不合理设置二次增压泵等供水系统情况，则应视为不达标。

【技术途径】

1）系统设计在满足现行的《室外给水设计规范》（GB 50013—2006）、《室外排水设计规范（2016 年版）》（GB 50014—2006）、《建筑给水排水设计规范（2009年版）》（GB 50015—2003）等通用规范基础上，尚应满足相应国家及地方现行的专门规范、规程或法规等的相关条款，如《民用建筑绿色设计规范》（JGJ/T 229—2010）、《建筑中水设计规范》（GB 50336—2008）、《管道直饮水系统技术规程》（CJJ/T 110—2010）等。

2）根据用水对象不同，不同种类用水水质应达到国家、重庆或行业标准规定的要求，如《城市污水再生利用城市杂用水水质》（GB/T 18920—2002）、《城市污水再生利用分类》（GB/T 18919—2002）、《城市污水再生利用景观环境用水水质》（GB/T 18921—2002）等，且不得对人体健康与周围环境产生不良影响。

3）不同种类给水管线应有明显标识。使用非传统水源时，应保证非传统水源的使用安全，设置防止误接、误用、误饮的措施。

4）生活饮用水供水管道与其他管道的纵向和横向间距满足管线综合的间距要求，相关的标准可参考《城市工程管线综合规划规范》（GB 50289—2016）相关规定；当生活饮用水供水管道与其他用水（如浇洒、冲厕等）供水管道相连接时，应在生活饮用水供水管道上设置倒流防止器（又称"防污隔断阀"）。

【达标判断】

对于设计评价，查阅设计文件，包括设计说明书、施工图、计算书；竣工评价查阅竣工图纸、设计说明书、产品说明、现场核查；运行评价查阅竣工图纸、设计说明书、产品说明、现场核查、查阅水质检测报告、运行数据报告等。上述文件应有满足达标要求的内容，则达标得分。

判定要点：

合理、安全的给排水系统应符合下列要求。

1）给排水系统的规划设计应符合国家标准规范的相关规定，如《建筑给水排水设计规范（2009 年版）》（GB 50015—2003）、《建筑中水设计标准》（GB 50336—2018）、《城镇给水排水技术规范》（GB 50788—2012）等。

2）给水水压稳定、可靠，各给水系统应保证以足够的水量和水压向所有用户不间断地供应符合要求的用水。供水充分利用市政压力，加压系统选用节能高效的设备；给水系统分区合理，每区供水压力不大于 0.45MPa；合理采取减压限流的节水措施。

3）根据用水要求的不同，给水水质应达到国家、重庆或行业标准规定的要求。使用非传统水源时，采取用水安全保障措施，且不得对人体健康与周围环境产生不良影响。

4）管材、管道附件及设备等供水设施的选取和运行不应对供水造成二次污染。各类不同水质要求的给水管线应有明显的管道标识。有直饮水供应时，直饮水应采用独立的循环管网供水，并设置水量、水压、水质、设备故障等安全报警装置。使用非传统水源时，应保证非传统水源的使用安全，设置防止误接、误用、误饮的措施。

5）设置完善的污水收集、处理和排放等设施。技术经济分析合理时，可考虑污废水的回收再利用，自行设置完善的污水收集和处理设施。污水处理率和达标排放率必须达到 100%。

6）为避免室内重要物资和设备受潮引起的损失，应采取有效措施避免管道、阀门和设备的漏水、渗水或结露。

7）选择热水供应系统时，热水用水量较小且用水点分散时，宜采用局部热水供应系统；热水用水量较大、用水点比较集中时，应采用集中热水供应系统，并应设置完善的热水循环系统。设置集中生活热水系统时，应确保冷热水系统压力平衡，或设置混水器、恒温阀、压差控制装置等。

8）应根据当地气候、地形、地貌等特点合理规划雨水入渗、排放或利用，保证排水渠道畅通，减少雨水受污染的概率以及尽可能地合理利用雨水资源。

9）生活水箱应设在建筑物房间内，容积、材质及密封方式设计合理，水箱、给水管材对水质无污染。

10）水加热器及热水箱应设在建筑物房间内，设备、热水系统供水及回水管道采用保温隔热技术措施，并优先选用保温效果好的节能环保材料。

6.1.3　采用节水器具与设备。

【条文说明】

本条适用于各类民用建筑的设计、竣工和运行评价。

节水器具是指满足相同的饮用、厨用、洁厕、洗浴、洗衣等用水功能，较同类常规产品能减少用水量的器件、用具。节水器具节水潜力巨大，据相关资料不完全统计，相比传统卫生器具，节水器具节水率可达 50%以上。因此，应本着"节流为先"的原则，用水器具优先选用中华人民共和国国家经济贸易委员会 2001年第 5 号公告和 2003 年第 12 号 2 公告《当前国家鼓励发展的节水设备（产品）》目录中公布的设备、器材和器具。

【具体建筑类型要求】

◎ 校园建筑

校园建筑评价时，采用节水器具和设备的节水率不低于 8%。

校区内所有新建建筑用水器具应满足《节水型生活用水器具》（CJ/T 164—2014）及《节水型产品技术条件与管理通则》（GB 18870—2002）的要求。校园内原有公共建筑节水器具改造不少于 50%。

【技术途径】

1）可选用节水器具：

① 节水龙头：加气节水龙头、陶瓷阀芯水龙头、停水自动关闭水龙头等。

② 坐便器：压力流防臭、压力流冲击式 6L 直排便器、3L/6L 两挡节水型虹吸式排水坐便器、6L 以下直排式节水型坐便器或感应式节水型坐便器，缺水地区可选用带洗手水龙头的水箱坐便器。

③ 节水淋浴器：水温调节器、节水型淋浴喷嘴等。

④ 营业性公共浴室淋浴器采用恒温混合阀、脚踏开关等。

⑤ 节水型洗衣机。

2）辽宁省建筑标准设计研究院与沈阳大学合作编制的地方标准《节水型卫生器具安装图》（DBJT50-130—2002），对节水器具的安装选用具有一定指导性，可有条件地进行参考，但需考虑地区差异、气候差异及生活习惯等。

3）土建工程与装修工程一体化设计项目，在施工图设计中应对节水器具的选用做出要求；对非一体化设计项目，应有确保业主采用节水器具的措施、方案或激励措施。

【达标判断】

设计评价查阅设计文件，包括设计说明书、施工图、产品说明书等；竣工评价和运行阶段查阅竣工图纸、设计说明书、产品说明书、产品节水性能检测报告等，并进行现场核查。

◎ 节水龙头

（1）评价的技术指标

1）陶瓷片密封水嘴应按《陶瓷片密封水嘴》（GB 18145—2014）的要求，指标项目包括陶瓷片阀芯质量、阀体强度、密封性能、水流量等。

2）非陶瓷片密封水嘴应按《水嘴通用技术条件》（QB/T 1334—2013）的要求，指标项目包括密封材料质量、阀体强度、密封性能、水流量等。

3）感应式水嘴应按《非接触式给水器具》（CJ/T 194—2014）的要求，指标项目包括洗手器使用性能、耐压强度、密封性能、水流量、水流时间等。

（2）鉴定测试方法

1）陶瓷片密封水嘴应按《陶瓷片密封水嘴》（GB 18145—2014）的要求，测试项目包括陶瓷片阀芯质量、阀体强度、密封性能、水流量、寿命等。

2）非陶瓷片密封水嘴应按《水嘴通用技术条件》（QB/T 1334—2013）的要求，测试项目包括密封件质量、阀体强度、密封性能、水流量、寿命等。

3）感应式水嘴应按《非接触式给水器具》（CJ/T 194—2014）的要求，测试项目包括耐压强度、密封性能、水流量、水流时间控制、寿命等。

◎ 坐便器

（1）评价的技术指标

1）一挡式或双挡式便器系统每次冲水量应不大于 6L 水。双挡式小挡每次冲水量应按《卫生陶瓷》（GB/T 6952—2015）的要求。

2）固体物排放应满足《卫生陶瓷》（GB/T 6952—2015）的要求。

3）墨线试验：每次冲洗后，累计残留的墨水痕迹不得大于 50mm。

4）水封和水封回复不小于 50mm。存水弯应能通过 $\phi38mm$ 的固体球。

5）污水排放试验后稀释率应不低于 100。

6）排水管道输送特性应符合下列条件之一：

① 后续冲水量应不小于 2.5L。

② 污物全部冲出便器并通过横管排入重力排放系统应满足《卫生陶瓷》（GB/T 6952—2015）中的有关规定。

7）排水阀应不渗漏，排水流量及其他技术指标应满足《蹲便器高水箱配件》（JC 706—1997）、《坐便器低水箱配件》（JC 707—1997）和《坐便器低水箱配件排水阀密封及寿命试验方法》（JC/T 55—1994）的要求。

8）对处于使用状态的便器系统，更换水箱配件时应根据便器结构，采用比原排水量节水的水箱配件。不论原水箱容积大小，所采用的水箱配件应满足放入 6L 水时，排水阀不渗漏的要求。

9）蹲便器、大便冲洗阀应按《卫生陶瓷》（GB/T6952—2015）、《钼铁》（QB/T 3649—2008）及《非接触式给水器具》（CJ/T 194—2014）的要求，在一定公称及工作压力下，选择最佳流量及冲洗时间。

（2）鉴定测试方法

1）固体物排放测试应按《卫生陶瓷》（GB/T 6952—2015）的要求进行，测试项目分别包括聚丙烯球试验与四个试体检验。

2）墨线试验：将洗净面擦干，用软笔在坐便器出水圈下方 25mm 处沿洗净面画一圈墨水线，立即冲水，测量并记录残留在洗净面上的墨水线总长度和各段长度。

3）水封深度和水封回复测试。

① 水封深度测试方法应按《卫生陶瓷》（GB/T 6952—2015）的要求进行。

② 水封回复测试：在固体物排放测试时，观察冲水后水封回复，若排污口有溢流出现，表明水封完全恢复，若无溢流出现，则测量剩余水封深度并记录。

4）污水排放测试应按《卫生陶瓷》（GB/T 6952—2015）的要求进行。

5）后续冲水量测试应按《卫生陶瓷》（GB/T 6952—2015）的要求进行。

6）排水管道输送特性测试应按《卫生陶瓷》（GB/T 6952—2015）的要求进行。

7）水箱配件测试应按《蹲便器高水箱配件》（JC 706—1997）《坐便器低水箱配件》（JC 707—1997）和《坐便器低水箱配件排水阀密封及寿命试验方法》（JC/T 551—1994）的要求进行，测试项目包括进水阀进水时间、防虹吸、进水量、排水流量、渗漏等。水箱寿命试验应按《坐便器低水箱配件排水阀密封及寿命试验方法》（JC/T 551—1994）进行。

8）蹲便器、大便冲洗阀及非接触式给水器具应按《卫生陶瓷》（GB/T 6952—2015）、《钼铁》（GB/T 3649—2008）及《非接触式含水器具》（CJ/T 194—2014）的要求进行，测试项目包括防虹吸、耐压强度、密封性能、水流量、冲水时间、寿命等。

◎ 节水型洗衣机

（1）评价的技术指标及计算方法

1）单位负载耗水量。

洗涤单位质量衣物所需要的额定洗涤水量，即洗衣机额定洗涤水量与额定洗涤容量之比，即

$$W = \frac{W_1}{M} \tag{6.1}$$

式中，W ——单位负载耗水量，L/kg；

$\quad\quad W_1$ ——额定洗涤水量（洗衣机说明书中给定值），L；

$\quad\quad M$ ——额定洗涤容量，kg。

2）单位负载耗水量评价应按《家用和类似用途电动洗衣机》（GB/T 4288—2018）的有关规定进行。

3）洗净比。

被测洗衣机洗净率与参比机洗净率之比计算为

$$C = \frac{D_r}{D_s}$$

式中，C——洗净比；

$\quad\quad D_r$——被测洗衣机洗净率，%；

$\quad\quad D_s$——参比机洗净率，%。

被测洗衣机洗净率计算为

$$D_r = \frac{R_w - R_s}{R_0 - R_s} \times 100\% \tag{6.2}$$

式中，D_r——洗净率；

　　　　R_w——人工污染布洗净后反射率，%；

　　　　R_s——人工污染布洗净前反射率，%；

　　　　R_0——原布反射率，%。

4）洗净比的评价应按《家用和类似用途电动洗衣机》（GB/T 4288—2018）的有关规定进行。

5）漂洗性能：洗涤物上残留漂洗液相对试验用水的碱度应不大于 $0.04 \times 10^{-2}\,\mathrm{mol/L}$。

6）能耗与噪声应按《家用和类似用途电动洗衣机》（GB/T 4288—2018）和有关国家标准的要求测试与评价。

（2）鉴定测试方法

1）洗涤性能测试方法应按《家用和类似用途电动洗衣机》（GB/T 4288—2018）的要求进行。

2）漂洗性能测试方法应按《家用和类似用途电动洗衣机》（GB/T 4288—2018）的要求进行。用滴定法测量洗涤物上残留漂洗液相对试验用水的碱度。

判定要点：

本着"节流为先"的原则，用水器具与设备优先选用中华人民共和国国家经济贸易委员会 2001 年第 5 号公告和 2003 年第 12 号公告《当前国家鼓励发展的节水设备（产品）》目录中公布的设备、器材和器具。

所有用水器具与设备应满足现行标准《节水型生活用水器具》（CJ 164—2014）及《节水型产品通用技术条件》（GB/T 18870—2011）的要求。

> 6.1.4　游泳池、游乐池、水上乐园等给水系统应采用循环供水系统，并经处理后的水质符合《游泳池水质标准》（CJ/T 244—2016）及《游泳池给水排水工程技术规程》（CJJ 122—2017）的规定；游泳池、游乐池、水上乐园等池水补水应设置计量装置。

【条文说明】

本条适用于各类民用建筑的设计、竣工和运行评价。对无游泳池、游乐池、水上乐园等给水系统的项目，本条不参评。

重庆夏季气温较高且持续时间较长，游泳池、游乐池、水上乐园等设施蒸发量大，补水量大，做好循环供水节水效果明显，应大力推广，循环供水水质应满足现行相关规范要求。补水进行计量有利于推进节水量数据的统计分析，为此类设施的节水设计和运行提供基础数据。

【技术途径】

循环供水系统的处理工艺可参照现行《游泳池给水排水工程技术规程》（CJJ 122—2017）执行。供水循环系统的出水水质尚应满足现行《游泳池水质标准》（CJ 244—2016）。游泳池的排出水属于优质杂排水，但在循环利用时，仍需根据用水对象的水质标准要求进行梯级利用，处理工艺参照《建筑中水设计标准》（GB 50336—2018）执行。

【达标判断】

对于设计评价，查阅设计文件，竣工和运行评价还应核查现场。

游泳池、游乐池、水上乐园等给水系统应采用循环供水系统，并经处理后的水质符合《游泳池水质标准》（CJ 244—2006）及《游泳池给水排水工程技术规程》（CJJ 122—2017）的规定；游泳池、游乐池、水上乐园等池水补水应设置计量装置。

判定要点：

1）初次充水、重新换水和使用过程中的补充水水质达到现行国家标准《生活饮用水卫生标准》（GB 5749—2006），且池水水质符合国家现行行业标准《游泳池水质标准》（CJ/T 244—2016）。

2）充水管和补水管的管道上应分别设置独立的水量计量仪表。

3）设置循环净化水系统，且系统中必须设有池水消毒工艺。

4）池水水质宜采用自动监测和控制系统，对水温、浊度、余氯和 pH 值的监测和控制还应具备人工手段。

6.2　评　分　项

6.2.1　建筑平均日用水量满足现行国家标准《民用建筑节水设计标准》（GB 50555—2010）中的节水用水定额的要求，评价总分值为 10 分。评分规则如下：

1　建筑平均日用水量达到节水用水定额的上限值的要求，得 4 分；

2　建筑平均日用水量达到上限值与下限值的平均值要求，得 7 分；

3　建筑平均日用水量达到下限值的要求，得 10 分。

【条文说明】

本条适用于各类民用建筑的运行评价，设计阶段和竣工不参评。

计算平均日用水量时，应实事求是地确定用水的使用人数、用水面积等，使用人数在项目使用初期可能不会达到设计人数，如住宅的入住率在头几年不会很快达到 100%，因此对与用水人数相关的用水，如饮用、盥洗、冲厕、餐饮等，应根据用水人数来计算平均日用水量；对使用人数相对固定的建筑，如住宅、办公等，可按实际人数计算；对浴室、商场、餐厅等流动人口较大且数量无法明确的场所，可按设计人数计算。

对与用水人数无关的用水，如绿化灌溉、地面冲洗、水景补水等，则根据实际水表计量情况进行考核。根据实际运行一年的水表计量数据和使用人数、用水面积等计算平均日用水量，与节水用水定额进行比较来判定。

【具体建筑类型要求】

◎ 博览建筑

博览建筑设置管道直饮水系统或末端处理装置时，应采取节水措施。

管道直饮水系统是指原水经深度净化处理，通过管道输送，供给人们直接饮用的供水系统，其水质标准应符合现行行业标准《饮用净水水质标准》（CJ 94—2005）的要求。

直饮水处理系统的原水一般采用自来水，直饮水净水设备的产水率指净水设备产生直饮水量与消耗自来水量的比值，产水率越高，直饮水净化过程中损失的水量越少。直饮水净化过程中损失的那部分水量主要是净水设备排出的浓缩水，对该部分水量进行回收利用，可以进一步减少水量的浪费。

【达标判断】

运行评价查阅实测用水量计量情况报告和建筑平均日用水量计算书，包含：水表设置示意图、各类用水的统计、使用人数/用水面积等，按达标项得分。

判定要点：

计算平均日用水量时，应实事求是地确定用水的使用人数、用水面积等，使用人数在项目使用初期可能不会达到设计人数，如住宅的入住率在头几年不会很快达到100%，因此对与用水人数相关的用水，如饮用、盥洗、冲厕、餐饮等，应根据用水人数来计算平均日用水量。

对使用人数相对固定的建筑，如住宅、办公等，可按实际人数计算；对浴室、商店、餐厅等流动人口较大且数量无法明确的场所，可按设计人数计算。对与用水人数无关的用水，如绿化灌溉、地面冲洗、水景补水等，则根据实际水表计量情况进行考核。根据实际运行一年的水表计量数据和使用人数、用水面积等计算平均日用水量，与节水用水定额进行比较来判定。

6.2.2 采取有效措施避免管网漏损，评价总分值为7分。评分规则如下：

1 选用密闭性能好的阀门、设备，使用耐腐蚀、耐久性能好的管材、管件，得1分；

2 室外埋地管道采取有效措施避免管网漏损，得1分；

3 设计阶段根据水平衡测试的要求安装分级计量水表；运行阶段，提供用水量计量情况和管网漏损检测、整改的报告，得5分。

【条文说明】

本条适用于各类民用建筑的设计、竣工及运行评价。

管网漏失水量包括：阀门故障漏水量、室内卫生器具漏水量、水池、水箱溢流漏水量、设备漏水量和管网漏水量。

【技术途径】

1）室内外给水管道要根据使用用途、场所、水压、水质等合理选用管材，所用的管材、管件必须符合现行产品行业标准、主管部门及项目设计要求。

2）合理控制供水压力，避免供水压力持续高压或压力骤变。

3）做好室外管道基础处理和覆土，控制管道埋深，加强管道工程施工监督，把好施工质量关。

4）水池、水箱溢流报警和进水阀门自动联动关闭。

5）设计阶段和竣工阶段：根据水平衡测试要求安装分级计量水表，分级计量水表安装率达100%。具体要求为下级水表的设置应覆盖上一级水表的所有出流量，不得出现无计量支路。

6）竣工阶段和运行阶段，物业管理方应按水平衡测试要求进行运行管理，记录实测用水计量，计算管道漏损率和原因分析，并提供采取整改措施的落实情况报告。

7）加强管线探漏监测、蓄水设施巡检与监控，及时发现显性和隐蔽漏水量。

8）合理设置检修阀门位置及数量，降低检修时泄水量。

9）选用性能高的阀门、零泄漏阀门等，如在冲洗排水阀、消火栓、通气阀的阀前增设软密封阀或蝶阀。

【达标判断】

对于设计评价和竣工评价，查阅有关防止管网漏损措施的施工图纸（含分级水表设置示意图）、设计说明等；运行评价查阅竣工图纸（含分级水表设置示意图）、设计说明，并现场核实设计内容的落实情况，查阅用水量计量和漏损检测及整改情况的报告。

判定要点：

为避免漏损，可采取以下措施。

1）给水系统中使用的管材、管件，必须符合现行产品行业标准的要求。对新型管材和管件应符合企业标准的要求，企业标准必须经由有关行政和政府主管部门，组织专家评估、鉴定并备案。

2）选用性能高的阀门、零泄漏阀门等。

3）合理设计供水压力，避免供水压力持续高压或压力骤变。

4）做好室外管道基础处理和覆土，控制管道埋深，加强管道工程施工监督，把好施工质量关。

5）水池、水箱溢流报警和进水阀门自动联动关闭。

6）设计阶段和竣工阶段：根据水平衡测试的要求安装分级计量水表，分级计量水表安装率达100%。具体要求为下级水表的设置应覆盖上一级水表的所有出流量，不得出现无计量支路。

7）竣工阶段和运行阶段，物业管理方应按水平衡测试要求进行运行管理，申报方应提供用水量计量和漏损检测情况的报告，也可委托第三方进行水平衡测试，报告包括分级水表设置示意图、用水计量实测记录、管道漏损率计算和原因分析，并提供采取整改措施的落实情况报告。

6.2.3　给水系统无超压出流现象，评价总分值为 8 分。评分规则如下：

1　用水点供水压力不大于 0.30MPa 但大于 0.20MPa，得 3 分；

2　用水点供水压力不大于 0.20MPa，且不小于用水器具要求的最低工作压力，得 8 分。

【条文说明】

本条适用于各类民用建筑的设计、竣工及运行评价。

试验研究表明，普通水嘴最低工作压力 0.02～0.05MPa 即可满足当量出水量，压力较大时出水量超过当量出水量。

给水配件阀前压力大于流出水头，给水配件在单位时间内的出水量超过额定流量的现象，称超压出流现象，该流量与额定流量的差值，为超压出流量。给水配件超压出流不但会破坏给水系统中水量的正常分配，对用水工况产生不良的影响，同时因超压出流量未产生使用效益，为无效用水量，即浪费的水量属于隐形水量浪费。

但若采用用水设备最低工作压力进行水压控制，分区较多或减压设施较多，造成维护管理麻烦和投资较高，采用 0.2～0.3MPa 作为控制压力，具有良好的技术经济平衡点。

卫生器具用水点供水压力可根据以下四种方式核算：

1）采用地下室水箱与变频调速泵直接供水。

　　供水压力值=水泵扬程-用水点与水箱最低水位的标高差
　　　　　　　　-用水点到水泵出水口管道的沿程和局部水头损失

2）采用叠压供水设备。

　供水压力值=水泵扬程-用水点与外网供水干管中心的标高差
　　　　　　　-用水点到外供水干管连接点管道的沿程和局部水头损失
　　　　　　　+外网供水干管允许的最低工作压力

3）高位水箱供水。

供水压力值=高位水箱最低水位标高-水箱出水口管道的沿程和局部水头损失

4）减压阀或支管减压阀后的供水。

供水压力值=减压阀阀后压力值-减压阀中心安装标高与用水点的标高差
　　　　　　-用水点到减压阀出水口管道的沿程和局部水头损失

【技术途径】

1）设计时合理进行压力分区，并适当地采取减压措施，避免超压出流造成的浪费。

2）压力控制方法和措施可参考《建筑给水排水设计规范（2009 年版）》（GB 50015—2003）执行。

3）根据建筑给水系统超压出流的实际情况，对给水系统的压力做出合理限定。

4）在给水系统中合理配置减压装置是将水压控制在限值要求内、减少超压出流的技术保障。减压装置包括减压阀、减压孔板和节流塞、节水龙头等。

5）当建筑因功能需要，选用特殊水压要求的用水器具时，如大流量淋浴喷头，可根据产品要求采用适当的工作压力，但应选用用水效率高的产品，并在说明中做相应描述。

【达标判断】

对设计评价，查阅施工图纸、设计说明书、计算书（含各层用水点用水压力计算表）、产品说明，按达标项得分。当选用了恒定出流的用水器具时，该部分管线的工作压力满足相关设计规范的要求即可。

对于竣工评价和运行评价，查阅竣工图纸、设计说明书、产品说明，并进行现场核查。

判定要点：

当选用了恒定出流的用水器具时，该部分管线的工作压力满足相关设计规范的要求即可。当建筑因功能需要，选用特殊水压要求的用水器具时，如大流量淋浴喷头，可根据产品要求采用适当的工作压力，但应选用用水效率高的产品，并在说明中做相应描述。在上述情况下，如其他常规用水器具均能满足《绿色建筑评价标准》（DBJ50/T-066—2014）第6.2.3条要求，可以评判本条达标。

6.2.4　按用途和管理单元或付费单元设置用水计量装置，并满足下列任意一款或多款的要求，评价总分值为6分：

1　按照使用用途，对餐饮厨房、公共卫生间、绿化、空调系统、游泳池、景观等用水分别设置用水计量装置、统计用水量，得2分；

2　按照付费或管理单元情况对不同用户的用水分别设置用水计量装置、统计用水量，得4分。

【条文说明】

本条适用于各类民用建筑的设计、竣工和运行评价。

对不同使用用途和付费或管理单位分别设水表统计用水量，并据此施行计量收费，以实现用者付费，达到鼓励行为节水的目的，同时还可统计各种用途的用水量和分析渗漏水量，达到持续改进的目的。

按照付费或管理单元情况对不同用户的用水分别设置用水计量装置、统计用水量，各管理单元通常是分别付费，或即使是不分别付费，也可以根据用水计量情况，对不同部门进行节水绩效考核，促进行为节水。

对公共建筑中有可能实施者付费的场所，应设置用者付费的设施，实现行为节水。

【具体建筑类型要求】

◎ 校园建筑

校园建筑按照用水用途计量水表时，可按下列分别安装：①公共卫生用水；

②经营性用水；③绿化用水（包含道路浇洒等杂用水）；④教学实验用水；⑤供水干管检查渗漏点等。本条达标条件是：选用高灵敏度计量和监测水表，每幢公共建筑单体至少安装一块计量水表，安装率达50%以上。

【达标判断】

对于设计评价，查阅施工图纸（含水表设置示意图）、设计说明书；竣工评价查阅竣工图纸、设计说明书，并进行现场核查；运行评价查阅竣工图纸、设计说明书，并进行现场核查，现场核查包括实地检查水表的设置情况、查阅各类用水的计量记录及统计报告。

6.2.5 采取有效节水措施，评价总分值为4分。评分规则如下：

1 公共浴室采用带恒温控制与温度显示功能的冷热水混合淋浴器，得2分；

2 公共浴室设置用者付费的设施，得1分；

3 游泳池排水应梯级利用，得1分。

【条文说明】

本条适用于设有公共浴室和游泳池的建筑的设计、竣工和运行评价。无公共浴室和游泳池的建筑不参评。

本条所说的"公用浴室"既包括学校、医院、体育场馆、洗浴中心等建筑为学生、医护人员、病人、健身人员、顾客等设置的公用浴室，也包含住宅小区、办公楼、旅馆、商店等建筑为物业管理人员、餐饮服务人员和其他工作人员设置的公用浴室。无公共浴室，第1款、第2款不参评；无游泳池，第3款不参评。

由于带恒温控制与温度显示功能的冷热水混合淋浴器输出水的恒温精度高，提高了洗浴的舒适性，又能做到人离水停，洗浴过程中无须调节水温，所以比一般双管淋浴器节约用水20%～50%。

实现"用者付费"，可达到鼓励行为节水的目的。对建筑中有可能实施用者付费的用水场所，应设置用者付费的设施，如采用刷卡用水，实现行为节水。

游泳池补水水源来自城市市政给水，在其循环处理过程中排出水量大，此类设施排出水属于优质杂排水，适当处理后梯级利用可行性较高，并具有较好的经济效益和环境效益。所以此类水应进行梯级利用，达到节水的目的。

【具体建筑类型要求】

◎ 饭店建筑

饭店建筑中公用浴室内淋浴设施设有感应开关、延时自闭阀等装置。在饭店建筑中"公用浴室"既包括饭店建筑中健身功能区域中附带的公用浴室，也包含饭店建筑为物业管理人员、餐饮服务人员和其他工作人员设置的公用浴室。

【技术途径】

1）热水系统与冷水系统的分区一致，保证系统内冷热水的压力平衡，达到节能、节水、舒适的目的。对于带有冷热水混合器或混合龙头的卫生器具，要使冷水、热水供水压差不大于 0.01MPa。

2）合理设置计量装置可以增强人们的节水意识，并且检查出漏水的隐患，公共浴室可采用刷卡用水。

3）将游泳池排水用于其下一级水质要求相对不高的冷却水、工艺用水、景观用水、冲洗用水等。

【达标判断】

对于设计评价，查阅施工图纸、设计说明书（含相关产品的设备材料表）；竣工评价查阅竣工图纸、设计说明书（含相关产品的设备材料表），并进行现场核查；运行评价查阅竣工图纸、设计说明书（含相关产品的设备材料表），并进行现场核查，现场核查包括实地检查、查阅产品说明书或产品检测报告、各类用水的计量记录及统计报告。

6.2.6 卫生器具的用水效率均达到国家现行有关卫生器具用水等级标准规定的 2 级，评价分值为 4 分。

【条文说明】

本条适用于各类民用建筑的设计、竣工和运行评价。对于非集中购置或安装卫生器具的项目建筑，竣工和运行评价本条直接判定为不得分。

为推广普及节水器具，淘汰落后用水工艺、设备和产品，提高用水效率，国家相关部门发布了部分用水器具（目前有水嘴、坐便器、小便器、淋浴器及便器冲洗阀）的用水效率限定值及用水效率等级标准。绿色建筑应鼓励选用更高节水性能的节水器具。

具体卫生器具的用水效率等级如下。

◎ 水嘴用水效率等级

在 0.10MPa±0.01MPa 动压下，水嘴流量依据表 6.1 判定该水嘴的用水效率等级，此用水效率等级不应低于该水嘴的额定用水效率等级。双挡水嘴的大挡用水效率等级必须符合 3 级，以小挡实际达到的用水效率等级作为该双挡水嘴的用水效率等级级别。

表 6.1 水嘴用水效率等级指标

用水效率等级	1 级	2 级	3 级
流量/（L/s）	$L \leq 0.100$	$0.100 < L \leq 0.125$	$0.125 < L \leq 0.150$

◎ 坐便器用水效率等级

根据坐便器的用水量：单挡坐便器指实测平均用水量；双挡坐便器是指一次大挡用水量与二次小挡用水量之和的平均值。依据表 6.2 判定该坐便器的用水效率等级，此用水效率等级不应低于该坐便器的额定用水效率等级。

表 6.2 坐便器用水效率等级指标

用水效率等级			1 级	2 级	3 级	4 级	5 级
用水量/L	单挡	平均值	L4.0	4.0<L5.0	5.0<L6.5	6.5<L7.5	7.5<L9.0
	双挡	大挡	L4.5	4.5<L5.0	5.0<L6.5	6.5<L7.5	7.5<L9.0
		小挡	L3.0	3.0<L3.5	3.5<L4.2	4.2<L4.9	4.9<L6.3
		平均值	L3.5	3.5<L4.0	4.0<L5.0	5.0<L5.8	5.8<L7.2

◎ 小便器用水效率等级

依据表 6.3 判定该小便器的用水效率等级，此用水效率等级不应低于该小便器的额定用水效率等级。

表 6.3 小便器用水效率等级指标

用水效率等级	1 级	2 级	3 级
冲洗水量/L	2.0	3.0	4.0

◎ 淋浴器用水效率等级

在 0.10MPa±0.01MPa 动压下，依据表 6.4 判定该淋浴器的用水效率等级，此用水效率等级不应低于该淋浴器的额定用水效率等级。

表 6.4 淋浴器用水效率等级

用水效率等级	1 级	2 级	3 级
流量/（L/s）	0.08	0.12	0.15

◎ 便器冲洗阀用水效率等级

依据表 6.5 判定便器冲洗阀的用水效率等级，此用水效率等级不应低于该大便器冲洗阀的额定用水效率等级。

表 6.5 便器冲洗阀用水效率等级指标

用水效率等级		1 级	2 级	3 级	4 级	5 级
冲洗水量/L	大便器	4.0	5.0	6.0	7.0	8.0
	小便器	2.0	3.0	4.0	—	—

在设计文件中要注明对卫生器具的节水要求和相应的参数或标准。当存在不同用水效率等级的卫生器具时，按满足最低等级的要求得分。

【技术途径】

1）已有用水效率标准的用水器具按照项目要求选用相应用水效率等级的用水器具。

2）未颁布国家用水效率标准的用水器具按照行业标准、地方标准或节水水平等根据项目要求择优选择。

3）对土建装修一体化设计的项目，在施工图设计中应对节水器具的选用做出要求；对非一体化设计的项目，申报方应提供确保业主采用节水器具的措施、方案或约定。

【达标判断】

对于设计评价，查阅施工图纸、设计说明书、产品说明书（含相关节水器具的性能参数要求）；竣工评价和运行评价查阅竣工图纸、设计说明书、产品说明书、产品节水性能检测报告及现场核查。

判定要点：

主要涉及标准：《水嘴用水效率限定值及用水效率等级》（GB 25501—2010）、《坐便器用水效率限定值及用水效率等级》（GB 25502—2017）、《小便器用水效率限定值及用水效率等级》（GB 28377—2012）、《淋浴器用水效率限定值及用水效率等级》（GB 28378—2012）、《便器冲洗阀用水效率限定值及用水效率等级》（GB 28379—2012）。在设计文件中要注明对卫生器具的节水要求和相应的参数或标准。卫生器具有用水效率相关标准的应全部采用，方可认定达标，没有的可暂时不参评。对土建装修一体化设计的项目，在施工图设计中应对节水器具的选用做出要求；对非一体化设计的项目，申报方应提供确保业主采用节水器具的措施、方案或约定。

6.2.7　绿化灌溉采用节水灌溉方式，评价总分值为 10 分。评分规则如下：

1　采用节水灌溉系统，得 7 分；

2　在采用节水灌溉系统的基础上，设置土壤湿度感应器、雨天关闭装置等节水控制措施；或采取生物性节水措施，得 10 分。

【条文说明】

本条适用于各类民用建筑的设计、竣工和运行评价。

绿化节水灌溉方式主要包括喷灌和微灌。目前普遍采用的是喷灌，其比地面漫灌要省水 30%～50%。微灌包括滴灌、微喷灌、涌流灌和地下渗灌，比地面漫灌省水 50%～70%，比喷灌省水 15%～20%。

雨天关闭装置可以保证喷灌系统在雨天或降雨后关闭，在系统中添加一个雨天关闭装置，可节水 15%～20%。

生物性节水措施主要包括种植耐旱植物、无须永久灌溉植物等。耐旱植物具有较好的储水性和吸水性，需水量少，在干旱环境中仍能维持水分平衡和正常的生长发育，包括旱生植物、中生植物的耐旱种类，以及人工选育耐旱品种。无须永久灌溉植物是指适应当地气候，仅依靠自然降雨即可维持良好的生长状态的植物，或在干旱时体内水分丧失，全株呈风干状态而不死亡的植物。无须永久灌溉植物仅在生根时需进行人工灌溉，因而不需设置永久的灌溉系统，但临时灌溉系统应在安装后一年之内移走。当选用耐旱型植物、无须永久灌溉植物等时，设计文件中应提供植物配置表，并说明是否属耐旱型植物，申报方应提供当地植物名录，说明所用植物的耐旱性能。

【技术途径】

1）喷灌、微灌、渗灌、低压管灌等均属于高效节水灌溉方式，可根据实际情况，灵活选用；有条件时，还可根据项目要求决定是否采用湿度传感器或根据气候变化的调节控制器。

2）喷灌的优点是可将水喷射到空中变成细滴均匀地散布到绿地。它可按植物品种、土壤和气候状况适时适量喷洒。其每次喷洒水量少，一般不产生地面径流和深层渗漏。使用中应将喷灌时间安排在早晨而不是中午，还可以将喷灌时间集中在2～3个短周期中，这种简单的变化可以很好地减少因蒸发和径流造成的水资源浪费。同时喷灌要在风力小时进行，避免水过量蒸发和飘散。当采用再生水灌溉时，因水中微生物在空气中极易传播，应避免采用喷灌方式。

3）微灌包括滴灌、微喷灌、涌流灌和地下渗灌，其中微喷灌射程较近，一般在5m以内，喷水量为200～400L/h。微灌的灌水器孔径很小，易堵塞。微灌的用水一般都应进行净化处理，先经过沉淀除去大颗粒泥沙，再进行过滤，除去细小颗粒的杂质等特殊情况还需进行化学处理。

4）耐旱植物应优先选择满足当地的气候条件的本土物种。

5）可参照《园林绿地灌溉工程技术规范》（CECS 243—2008）中的相关条款进行设计施工。

【达标判断】

设计评价查阅施工图纸、设计说明书（含相关节水灌溉产品的设备材料表）、景观设计图纸（含苗木表、当地植物名录等）、节水灌溉产品说明书、高效节水灌溉面积比例计算书及耐旱植物使用面积比例计算书；竣工评价和运行评价在设计评价之外，还应进行现场核查，现场核查包括实地检查节水灌溉设施的使用情况、查阅绿化灌溉用水制度和计量报告（运行评价）。

判定要点：

当90%以上的绿化面积采用了高效节水灌溉方式时，方可判定《绿色建筑评价标准》（DBJ50/T-066—2014）第6.2.7条第1款达标；当90%以上的绿化面积采用节水控制措施或当50%以上的绿化面积采用了种植耐旱型植物、无须永久灌溉植物等生物性节水措施，且其余部分绿化采用了高效节水灌溉方式时，可判定《绿色建筑评价标准》（DBJ50/T-066—2014）第6.2.7条第2款达标。

6.2.8　空调的循环冷却水系统采用节水技术，评价总分值为10分。评分规则如下：

1　循环冷却水系统设置水处理措施，采取加大集水盘、设置平衡管或平衡水箱的方式，避免冷却水泵停泵时冷却水溢出，得6分；

> 2　运行时，冷却塔的蒸发耗水量占冷却水补水量的比例不低于 80%，得 10 分；
>
> 3　采用无蒸发耗水量的冷却技术，得 10 分。

【条文说明】

本条适用于设置集中空调的各类民用建筑的设计、竣工和运行评价。对于非集中购置或安置空调器或空调系统的项目，竣工和运行评价直接判定为不得分。

未设置集中空调设备或系统的项目，且选择符合现行国家标准《房间空气调节器能效限定值及能效等级》（GB 12021.3—2010）和《转速可控型房间空气调节器能效限定值及能效等级》（GB 21455—2013）等规定的能效等级 1 级的节能型产品，本条得 10 分。本条第 2 款仅适用于运行评价。

公共建筑集中空调系统的冷却水补水量占据建筑物用水量的 30%～50%，减少冷却水系统不必要的耗水对整个建筑物的节水意义重大。

1）开式循环冷却水系统或闭式冷却塔的喷淋水系统受气候、环境的影响，冷却水水质比闭式系统差，改善冷却水系统水质可以保护制冷机组和提高换热效率。应设置水处理装置和化学加药装置改善水质，减少排污耗水量。

开式冷却塔或闭式冷却塔的喷淋水水系统设计不当，高于集水盘的冷却水管道中部分水量在停泵时有可能溢流排掉。为减少上述水量损失，设计时可采取加大集水盘、设置平衡管或平衡水箱等方式，相对加大冷却塔集水盘浮球阀至溢流口段的容积，避免停泵时的泄水和启泵时的补水浪费。

2）本条文从冷却补水节水角度出发，不考虑不耗水的接触传热作用，假设建筑全年冷凝排热均为蒸发传热作用的结果，通过建筑全年冷凝排热量可计算出排出冷凝热所需要的蒸发耗水量。

集中空调制冷及其自控系统设计应提供条件使其满足能够记录、统计空调系统的冷凝排热量，在设计与招标阶段，对空调系统/冷水机组应有安装冷凝热计量设备的设计与招标要求；运行阶段可以通过楼宇控制系统实测、记录并统计空调系统/冷水机组全年的冷凝热，据此计算出排出冷凝热所需要蒸发耗水量。相应的蒸发耗水量占冷却水补水量的比例不应低于 80%。

排出冷凝热所需要蒸发耗水量为

$$Q_e = \frac{H}{r_0} \tag{6.3}$$

式中，Q_e——排出冷凝热所需要的蒸发耗水量，kg；

　　　H——冷凝排热量，kJ；

　　　r_0——水的汽化热，kJ/kg。

采用喷淋方式运行的闭式冷却塔应同开式冷却塔一样，计算其排出冷凝热所需要的蒸发耗水量占补水量的比例，不应低于 80%。

3）本条第 3 款所指的"无蒸发耗水量的冷却技术"包括采用分体空调、风冷式冷水机组、风冷式多联机、地源热泵、干式运行的闭式冷却塔等。采用风冷方式替代水冷方式可以节省水资源消耗，风冷空调系统的冷凝排热以显热方式排到大气，并不直接耗费水资源，但由于风冷方式制冷机组的 COP 通常较水冷方式的制冷机组低，所以需要综合评价工程所在地的水资源和电力资源情况，并且使用的空调机组能效等级应高于同等节能要求，即采用房间空调器、单冷式转速可控型房间空调器、热泵型转速可控型房间空调器、多联式空调（热泵）时，要求机组能效等级应达到 1 级要求。有条件时宜优先考虑风冷方式排出空调冷凝热。第 1 款、第 2 款、第 3 款得分不累加。

【技术途径】

循环冷却水处理能控制结垢、防止腐蚀、抑制微生物、防止环境污染，是节约淡水资源和合理使用水资源的有效途径。常用的循环冷却水处理方法如下。

1）循环冷却水旁流处理工艺：主要思路是采用适当旁流处理工艺，将循环冷却水系统中不断增加的、限制水处理效果的有害成分除去，并将排污水再生处理后作为补充水回用到循环冷却水系统中。这样可以提高工业水的重复利用率、减少废水的排放量，基本实现系统的零排放，具有节水、节能及降低生产成本等作用。

2）循环冷却水旁滤池节水技术：旁滤池过滤法，是在循环水系统中引出一部分冷却水进行过滤（或称分流过滤），将浊度（截留的悬浮物）排出循环冷却水系统后，过滤出水再回到循环冷却水系统中的过程，它在保持循环水在合理的浊度下运行的同时达到了系统节水的目的。

3）提高循环冷却水浓缩倍数：浓缩倍数越高，冷却水被循环利用的次数越多，补充的新鲜水量和排放污水量将相应减少，提高循环冷却水的浓缩倍数可减少补水率和排污率，达到节水目的。

除对循环冷却水进行处理外，还应采取如下措施节约空调循环冷却水：

1）设计时采取加大集水盘、设置平衡管或平衡水箱等方式，相对加大冷却塔集水盘浮球阀至溢流口段的容积，避免停泵时的泄水和启泵时的补水浪费。

2）集中空调制冷及其自控系统设计提供条件使其满足能够记录、统计空调系统的冷凝排热量，在设计与招标阶段，对空调系统/冷水机组安装冷凝热计量设备的设计与招标；运行阶段通过楼宇控制系统实测、记录并统计空调系统/冷水机组全年的冷凝热，据此计算出排出冷凝热所需要蒸发耗水量。相应的蒸发耗水量占冷却水补水量的比例不应低于 80%。

3）采用风冷式冷水机组、风冷式多联机等无蒸发耗水量的冷却技术，且使用的空调机组能效等级应高于同等节能要求，即采用房间空调器、单冷式转速可控型房间空调器、热泵型转速可控型房间空调器、多联式空调（热泵）时，要求机组能效等级应达到 1 级要求。

4）采用闭式冷却塔技术。

【达标判断】

对于设计评价，查阅施工图纸、设计说明书、计算书、产品说明书。竣工评价查阅竣工图纸、设计说明书、产品说明及现场核查。

对于运行评价，查阅竣工图纸、设计说明书、产品说明及现场核查，现场核查包括实地检查，查阅冷却水系统的运行数据、蒸发量、冷却水补水量的用水计量报告和计算书。

判定要点：

未设置集中空调设备或系统，且选用的房间空气调节器能效限定值及能效等级和转速可控型房间空气调节器能效限定值及能效等级满足《绿色建筑评价标准》（DBJ50/T-066—2014）第 5.2.5 条对设备能效限定值，此条得 10 分。

《绿色建筑评价标准》（DBJ50/T-066—2014）第 6.2.8 条第 1 款评价时，为保证实施效果，应同时采取加大集水盘和设置平衡管。

《绿色建筑评价标准》（DBJ50/T-066—2014）第 6.2.8 条第 2 款仅适用于运行评价。

《绿色建筑评价标准》（DBJ50/T-066—2014）第 6.2.8 条第 3 款所指的"无蒸发耗水量的冷却技术"包括采用分体空调、风冷式冷水机组、风冷式多联机、地源热泵、干式运行的闭式冷却塔等。并且选用设备满足《绿色建筑评价标准》（DBJ50/T-066—2014）第 5.2.5 条对设备能效限定值。

> 6.2.9　除卫生器具、绿化灌溉和冷却塔以外的其他用水采用了节水技术或措施，评价总分值为 5 分。评分规则如下：
> 1　用水量占其他用水量的 50% 的用水采用了节水技术或措施，得 3 分；
> 2　用水量占其他用水量的 80% 的用水采用了节水技术或措施，得 5 分。

【条文说明】

本条适用于各类民用建筑的设计、竣工和运行评价。当没有除卫生器具、绿化灌溉和冷却塔以外的其他用水时，本条不参评。

除卫生器具、绿化灌溉和冷却塔以外的其他用水也应采用节水技术和措施，如车库和道路冲洗用的节水高压水枪、节水型专业洗衣机、循环用水洗车台，给水深度处理采用自用水量较少的处理设备和措施，集中空调加湿系统采用用水效率高的设备和措施。按采用了节水技术和措施用水量占其他用水总用水量的比例进行评分。

【达标判断】

对于设计评价，查阅施工图纸、设计说明书、计算书、产品说明书；竣工评价查阅竣工图纸、设计说明书、产品说明及现场核查；运行评价查阅竣工图纸、设计说明书、产品说明及现场核查，现场核查包括实地检查设备的运行情况和查阅水表计量报告。

6.2.10 合理使用非传统水源，评价总分值为 15 分。评分规则如下：

1 住宅、旅馆、办公、商场类建筑

1）按式（6.2.10-1）、式（6.2.10-2）计算的非传统水源利用率不低于表 6.2.10 的要求：

$$R_u = \frac{W_u}{W_t} \times 100\% \qquad (6.2.10\text{-}1)$$

$$W_u = W_R + W_r + W_o \qquad (6.2.10\text{-}2)$$

式中，R_u——非传统水源利用率，%；

W_u——非传统水源设计使用量（设计阶段）或实际使用量（运行阶段），m^3/a；

W_R——再生水设计利用量（设计阶段）或实际利用量（运行阶段），m^3/a；

W_r——雨水设计利用量（设计阶段）或实际利用量（运行阶段），m^3/a；

W_o——其他非传统水源利用量（设计阶段）或实际利用量（运行阶段），m^3/a；

W_t——设计用水总量（设计阶段）或实际用水总量（运行阶段），m^3/a。

式中设计使用量为年用水量，由平均日用水量和用水时间计算得出。实际使用量应通过统计全年水表计量的情况计算得出。式中用水量计算不包含冷却用水量和室外景观水体补水量。

表 6.2.10 非传统水源利用率要求

建筑类型	非传统水源利用率		非传统水源利用措施				得分
	有市政再生水供应/%	无市政再生水供应/%	室内冲厕	室外绿化灌溉	道路浇洒	洗车用水	
住宅	8.0	4.0	—	●○	●	●	5
	—	8.0	●○	○	○	○	7
	30.0	30.0	●○	●○	●○	●○	15
办公	10.0	—	—	●	●	●	5
	—	8.0	—	○	—	—	10
	50.0	10.0	●	●○	●○	●○	15
商业	3.0	—	—	●	●	●	2
	—	2.5	—	○	—	—	10
	50.0	3.0	●	●○	●○	●○	15
旅馆	2.0	—	—	●	●	●	2
	—	1.0	—	○	—	—	10
	12.0	2.0	●	●○	●○	●○	15

注："●"为有市政再生水供应时的要求；"○"为无市政再生水供应时的要求。

2）或非传统水源利用措施满足表 6.2.10 的要求。

2　其他类型建筑

1）绿化灌溉、道路冲洗、洗车用水采用非传统水源的用水量占其用水量的比例不低于 80%，得 7 分；

2）冲厕采用非传统水源的用水量占其用水量的比例不低于 50%，得 8 分。

【条文说明】

本条适用于各类民用建筑的设计、竣工和运行评价。住宅、旅馆、办公、商场类建筑参评本条第 1 款，除养老院、幼儿园、医院之外的建筑参评本条第 2 款。养老院、幼儿园、医院类建筑本条不参评。项目周边无市政再生水利用条件，且建筑可回用水量小于 100m³/d 时，本条不参评。

根据《民用建筑节水设计标准》（GB 50555—2010）的规定，建筑可回用水量指建筑的优质杂排水和杂排水水量，优质杂排水指杂排水中污染程度较低的排水，如沐浴排水、盥洗排水、洗衣排水、空调冷凝水、冷却排水、游泳池排水等；杂排水指民用建筑中除粪便污水外的各种排水，除优质杂排水外还包括冷却排污水、游泳池排污水、厨房排水等。当一个项目中仅部分建筑申报时，建筑可回用水量应按整个项目计算。

判断得分时，既可根据表中的非传统水源利用率来判断得分，也可根据表中的非传统水源利用措施来判断得分，按措施得分时应保证非传统水源利用具有较好的经济效益和生态效益。

计算年设计用水总量应由平均日用水量计算得出，取值详见《民用建筑节水设计标准》（GB 50555—2010）。运行阶段的实际用水量应通过统计全年水表计量的情况计算得出。

由于我国各地区气候和资源情况差异较大，有些建筑并没有冷却用水和室外景观水体补水的需求，为了避免这些差异对评价公平性的影响，本条在规定非传统水源利用率的要求时，扣除了冷却用水量和室外景观水体补水量，对于有冷却用水量和室外景观水体补水的建筑，在《绿色建筑评价标准》（DBJ50/T-066—2014）的第 6.2.11 条和第 6.2.12 条中提出了非传统水源利用的要求。

包含住宅、旅馆、办公、商店等不同功能区域的综合性建筑，各功能区域按相应建筑类型参评。评价时可按各自用水量的权重，采用加权法调整计算非传统水源利用率的要求。

本条第 2 款的"非传统水源的用水量占其用水量的比例"指采用非传统水源的用水量占相应的生活杂用水总用水量的比例。生活杂用水指用于绿化浇灌、道路冲洗、洗车、冲厕等的非饮用水，不含冷却水补水和水景补水。

【具体建筑类型要求】

◎ 校园建筑

使用非传统水源时，采取用水安全保障措施，且不对人体健康与周围环境产生不良影响。

雨水、再生水等在处理、储存、输配等环节要采取一定的安全防护和监（检）测控制措施，符合《城镇污水再生利用工程设计规范》（GB/T 50335—2016）及《建筑中水设计规范》（GB 50336—2018）的相关要求，保证卫生安全，不对人体健康和周围环境产生不利影响。对于海水，由于盐分含量较高，作为非传统水源时，还应考虑管材和设备的防腐问题，以及使用后的排放问题。

◎ 医院建筑

医院建筑存在不少可以回收利用的废水，如高纯水净化制作过程中排掉的废水、蒸汽凝结水等，应合理充分收集利用。

医院使用医疗净化用水的科室通常有：手术室、中心供应室、内窥镜室、检验科、血透室、口腔科、病理科、妇产科等，根据科室的分布情况，经整体经济核算比较，通常会采用各科室分散制纯水的模式或采用中央集中制纯水系统的模式，对产生的废水宜统一回收处理再利用。

医院每天的生活热水用量较大，如果采用锅炉房的蒸汽作热媒加热生活热水时，会形成大量的凝结水，其水质较好，水温高未受污染，可以作为锅炉的补水用，以减少锅炉自来水的补水量，有条件的可以结合洗衣房的设置位置，经过经济技术比较，供应洗衣房前段洗衣用水。

医院洗衣房的排水，含有医院排水的病菌等风险因素，需要排入污水处理站，经消毒处理排放，因此不建议回用。

【技术途径】

景观水体采用雨水、再生水时，在水景规划及设计阶段应将水景设计和水质安全保障措施结合起来考虑。安全保障措施包括：

1）场地条件允许的情况下，采取人工湿地等水质处理工艺进行景观用水的处理。

2）景观水体内采用机械设施，加强水体的水力循环，增强水面扰动，破坏藻类的生长环境。

3）采用生态法处理措施，如合理利用水生动植物吸收水中养分和控制藻类滋生，并及时消除富营养化及水体腐败的潜在因素等。

4）管道和用水设备必须设置明确的非饮用水标识，不得设置水龙头。

绿化用水应采用节水高效的浇灌方式。采用非传统水源、高效节水灌溉方式等其他手段也可达到节水节能的目的。绿化用水应采用节水、低能耗的灌溉方式，包括滴灌、微喷灌和地下渗灌等，通过低压管道、滴箭或其他灌水器，以持续、均匀和受控的方式向植物根系输送所需水分。此外，对非传统水源利用的管网、设备等应设有相应的标示。

【达标判断】

设计评价查阅施工图纸文件（含当地相关主管部门的许可）、设计说明书、非传统水源利用计算报告；竣工评价查阅竣工图纸、设计说明书、用水计量统计计算书，并进行现场核查，现场核查包括实地检查设计内容的落实情况；运行评价查阅竣工图纸、设计说明书、计算书，并进行现场核查，现场核查包括实地检查设计内容的落实情况、查阅用水计量记录及统计报告、非传统水源水质检测报告。

判定要点：

非传统水源利用率计算报告应满足本书附录 B.3 的要求。

住宅、旅馆、办公、商店类建筑参评《绿色建筑评价标准》（DBJ50/T-066—2014）第 6.2.10 条第 1 款，除养老院、幼儿园、医院之外的其他建筑参评第 2 款。

当一个项目中仅部分建筑申报时，"建筑可回用水量"应按整个项目计算。

包含住宅、旅馆、办公、商店等不同功能区域的综合性建筑，各功能区域按相应建筑类型参评。评价时可按各自用水量的权重，采用加权法调整计算非传统水源利用率的要求。

《绿色建筑评价标准》（DBJ50/T-066—2014）第 6.2.10 条第 1 款中，判断得分时，既可根据表中的非传统水源利用率来判断得分，也可根据表中的非传统水源利用措施来判断得分，按措施得分时应保证非传统水源利用具有较好的经济效益和生态效益。

《绿色建筑评价标准》（DBJ50/T-066—2014）第 6.2.10 条第 2 款的"非传统水源的用水量占其用水量的比例"指采用非传统水源的用水量占相应的生活杂用水总用水量的比例。生活杂用水指用于绿化浇灌、道路冲洗、洗车、冲厕等的非饮用水，不含冷却水补水和水景补水。

6.2.11   冷却水补水使用非传统水源，评价总分值为 8 分。评分规则如下：

1   冷却水补水使用非传统水源的量占其总用水量的比例不低于 10%，得 4 分；

2   冷却水补水使用非传统水源的量占其总用水量的比例不低于 30%，得 6 分；

3   冷却水补水使用非传统水源的量占其总用水量的比例不低于 50%，得 8 分。

【条文说明】

本条适用于各类民用建筑的设计、竣工和运行评价。没有冷却水补水系统，本条不参评。

使用非传统水源替代自来水作为冷却水补水水源时，其水质指标应满足冷却水水质要求。适用于民用建筑的《采暖空调系统水质》（GB/T 29044—2012）已经发布，标准规定了空调冷却水的水质要求，为冷却水使用非传统水源提供了技术保障，非传统水源的水质必须满足相关标准的要求，方可用于冷却水补水。中水不得用于冷却水补水。

重庆地区空调冷却水用水时段与降雨高峰时段基本一致，因此收集雨水处理后用于冷却水补水，从水量平衡上容易达到吻合。雨水水质要优于生活污废水，投资及运行成本低，值得推广。

【技术途径】

1）条文中冷却水的补水量以年补水量计，设计阶段冷却塔的年补水量可按照《民用建筑节水设计标准》（GB 50555—2010）执行。

2）推荐采用雨水作用循环冷却水水源，处理工艺参照现行《建筑中水设计标准》（GB 50336—2018）和《建筑与小区雨水控制及利用工程技术规范》（GB 50400—2016）。

3）处理后出水水质达到用水设备或系统要求的水质标准。

【达标判断】

对于设计评价，查阅施工图纸、设计说明书、冷却水补水量及非传统水源利用计算书；竣工评价查阅竣工图纸、设计说明书、计算书，并进行现场核查，现场核查包括实地检查设计内容的落实情况；运行评价查阅竣工图纸、设计说明书、计算书，并进行现场核查，现场核查包括实地检查设计内容的落实情况、查阅用水计量记录及统计报告、非传统水源水质检测报告。

条文中冷却水的补水量以年补水量计，设计阶段冷却塔的年补水量可按照《民用建筑节水设计标准》（GB 50555—2010）执行。

空调循环冷却水系统的补充水量，应根据气象条件、冷却塔形式、供水水质、水质处理及空调设计运行负荷、运行天数等确定，可按平均日循环水量的 1.0%～2.0%计算。

冷却塔补水的日均补水量 W_{td} 和补水年用水量 W_{ta} 应分别计算为

$$W_{td}=(0.5\sim0.6)q_qT \tag{6.4}$$

$$W_{ta}=W_{td}\times D_t \tag{6.5}$$

式中：W_{td}——冷却塔日均补水量，m^3/d；

q_q——补水定额，可按冷却循环水量的 1%～2%计算，m^3/h，使用雨水时

宜取高限；

T——冷却塔每天运行时间，h/d；

D_t——冷却塔每年运行天数，d/a；

W_{ta}——冷却塔补水年用水量，m^3/a。

判定要点：

没有冷却水补水系统的建筑此项得满分。

使用非传统水源替代自来水作为冷却水补水水源时，其水质指标应满足《供暖空调系统水质》（GB/T 29044—2012）中规定的冷却水水质要求。

条文中冷却水的补水量以年补水量计算，设计阶段冷却塔的年补水量可按照《民用建筑节水设计标准》（GB 50555—2010）执行。

6.2.12   结合雨水利用设施进行景观水体设计，景观水体利用雨水的补水量大于其水体蒸发量的70%，且采用生态水处理技术保障水体水质，评价总分值为7分。评分规则如下：

1   对进入景观水体的雨水采取控制面源污染的措施，得4分；

2   利用水生动、植物等生态水处理技术进行水体净化，得3分。

【条文说明】

本条适用于各类民用建筑的设计、竣工和运行评价。

结合场地的地形地貌汇集雨水，用于景观水体的补水，是节水和保护、修复水生态环境的最佳选择，是雨水控制利用和景观水体设计的有机地结合。景观水体补水应充分利用场地的雨水资源，降低投资和运行成本，水量不足时再考虑其他非传统水源的使用。缺水地区和降雨量少的地区应谨慎考虑设置景观水体。

景观水体的水质应符合国家标准《城市污水再生利用景观环境用水水质》（GB/T 18921—2002）的要求。景观水体的水质保障应采用生态水处理技术，合理控制雨水面源污染，确保水质安全。

全文强制的《住宅建筑规范》（GB 50368—2005）第4.4.3条规定"人工景观水体的补充水严禁使用自来水。"因此，设有水景的项目，水体的补水只能使用非传统水源，或在取得当地相关主管部门的许可后，利用临近的河、湖水。

自然界的水体（河、湖、塘等）大都是由雨水汇集而成，结合场地的地形地貌汇集雨水，用于景观水体的补水，是节水和保护、修复水生态环境的最佳选择，因此设置本条的目的是鼓励将雨水控制利用和景观水体设计有机地结合起来。景观水体的补水应充分利用场地的雨水资源，不足时再考虑其他非传统水源的使用。

缺水地区和降雨量少的地区应谨慎考虑设置景观水体，景观水体的设计应通过技术经济可行性论证确定规模和具体形式。设计阶段应做好景观水体补水量和水体蒸发量逐月的水量平衡，确保满足本条的定量要求。

本条要求利用雨水提供的补水量大于水体蒸发量的70%，亦即采用除雨水外的其他水源对景观水体补水的量不得大于水体蒸发量的30%，设计时应做好景观水体补水量和水体蒸发量的水量平衡，在雨季和旱季降雨水差异较大时，可以通过水位或水面面积的变化来调节补水量的富余和不足，也可设计旱溪或干塘等来适应降雨量的季节性变化。景观水体的补水管均应设置水表，不得与绿化用水、道路冲洗用水合用水表。

结合场地的地形地貌汇集雨水，用于景观水体的补水，是节水和保护、修复水生态环境的最佳选择，是雨水控制利用和景观水体设计的有机结合。景观水体补水应充分利用场地的雨水资源，降低投资和运行成本，水量不足时再考虑其他非传统水源的使用。缺水地区和降雨量少的地区应谨慎考虑设置景观水体。

景观水体的水质应符合国家标准《城市污水再生利用景观环境用水水质》（GB/T 18921—2002）的要求。景观水体的水质保障应采用生态水处理技术，合理控制雨水面源污染，确保水质安全。

【技术途径】

1）设计阶段应做好景观水体补水量和水体蒸发量逐月的水量平衡。在雨季和旱季降雨水差异较大时，可以通过水位或水面面积的变化来调节补水量的富余和不足，也可设计旱溪或干塘等来适应降雨量季节性变化。

2）控制雨水面源污染的措施详见《绿色建筑评价标准》（DBJ50/T-066—2014）第 4.2.13 条。

3）景观水体的水质保障应结合面源污染控制措施采用生态水处理技术，确保水质安全。

景观水体蒸发量为

$$G = (\alpha + 0.000\,13v) \cdot (p_{qb} - p_q) \cdot A \cdot \frac{B}{B'} \qquad (6.6)$$

式中，G——散湿量，kg/h；

A——敞露水面的面积，m^2；

p_{qb}——相应于水表面温度下的饱和空气的水蒸气分压力，Pa；

p_q——室内空气的水蒸气分压力，Pa；

B——标准大气压，1.013 25MPa；

B'——当地实际大气压，MPa；

v——蒸发表面的空气流速度，m/s；

α——根据周围空气温度，在不同水温下的扩散系数，$kg/(m^2 \cdot h \cdot Pa)$。

根据《重庆地区地源热泵系统技术应用》，重庆地区江水水体表面温度如表 6.6，对于景观水体表面温度，可参考取值。

表 6.6 重庆嘉陵江月平均表面水温 单位：℃

月份	1	2	3	4	5	6	7	8	9	10	11	12
水温	8.93	9.5	16.33	24.58	28.3	32.2	30.15	24.18	21.25	18.55	6.90	3.03

根据《民用建筑供暖通风与空气调节设计规范》（GB 50736—2012）附录 A，重庆地区气象参数取值为：

冬季室外大气压：980.8hPa；

冬季室外平均风速：1.1m/s；

冬季室外相对湿度：83%；

夏季室外大气压：963.8hPa；

夏季室外平均风速：1.5m/s；

夏季室外相对湿度：59%。

为便于计算，5～9月按夏季取值，其他月按冬季取值，重庆地区水体年蒸发量见表6.7。

表6.7　重庆地区景观水体逐月单位面积水体蒸发量统计

月份	每月蒸发量/（kg/m²）
1	45.24
2	47.04
3	72.69
4	122.32
5～8	301.80
9	286.17
10	84.04
11	39.15
12	30.17

4）在景观水体的水质处理中，可采用生态水处理技术来维持水体的生态平衡，水中养鱼，并适当种植荷花、睡莲、水葫芦、鸢尾以及各种芦苇、水草，形成良好的小气候。对于已经被污染的水岸，还可以通过种植具有较强吸附、分解污染物能力的水生植物来进行生态调节，如芦苇、香蒲、浮萍。

【达标判断】

对于设计评价，查阅施工图纸文件（含景观设计图纸）、设计说明书、水量平衡计算书；竣工评价查阅竣工图纸、设计说明书、计算书，并进行现场核查，现场核查包括实地检查设计内容的落实情况；

对于运行评价，查阅竣工图纸、设计说明书、计算书，并进行现场核查，现场核查包括实地检查设计内容的落实情况、查阅景观水体补水的用水计量记录及统计报告、景观水体水质检测报告。

判定要点：

未设景观水体的建筑，《绿色建筑评价标准》（DBJ50/T-066—2014）第6.2.12条得7分。

景观水体的补水没有利用雨水或雨水利用量不满足要求时，《绿色建筑评价标准》（DBJ50/T-066—2014）第6.2.12条不得分。

景观水体的水质应符合国家标准《城市污水再生利用景观环境用水水质》（GB/T 18921—2012）的要求。

> 6.2.13　有地下温泉条件的建筑应按相关规定采用温泉热水，且必须保护性开发利用，节约地下热水资源，评价分值为2分。

【条文说明】

本条适用于有温泉条件的各类民用建筑的设计、竣工和运行评价，没有温泉条件的建筑不参评。

重庆地区地热资源丰富，有条件采用温泉热水的建筑，可对温泉进行保护性开发利用，开采条件须满足《重庆市水资源管理条例（修订草案）》。

根据《公共浴场给水排水工程技术规程》（CJJ 160—2011）的规定，公共建筑室内外温泉水浴池均划入公共浴场，为公共建筑温泉水浴池设计建造及运行管理提供了强大技术支持，极大地促进我国公共建筑温泉水浴池的发展。采用温泉热水的建筑，需要对利用方案进行详细论述。

【技术途径】

1）合理利用地热温泉用于冬季供暖与发电。

2）保护性开发温泉水不宜工业利用为主要目的，更多的改善人们的生活品质，作为休闲旅游的重要景观与理疗资源，同时作为房屋的冬季供暖，提高热能利用率，达到善用天然资源的目的。

3）建立假日休闲旅游胜地，以逐步缓解交通便捷地区假日人满为患的窘境，同时促进地热温泉资源利用与保护的协调统一。

【达标判断】

对于设计评价，查阅设计说明书、相关部门批复文件；竣工评价和运行评价在设计评价方法之外还应查阅核查现场。

判定要点：

有地下温泉条件的建筑应按《公共浴场给水排水工程技术规程》（CJJ 160—2011）等相关规定采用温泉热水，且必须保护性开发利用，节约地下热水资源。

应提供国家行政主管部门认可的权威检测机构的检测报告，浑浊度、pH 值、尿素、菌落总数、总大肠菌群、游离性余氯、化合性余氯、臭氧（采用臭氧消毒时）、溶解性总固体（TDS）、氧化还原电位（ORP）、氰尿酸、三卤甲烷（THM）等指标满足相关标准要求。

为防止地下水污染和过量开采、人工回灌等引起的地下水质量恶化，保护地下水水源，必须按《中华人民共和国水污染防治法》和《中华人民共和国水法》有关规定执行。

6.2.14　空调冷却水应采用循环供水系统，并应具有过滤（或旁滤）、缓蚀、阻垢、杀菌、灭藻等水处理功能。冷却塔应设置在空气流通条件好的场所；冷却塔补水管应设置计量装置。评价总分值为 4 分。评分规则如下：

1　空调冷却水采用循环供水系统，冷却塔补水管设置计量装置，得 1 分；

2　冷却塔设置在空气流通条件好的场所，得 1 分；

3　空调冷却水系统具有以下处理功能：过滤或旁滤、缓蚀、阻垢、杀菌、灭藻等，得 2 分；

4　按相关规定充分利用地表水源热泵尾水，且满足水资源管理要求，得 2 分。

【条文说明】

本条适用于各类民用建筑的设计、竣工和运行评价。未设置空调冷却水系统的项目，本条不参评。

公共建筑集中空调系统的冷却水补水量占据建筑物用水量的 30%～50%，减少冷却水系统不必要的耗水对整个建筑物的节水意义重大，空调冷却水供给方式、供给要求应与空调设计配合完成。

开式循环冷却水系统或闭式冷却塔的喷淋水系统受气候、环境的影响，冷却水水质比闭式系统差，改善冷却水系统水质可以保护制冷机组和提高换热效率。应设置水处理装置和化学加药装置改善水质，减少排污耗水量。

【技术途径】

1) 根据项目要求合理设计空调冷却水循环供水工艺，满足供水水质、水量的要求。

2) 根据建筑通风模拟数据，合理设置冷却塔位置，减少冷却水供水量，进而减少冷却水损耗。

【达标判断】

对于设计评价和竣工评价，查阅施工图纸、设计说明书、计算书、产品说明书。运行评价查阅竣工图纸、设计说明书、产品说明及现场核查，现场核查包括实地检查，查阅冷却水系统的运行数据、蒸发量、冷却水补水量的用水计量报告和计算书。

7 节材与材料资源利用

7.1 控 制 项

7.1.1 不采用国家和重庆市禁止和限制使用的建筑材料及制品。

【条文说明】

本条适用于各类民用建筑的设计、竣工和运行评价。

一些建筑材料及制品在使用过程中不断暴露出问题，已被证明不适宜在建筑工程中应用，或者不适宜在某些地区的建筑中使用。绿色建筑中不应采用国家和重庆有关主管部门向社会公布禁止和限制使用的建筑材料及制品，一般以国家和重庆建设主管部门发布的文件为依据。建筑技术和材料的选用要符合《关于重庆市建设领域限制、禁止使用落后技术通告》的规定。目前由住房和城乡建设部发布的有效文件主要为《建设部关于发布建设事业"十一五"推广应用和限制禁止使用技术（第一批）的公告》（中华人民共和国建设部公告第 659 号，2007 年 6 月 14 日发布）和《关于发布墙体保温系统与墙体材料推广应用和限制、禁止使用技术的公告》（中华人民共和国住房和城乡建设部公告第 1338 号，2012 年 3 月 19 日发布）。

【技术途径】

一些建筑材料及制品在使用过程中不断暴露出问题，已被证明不适宜在建筑工程中应用，或者不适宜在某些地区的建筑中使用。绿色建筑中不应采用国家和重庆有关主管部门向社会公布禁止和限制使用的建筑材料及制品，一般以国家和重庆建设主管部门发布的文件为依据。建筑技术和材料的选用要符合《关于重庆市建设领域限制、禁止使用落后技术通告》的规定。

【达标判断】

设计评价对照国家和当地有关主管部门向社会公布的限制、禁止使用的建材及制品目录，查阅设计文件，对设计选用的建筑材料进行核查；竣工评价和运行评价对照国家和当地有关主管部门向社会公布的限制、禁止使用的建材及制品目录，查阅工程材料决算材料清单，对实际采用的建筑材料进行核查。

判定要点：

建筑技术和材料的选用要符合《关于重庆市建设领域限制、禁止使用落后技术通告》、《建设部关于发布建设事业"十一五"推广应用和限制禁止使用技术（第一批）的公告》和《关于发布墙体保温系统与墙体材料推广应用和限制、禁止使用技术的公告》等相关文件的规定。

> **7.1.2** 混凝土结构中梁、柱纵向受力普通钢筋应采用不低于 400MPa 级的热轧带肋钢筋。

【条文说明】

本条适用于混凝土结构的各类民用建筑的设计、竣工和运行评价。

热轧带肋钢筋是螺纹钢筋的正式名称。《住房和城乡建设部 工业和信息化部关于加快应用高强钢筋的指导意见》（建标〔2012〕1 号）指出："高强钢筋是指抗拉屈服强度达到 400MPa 级及以上的螺纹钢筋，具有强度高、综合性能优的特点，用高强钢筋替代目前大量使用的 335MPa 级螺纹钢筋，平均可节约钢材 12% 以上。高强钢筋作为节材节能环保产品，在建筑工程中大力推广应用，是加快转变经济发展方式的有效途径，是建设资源节约型、环境友好型社会的重要举措，对推动钢铁工业和建筑业结构调整、转型升级具有重大意义。"

为了在绿色建筑中推广应用高强钢筋，本条参考国家标准《混凝土结构设计规范》（GB 50010—2010）第 4.2.1 条的规定，对混凝土结构中梁、柱纵向受力普通钢筋提出强度等级和品种要求。剪力墙视同梁、柱要求。

【达标判断】

《绿色建筑评价标准》（DBJ50/T-066—2014）第 7.1.2 条针对的是对混凝土结构中梁、柱纵向受力普通钢筋，不涉及混凝土结构中的其他构件，非混凝土结构不参评。设计评价查阅设计文件，对设计选用的梁、柱纵向受力普通钢筋强度等级进行核查；竣工和运行评价查阅竣工图纸，对实际选用的梁、柱纵向受力普通钢筋强度等级进行核查。

判定要点：

混凝土结构中梁、柱纵向受力普通钢筋应采用不低于 400MPa 级的热轧带肋钢筋。

> **7.1.3** 建筑造型要素简约，装饰性构件功能化。

【条文说明】

本条适用于各类民用建筑的设计、竣工和运行评价。

设置大量的没有功能的纯装饰性构件，不符合绿色建筑节约资源的要求。而通过使用装饰和功能一体化构件，利用功能构件作为建筑造型的语言，可以在满足建筑功能的前提下表达美学效果，并节约资源。对于不具备遮阳、导光、导风、载物、辅助绿化等作用的飘板、格栅、构架和塔、球、曲面等装饰性构件，应对其造价进行控制。

【具体建筑类型要求】

◎ 商店建筑

商店建筑不应设置大量装饰性构件。

通过使用装饰和功能一体化构件，利用功能构件作为建筑造型的语言，可以在满足建筑功能的前提下表达美学效果，并节约资源。

【技术途径】

1）设计评价应查阅设计文件有装饰性构件的应提供其功能说明书和造价说明；设计评价应查阅设计文件有装饰性构件的应提供其功能说明书和造价说明；竣工和运行评价查阅竣工图纸和相关说明，并进行现场核实。

2）尽量减少没有功能作用的装饰性构件，主要是指：

① 不具备遮阳、导光、导风、载物、辅助绿化等作用的飘板、格栅、构架等，且作为构成要素在建筑中大量使用。

② 单纯为追求标志性效果，在屋顶等处设置塔、球、曲面等装饰性构件。

③ 屋面构架、造型及女儿墙中高度超出安全防护最低要求的部分等。

④ 不符合当地气候条件，并非有利于节能的双层外墙（含幕墙）的面积超过外墙总建筑面积的 20%。

3）尽量减少现浇混凝土制作装饰性构件，采用 EPS、GRC 等轻量化装饰构件，节约材料用量。

4）通过设计优化，赋予装饰构件一定的遮阳、集热、导光、导风、载物、辅助绿化等功能，如屋顶造型与太阳能集热板结合、利用部分构件作为花架实现垂直绿化、利用部分飘板作为外遮阳板等。

【达标判断】

对于设计评价，查阅设计文件，有装饰性构件的应提供其功能说明书和造价说明，对无功能作用的装饰性构件应提供造价计算书；竣工和运行评价在设计评价方法之外还应查阅竣工图纸和相关说明，并进行现场核实。

评价时，以单栋建筑为单元进行造价比例核算，单栋建筑总造价指该建筑的土建、安装工程总造价，不包括征地等其他费用，各单栋建筑均应符合上述要求。

判定要点：

居住建筑：纯装饰性构件造价不高于所在单栋建筑总造价的 2%。

公共建筑：纯装饰性构件造价不高于所在单栋建筑总造价的 5%。

7.2 评 分 项

7.2.1 择优选用规则的建筑形体，评价总分值为 9 分。评分规则如下：

1 属于国家标准《建筑抗震设计规范（2016 年版）》（GB 50011—2010）规定的、形体不规则的建筑，得 3 分；

2 属于国家标准《建筑抗震设计规范（2016 年版）》（GB 50011—2010）规定的、形体规则的建筑，得 9 分。

【条文说明】

本条适用于各类民用建筑的设计、竣工和运行评价。

形体指建筑平面形状和立面、竖向剖面的变化。绿色建筑设计应重视其平面、立面和竖向剖面的规则性对抗震性能及经济合理性的影响，优先选用规则的形体。

根据国家标准《建筑抗震设计规范（2016 年版）》《GB 50011—2010）的有关规定，建筑设计应根据抗震概念设计的要求明确建筑形体的规则性（规则、不规则、特别不规则、严重不规则）。为实现相同的抗震设防目标，形体不规则的建筑，要比形体规则的建筑耗费更多的结构材料。不规则程度越高，对结构材料的消耗量越多，性能要求越高，不利于节材。

【达标判断】

设计评价查阅建筑图、结构施工图；竣工评价和运行评价查阅竣工图并现场核实。

判定要点：

本条第 1 款对应抗震概念设计中建筑形体规则性分级的"不规则"，对形体特别不规则的建筑和严重不规则的建筑，《绿色建筑评价标准》（DBJ50/T-066—2014）第 7.2.1 条不得分。砌体、单层空旷房屋、大跨屋盖、地下建筑、木结构不参评。

1）混凝土房屋、钢结构房屋和钢-混凝土混合结构房屋存在表 7.1 所列举的某项平面不规则类型或表 7.2 所列举的某项竖向不规则类型以及类似的不规则类型，应属于不规则的建筑。

表 7.1　平面不规则的主要类型

不规则类型	定义和参考指标
扭转不规则	在具有偶然偏心的规定水平力作用下，楼层两端抗侧力构件弹性水平位移或（层间位移）的最大值与平均值的比值大于 1.2
凹凸不规则	平面凹进的尺寸，大于相应投影方向总尺寸的 30%
楼板局部不连续	楼板的尺寸和平面刚度急剧变化，如有效楼板宽度小于该层楼板典型宽度的 50%，或开洞面积大于该层楼面面积的 30%，或较大的楼层错层

表 7.2　竖向不规则的主要类型

不规则类型	定义和参考指标
侧向刚度不规则	该层的侧向刚度小于相邻上一层的 70%，或小于其上相邻三个楼层侧向刚度平均值的 80%；除顶层或出屋面小建筑外，局部收进的水平向尺寸大于相邻下一层的 25%
竖向抗侧力构件不连续	竖向抗侧力构件（柱、抗震墙、抗震支撑）的内力由水平转换构件（梁、桁架等）向下传递
楼层承载力突变	抗侧力结构的层间受剪承载力小于相邻上一楼层的 80%

2）砌体房屋、单层工业厂房、单层空旷房屋、大跨屋盖建筑和地下建筑的平面和竖向不规则性的划分，应符合《建筑抗震设计规范（2016 年版）》（GB 50011—2010）有关章节的规定。

3）当存在多项不规则或某项不规则超过规定的参考指标较多时，应属于特别不规则的建筑。"特别不规则结构判定"按《重庆市超限高层建筑工程界定规定（2016 年版）》进行界定。

> 7.2.2 对结构体系及构件进行优化设计，达到节材效果，评价总分值为 5 分。评分规则如下：
> 1 对地基基础方案进行节材优化选型，得 2 分；
> 2 对结构体系进行节材优化设计，得 2 分；
> 3 对结构构件进行节材优化设计，得 1 分。

【条文说明】

本条适用于各类民用建筑的设计、竣工和运行评价。

在设计过程中对结构体系和结构构件进行优化，能够有效地节约材料用量。结构体系指结构中所有承重构件及其共同工作的方式。结构布置及构件截面设计不同，建筑的材料用量也会有较大的差异。

提倡通过优化设计，采用新技术新工艺达到节材目的。如多层纯框架结构，适当设置剪力墙（或支撑），即可减小整体框架的截面尺寸及配筋量；对抗震安全性和使用功能有较高要求的建筑，合理采用隔震或消能减震技术，也可减小整体结构的材料用量；在混凝土结构中，合理采用空心楼盖技术、预应力技术等，可减小材料用量、减轻结构自重等；地基基础设计中，可通过现场原位测试等手段，充分利用天然岩质、土质地基或填土地基的极限承载力进行基础优化设计，达到减小基础材料的节材目的。

【具体建筑类型要求】

◎ 博览建筑

博览建筑应合理延长结构设计使用年限。在现行行业标准《博物馆建筑设计规范》（JGJ 66—2015）中，要求特大型、大型及大中型博物馆及国家、地方和主管部门确定的重要博物馆建筑的主体结构的设计使用年限宜取为 100 年。博览建筑多为城市公益建筑，且较为重要。合理延长博览建筑的结构设计使用年限，在建筑全寿命周期内能达到很好的节材效果。对中型、中小型博物馆建筑和展览建筑可不作要求。

【技术途径】

结构专业根据国家现行相关标准，结合建筑的地形地貌、地质条件，并充分考虑利用地基的极限承载力，进行基础方案选型，优化基础尺寸；结合建筑的使用功能、抗震设防要求、施工工艺等因素，对主体结构体系、结构布置进行节材优化设计，以节约材料和保护环境为目的，进行充分的比选论证。

【达标判断】

对于设计评价，查阅建筑图、结构施工图和地基基础方案比选论证报告、结构体系节材优化设计书和结构构件节材优化设计书；竣工评价和运行评价在设计评价方法之外还应查阅竣工图并现场核实。

判定要点：

1）进行地基基础节材优化设计，并提供相应文件，得2分。

2）进行结构体系节材优化设计，并提供相应文件，再得2分。

3）进行结构构件节材优化设计，并提供相应文件，再得1分。

7.2.3　土建工程与装修工程一体化设计，评价总分值为10分。评分规则如下：

1　住宅建筑

1）住宅建筑土建与装修一体化设计的户数比例达到30%，得6分；

2）住宅建筑土建与装修一体化设计的户数比例达到100%，得10分。

2　公共建筑

1）公共部位一体化设计，得6分；

2）所有部位一体化设计，得10分。

【条文说明】

本条适用于各类民用建筑的设计、竣工和运行评价。

土建和装修一体化设计，要求对土建设计和装修设计统一协调，在土建设计时考虑装修设计需求，事先进行孔洞预留和装修面层固定件的预埋，避免在装修时对已有建筑构件打凿、穿孔。这样既可减少设计的反复，又可保证结构的安全，减少材料消耗，并降低装修成本。当采用装配式装修时，认可为土建装修一体化。本条涉及的比例均需按照单体建筑计算。

【具体建筑类型要求】

◎　医院建筑

医院建筑可通过项目管理对流程进行控制，组织土建、装修设计单位对土建和装修事先进行一体化设计，尽量避免返工。例如：提前确定核磁共振诊断室、医疗放射治疗机房大型设备选型和各部门的装修需求，便可在土建阶段加以考虑，做好预留，避免装修阶段的打凿、穿孔等，达到一体化设计施工的目的。净化手术部工程应按照现行国家标准《医院洁净手术部建筑技术规范》（GB 50333—2013）的规定，由医疗专项设计建筑洁污流程的平面布局图，净化机房提前设计可以在施工机房时预留口，减少二次返工；同时医用气体和弱电也应提前设计，以便于在纳入项目整体医用气体和弱电时，遗漏负荷及信息点。

【达标判断】

对于设计评价，查阅土建、装修各专业施工图及其他证明材料；竣工评价和运行评价查阅土建、装修各专业竣工图及其他证明材料，并现场核实。如国家、地方出台相关全装修成品房发展的相关要求，应首先满足按照相关政策发展要求执行，如与《绿色建筑评价标准》（DBJ50/T-066—2014）第7.2.3条技术要求重复或矛盾，本条自动设置为不参评。

判定要点：

住宅建筑是指以"户"为基本单位的居住建筑，主要包括一般住宅、公寓、宿舍等。对于福利/疗养院等无基本居住单元的特殊居住建筑，可参照对公共建筑的要求执行。在公共部位全部采用土建与装修一体化设计前提下，评价指标为进行土建工程与装修工程一体化设计的户数与总户数的比值，当比值达到30%，得6分，达到100%，得10分。

公共建筑的公共部位包括楼梯、电梯、卫生间、大厅、中庭、货运通道、车库和其他各类设备用房等部位。公共部位均采用土建工程与装修工程一体化，本条得6分。公共建筑的所有部位均采用土建工程与装修工程一体化，得10分。

混合功能建筑应分别对其住宅建筑部分和公共建筑部分进行评价，按照条文得分低的作为该混合功能建筑的分值；评价对象为住宅建筑群时，按土建装修一体化设计的户数与住宅建筑群总数的比例进行评分。

> **7.2.4** 合理利用场地内已有建筑物、构筑物，评价分值为2分。

【条文说明】

本条适用于各类民用建筑的设计、竣工和运行评价。当建筑场地内无既有建筑物、构筑物，或能合理说明场地内已有建筑物、构筑物不能或不适于利用时，本条不参评。

对于场地内能保证安全使用的或通过少量改造加固后能保证使用安全的已有建筑物、构筑物，鼓励合理利用。虽然目前多数项目为新建，且多为净地交付，项目方很难有权选择利用场地内已有建筑物、构筑物，但仍需对此行为予以鼓励，防止大拆大建。对于一些从技术经济分析角度不可行、但出于保护文物或体现风貌而留存的历史建筑，由于有相关政策或财政资金支持，因此不在本条中得分。

【达标判断】

设计评价查阅建筑施工图及已有建筑物、构筑物情况说明；竣工评价和运行评价查阅建筑竣工图及已有建筑物、构筑物情况说明，并现场核实。

判定要点：

对于一些从技术经济分析角度不可行、但出于保护文物或体现风貌而留存的历史建筑，由于有相关政策或财政资金支持，因此不在《绿色建筑评价标准》（DBJ50/T-066—2014）第7.2.4条中得分。

> **7.2.5** 公共建筑中可变换功能的室内空间采用可重复使用的隔墙和隔断，评价总分值为5分。评分规则如下：
> 1 可重复使用隔墙和隔断比例不小于30%但小于50%，得3分；
> 2 不小于50%但小于80%，得4分；
> 3 不小于80%，得5分。

【条文说明】

本条适用于公共建筑的设计、竣工和运行评价。

在保证室内工作环境不受影响的前提下，在办公、商店等公共建筑室内空间尽量多地采用可重复使用的灵活隔墙，或采用无隔墙只有矮隔断的大开间敞开式空间，可减少室内空间重新布置时对建筑构件的破坏，节约材料，同时为使用期间构配件的替换和将来建筑拆除后构配件的再利用创造条件。

除走廊、楼梯、电梯井、卫生间、设备机房、公共管井以外的地上室内空间均应视为可变换功能的室内空间，有特殊隔声、防护及特殊工艺需求的空间可不计入。此外，作为商业、办公用途的地下空间也应视为可变换功能的室内空间，其他用途的地下空间可不计入。

可重复使用的隔墙和隔断在拆除过程中应基本不影响与之相接的其他隔墙，拆卸后可进行再次利用，如大开间敞开式办公空间内的玻璃隔断（墙）、预制隔断（墙）、特殊节点设计的可分段拆除的轻钢龙骨水泥板或石膏板隔断（墙）和木隔断（墙）等。是否具有可拆卸节点，也是认定某隔断（墙）是否属于可重复使用的隔断（墙）的一个关键点，如用砂浆砌筑的砌体隔墙不算可重复使用的隔墙。本条中可重复使用隔墙和隔断比例为：实际采用的可重复使用隔墙和隔断围合的建筑面积与建筑中可变换功能的室内空间面积的比值。

本条涉及的材料比例均需按照单体建筑计算。

【达标判断】

对于设计评价，查阅建筑、结构施工图及可重复使用隔墙的比例计算书；竣工评价和运行评价查阅建筑、结构竣工图及可重复使用隔墙的比例计算书，并进行现场核查。

判定要点：

除走廊、楼梯、电梯井、卫生间、设备机房、公共管井以外的地上室内空间均应视为可变换功能的室内空间，有特殊隔声、防护及特殊工艺需求的空间不计入。此外，作为商业、办公用途的地下空间也应视为可变换功能的室内空间，其他用途的地下空间可不计入。

可重复使用的隔断（墙）：在拆除过程中应基本不影响与之相接的其他隔墙，拆卸后可进行再次利用，如大开间敞开式办公空间内的玻璃隔断（墙）、预制隔断（墙）、特殊节点设计的可分段拆除的轻钢龙骨水泥板或石膏板隔断（墙）和木隔断（墙）等。是否具有可拆卸节点，也是认定某隔断是否属于可重复使用的隔断（墙）的一个关键点，如用砂浆砌筑的砌体隔墙不算可重复使用的隔墙。

可重复使用的隔断（墙）比例：实际采用的可重复使用隔断（墙）围合的建筑面积与建筑中可变换功能的室内空间面积的比值。

7.2.6 采用工厂化生产的预制构件，评价总分值为5分。评分规则如下：

1 预制构件用量达到15%，得3分；

> 2 预制构件用量达到 30%，得 4 分；
>
> 3 预制构件用量达到 50%，得 5 分。

【条文说明】

本条适用于各类民用建筑的设计、竣工和运行评价。

建筑部品化与成品化是近年来建筑业发展的重要方向，将大量的现场湿作业转移至工厂内机械自动化生产，不仅能大幅度缩短工期、提高质量，还可以实现材料集约化利用，减少浪费及建筑垃圾的产生。

本条所指预制构件包括各种结构构件和非结构构件，如预制梁、预制柱、预制墙板、预制阳台板、预制楼梯、雨棚、栏杆、成品装饰板、集成室内装修构件等。预制构件用量比例取各类预制构件重量与建筑地上部分重量的比值。

本条旨在鼓励采用工厂化生产的预制构件设计、建造绿色建筑。在保证安全的前提下，使用工厂化方式生产的预制构件，既能减少材料浪费，又能减少施工对环境的影响，同时为将来建筑拆除后构配件的替换和再利用创造条件。

建筑构配件的运输过程所消耗的资源亦不可忽视，建材本地化是减少运输过程资源和能源消耗、降低环境污染的重要手段之一。工业化预制构配件多为结构件等大宗材料，如果为了单方面追求预制装配率而选择远距离的材料，综合来看同样违背了绿色建筑的理念。因此，本条规定所选择工业化预制生产的构配件的运输距离应控制在水路 500km 以内，陆路 200km 以内。

对于涉及预制构件用量或比例计算时，可参考《重庆市装配式建筑装配率计算细则试行》进行。

【具体建筑类型要求】

◎ 博览建筑

博览建筑按下列规则评分。

预制构件用量比例达到 5% 时，得 3 分；达到 15% 时，得 4 分；达到 30% 时，得 5 分。

博览建筑因建筑功能及美观需要，建筑形体较其他类型建筑复杂，且建筑开间布局多不统一，故对博览建筑采用工业化生产的预制构件的得分要求降低一档。

【技术途径】

设计评价查阅建筑设计或装修设计图和设计说明；竣工评价和运行评价查阅竣工图、工程材料用量决算表、施工记录，并现场核实。

技术措施如下：

1）预制结构构件，如预制梁、预制柱、预制墙板、预制楼板等。

2）预制非结构构件如雨棚、栏杆、遮阳板、空调板等。

3）室内装修采用整体厨卫设计及加工、集成吊顶等成套化集成安装体系。

4）外墙保温装饰分项工程采用预涂装板、外墙保温装饰复合一体化板、挤塑聚苯乙烯石膏复合板外墙内保温系统等，减少现场湿作业、材料消耗与施工过程中的环境污染。

5）成品装饰性构件。

6）采用灵活大开间，通过装配式内隔墙如石膏墙板等隔断。

【达标判断】

设计评价查阅施工图、工程材料用量概预算清单；竣工评价和运行评价查阅竣工图、工程材料用量决算清单。如国家、地方出台相关全装修成品房、装配式建筑等发展的相关要求，应首先满足按照相关政策发展要求执行，如与《绿色建筑评价标准》（DBJ50/T-066—2014）第7.2.6条技术要求重复或矛盾，《绿色建筑评价标准》（DBJ50/T-066—2014）第7.2.6条自动设置为满足相关政策，不再重复计分。

《绿色建筑评价标准》（DBJ50/T-066—2014）第7.2.6条涉及的材料比例均需按照单体建筑计算，按预制构件用量评分。

判定要点：

对于钢结构、木结构建筑，《绿色建筑评价标准》（DBJ50/T-066—2014）第7.2.6条直接得5分。

对于砌体结构建筑，《绿色建筑评价标准》（DBJ50/T-066—2014）第7.2.6条不参评。

《绿色建筑评价标准》（DBJ50/T-066—2014）第7.2.6条规定所选择工业化预制生产的构配件的运输距离应控制在水路500km以内，陆路200km以内。

> 7.2.7　厨房、卫浴间采用整体化定型设计，评价总分值为6分。评分规则如下：
> 1　厨房进行整体化定型设计，得3分；
> 2　卫浴间进行整体化定型设计，得3分。

【条文说明】

本条适用于居住建筑、旅馆和饭店建筑的设计、竣工和运行评价。

在装修设计方案中，采用成套化装修设计方案可以满足不同客户的个性化、差异化需求，更有利于住宅全装修和产业化的推广。厨房、卫浴间装修占了居住建筑室内装饰装修大部分的成本和工作量。如果厨卫设备采用工业化生产的成套定型产品，则可以减少现场作业等造成的材料浪费、粉尘和噪声等问题。本条鼓励厨房、卫浴间采用系列化、多档次的整体化定型设计方法。其中整体化定型设计的厨房是指按人体工程学、炊事操作工序、模数协调及管线组合原则，采用整体设计方法而建成的标准化、多样化完成炊事、餐饮、起居等多种功能的活动空间。整体化定型设计的卫浴间是指在有限的空间内实现洗面、沐浴、如厕等多种功能的独立卫生单元。

【达标判断】

对于设计评价，查阅建筑设计或装修设计图和设计说明；竣工评价和运行评价查阅竣工图、工程材料用量决算表、施工记录，并现场核实。

判定要点：

对于旅馆建筑，《绿色建筑评价标准》（DBJ50/T-066—2014）第 7.2.7 条第 1 款可不参评。

混合功能建筑，仅其中居住建筑、旅馆和饭店建筑部分参评。

采用整体化定型设计的厨房得 3 分；采用整体化定型设计的卫浴间，再得 3 分。

7.2.8 主要部位合理使用清水混凝土，评价分值为 2 分。

【条文说明】

本条适用于各类民用建筑的设计、竣工和运行评价。

清水混凝土是直接利用混凝土成型后的自然质感作为饰面效果的混凝土，其自然朴素的质感和纹理，为当代建筑装饰需求提供了另外一种天然自在的效果。

清水混凝土不再需要装饰，舍弃了涂料、饰面等耐久性不足的化工产品，是有效的节材途径。

清水混凝土结构一次成型，不剔凿修补、不抹灰，减少了大量建筑垃圾，符合当代绿色建筑理念。

【技术途径】

1）设计评价查阅建筑施工图及清水混凝土使用说明；竣工评价和运行评价查阅建筑竣工图、清水混凝土施工记录，并进行现场核实。

2）清水混凝土比普通混凝土在表面观感质量方面要求高，参照《清水混凝土应用技术规程》（JGJ 169—2009）标准进行施工与验收，在模板设计、加工与安装、节点细部处理、钢筋捆扎、混凝土配制、浇筑、振捣与养护等环节严格控制。

3）为解决清水混凝土建筑的节能保温问题，可采用内保温体系。

【达标判断】

在内外墙等主要部位合理使用清水混凝土，可减少装饰面层的材料使用，节约材料用量，并减轻建筑自重，是有效的节材途径。

对于设计评价，查阅建筑施工图及清水混凝土使用说明；对于竣工评价和运行评价，查阅建筑竣工图、清水混凝土施工记录，并进行现场核实。

判定要点：

如果设计中内外墙等主要外露部位没有采用混凝土，则不参评。

如果内外墙等主要外露部位采用了其他简洁装饰方式，其技术经济效果类似于清水混凝土，且附书面分析说明，经评审认可后，可得分。

7.2.9 选用本地建筑材料，降低运输能耗，评价总分值为 10 分。评分规则如下：

1 施工现场 500km 以内生产的建筑材料重量占建筑材料总重量的 60% 以上，得 6 分；

2 施工现场 500km 以内生产的建筑材料重量占建筑材料总重量的 70%以上，得 8 分；

3 施工现场 500km 以内生产的建筑材料重量占建筑材料总重量的 90%以上，得 10 分。

【条文说明】

本条适用于各类民用建筑的竣工和运行评价。

建材本地化是减少运输过程资源和能源消耗、降低环境污染的重要手段之一。本条鼓励使用本地生产的建筑材料，因地制宜，就地取材，尤其是水泥、砂石、混凝土、砂浆、钢筋、墙材等大宗建材。

运输距离指建筑材料的最后一个生产工厂或场地到施工现场的距离。本条评价依据是施工现场 500km 范围内生产的建筑材料重量占建筑材料总重量的比例。

本条中的建筑材料必须是证照齐全、有固定的生产厂房和必要的生产设备的工厂生产，不包括总、分包商在施工现场进行的加工制作。生产工厂与工地之间的距离以它们之间的最短的运输里程为准。回填土不能算作施工现场 500km 以内生产的建筑材料。

【技术途径】

1）竣工评价和运行评价核查材料进场记录及本地建筑材料使用比例计算书等证明文件。

2）对大宗建材如混凝土、水泥、砂石、墙材、钢筋等尽可能因地制宜设计选用建筑材料。

【达标判断】

《绿色建筑评价标准》（DBJ50/T-066—2014）第 7.2.9 条涉及的材料比例均需按照单体建筑来计算。

设计评价不参评；竣工评价和运行评价核查材料进场记录及本地建筑材料使用比例计算书等证明文件。

判定要点：

运输距离指建筑材料的最后一个生产工厂或场地到施工现场的距离。

7.2.10 建筑砂浆采用预拌砂浆，评价总分值为 5 分。评分规则如下：

1 不少于 50%的砂浆采用预拌砂浆，得 3 分；

2 砂浆全部采用预拌砂浆，得 5 分。

【条文说明】

本条适用于各类民用建筑的设计、竣工和运行评价。

长期以来，我国建筑施工用砂浆一直采用现场拌制砂浆。现场拌制砂浆由于计量不准确、原材料质量不稳定等原因，施工后经常出现空鼓、龟裂等质量问题，工程返修率高，而且现场拌制砂浆在生产和使用过程中不可避免地会产生大量材料浪费和损耗，以及产生灰尘和建筑垃圾污染环境。

预拌砂浆是指由水泥、砂以及所需的外加剂和掺和料等成分，按一定比例经集中计量拌制后，通过专用设备运输、使用的拌合物。预拌砂浆包括预拌干混砂浆和预拌湿砂浆。预拌砂浆是由专业化工厂规模化生产的，砂浆的性能品质和均匀性能够得到充分保证，可以很好地满足砂浆保水性、和易性、强度和耐久性需求。与现场拌制砂浆相比，不是简单意义的同质产品替代，而是采用先进工艺的生产线拌制，增加了技术含量，产品性能得到显著增强。预拌砂浆尽管单价比现场拌制砂浆高，但是由于其性能好、质量稳定、减少环境污染、材料浪费和损耗小、施工效率高、工程返修率低，可降低工程的综合造价。预拌砂浆在运输、保管和施工过程中，会造成损耗，应尽量控制损耗，节约资源，确定砂浆的损耗率。

【技术途径】

预拌砂浆主要分类为：砌筑砂浆、抹灰砂浆、地面砂浆、防水砂浆、陶瓷砖黏结界面砂浆、保温板黏结砂浆、保温板抹面砂浆、聚合物水泥防水砂浆、自流平砂浆、耐磨地坪砂浆、内外墙腻子饰面砂浆等。预拌砂浆应符合《预拌砂浆》（GB/T 25181—2010）、《预拌砂浆应用技术规程》（JGJ/T 223—2010）、《预拌砂浆生产与应用技术规程》（DBJ/T 50-061—2007）、《干混砂浆生产与应用技术规程》（DBJ/T 50-062—2007）要求。

【达标判断】

设计评价应查阅施工图及说明；竣工和运行评价应查阅竣工图及说明，以及砂浆用量清单等证明文件。

判定要点：

预拌砂浆应符合国家标准《预拌砂浆》（GB/T 25181—2010）及行业标准《预拌砂浆应用技术规程》（JGJ/T 223—2010）的规定。

如预拌砂浆采用干混砂浆，则需将其重量折算成砂浆的重量。

《绿色建筑评价标准》（DBJ50/T-066—2014）第 7.2.10 条涉及的材料比例均需按照单体建筑计算。

7.2.11 采用高强建筑结构材料，降低材料用量，评价总分值为 10 分。评分规则如下：

1 混凝土结构

1）受力普通钢筋使用不低于 400MPa 级钢筋占受力普通钢筋总量的 30% 以上，得 4 分；

2）受力普通钢筋使用不低于 400MPa 级钢筋占受力普通钢筋总量的 50% 以上，得 6 分；

3）受力普通钢筋使用不低于 400MPa 级钢筋占受力普通钢筋总量的 70% 以上，得 8 分；

4）受力普通钢筋使用不低于 400MPa 级钢筋占受力普通钢筋总量的 85% 以上，或使用 HRB500 级钢筋占受力普通钢筋的 65% 以上，得 10 分。或者

5）混凝土竖向承重结构采用强度等级不小于 C50 混凝土用量占竖向承重结构中混凝土总量的比例超过 50%，得 10 分。

2　钢结构

1）Q345 及以上高强钢材用量占钢材总量的比例不低于 50%，得 8 分；

2）Q345 及以上高强钢材用量占钢材总量的比例不低于 70%，得 10 分。

3　混合结构

1）对其混凝土结构部分，按本条第 1 款进行评价；

2）对其钢结构部分，按本条第 2 款进行评价；

3）得分取前两项得分的平均值。

【条文说明】

本条适用于各类民用建筑的设计、竣工和运行评价。砌体结构和木结构不参评。

混凝土结构中的受力普通钢筋，包括梁、柱、墙、板、基础等构件中的纵向受力筋及箍筋。混合结构指由钢框架或型钢（钢管）混凝土框架与钢筋混凝土筒体所组成的共同承受竖向和水平作用的高层建筑结构。

采用高强度结构材料，可减小构件的截面尺寸及材料用量，同时也可减轻结构自重，减小地震作用及地基基础的材料消耗。

【达标判断】

设计评价查阅结构施工图及高强度材料用量比例计算书；竣工评价和运行评价查阅竣工图、施工记录及材料决算清单，并现场核实。

本条涉及的材料比例均需按照单体建筑计算。

判定要点：

高强度材料使用比例计算报告应满足本书附录 B.4 的要求。

7.2.12　合理采用高耐久性建筑结构材料，评价总分值为 5 分。评分规则如下：

1　混凝土结构

高耐久性的高性能混凝土用量占混凝土总量的比例超过 50%，得 5 分。

2　钢结构

采用耐候结构钢或耐候型防腐涂料，得 5 分。

【条文说明】

本条适用于混凝土结构及钢结构类型民用建筑的设计、竣工和运行评价。

本条中"高耐久性的高性能混凝土"指满足设计要求下，性能不低于行业标准《混凝土耐久性检验评定标准》（JGJ/T 193—2009）中抗硫酸盐侵蚀等级 KS90，抗氯离子渗透性能、抗碳化性能及早期抗裂性能 III 级的混凝土。其各项性能的检测与试验方法应符合《普通混凝土长期性能和耐久性能试验方法标准》

（GB/T 50082—2009）的规定。本条中的耐候结构钢须符合现行国家标准《耐候结构钢》（GB/T 4171—2008）的要求；耐候型防腐涂料须符合现行行业标准《建筑用钢结构防腐涂料》（JG/T 224—2007）中Ⅱ型面漆和长效型底漆的要求。

本条涉及的材料比例均需按照单体建筑计算。

【达标判断】

设计评价查阅建筑及结构施工图；竣工评价和运行评价查阅施工记录及材料决算清单中高耐久性建筑结构材料的使用情况，砼配合比报告单以及混凝土配料清单，并核查第三方出具的进场及复验报告，核查工程中采用高耐久性建筑结构材料的情况。

高耐久性的高性能混凝土应符合《高性能混凝土应用技术规程》（CECS 207—2006）第 3.0.3 条的规定，同时满足设计年限要求。

行业标准《混凝土耐久性检验评定标准》（JGJ/T 193—2009）中有如下规定，要求不能低于粗框内的限定值。

表 3.0.1　混凝土抗冻性能、抗水渗透性能和抗硫酸盐侵蚀性能的等级划分

抗冻等级（快冻法）		抗冻标号（慢冻法）	抗渗等级	抗硫酸盐等级
F50	F250	D50	P4	KS30
F100	F300	D100	P6	KS60
F150	F350	D150	P8	KS90
F200	F400	D200	P10	KS120
>F400		>D200	P12	KS150
			>P12	>KS150

表 3.0.2-1　混凝土抗氯离子渗透性能的等级划分（RCM 法）

等级	RCM-Ⅰ	RCM-Ⅱ	RCM-Ⅲ	RCM-Ⅳ	RCM-Ⅴ
氯离子迁移系数 D_{RCM}（RCM 法）/($\times 10^{-12}$m^2/s)	$D_{RCM} \geqslant 4.5$	$3.5 \leqslant D_{RCM} < 4.5$	$2.5 \leqslant D_{RCM} < 3.5$	$1.5 \leqslant D_{RCM} < 2.5$	$D_{RCM} < 1.5$

表 3.0.2-2　混凝土抗氯离子渗透性能的等级划分（电通量法）

等级	Q-Ⅰ	Q-Ⅱ	Q-Ⅲ	Q-Ⅳ	Q-Ⅴ
电通量 Q_s/C	$Q_s \geqslant 4000$	$2000 \leqslant Q_s < 4000$	$1000 \leqslant Q_s < 2000$	$500 \leqslant Q_s < 1000$	$Q_s < 500$

表 3.0.3　混凝土抗碳化性能的等级划分

等级	T-Ⅰ	T-Ⅱ	T-Ⅲ	T-Ⅳ	T-Ⅴ
碳化深度 d/mm	$d \geqslant 30$	$20 \leqslant d < 30$	$10 \leqslant d < 20$	$0.1 \leqslant d < 10$	$d < 0.1$

表 3.0.4　混凝土早期抗裂性能的等级划分

等级	L-Ⅰ	L-Ⅱ	L-Ⅲ	L-Ⅳ	L-Ⅴ
单位面积上的总开裂面积 c/（mm^2/m^2）	$c \geqslant 1000$	$700 \leqslant c < 1000$	$400 \leqslant c < 700$	$100 \leqslant c < 400$	$c < 100$

判定要点：

《绿色建筑评价标准》（DBJ50/T-066—2014）第7.2.11条涉及的材料比例均需按照单体建筑。

7.2.13 建筑外立面及室内装饰装修采用耐久性好、易维护的建筑材料，评价总分值为3分。评分规则如下：

1 采用耐久性好、易维护的外立面材料，得2分；

2 采用耐久性好、易维护的室内装饰装修材料，得1分。

【条文说明】

本条适用于各类民用建筑的竣工和运行评价。

为了保持建筑物的风格、视觉效果和人居环境，装饰装修材料在一定使用年限后会进行更新替换。如果使用易沾污、难维护及耐久性差的装饰装修材料，则会在一定程度上增加建筑物的维护成本，且施工也会来带有毒有害物质的排放、粉尘及噪音等问题。采用的装饰装修材料应首先满足国家、行业或地方标准的要求，提供相关材料证明所采用材料的耐久性，并应符合相应标准的规定。

【具体建筑类型要求】

◎ 医院建筑

医院环境中推床、轮椅及其他医疗设备在移动过程中易对内墙墙面磕碰，面材应具备一定的水平冲击承受能力，或对易磕碰内墙墙面、门垭口、门和墙柱阳角的面材增加防撞设施。

【技术途径】

1）水性高性能外墙涂料，如硅树脂、氟树脂、无机硅酸盐矿物为高耐候成膜物和无机颜料的外墙涂料、以天然彩砂为着色颜料的质感类涂料。具体指标：耐人工气候老化600h以上，耐沾污性≤15%。

2）成品化饰面材料，如保温装饰一体化板、预涂板、改性无机粉建筑装饰片材等。

3）高性能幕墙系统。

4）室内墙面装修采用耐污性、抗开裂能力好和易于更新维护的环保乳胶漆，减少壁纸及硬质贴面材料的使用。

【达标判断】

设计评价不参评；竣工评价和运行评价应查阅材料决算清单、材料检测报告，并现场核查。

对外立面材料的耐久性满足表7.3和表7.4的要求。

表7.3 外立面材料耐久性要求

分类		耐久性要求
外墙涂料		采用水性氟涂料或耐候相当的涂料
建筑幕墙	玻璃幕墙	明框、半隐玻璃幕墙的铝型材表面处理符合《铝及铝合金阳极氧化膜与有机聚合物》(GB/T 8013—2018)规定的耐候性等级的最高级要求。硅酮结构密封胶耐候性优于标准要求
	石材幕墙	根据当地气候环境条件，合理选用石材含水率和耐冻融指标，并对其表面进行防护处理
	金属板幕墙	采用氟碳制品，或耐久性相当的其他表面处理方法的制品
	人造板幕墙	根据当地气候环境条件，合理选用含水率、耐冻融指标

表7.4 室内装饰装修材料耐久性要求

分类		执行标准（补充）	要求
内墙涂料		《合成树脂乳液内墙涂料》(GB/T 9756—2018)	耐洗刷 5000 次
厨卫金属吊顶		《金属及金属复合材料吊顶板》(GB/T 23444—2009)	经 1000h 湿热试验后不起泡、不剥落、无裂纹，无明显变色（适用于住宅）
地面	实木（复合）地板	《实木地板》(GB/T 15036—2018) 《实木复合地板》(GB/T 18103—2013)	耐磨性≤0.08 且漆膜未磨透
	强化木地板	《浸渍纸层压木质地板》(GB/T 18102—2007)	公共建筑≥9000 转 居住建筑≥6000 转
	竹地板	《竹集成材地板》(GB/T 20240—2017)	1）任一胶层的累计剥离长度不低于 25mm 2）耐磨性不低于 100 转且磨耗值不大于 0.08g
	陶瓷砖	《陶瓷砖》(GB/T 4100—2015)	破坏强度≥400N，耐污性 2 级

判定要点：

对建筑室内所采用耐久性好、易维护的装饰装修材料应提供相关材料证明所采用材料的耐久性。

> 7.2.14 采用通过认证的绿色建材，评价总分值为 3 分。评分规则如下：
>
> 1 通过认证或备案的绿色建材重量占建筑材料总重量的比例不小于 30% 但小于 60%，得 1 分；
>
> 2 通过认证或备案的绿色建材重量占建筑材料总重量的比例不小于 60%，得 3 分。

【条文说明】

本条适用于各类民用建筑的设计、竣工和运行评价。

绿色建材是指在全生命周期内可减少对天然资源消耗和减轻对生态环境影响，具有节能、减排、安全、便利和可循环特征的建材产品。通过认证或备案的绿色建材是指按照《绿色建材评价标识管理办法》中规定，依据绿色建材评价技术要求，按照该办法确定的程序进行评价，确认其等级并进行信息性标识的建材产品。

【达标判断】

设计评价、竣工评价和运行评价应查阅绿色建材的认证或备案材料，并现场核查。

7.2.15　采用可再利用和可再循环材料，评价总分值为 10 分。评分规则如下：

1　住宅建筑可再利用和可再循环材料重量占建筑材料总重量的比例不小于 6% 但小于 10%，得 8 分；不小于 10%，得 10 分；

2　公共建筑可再利用和可再循环材料重量占建筑材料总重量的比例不小于 10% 但小于 15%，得 8 分；不小于 15%，得 10 分。

【条文说明】

本条适用于各类民用建筑的设计、竣工和运行评价。

建筑材料的循环利用是建筑节材与材料资源利用的重要内容。本条的设置旨在整体考量建筑材料的循环利用对于节材与材料资源利用的贡献，评价范围是永久性安装在工程中的建筑材料，不包括电梯等设备。有的建筑材料可以在不改变材料的物质形态情况下直接进行再利用，或经过简单组合、修复后可直接再利用，如有些材质的门、窗等。有的建筑材料需要通过改变物质形态才能实现循环利用，如难以直接回用的钢筋、玻璃等，可以回炉再生产。有的建筑材料则既可以直接再利用又可以回炉后再循环利用（具体方式将由使用方决定），如标准尺寸的钢结构型材等。以上各类材料统称为可再循环利用材料。

建筑中采用的可再循环建筑材料和可再利用建筑材料，可以减少生产加工新材料带来的资源、能源消耗和环境污染，具有良好的经济、社会和环境效益。

【技术途径】

可再循环材料是指：

1）建筑材料在不改变材料的物质形态情况下直接进行再利用，或者经过简单的组合、修复后可直接再利用，如有些门窗等。

2）建筑材料需要通过改变物质形态才能实现循环利用，如难以直接再利用的钢筋、玻璃等，可以回炉再生产利用。

3）建筑材料可以直接在利用或者经过处理后可以再利用的材料，如型钢、木制品等。

4）可再循环材料必须是永久使用在建筑本身的材料，在建筑施工过程中临时使用的中间材料如脚手架、模板等不能算作可再循环材料，计算时不能计入可再循环材料的重量里面。可再循环材料主要包括：钢、铸铁、铜、铜合金、铝、铝合金、不锈钢、玻璃、塑料、石膏制品、木材和橡胶。

主要技术途径包括：

1）室内大量采用石膏基建筑材料，如石膏墙板、石膏吊顶板、石膏天花、石膏砂浆等。

2）利用可以回炉再生产利用的建筑材料，如钢筋、铝合金、建筑玻璃等。

3）利用其他可循环利用的建筑材料，如木材、金属构件等。

【达标判断】

设计评价查阅工程概预算材料清单和相关材料使用比例计算书，核查相关建筑材料的使用情况；竣工评价和运行评价查阅工程决算材料清单和相应的产品检测报告，核查相关建筑材料的使用情况。

判定要点：

1）可再循环材料使用比例计算报告应满足本书附录 B.5 的要求。

2）评价范围是永久性使用在工程中的建筑材料，不包括电梯等设备。

7.2.16　使用以废弃物为原料生产的建筑材料，废弃物掺量不低于 30%，评价总分值为 5 分。评分规则如下：

1　采用一种以废弃物为原料生产的建筑材料，其占同类建材的用量比例达到 30%，得 3 分；达到 50%，得 5 分；或者

2　采用两种及以上以废弃物为原料生产的建筑材料，每一种用量比例均达到 30%，得 5 分。

【条文说明】

本条适用于各类民用建筑的竣工和运行评价。

本条中的"以废弃物为原料生产的建筑材料"是指在满足安全和使用性能的前提下，使用废弃物等作为原材料生产出的建筑材料，其中废弃物主要包括建筑废弃物、工业废料和生活废弃物。

在满足使用性能的前提下，鼓励利用建筑废弃混凝土，生产再生骨料，制作成混凝土砌块、水泥制品或配制再生混凝土；鼓励利用工业废料、农作物秸秆、建筑垃圾、淤泥为原料制作成水泥、混凝土、墙体材料、保温材料等建筑材料；鼓励以工业副产品石膏制作成石膏制品；鼓励使用生活废弃物经处理后制成的建筑材料。

为保证废弃物使用量达到一定比例，本条要求以废弃物为原料生产的建筑材料重量占同类建筑材料总重量的比例不小于 30%，且其中废弃物的掺量不低于 30%。以废弃物为原料生产的建筑材料，应满足相应的国家或行业标准的要求。

本条涉及的材料比例均需按照单体建筑计算。

【具体建筑类型要求】

◎ 校园建筑

在保证安全的前提下，采用再生材料或可循环材料制作的设施、器具等，或者对原有设施和设备进行再利用。

学校内设施和器具使用可再生材料制作，或者延长其使用寿命是节材的内容之一。如校内垃圾桶采用再生材料制作，桌椅采用再生木材等。特别是其环境教育的意义，达到以下任何一项要求得 5 分：

1）新建学校使用了原学校的实验器材、教学设备以及桌椅等，且每一种用量不低于 30%。

2）既有学校 20%桌椅使用年限在 10 年以上。

【技术途径】

建筑中常用的废弃物为：工业副产品石膏（脱磷石膏、磷石膏等）、粒化高炉矿渣、粉煤灰、火山灰质混合材料，以及固硫灰渣、油母页岩灰渣、煤矸石和海泥等。

【达标判断】

设计评价不参评；竣工评价和运行评价查阅工程决算材料清单、以废弃物为原料生产的建筑材料检测报告和废弃物建材资源综合利用认定证书等证明材料，核查相关建筑材料的使用情况和废弃物掺量。

判定要点：

《绿色建筑评价标准》（DBJ50/T-066—2014）第 7.2.16 条要求以废弃物为原料生产的建筑材料重量占同类建筑材料总重量的比例不小于 30%，且其中废弃物的掺量不低于 30%。

7.2.17 现浇混凝土采用预拌混凝土，评价分值为 5 分。

【条文说明】

本条适用于各类民用建筑的设计、竣工和运行评价。

我国大力提倡和推广使用预拌混凝土，其应用技术已较为成熟。与现场搅拌混凝土相比，预拌混凝土产品性能稳定，易于保证工程质量，且采用预拌混凝土能够减少施工现场噪声和粉尘污染，节约能源、资源，减少材料损耗。

【达标判断】

设计评价查阅施工图及说明；竣工和运行评价查阅竣工图纸及说明，以及预拌混凝土用量清单等证明文件。

判定要点：

现浇混凝土采用预拌混凝土，预拌混凝土应符合国家标准《预拌混凝土》（GB/T 14902—2012）的规定。

8 室内环境质量

8.1 控 制 项

> **8.1.1** 主要功能房间的室内噪声级满足现行国家标准《民用建筑隔声设计规范》（GB 50118—2010）中的低限要求。

【条文说明】

本条适用于各类民用建筑的设计、竣工和运行评价。

本条所指的噪声控制对象包括室内自身声源和来自建筑外部的噪声。室内噪声源一般为通风空调设备、日用电器等；室外噪声源则包括来自于建筑其他房间的噪声（如电梯噪声、空调设备噪声等）和来自建筑外部的噪声（如周边交通噪声、社会生活噪声、工业噪声等）。本条所指的低限要求，与国家标准《民用建筑隔声设计规范》（GB 50118—2010）的低限要求规定对应，如该标准中没有明确室内噪声级的低限要求，即对应该标准规定的室内噪声级的最低要求。

【具体建筑类型要求】

◎ 医院建筑

医院建筑中的洁净手术部噪声级还应满足现行国家标准《医院洁净手术部建筑技术规范》（GB 50333—2013）的要求。

◎ 博览建筑

对于博览建筑中配套的会议及办公空间，采用现行国家标准《民用建筑隔声设计规范》（GB 50118—2010）的方法进行评价，针对展览空间以及博览建筑的公众区域，参考现行行业标准《博物馆建筑设计规范》（JGJ 66—2015）、《展览建筑设计规范》（JGJ 218—2010）的相关要求。展览建筑参考商业建筑中会展中心类功能空间的要求。

【技术途径】

1）采用低噪声型送风口与回风口，对风口位置、风井、风速等进行优化以避免送风口与回风口产生的噪声，或使用低噪声空调室内机、风机盘管、排气扇等。

2）给有转动部件的室内暖通空调和给排水设备，如风机、水泵、冷水机组、风机盘管、空调机组等设置有效的隔振措施。

3）采用消声器、消声弯头、消声软管，或优化管道位置等措施，消除通过风道传播的噪声。

4）采用隔振吊架、隔振支撑、软接头、连接部位的隔振施工等措施，防止通过风道和水管传播的固体噪声。

5）对空调机房采取吸声与隔声措施，安装设备隔声罩，优化设备位置以降低空调机房内的噪声水平。

6）采用遮蔽物、隔振支撑、调整位置等措施，防止冷却塔发出的噪声；为空调室外机设置隔振橡胶、隔振垫，或采用低噪声空调室外机。

7）采用消声管道，或优化管道位置（包括采用同层排水设计），对 PVC 下水管进行隔声包覆等，防止厕所、浴室等的给排水噪声。

8）合理控制上水管水压，使用隔振橡胶等弹性方式固定，采用防水锤设施等，防止给排水系统出现水锤噪声等。

【达标判断】

设计评价应检查相关设计文件，如基于环评报告室外噪声要求对室内的背景噪声影响（也包括室内噪声源影响）的分析报告以及图纸上的落实情况，及可能的声环境专项设计报告；竣工评价和运行评价在设计评价方法之外还应审核典型时间、主要功能房间的室内噪声第三方检测报告。

室内允许噪声级满足表 8.1 要求。

表 8.1 室内允许噪声级

建筑类型	房间名称	允许噪声级（A 声级，dB）	
		低限要求	高标准要求
住宅建筑	卧室	≤45（昼）且≤37（夜）	≤40（昼）且≤30（夜）
	起居室（厅）	≤45	≤40
学校建筑	语音教室、阅览室	≤40	≤35
	普通教室、实验室、计算机房	≤45	≤40
	音乐教室、琴房	≤45	≤40
	舞蹈教室	≤50	≤45
	教师办公室、休息室、会议室	≤45	≤40
	健身房	≤50	—
	教学楼中封闭的走廊、楼梯间	≤50	—
医院建筑	病房、医护人员休息室	≤45（昼）且≤40（夜）	≤40（昼）且≤35（夜）
	各类重症监护室	≤45（昼）且≤40（夜）	≤40（昼）且≤35（夜）
	诊室	≤45	≤40
	手术室、分娩室	≤45	≤40
	洁净手术室	≤50	—
	人工生殖中心净化区	≤40	—
	听力测听室	≤25	—
	化验室、分析实验室	≤40	—
	入口大厅、候诊厅	≤55	≤50

续表

建筑类型	房间名称	允许噪声级（A声级，dB）	
		低限要求	高标准要求
旅馆建筑	客房	≤45（昼）且≤40（夜）	≤35（昼）且≤30（夜）
	办公室、会议室	≤45	≤40
	多用途厅	≤50	≤40
	餐厅、宴会厅	≤55	≤45
办公建筑	单人办公室	≤40	≤35
	多人办公室	≤45	≤40
	电视电话会议室	≤40	≤35
	普通会议室	≤45	≤40
商业建筑	商店、商店、购物中心、会展中心	≤55	≤50
	餐厅	≤55	≤45
	员工休息室	≤45	≤40
	走廊	≤60	≤50

注：1. 医院建筑中有特殊要求的病房，室内允许噪声级应小于或等于30dB。
   2. 听力测听室允许噪声级的数值，适用于采用纯音气导和骨导听阈测听法的听力测听室。

判定要点：

1）室内背景噪声计算报告应满足本书附录 B.6 的要求。

2）本条所指的低限要求，与国家标准《民用建筑隔声设计规范》（GB 50118—2010）的低限要求规定对应，如该标准中没有明确室内噪声级的低限要求，即对应该标准规定的室内噪声级的最低要求。

> 8.1.2 主要功能房间的外墙、隔墙、楼板和门窗的隔声性能满足现行国家标准《民用建筑隔声设计规范》（GB 50118—2010）中的低限要求。

【条文说明】

本条适用于各类民用建筑的设计、竣工和运行评价。

外墙、隔墙和门窗的隔声性能主要指空气声隔声性能；楼板的隔声性能除了空气声隔声性能之外，还包括撞击声隔声性能。住宅、办公、商业、旅馆、医院、学校建筑主要功能房间的应满足《民用建筑隔声设计规范》（GB 50118—2010）中围护结构隔声标准的低限要求；其余类型民用建筑，可参照相关类型进行评价。

【具体建筑类型要求】

◎ 商店建筑

营业厅的人员通行区域得楼地面应能隔声性能良好、防滑、耐磨且易清洁。

楼地面是建筑日常接触最频繁的部位，经常受到撞击、摩擦和洗刷的部位；除有特殊使用要求外，楼地面材料的选择应考虑满足隔声性能良好、平整、耐磨、不起尘、防滑、易于清洁的要求，以保证其安全性和隔声性能。

◎ 饭店建筑

饭店建筑中客房建筑构件和客房的空气声隔声性能应满足现行国家标准《民用建筑隔声设计规范》（GB 50118—2010）中的一级标准要求。客房建筑构件包括墙体、门窗和楼板。

为了从使用功能上提高饭店类建筑的建设质量，提供安静的客房环境，减少不同房间之间的声音干扰以及保护人们室内活动的隐私性，要求客房围护结构的隔声性能满足一定的要求。因此将饭店建筑的空气声隔声性能的一级标准要求作为控制项。

◎ 博览建筑

对于博览建筑中配套的会议及办公空间，采用现行国家标准《民用建筑隔声设计规范》（GB 50118—2010）的方法进行评价，针对展览空间以及博览建筑的公众区域，参考现行行业标准《博物馆建筑设计规范》（JGJ 66—2015）、《展览建筑设计规范》（JGJ 218—2010）的相关要求。展览建筑参考商业建筑中会展中心类功能空间的要求。

【技术途径】

1）门窗采用中空玻璃，提高隔声功能。

2）采用隔音窗帘：一般安装了隔音窗帘的卧室增加隔声量高达 8～12dB，根据实际情况可选用手动隔音窗帘和电动隔音窗帘。

3）内隔墙采用纸面石膏板等隔声材料。

可用轻钢龙骨石膏板隔墙、玻璃隔墙、预制板隔墙、木隔墙、大开间敞开式空间内的矮隔断作为内墙隔断，建议选用具备环保节能、保温、隔热、隔音、防火、防潮、超强硬度、安装便利和即装即住等功能的集成墙面。

【达标判断】

设计评价审核设计图纸（主要是围护结构的构造说明、图纸和相关的检测报告）、相关设计文件、构件隔声性能的实验室检验报告；竣工评价和运行评价在设计评价方法之外，查阅相关竣工图、检查典型房间现场隔声第三方检测报告，结合现场检查设计要求落实情况进行达标评价。

围护结构空气声隔声满足表 8.2 要求，楼板撞击声隔声满足表 8.3 要求。

表 8.2　围护结构空气声隔声标准

建筑类型	构件/房间名称	空气声隔声单值评价量+频谱修正量/dB	低限要求	高标准要求
住宅建筑	分户墙、分户楼板	计权隔声量+粉红噪声频谱修正量 R_w+C	≥45	＞50
	户（套）门		≥25	≥30
	户内卧室墙		≥35	—
	户内其他分室墙		≥30	—

续表

建筑类型	构件/房间名称	空气声隔声单值评价量+频谱修正量/dB	低限要求	高标准要求
住宅建筑	分隔住宅和非居住用途空间的楼板	计权隔声量+交通噪声频谱修正量 R_W+C_{tr}	≥51	—
	交通干线两侧卧室、起居室（厅）的窗		≥30	≥35
	其他窗		≥25	≥30
	外墙		≥45	≥50
	卧室、起居室（厅）与邻户房间之间	计权标准化声压级差+粉红噪声频谱修正量 $D_{nT,w}+C$	≥45	≥50
	住宅和非居住用途空间分隔楼板上下的房间之间	计权标准化声压级差+交通噪声频谱修正量 $D_{nT,w}+C_{tr}$	≥51	
学校建筑	语音教室、阅览室的隔墙与楼板	计权隔声量+粉红噪声频谱修正量 R_W+C	＞50	—
	普通教室与各种产生噪声的房间之间的隔墙、楼板		＞50	
	普通教室之间的隔墙与楼板		＞45	＞50
	音乐教室、琴房之间的隔墙与楼板		＞45	＞50
	产生噪声房间的门		≥25	≥30
	其他门		≥20	≥25
	外墙	计权隔声量+交通噪声频谱修正量 R_W+C_{tr}	≥45	≥50
	邻交通干线的外窗		≥30	≥35
	其他外窗		≥25	≥30
	语音教室、阅览室与相邻房间之间	计权标准化声压级差+粉红噪声频谱修正量 $D_{nT,w}+C$	≥50	—
	普通教室与各种产生噪声的房间之间		≥50	—
	普通教室之间		≥45	≥50
	音乐教室、琴房之间		≥45	≥50
医院建筑	病房之间及病房、手术室与普通房间之间的隔墙、楼板	计权隔声量+粉红噪声频谱修正量 R_W+C	＞45	＞50
	诊室之间的隔墙、楼板		＞40	＞45
	听力测听室的隔墙、楼板		＞50	—
	门		≥30（听力测听室）/≥20（其他）	≥35（听力测听室）/—（其他）
	病房与产生噪声的房间之间的隔墙、楼板	计权隔声量+交通噪声频谱修正量 R_W+C_{tr}	＞50	＞55
	手术室与产生噪声的房间之间的隔墙、楼板		＞45	＞50
	体外震波碎石室、核磁共振室的隔墙、楼板		＞50	—
	外墙		≥45	≥50
	外窗		≥30（临街一侧病房）/≥25（其他）	≥35（临街一侧病房）/≥30（其他）
	病房之间及病房、手术室与普通房间之间	计权标准化声压级差+粉红噪声频谱修正量 $D_{nT,w}+C$	≥45	≥50
	诊室之间		≥40	≥45
	听力测试室与毗邻房间之间		≥50	—

续表

建筑类型	构件/房间名称	空气声隔声单值评价量+频谱修正量/dB	低限要求	高标准要求
医院建筑	病房与产生噪声的房间之间	计权标准化声压级差+交通噪声频谱修正量 $D_{\mathrm{nT,w}}+C_{\mathrm{tr}}$	≥50	≥55
	手术室与产生噪声的房间之间		≥45	≥50
	体外震波碎石室、核磁共振室与毗邻房间之间		≥50	—
旅馆建筑	客房之间的隔墙、楼板	计权隔声量+粉红噪声频谱修正量 $R_{\mathrm{W}}+C$	>40	>50
	客房与走廊之间的隔墙		>40	>45
	客房门		≥20	≥30
	客房外墙（含窗）	计权隔声量+交通噪声频谱修正量 $R_{\mathrm{W}}+C_{\mathrm{tr}}$	>30	>40
	客房外窗		≥25	≥35
	客房之间	计权标准化声压级差+粉红噪声频谱修正量 $D_{\mathrm{nT,w}}+C$	≥40	≥50
	走廊与客房之间		≥35	≥40
	室外与客房	计权标准化声压级差+交通噪声频谱修正量 $D_{\mathrm{nT,w}}+C_{\mathrm{tr}}$	≥30	≥40
商业建筑	健身中心、娱乐场所等与噪声敏感房间之间的隔墙、楼板	计权隔声量+交通噪声频谱修正量 $R_{\mathrm{W}}+C_{\mathrm{tr}}$	>55	>60
	购物中心、餐厅、会展中心等与噪声敏感房间之间的隔墙、楼板		>45	>50
	健身中心、娱乐场所等与噪声敏感房间之间	计权标准化声压级差+交通噪声频谱修正量 $D_{\mathrm{nT,w}}+C_{\mathrm{tr}}$	≥55	≥60
	购物中心、餐厅、会展中心等与噪声敏感房间之间		≥45	≥50
办公建筑	办公室、会议室与普通房间之间的隔墙、楼板	计权隔声量+粉红噪声频谱修正量 $R_{\mathrm{W}}+C$	>45	>50
	门		≥20	≥25
	办公室、会议室与产生噪声的房间之间的隔墙、楼板	计权隔声量+交通噪声频谱修正量 $R_{\mathrm{W}}+C_{\mathrm{tr}}$	>45	>50
	外墙		≥45	≥50
	邻交通干线的办公室、会议室外窗		≥30	≥35
	其他外窗		≥25	≥30
	办公室、会议室与普通房间之间	计权标准化声压级差+粉红噪声频谱修正量 $D_{\mathrm{nT,w}}+C$	≥45	≥50
	办公室、会议室与产生噪声的房间之间	计权标准化声压级差+交通噪声频谱修正量 $D_{\mathrm{nT,w}}+C_{\mathrm{tr}}$	≥45	≥50

表8.3 楼板撞击声隔声标准

建筑类型	楼板部位	撞击声隔声单值评价量/dB	低限要求	高标准要求
住宅建筑	卧室、起居室的分户楼板	计权规范化撞击声压级 $L_{n,w}$（实验室测量）	<75	<65
		计权标准化撞击声压级 $L'_{nT,w}$（现场测量）	≤75	≤65
学校建筑	语音教室、阅览室与上层房间之间的楼板	计权规范化撞击声压级 $L_{n,w}$（实验室测量）	<65	<55
		计权标准化撞击声压级 $L'_{nT,w}$（现场测量）	≤65	≤55
	普通教室、实验室、计算机房与上层产生噪声的房间之间的楼板	计权规范化撞击声压级 $L_{n,w}$（实验室测量）	<65	<55
		计权标准化撞击声压级 $L'_{nT,w}$（现场测量）	≤65	≤55
	音乐教室、琴房之间的楼板	计权规范化撞击声压级 $L_{n,w}$（实验室测量）	<65	<55
		计权标准化撞击声压级 $L'_{nT,w}$（现场测量）	≤65	≤55
	普通教室之间的楼板	计权规范化撞击声压级 $L_{n,w}$（实验室测量）	<75	<65
		计权标准化撞击声压级 $L'_{nT,w}$（现场测量）	≤75	≤65
医院建筑	病房、手术室与上层房间之间的楼板	计权规范化撞击声压级 $L_{n,w}$（实验室测量）	<75	<65
		计权标准化撞击声压级 $L'_{nT,w}$（现场测量）	≤75	≤65
	听力测听室与上层房间之间的楼板	计权标准化撞击声压级 $L'_{nT,w}$（现场测量）	≤60	—
旅馆建筑	客房与上层房间之间的楼板	计权规范化撞击声压级 $L_{n,w}$（实验室测量）	<75	<55
		计权标准化撞击声压级 $L'_{nT,w}$（现场测量）	≤75	≤55
办公建筑	办公室、会议室顶部的楼板	计权规范化撞击声压级 $L_{n,w}$（实验室测量）	<75	<65
		计权标准化撞击声压级 $L'_{nT,w}$（现场测量）	≤75	≤65
商业建筑	健身中心、娱乐场所等与噪声敏感房间之间的楼板	计权规范化撞击声压级 $L_{n,w}$（实验室测量）	<50	<45
		计权标准化撞击声压级 $L'_{nT,w}$（现场测量）	≤50	≤45

判定要点：

1）建筑构件隔声性能计算报告应满足本书附录 B.6 的要求。

2）本条所指的围护结构构件的隔声性能的低限要求，与国家标准《民用建筑隔声设计规范》（GB 50118—2010）的低限要求规定对应，如该标准中没有明确围护结构隔声性能的低限要求，即对应该标准规定的隔声性能的最低要求。

> 8.1.3　室内空气中的氨、甲醛、苯、总挥发性有机物、氡等污染物浓度应符合现行国家标准《室内空气质量标准》（GB/T 18883—2002）的有关规定。

【条文说明】

本条适用于各类民用建筑的竣工和运行评价。

室内空气污染造成的健康问题近年来得到广泛关注。轻微的反应包括眼睛、鼻子及呼吸道刺激和头疼、头昏眼花及身体疲乏，严重的有可能导致呼吸器官疾病，甚至心脏疾病及癌症等。为此，危害人体健康的游离甲醛、苯、氨、氡和 TVOC 五类空气污染物，应符合国家标准《民用建筑工程室内环境污染控制规范（2003年版）》（GB 50325—2010）中的有关规定。基本按Ⅰ类民用建筑工程限量值要求设定，其中氡的浓度和甲醛的浓度结合 WHO 以及新规程的情况略微调整。

【具体建筑类型要求】

◎ 商店建筑

采用有利于改善商店建筑室内环境的功能性建筑装修新材料或新技术。

商店建筑人员密集且流动性大，室内环境不易保证，采用有利于改善商店建筑室内环境的功能性建筑装修新材料或新技术，有利于商店从业人员和顾客身体健康，如无毒涂料、抗菌涂料、调节湿度的建材、抗菌陶瓷砖、纳米空气净化涂膜等。

◎ 医院建筑

手术室、无菌室和灼伤病房等洁净度要求高的用房，其实内装修材料应满足抗菌性要求。

◎ 博览建筑

博物馆藏品库房室内环境污染物浓度应符合现行行业标准《博物馆建筑设计规范》（JGJ 66—2015）的有关规定。相关要求见表 8.4。

表 8.4　藏品库房室内环境污染物浓度限值

污染物	最高浓度限值
氡 ^{222}Rn	≤200Bq/m³
甲醛 HCHO	≤0.08mg/m³
苯 C_6H_6	≤0.09mg/m³
氨 NH_3	≤0.2mg/m³
总挥发性有机物 TVOC	≤0.5mg/m³

【技术途径】

1）选用有害物质含量符合国家相关标准的材料，主要涉及的技术标准及要求如下：

《建筑材料放射性核素限量》（GB 6566—2010），根据装饰材料放射性水平大小划分为以下几类。

① A 类装修材料。

装修材料中天然放射性核素镭-226、钍-232、钾-40 的放射性比活度同时满足 $I_{Ra}\leqslant1.0$ 和 $I_r\leqslant1.3$ 要求的为 A 类装修材料。A 类装修材料产销与使用范围不受限制。

② B 类装修材料。

不满足 A 类装修材料要求但同时满足 $I_{Ra}\leqslant1.3$ 和 $I_r\leqslant1.9$ 要求的为 B 类装修材料。B 类装修材料不可用于 I 类民用建筑的内饰面，但可用于 I 类民用建筑的外饰面及其他一切建筑物的内、外饰面。

③ C 类装修材料。

不满足 A、B 类装修材料要求但满足 $I_r\leqslant2.8$ 要求的为 C 类装修材料。C 类装修材料只可用于建筑物的外饰面及室外其他用途。$I_r>2.8$ 的花岗石只可用于碑石、海堤、桥墩等人类很少涉及的地方。

2）室内设施的选取应保证其污染较小。

【达标判断】

竣工评价和运行评价查阅室内污染物检测报告，并现场检查。

室内污染物含量满足以下标准要求。

1）《室内装饰装修材料 人造板及其制品中甲醛释放限量》（GB 18580—2017）。该标准适用于纤维板、刨花板、胶合板、细木工板、重组装饰材、单板层积材、集成材、饰面人造板、木质地板、木质墙板、木质门窗等室内用各种类人造板及其制品的甲醛释放限量。室内装饰装修材料人造板及其制品中甲醛释放限量值为 $0.124mg/m^3$，限量标识 E_1。

2）《室内装饰装修材料 溶剂型木器涂料中有害物质限量》（GB 18581—2009）。该标准适用于室内装饰装修和工厂化涂装用聚氨酯类、硝基类和醇酸类溶剂型木器涂料（包括底漆和面漆）及木器用溶剂型腻子，不适用于辐射固化涂料和不饱和聚腻子。产品中有害物质限量应符合《室内装饰装修材料 溶剂型木器涂料中有害物质限量》（GB 18581—2009）表 1 的要求。

3）《室内装饰装修材料 内墙涂料中有害物质限量》（GB 18582—2008）。该标准适用于各类室内装饰装修用水性墙面涂料和水性墙面腻子。产品中有害物质限量应符合《室内装饰装修材料 内墙涂料中有害物质限量》（GB 18582—2008）表 1 的要求。

4）《室内装饰装修材料 胶粘剂中有害物质限量》（GB 18583—2008）。该标准适用于各类室内装饰装修用胶黏剂。溶剂型胶黏剂、水基型胶黏剂、本体型胶黏剂中的有害物质限量值应分别符合《室内装饰装修材料 胶粘剂中有害物质限量》（GB 18583—2008）表 1、表 2、表 3 的要求。

5)《室内装饰装修材料 木家具中有害物质限量》（GB 18584—2001）。该标准适用于室内使用的各类木家具产品。木家具产品应符合《室内装饰装修材料 木家具中有害物质限量》（GB 18584—2001）表 1 规定的有害物质限量要求。

6)《室内装饰装修材料 壁纸中有害物质限量》（GB 18585—2001）。该标准主要适用于以纸为基材的壁纸。壁纸中的有害物质限量应符合《室内装饰装修材料 壁纸中有害物质限量》（GB 18585—2001）表 1 的规定。

7)《室内装饰装修材料 聚氯乙烯卷材地板中有害物质限量》（GB 18586—2001）。该标准适用于以聚氯乙烯树脂为主要原料并加入适当助剂，用涂敷、压延、复合工艺生产的发泡或不发泡的，有基材或无基材的聚氯乙烯卷材地板（以下简称为卷材地板），也适用于聚氯乙烯复合铺炕革、聚氯乙烯车用地板。卷材地板聚氯乙烯层中氯乙烯单体含量应不大于 5mg/kg；卷材地板中不得使用铅盐助剂；作为杂质，卷材地板中可溶性铅含量应不大于 20mg/m²；卷材地板中可溶性镉含量应不大于 20mg/m²。卷材地板中挥发物的限量见《室内装饰装修材料 聚氯乙烯卷材地板中有害物质限量》（GB18586—2001）表 1。

8)《室内装饰装修材料 聚氯乙烯卷材地板中有害物质限量》（GB 18587—2001）。该标准适用于生产或销售的地毯、地毯衬垫及地毯胶黏剂。地毯、地毯衬垫及地毯胶黏剂有害物质释放限量应分别符合《室内装饰装修材料 聚氯乙烯卷材地板中有害物质限量》（GB 18587—2001）表 1、表 2、表 3 的规定。在产品标签上，应标识产品有害物质释放限量的级别。

9)《混凝土外加剂中释放氨的限量》（GB 18588—2001）。该标准适用于各类具有室内使用功能的建筑用、能释放氨的混凝土外加剂。混凝土外加剂中释放氨的量≤0.10%（质量分数）。

判定要点：

本条要求建筑运行满一年后，氨、甲醛、苯、总挥发性有机物、氡五类空气污染物浓度应符合现行国家标准《室内空气质量标准》（GB/T 18883—2002）中的有关规定，详见表 8.5。

表 8.5　室内空气质量标准

污染物	标准值	备注
氨 NH₃	≤0.20mg/m³	1h 均值
甲醛 HCHO	≤0.10mg/m³	1h 均值
苯 C₆H₆	≤0.11mg/m³	1h 均值
总挥发性有机物 TVOC	≤0.60mg/m³	8h 均值
氡 222 Rn	≤400Bq/m³	年平均值（行动水平）

8.1.4 建筑室内照度、统一眩光值、一般显色指数等指标符合现行国家标准《建筑照明设计标准》（GB 50034—2013）的规定。

【条文说明】

本条适用于各类民用建筑的设计、竣工和运行评价。对住宅建筑的公共部分及土建装修一体化设计的房间应满足本条要求。

室内照明质量是影响室内环境质量的重要因素之一，良好的照明不但有利于提升人们的工作和学习效率，更有利于人们的身心健康，减少各种职业疾病。良好、舒适的照明要求在参考平面上具有适当的照度水平，避免眩光，显色效果良好。

【具体建筑类型要求】

◎ 校园建筑

设计中宜充分考虑照明可控性及灯具防眩光措施。

采用避免眩光的灯具或防眩光措施，可有效改善室内照明质量。另外，在设计中应充分考虑照度的可控性和用户操作的方便性，使用户能够自主灵活控制室内照度，以便带来更好的用户体验。对于可以利用天然光的区域以及仅在一定时段内使用的室内功能区域，在区域照明设计中可结合天然采光效果和室内功能效果进行分区域分时段控制，以增强调控的便利性。

◎ 商店建筑

采取措施改善室内人工照明质量。

为便于顾客挑选商品，改善整个空间的光环境质量，应保证货架垂直面有足够的照度。由特定表面产生的反射而引起的眩光，通常称为光幕反射和反射眩光，它会改变作业面的可见度，不仅影响视看效果，对视力也有不利影响。可采用以下的措施来减少光幕反射和反射眩光：

1）应将灯具安装在不易形成眩光的区域内。

2）应限制灯具出光口表面发光亮度。

3）墙面的平均照度不宜低于 50lx，顶棚的平均照度不宜低于 30lx。

◎ 医院建筑

医院建筑室内的色彩运用应充分考虑病人的心理和生理效应。

医院建筑中，除医疗专用空间以外，一般大面积的色彩宜淡雅，适于高明度、低彩度的调和色，建筑群体色彩应统一协调形成基调。诊室不能安装彩色玻璃窗和深色面砖，应避免透射光和反射光改变病人皮肤和体内组织器官的颜色，干扰医生的正确判断。

◎ 博览建筑

博物馆建筑应有光环境的专业设计，满足相应的功能需求。展览建筑展厅内的展览区域照明均匀度不小于 0.7。

博览建筑光环境较普通办公建筑或商业建筑有更多的要求，要求必须有针对博物馆建筑光环境为主题的融合建筑空间、天然采光和人工照明的光环境专项设计说明。同时博物馆建筑的天然采光和照明应满足现行行业标准《博物馆建筑设计规范》（JGJ 66—2015）相应的要求。现行行业标准《展览建筑设计规范》（JGJ 218—2010）对展厅内的照明均匀度提出了要求，应满足其要求。

【技术途径】

◎ 选择高光效、显色性好、使用寿命长、色温适宜并符合环保要求的电光源

电光源的选择原则是：除对电磁干扰有严格要求，且其他光源无法满足的特殊场所外，不应采用普通白炽灯。可用紧凑型荧光灯替代白炽灯。细管径的 T5 直管荧光灯或紧凑型荧光灯光效高、启动快，尤其是三基色荧光灯，显色指数高（Ra≥80），适用于灯具安装高度较低的房间使用，如办公室、教室、会议室及仪表、电子等生产车间等场所。商店营业厅的一般照明宜采用细管直管三基色荧光灯、小功率陶瓷金属卤化物灯，重点照明宜采用小功率陶瓷金属卤化物灯。金属卤化物灯具有光效高、寿命长、显色性好等特点，这种电光源与高频大功率细管荧光灯都适用于显色性有要求，且灯具安装高度较高的场所。虽然高（低）压钠灯光效更高、寿命更长、价格更低，但由于其显色性差，只能用于辨色要求不高的场所。旅馆建筑的客房、居住建筑及其他公共建筑的走廊、楼梯间、厕所、地下车库的行车道、停车位等场所宜选用配用感应式自动控制的发光二极管灯。一般场所不应采用卤钨灯，对商店、博物馆显色要求高的重点照明可采用卤钨灯。一般照明不应采用荧光高压汞灯。

◎ 选择高效率的节能灯具、节能型镇流器

在满足眩光限制和配光要求条件下，直管形荧光灯灯具效率不应低于：开敞式的为 75%，带透明保护罩的为 65%，带磨砂或棱镜保护罩的为 55%，带格栅的为 65%；紧凑型荧光灯筒灯灯具效率不应低于：开敞式的为 55%，带保护罩的为 50%，带格栅的为 45%；小功率金属卤化物筒灯灯具效率不应低于：开敞式的为 60%，带保护罩的为 50%，带格栅的为 45%；高强度气体放电灯灯具效率不应低于：开敞式的为 75%，格栅或透光罩的为 60%；发光二极管筒灯灯具效率不应低于：色温 2700K 时，带保护罩的为 60%，带格栅的为 55%，色温 3000K 时，带保护罩的为 65%，带格栅的为 60%，色温 4000K 时，带保护罩的为 70%，带格栅的为 65%；常规道路照明灯具不应低于 70%、泛光灯具不应低于 65%。选用控光合理的灯具，如蝠翼式配光灯具、块板式高效灯具等，以提高灯具效率。选用涂

二氧化硅保护膜、反射器采用真空镀铝工艺和蒸镀银光学多层膜反射材料以及采用活性炭过滤器等光通量维持率好的灯具，以提高灯具效率。选用利用系数高的灯具。电子镇流器具有功耗低、高功率因数、体积小、重量轻、启动可靠、无频闪、无噪声、可调光、允许电压偏差大等优点，应推广应用。荧光灯应配用电子镇流器或节能电感镇流器；对频闪效应有限制的场合，应采用高频电子镇流器；高压钠灯、金属卤化物灯应配用节能电感镇流器；在电压偏差较大的场所，宜配用恒功率镇流器；功率较小者可配用电子镇流器。照明设计应针对不同功能场所且根据《建筑照明设计标准》（GB 50034—2013）的要求，确定适当的照度、照明均匀度和良好的显色性。照明设计应避免眩光的干扰，以获得良好的照明质量。

可采取以下避免眩光的措施：

选用直接型灯具时，其的遮光角不应小于《建筑照明设计标准》（GB 50034—2013）的要求；应采取措施防止或减少光幕反射和反射眩光，如：

1）避免将灯具安装在干扰区内。

2）采用低光泽度的表面装饰材料。

3）限制灯具亮度。

4）照亮顶棚和墙表面，但避免出现光斑。有视觉显示终端的工作场所照明应限制灯具中垂线以上等于和大于 65° 高度角的亮度。灯具在该角度上的平均亮度限值不宜超过《建筑照明设计标准》（GB 50034—2013）的要求。

5）电气施工图设计说明中应有主要功能场所保证照明质量的相关描述，并与照明平面图一致。电气施工图设计说明或设备材料表中应提供照明灯具技术参数，包括灯具配光曲线、效率、利用系数、遮光角等，以及是否根据不同功能场所采取适宜的眩光抑制措施。

【达标判断】

设计评价查阅电气专业相关设计文件和图纸，照明灯具技术参数及专项计算分析报告；竣工评价和运行评价查阅电气专业相关竣工图纸，照明灯具技术参数以及建筑室内照度情况的现场第三方检测报告。

判定要点：

为避免眩光，直接型灯具的遮光角应满足表 8.6 的要求。

表 8.6 直接型灯具的遮光角

光源平均亮度/（kcd/m²）	遮光角/（°）	光源平均亮度/（kcd/m²）	遮光角/（°）
1～20	10	50～500	20
20～50	15	≥500	30

公共建筑常用房间或场所的不舒适眩光应采用统一眩光值（UGR）评价，按《建筑照明设计标准》（GB 50034—2013）采取控制措施，其最大允许值应符合《建筑照明设计标准》（GB 50034—2013）第 5 章的规定。

长期工作或停留的房间或场所，照明光源的显色指数（Ra）不能小于80。常用房间或场所的显色指数最小允许值应符合《建筑照明设计标准》（GB 50034—2013）第5章的规定。

> 8.1.5　采用集中供暖空调系统的建筑，房间内的温度、湿度、新风量等设计参数符合现行国家标准《民用建筑供暖通风与空气调节设计规范》（GB 50736—2012）的规定。

【条文说明】

本条适用于集中供暖空调的各类民用建筑的设计、竣工和运行评价。

通风以及房间的温、湿度、新风量是室内热环境的重要指标，应满足《民用建筑供暖通风与空气调节设计规范》（GB 50736—2012）中的有关规定。

【具体建筑类型要求】

◎ 医院建筑

医院建筑各房间内的温度、湿度、风速、新风量等设计参数符合现行国家标准《综合医院建筑设计标准》（GB 51039—2014）和《医院洁净手术部建筑技术规范》（GB 50333—2013）的规定。

医院是病患聚集的场所，患者体质较差，对温度、相对湿度和气流速度等往往更敏感。医院某些科室病房甚至对温度、相对湿度的要求十分严格，以利于病人的康复，如灼伤病房要求温度高，湿度低。

此外，医疗用房的集中空调系统的新风量不应低于40m³/h，或新风换气次数不小于2次/h。同时，对人流密度变化大的场所，应根据人员数量的变化相应的调节新风量。

◎ 博览建筑

博物馆藏品库房设计参数应满足现行行业标准《博物馆建筑设计规范》（JGJ 66—2015）的有关要求。

藏品库房的室内温湿度设计计算参数应根据工艺要求确定，当工艺要求未确定时可参照现行行业标准《博物馆建筑设计规范》（JGJ 66—2015）选取。

【技术途径】

合理设计房间内的温度、湿度、新风量等设计参数，使其符合现行国家标准《民用建筑供暖通风与空气调节设计规范》（GB 50736—2012）的规定。

【达标判断】

设计评价和竣工评价查阅暖通专业设计说明等设计文件；运行评价查阅典型房间空调期间的室内温湿度第三方检测报告，新风机组风量检测报告，以及典型房间空调期间的室内二氧化碳浓度第三方检测报告，并现场检查。

1）民用建筑长期逗留区域空调室内计算参数，应符合表 8.7 的规定。

表 8.7 长期逗留区域空调室内计算参数

类别	热舒适度等级	温度/℃	相对湿度/%	风速/（m/s）
供热工况	Ⅰ 级	22～24	≥30	≤0.2
	Ⅱ 级	18～22	—	≤0.2
供冷工况	Ⅰ 级	24～26	40～60	≤0.25
	Ⅱ 级	26～28	≤70	≤0.3

人员短期逗留区域空调供冷工况室内设计参数宜比长期逗留区域提高 1～2℃，供热工况宜降低 1～2℃。短期逗留区域供冷工况风速不宜大于 0.5m/s，供热工况风速不宜大于 0.3m/s。

2）公共建筑设计新风量应符合表 8.8 规定。

表 8.8 公共建筑主要房间每人所需最小新风量

建筑房间类型	新风量/［m³/（h·人）］
办公室	30
客房	30
大堂、四季厅	10

设置新风系统的医院建筑，所需最小新风量应按换气次数法确定，且应符合表 8.9 规定。

表 8.9 医院建筑设计最小换气次数

功能房间	每小时换气次数/次
门诊室	2
急诊室	2
配药室	5
放射室	2
病房	2

注：医院的洁净手术部各功能的房间的新风量，执行《医院洁净手术部建筑技术规范》（GB 50333）的规定。

3）高密人群建筑每人所需最小新风量应按人员密度确定，且应符合表 8.10 规定。

表 8.10 高密人群建筑每人所需最小新风量

建筑类型	人员密度 P_F/（人/m²）		
	$P_F \leq 0.4$	$0.4 < P_F \leq 1.0$	$P_F > 1.0$
影剧院、音乐厅、大会厅、多功能厅、会议室	14	12	11
商场、超市	19	16	15
博物馆、展览厅	19	16	15

建筑类型	人员密度 P_F/（人/m²）		
	$P_F \leqslant 0.4$	$0.4 < P_F \leqslant 1.0$	$P_F > 1.0$
公共交通等候室	19	16	15
歌厅	23	20	19
酒吧、咖啡厅、宴会厅、餐厅	30	25	23
游艺厅、保龄球馆	30	25	23
体育馆	19	16	15
健身房	40	38	37
教室	28	24	22
图书馆	20	17	16
幼儿园	30	25	23

判定要点：

通风以及房间的温、湿度、新风量是室内热环境的重要指标，应满足《民用建筑供暖通风与空气调节设计规范》（GB 50736—2012）中的有关规定。

> **8.1.6** 在室内设计温、湿度条件下，建筑围护结构内表面不结露。

【条文说明】

本条适用于各类民用建筑的设计、竣工和运行评价。

房间内表面长期或经常结露会引起霉变，污染室内的空气，应加以控制。在南方的梅雨季节，空气的湿度接近饱和，要彻底避免发生结露现象非常困难，不属于本条范畴。另外，短时间的结露并不至于引起霉变。所以本条文要求判断"在室内设计温、湿度"这一前提条件不结露。

房屋采用内保温系统，或保温隔热层不连续，房屋内外结构间会形成冷桥，冷空气会沿着冷桥渗透到室内的墙壁上，使室内温差加大，这是内保温系统的固有缺陷。外墙和屋顶转角处墙面得热少，散热多，这些部位的内表面温度要比室内其他部分低，当低于露点温度就会结露。

使用的门窗保温性能差。门窗内表面温度低，容易出现结露现象。部分房屋内通风不畅，产湿量大使得露点温度较高。采用地暖系统，为保证地暖管不受装修破坏，最外侧的地暖管距外墙 100~150mm，加重了结露的可能性。

门窗框与墙体的围护部分中混凝土及隔热层的隔热性较好，如玻璃及门窗框的表面温度低于露点温度，此时结露将出现在隔热层中，需要在围护结构与门窗框接触面加封防汽层。

综上所述，增加热阻和减小材料内部热容型缺陷是防止结露的根本措施。同时隔热在建筑热工设计中有十分重要的地位，它可以减小壁面热流提高内表面温度，同时降低结露速度与程度。室内有些较易结露的部位如见光窗户，对这些部位除采用双层玻璃、中间真空结构等防止结露的措施外，还可以采用局部通风的方法来防止结露，以满足一些特殊部位的使用要求。

【技术途径】

为了避免由于重庆地区气候闷湿存在的冷凝、结露现象，对地面和地下室外墙热阻应进行严格控制，即热阻均不能小于 1.2（m² · K）/W。《居住建筑节能 65%（绿色建筑）设计标准》（DBJ50-071—2016）第 4.2.14 条规定：在室内温、湿度设计条件下，供暖、空调房间与土壤直接接触的地面和供暖、空调地下室（半地下室）与土壤直接接触的外墙应采取防潮、防结露的技术措施，热阻不应小于 1.2m² · K/W。公共建筑节能设计标准虽未对此条做强制要求，建议设计时应参照居住建筑要求同等对待。

重庆地区内保温技术应用较少，房屋采用内保温系统时，应满足：框架结构或剪力墙结构体系的填充墙砌体选用烧结页岩多孔砖［导热系数 0.54W/（m · K），容重等级为 800 级］或加气混凝土砌块［导热系数 0.18W/（m · K），容重等级为 700 级，修正系数取 1.25］；砌体结构体系的砌体选用烧结页岩多孔砖［导热系数 0.58W/（m · K），容重等级为 1400 级］；采用板材类内保温系统时，应满足现行保温防火相关标准及文件要求。

门窗保温性能详见重庆市《居住建筑节能 65%（绿色建筑）设计标准》（DBJ50-071—2014）和重庆市《公共建筑节能（绿色建筑）设计标准》（DBJ50-052—2014）中的门窗热工参数指标。

建筑围护结构内表面防结露计算流程如下。

1）明确室内设计温、湿度。

2）空气露点温度计算。

① 水表面的饱和水蒸气压力为

$$E_1 = E_0 \times 10(a \times t) / (b + t)$$

式中，E_0——空气温度为 0℃时的饱和水蒸气压，取 $E_0 = 6.11\text{hPa}$；

$\quad\quad t$——空气温度，℃；

$\quad\quad a$、b——参数，对于水面（$t > 0$℃），$a = 7.5$，$b = 2373$；对于冰面（$t \leqslant 0$℃），

$\quad\quad\quad a = 9.5$，$b = 265.5$。

② 在空气相对湿度 φ 下空气水蒸气压为

$$e = \varphi \cdot E_1$$

式中，e——空气的水蒸气压，hPa；

$\quad\quad \varphi$——空气的相对湿度，%；

$\quad\quad E_1$——空气的饱和水蒸气压，hPa。

③ 空气的结露点温度计算：

$$T_d = b / [a / \lg(e / 6.11) - 1]$$

式中，T_d——空气的结露点温度，℃；

e——空气的水蒸气压，hPa；

a、b——参数，对于水面（$t>0℃$），$a=7.5$，$b=237.3$；对于冰面（$t\leqslant0℃$），
$a=9.5$，$b=265.5$。

3）围护结构防结露计算。

应对外墙、屋面、楼板、外窗和幕墙等围护结构分别进行防结露计算，因主要计算过程相似，仅以外墙防结露计算为例进行说明。

① 外墙平均传热系数、冷桥部位传热系数。

② 外墙内表面的防结露计算：

$$K\times(T_i-T_w)=h_i\times(T_i-T_{pj})$$

式中，T_i——室内环境设计温度，℃；

T_w——室外环境计算温度，℃；

h_i——内表面换热系数；

K——外墙的传热系数；

T_{pj}——外墙结露性能评价指标（外墙内表面温度）。

若外墙内表面温度T_{pj}高于室内空气露点温度T_d，表明在该计算条件下外墙不会出现结露现象，即外墙满足防结露性能要求。

【达标判断】

对于设计评价，查阅外围护结构结点构造图、防结露计算书和系统设计资料，在室内设计温、湿度条件下，分别计算室内建筑围护结构各表面的温度，确保建筑围护结构内表面温度不低于室内空气露点温度，防止结露；竣工评价和运行评价在设计评价方法之外还应查阅相关竣工文件，并现场核查。

判定要点：

在室内设计温、湿度条件下，建筑围护结构内表面不结露。结露判断依据《民用建筑热工设计规范》（GB 50176—2016）。

> 8.1.7　房间的屋顶和东、西外墙隔热性能满足现行国家标准《民用建筑热工设计规范》（GB 50176—2016）的要求。

【条文说明】

本条适用于各类民用建筑的设计、竣工和运行评价。

在《民用建筑热工设计规范》（GB 50176—2016）中，建筑围护结构的最低隔热性能要求。因此，将本条文列为绿色建筑必须满足的控制项。

根据目前夏热冬冷地区外墙保温系统多采用外墙外保温或外墙内外复合保温系统逐渐成为一大趋势，如完全按照地方明确的节能构造图集进行设计，可直接判定隔热验算通过，符合《民用建筑热工设计规范》（GB 50176—2016）规定。

表8.11给出了常见围护结构外表面太阳辐射吸收系数 ρ 值，可作为参考。

表 8.11 围护结构外表面太阳辐射吸收系数 ρ 值

面层类型	表面性质	表面颜色	吸收系数 ρ 值		面层类型	表面性质	表面颜色	吸收系数 ρ 值
墙面	石灰粉刷墙面	光滑、新	白色	0.48	屋面	绿豆沙保护屋面		浅黑色	0.65
	抛光铝反射体片	—	浅色	0.12		白石子屋面	粗糙	灰白色	0.62
	水泥拉毛墙	粗糙、旧	米黄色	0.65		浅色油毛毡屋面	不光滑、新	浅黑色	0.72
	白水泥粉刷墙面	光滑、新	白色	0.48		黑色油毛毡屋面	不光滑、新	深黑色	0.85
	水刷石墙面	旧、粗糙	灰白色	0.70	油漆	黑色漆	光滑	深黑色	0.92
	水泥粉刷墙面	光滑、新	浅黄	0.56		灰色漆	光滑	深灰色	0.91
	砂石粉刷面	—	深色	0.57		褐色漆	光滑	淡褐色	0.89
	浅色饰面砖及浅色涂料	—	浅黄、褐绿色	0.50		绿色漆	光滑	深绿色	0.89
	红砖墙	—	红褐色	0.75		棕色漆	光滑	深棕色	0.88
	硅酸盐砖块		黄灰色	0.50		蓝色漆、天蓝色漆	光滑	深蓝色	0.88
	混凝土砌块	旧	灰色	0.65		中棕色	光滑	中棕色	0.84
	混凝土墙	不光滑	深灰	0.73		浅棕色漆	光滑	浅棕色	0.80
	大理石墙面	平滑	白色、深色	白 0.44 深 0.65		棕色、绿色喷泉漆	光亮	中棕、中绿色	0.79
	花岗石墙面	磨光	红色	0.55		红油漆	光亮	大红	0.74
屋面	红瓦屋面	旧	红褐色	0.70		浅色涂料	光平	浅黄、浅红	0.50
	灰瓦屋面	旧	浅灰	0.52		银色漆	光亮	银色	0.25
	水泥屋面	旧	青灰色	0.70	其他	绿色草地	—	—	0.80
	水泥瓦屋面	—	深灰	0.69		水（开阔湖、海面）	—	—	0.96
	石棉水泥瓦屋面	—	浅灰色	0.75					

【技术途径】

1）围护结构外表面宜采用浅色饰面材料，降低外表面综合温度，以提高其隔热性能。

2）平屋顶宜采取绿化、涂刷隔热涂料等隔热措施。

【达标判断】

对于设计评价，查阅围护结构热工设计说明等图纸或文件，以及围护结构隔热性能计算书；竣工评价和运行评价在设计评价方法之外还应查阅相关竣工文件，并现场检查。

判定要点：

在自然通风条件下，房间的屋顶和东、西外墙隔热性能满足现行国家标准《民用建筑热工设计规范》（GB 50176—2016）的要求。隔热性能判断依据《民用建筑热工设计规范》（GB 50176—2016）。

8.1.8 建筑材料、装修材料中有害物质含量符合室内装饰装修材料现行国家标准《室内装饰装修材料人造板及其制品中甲醛释放限量》（GB 18580—2017）、《室内装饰装修材料 溶剂型木器涂料中有害物质限量》（GB 18581—2009）、《室内装饰装修材料 内墙涂料中有害物质限量》（GB 18582—2008）、《室内装饰装修材料 胶粘剂中有害物质限量》（GB 18583—2008）、《室内装饰装修材料 木家具中有害物质限量》（GB 18584—2001）、《室内装饰装修材料 壁纸中有害物质限量》（GB 18585—2001）、《室内装饰装修材料 聚氯乙烯卷材地板中有害物质限量》（GB 18586—2001）、《室内装饰装修材料 聚氯乙烯卷材地板中有害物质限量》（GB 18587—2001）、《混凝土外加剂中释放氨的限量》（GB 18588—2001）、《建筑材料放射性核素限量》（GB 6566—2010）和《民用建筑工程室内环境污染控制规范（2013 年版）》（GB 50325—2010）的规定。

【条文说明】

本条适用于各类民用建筑的竣工和运行评价。

装饰装修材料主要包括石材、人造板及其制品、建筑涂料、溶剂型木器涂料、胶黏剂、木制家具、壁纸、聚氯乙烯卷材地板、地毯、地毯衬垫及地毯胶黏剂等。装饰装修材料中的有害物质是指甲醛、挥发性有机物（VOC）、苯、甲苯、二甲苯、游离甲苯二异氰酸酯、放射性核素等。

绿色建筑选用的装饰装修材料和建筑材料中的有害物质含量必须符合国家强制性标准的要求。选用有害物质含量达标、环保效果好的建筑材料，可以防止由于选材不当造成室内空气污染。装饰装修材料中的有害物质以及石材和用工业废渣生产的建筑装饰材料中的放射性物质会对人体健康造成损害。

室内装饰装修材料要符合有害物质限量标准即 GB 18580～18588 的要求。建筑中所用的建筑材料必须符合国家标准或相关行业相关产品标准以及《建筑材料放射性核素限量》（GB 6566—2010）。

民用建筑工程所选用的建筑材料和装修材料必须符合《民用建筑工程室内环境污染控制规范（2013 年版）》（GB 50325—2010）的有关规定，主要对室内环境污染物有氡（简称 Rn-222）、甲醛、氨、苯和总挥发性有机化合物（简称 TVOC）。

【具体建筑类型要求】

◎ **办公建筑**

在装饰装修设计中，宜采用合理的预评估方法，对室内空气质量进行源头控制或采取其他保障措施。

室内空气质量预评估是保证建筑装修装饰工程建成后具有良好的室内环境质量的一个重要步骤，一般是在室内装修施工之前，针对建筑装饰装修设计方案和选择的建材部品，综合考虑污染源位置和散发特性、通风和气流组织情况、净化设施的净化性能等对室内空气质量的影响，通过合理的累加计算或模拟分析计算，对建成后的室内空气质量进行估算，并与现行国家标准《民用建筑工程室内环境污染控制规范（2013 年版）》（GB 50325—2010）的相关要求进行比较，给出室内空气质量的综合评价结论即预评估结论和改进建议等。

【技术途径】

1）设计选用的建筑材料必须符合相关环保标准，进场的建筑材料进行随机抽样复检，有害物质限量和放射性核素限量达标后方可使用，竣工评价阶段检查主要建筑材料包括混凝土、内外墙涂料、石材、地板等的有害物质限量和放射性核素限量复检报告。限量指标为：VOC≤80g/L；Hg 含量≤60mg/kg；Cd 含量≤75mg/kg；Pb 含量≤90mg/kg；Cr 含量≤60mg/kg。

2）使用有一定环境改善功能的生态环保建筑材料，如抗甲醛、抗菌抑菌、释放负离子等功能的生态环保内墙涂料和陶瓷、具有一定光催化功能的环保外墙涂料等。

【达标判断】

设计阶段不参评，竣工评价和运行评价查阅装饰装修竣工图纸和材料清单，由具有资质的第三方检验机构出具的产品检验报告，并现场检查。

判定要点：

建筑材料、装修材料中有害物质含量符合室内装饰装修材料相关现行国家标准《室内装饰装修材料 人造板及其制品中甲醛释放限量》（GB 18580—2017）、《室内装饰装修材料 溶剂型木器涂料中有害物质限量》（GB 18581—2009）、《室内装饰装修材料 内墙涂料中有害物质限量》（GB 18582—2008）、《室内装饰装修材料 胶粘剂中有害物质限量》（GB 18583—2008）、《室内装饰装修材料 木家具中有害物质限量》（GB 18584—2015）、《室内装饰装修材料 壁纸中有害物质限量》（GB 18585—2016）、《室内装饰装修材料 聚氯乙烯卷材地板中有害物质限量》（GB 18586—2001）、《室内装饰装修材料 地毯、地毯衬垫及地毯胶粘剂有害物》（GB 18587—2016）、《混凝土外加剂中释放氨限量》（GB 18588—2001）、《建筑材料放射性核素限量》（GB 6566—2010）和《民用建筑工程室内环境污染控制规范（2013 年版）》（GB 50325—2010）的规定。查阅主要建筑材料及装修材料相关检测报告，有害物质含量在标准限量范围内即为达标。

8.1.9 建筑外墙、屋面应具有良好的防水性能。

【条文说明】

本条适用于各类民用建筑的设计、竣工和运行评价。

屋面防水工程应根据建筑物的类别、重要程度、使用功能要求确定防水等级，并应按相应等级进行防水设防。对防水有特殊要求的建筑屋面，应进行专项防水设计。

【技术途径】

根据建筑物的性质、重要程度、使用功能等要求以及防水层耐用年限，将屋面防水分为四个等级，并按不同等级进行设防。设计者首先应根据建筑项目的具体情况合理地确定该建筑物的防水等级，切不可将较高等级的建筑物采用较低防水等级进行设计而造成工程过早发生渗漏；也不能将较低等级的建筑物按较高等级的防水要求来设计，以免造成不合理的建筑成本提高。其次应选择合理的防水方式。屋面防水按防水材料的不同分为刚性防水和柔性防水。

刚性防水是指用细石混凝土、块体材料或补偿收缩混凝土等材料做防水，主要依靠混凝土的密实性，并采取一定的构造措施（如增加钢筋、设置隔离层、设置分格缝、油膏嵌缝）以达到防水目的。刚性防水屋面主要适用于屋面防水等级为Ⅲ级的工业与民用建筑，也可用做Ⅰ级、Ⅱ级屋面多道防水中的一道防水层。柔性防水屋面是指所采用的防水材料具有一定的柔韧性，能够随着结构的微小变化而不出现裂缝，且防水效果好。

外墙、屋面防水选材需注意：外墙、屋面长期暴露在大气中，受阳光、雨雪、风沙等直接侵蚀，严冬酷暑温度变化大，昼夜之间屋面板会发生伸缩，因此应选用耐老化性能好的且有一定延伸性的、温差耐受度高的材料，如矿物粒面、聚酯胎改性沥青卷材、三元乙丙片材或沥青油毡。

【达标判断】

设计评价查阅相关建筑图纸、技术措施；竣工评价在设计评价之外，还应查阅第三方检测报告；运行评价在设计评价和竣工评价之外，还应查阅第三方检测报告、业主投诉记录、维修记录，并现场检查。

判定要点：

屋面防水等级和设防要求应符合现行国家标准《屋面工程技术规范》（GB 50345—2012）的有关规定。《屋面工程质量验收规范》（GB 50207—2012）规定，屋面工程所用的防水材料应有产品合格证书和性能检测报告，材料的品种、规格、性能等必须符合国家现行产品标准和设计要求。产品质量应由经过省级以上建设行政主管部门对其资质认可和质量技术监督部门对其计量认证的质量检测单位进行检测。屋面防水工程完工后，应进行观感质量检查和雨后观察或淋水、蓄水试验，不得有渗漏和积水现象。

8.2 评 分 项

8.2.1　主要功能房间的室内噪声级低于现行国家标准《民用建筑隔声设计规范》（GB 50118—2010）中的低限标准规定值，评价总分值为 6 分。评分规则如下：

1　噪声级达到现行国家标准《民用建筑隔声设计规范》（GB 50118—2010）中的低限标准限值和高要求标准限值的平均值，得 3 分；

2　噪声级达到现行国家标准《民用建筑隔声设计规范》（GB 50118—2010）中的高要求标准限值，得 6 分。

【条文说明】

本条适用于各类民用建筑的设计、竣工和运行评价。

本条是对控制项 8.1.1 条要求的提升。《民用建筑隔声设计规范》（GB 50118—2010）将住宅、办公、商业、医院等建筑主要功能房间的室内允许噪声级分低限标准和高要求标准两档列出。住宅、办公、商业、医院等建筑宜满足《民用建筑隔声设计规范》（GB 50118—2010）中室内允许噪声级的高要求标准。

【具体建筑类型要求】

◎ 饭店建筑

饭店建筑中低限标准限值和高要求标准限值的平均值对应一级标准；高要求标准限值对应特级标准。大堂接待处、问询处、会客区和酒吧的室内噪声级不大于 45dB（A）时，可认为达到特级标准。

【达标判断】

设计评价检查建筑设计平面图纸，室内的背景噪声分析报告（应基于项目环评报告并综合考虑室内噪声源的影响）以及图纸上的落实情况，及可能的声环境专项设计报告；竣工评价和运行评价在设计评价方法之外还应审核典型时间、主要功能房间的室内噪声第三方检测报告。

判定要点：

1）室内背景噪声计算报告应满足本书附录 B.6 的要求。

2）国家标准《民用建筑隔声设计规范》（GB 50118—2010）将住宅、办公、商业、医院等建筑主要功能房间的室内允许噪声级分低限标准和高要求标准两档列出。对于《民用建筑隔声设计规范》（GB 50118—2010）一些只有唯一室内噪声级要求的建筑（如学校），《绿色建筑评价标准》（DBJ50/T-066—2014）第 8.2.1 条认定该室内噪声级对应数值为低限标准，而高要求标准则在此基础上降低 5dB（A）。需要指出，对于不同星级的旅馆建筑，其对应的要求不同，需要一一对应。

8.2.2　主要功能房间的隔声性能良好，评价总分值为 9 分。评分规则如下：

1　构件及相邻房间之间的空气声隔声性能达到现行国家标准《民用建筑隔声设计规范》（GB 50118—2010）中的低限标准限值和高要求标准限值的平均值，得 3 分；达到高要求标准限值，得 5 分。

2　楼板的撞击声隔声性能达到现行国家标准《民用建筑隔声设计规范》（GB 50118—2010）中的低限标准限值和高要求标准限值的平均值，得 3 分；达到高要求标准限值，得 4 分。

【条文说明】

本条适用于各类民用建筑的设计、竣工和运行评价。

《民用建筑隔声设计规范》（GB 50118—2010）将住宅、办公、商业、医院等类型建筑的墙体、门窗、楼板的空气声隔声性能以及楼板的撞击声隔声性能分低限标准和高要求标准两档列出。住宅、办公、商业、医院等建筑宜满足《民用建筑隔声设计规范》（GB 50118—2010）中围护结构隔声标准的高要求标准，但不包括开放式办公空间。对于《民用建筑隔声设计规范》（GB 50118—2010）只规定了构件的单一空气隔声性能的建筑，《绿色建筑评价标准》（DBJ50/T-066—2014）第 8.2.2 条认定该构件对应的空气隔声性能数值为低限标准要求，而高要求标准限值则是在此基础上提高 5dB（A）。同样地，《绿色建筑评价标准》（DBJ50/T-066—2014）第 8.2.2 条采用同样的方式定义只有单一楼板撞击声隔声性能的建筑类型，并规定高要求标准限值则为低限标准限值降低 5dB（A）。对于《民用建筑隔声设计规范》（GB 50118—2010）没有涉及的类型建筑的围护结构空气声隔声要求或撞击声隔声要求，可对照相似类型建筑的要求参考执行，并进行得分判断。根据《民用建筑隔声设计规范》（GB 50118—2010），普通的住宅混凝土楼板如果不做隔声装修，是达不到相应撞击声隔声要求的，因此在建筑设计时就需要考虑对楼板采取必要的隔声措施。

【具体建筑类型要求】

◎ 饭店建筑

根据 7 个城市 20 家饭店（包括商务、度假和快捷型）的宾客满意度问卷调查结果显示：在影响客房舒适度和有碍睡眠的诸多因素中，被调查者选择噪声的比例均为最大，因此饭店建筑客房的隔声应提高要求。

饭店建筑中低限标准限值和高要求标准限值的平均值对应一级标准；高要求标准限值对应特级标准。空气声隔声性能评分时按以下规则：

1）客房共用隔墙或水平相邻客房之间的空气声隔声性能：比一级标准低限值至少高 3dB；客房楼板或垂直相邻客房之间的空气声隔声性能：比一级标准低限值至少高 3dB；客房门的空气声隔声性能：比一级标准低限值至少高 3dB；客房外墙（含窗）的空气声隔声性能：环境噪声不高于 2 类区声环境标准限值情况下，隔声性能达到一级标准，得 3 分。

2）以上所有空气声隔声性能达到特级标准，得 5 分。

【达标判断】

设计评价审核设计图纸（主要是围护结构的构造说明、图纸，以及相关的检测报告）、相关设计文件、构件隔声性能的实验室检验报告；竣工评价和运行评价在设计评价方法之外，查阅相关竣工图、检查典型房间现场隔声第三方检测报告，结合现场检查设计要求落实情况进行达标评价。

判定要点：

1）建筑构件隔声性能计算报告应满足本书附录 B.6 的要求。

2）居住建筑、办公、旅馆、商业、医院等建筑宜满足《民用建筑隔声设计规范》（GB 50118—2010）中围护结构隔声标准的低限标准要求，但不包括开放式办公空间。对于《民用建筑隔声设计规范》（GB 50118—2010）只规定了构件的单一空气隔声性能的建筑，《绿色建筑评价标准》（DBJ50/T-066—2014）第 8.2.2

条认定该构件对应的空气隔声性能数值为低限标准限值，而高要求标准限值则在此基础上提高 5dB。

同样地，对于只有单一楼板撞击声隔声性能的建筑类型，并规定高要求标准限值为低限标准限值降低 5dB。

对于《民用建筑隔声设计规范》（GB 50118—2010）没有涉及的类型建筑的围护结构构件隔声性能可对照相似类型建筑的要求评价。

8.2.3 建筑平面布局和空间功能安排合理，减少排水噪声、管道噪声，减少相邻空间的噪声干扰，评价总分值为 4 分。评分规则如下：

1 建筑平面、空间布局合理，没有明显的噪声干扰问题，得 2 分；

2 采用同层排水，或新型降噪管，使用率在 50%以上，得 2 分。

【条文说明】

本条适用于各类民用建筑的设计、竣工和运行评价。

通过建筑平面布局、空间功能合理安排、给排水设备的合理优化，可以减少各类噪声对用户干扰，提高舒适度。

公共建筑要按照有关的卫生标准要求控制室内的噪声水平，保护劳动者的健康和安全，还应创造一个能够最大限度提高员工效率的工作环境。

【技术途径】

1）首先从规划设计、单体建筑内的平面布置来解决民用建筑内的噪声干扰问题。在建筑设计、建造和设备系统设计、安装的过程中全程考虑建筑平面和空间功能的合理安排。

2）厨房、卫生间、盥洗室等产生给排水噪声的场所尽量远离疗养、办公、休憩等场所。在设备系统设计、安装时就考虑其引起的噪声与振动控制手段和措施，从建筑设计上将对噪声敏感的房间远离噪声源。

3）变配电房、水泵房等设备用房的位置不应放在住宅或重要房间的正下方或正上方。

4）卫生间排水噪声是影响正常工作生活的主要噪声，因此鼓励采用包括同层排水、旋流弯头等有效措施加以控制或改善。

5）给排水噪声可通过以下途径减小或消除：合理确定给水管管径；合理选择排水管材；合理选择坐便器；努力降低水泵房噪声。

6）不可避免的噪声应采取隔音处理。

【达标判断】

《绿色建筑评价标准》（DBJ50/T-066—2014）第 8.2.3 条的评价方法为设计评价审核设计图纸，竣工评价和运行评价进行现场检测。

8.2.4 公共建筑中的多功能厅、接待大厅、大型会议室和其他有声学要求的重要房间应进行专项声学设计，满足相应功能要求，评价总分值为 3 分。

【条文说明】

本条适用于各类公共建筑的设计、竣工和运行评价。如果公共建筑中不含这类房间，本条不参评。

一般来说，要求多功能厅、接待大厅、大型会议室、讲堂、音乐厅、教室、餐厅和其他有声学要求的重要功能房间的各项声学设计指标满足有关标准的要求。多功能厅、100 人规模以上的大型会议室等设计需保证观众厅内任何位置都应避免多重回声、颤动回声、声聚焦和共振等缺陷，同时根据用途的差异各有所不同，会堂、报告厅和多用途厅堂等语音演出的厅堂需重点考虑语言清晰度，而剧场和音乐厅等声乐演出的厅堂则注重早期声场强度和丰满度，其主要通过在观众厅内布置适当的吸声装饰材料以控制混响时间来实现。

【具体建筑类型要求】

◎ 校园建筑

校园建筑中对于琴房等音乐教室以及进行体育活动的室内空间，应进行专门的隔声设计。

各类教室宜控制混响时间，避免不利的反射声，提高语言清晰度。各类教室的混响时间符合现行国家标准《民用建筑隔声设计规范》（GB 50118—2010）的有关规定。

◎ 商店建筑

入口大厅、营业厅和其他噪声源较多的房间或区域进行吸声设计，包括入口大厅、营业厅等，其混响时间、声音清晰度等应满足有关标准的要求。吸声材料及构造的降噪系数达到现行国家标准《民用建筑隔声设计规范》（GB 50118—2010）中的低限标准限值和高要求标准限值的平均值。

商店建筑中重要的吸声表面是顶棚，不但面积大，而且是声音长距离反射的必经之地。顶棚吸声材料可选用玻纤吸声板、三聚氰胺泡沫（防火）、穿孔铝板、穿孔石膏板、矿棉吸声板和木丝吸声板等。顶棚吸声材料或构造的降噪系数（NRC）应符合表 8.12 的要求。

表 8.12　顶棚吸声材料及构造的降噪系数（NRC）

房间名称	降噪系数（NRC）	
	高要求标准	低限标准
商场、商店、购物中心、走廊	≥0.60	≥0.40
餐厅、健身中心、娱乐场所	≥0.80	≥0.40

◎ 博览建筑

展览建筑展厅室内装修采用吸声措施，博物馆公众区域混响时间满足现行行业标准《博物馆建筑设计规范》（JGJ 66—2015）的有关要求。

博物馆针对声学设计专项，对展厅以及部分重要公共区域的混响时间提出要求，展览建筑对室内的装修采用吸声措施，但对混响时间不做要求。博物馆建筑公共区域混响时间应满现行行业标准《博物馆建筑设计规范》（JGJ 66—2015）的要求，见表8.13。

表8.13　博物馆公众区域混响时间要求

房间名称	房间体积/m³	500Hz 混响时间（使用状态，s）
一般公共活动区域	200～500	≤0.8
	500～1000	1
	1000～2000	1.2
	2000～4000	1.4
	>4000	1.6
视听室、电影厅、报告厅	—	0.7～1.0
特殊音效的 3D、4D 影院	—	根据工艺要求确定

【技术途径】

公共建筑中 100 人规模以上的多功能厅、接待大厅、大型会议室、讲堂、音乐厅、教室、餐厅和其他有声学要求的重要功能房间等应进行专项声学设计。专项声学设计应包括建筑声学设计及扩声系统设计（若设有扩声系统）。建筑声学设计主要应包括体型设计、混响时间设计与计算、噪声控制设计与计算方面的内容；扩声系统设计应包括最大声压级、传声频率特性、传声增益、声场不均匀度、语言清晰度等设计指标。设备配置及产品资料、系统连接图、扬声器布置图、计算机模拟辅助设计成果等。

建筑声学设计可参考《剧场、电影院和多用途厅堂建筑声学设计规范》（DB/T 50356—2005）、《民用建筑隔声设计规范》（GB 50118—2010）中的相关内容；扩声系统设计可参考《厅堂扩声系统设计规范》（GB 50371—2006）中的相关内容。

【达标判断】

设计评价审核设计图纸和声学设计专项报告，竣工评价和运行评价在设计评价方法之外还应审核声学性能测试报告，并进行现场核实。

判定要点：

公共建筑中的多功能厅、接待大厅、大型会议室和其他有声学要求的重要房间应进行专项声学设计，满足相应功能要求。依据《剧场、电影院和多用途厅堂建筑声学设计规范》（GB/T 50356—2005），剧场应满足本书第 3 章要求，多用途厅堂应满足本书第 5 章要求，噪声控制应满足本书第 6 章要求。此外，教室需满足混响时间和声音清晰度等达标的问题。

专项声学设计至少要求将上述房间的声学目标在建筑设计说明和相应的图纸中明确体现。

8.2.5 建筑主要功能房间具有良好的视野，避免视线干扰，评价总分值为3分。评分规则如下：

1 居住建筑两栋建筑直接间距超过18m，或无视线干扰；当套型内只有一个卫生间时应采用明卫，当套型内有两个及以上的卫生间时，最多只有一个卫生间为非明卫，得3分。

2 公共建筑主要功能房间能通过外窗看到室外自然景观，无明显视线干扰，得3分。

【条文说明】

本条适用于各类民用建筑的设计、竣工和运行评价。窗户除了有自然通风和天然采光的功能外，还具有在从视觉上起到沟通内外的作用，良好的视野有助于居住者或使用者心情舒畅，提高效率。

对于居住建筑，主要判断建筑间距、卫生间明卫等。居住建筑的功能房间包括卧室、起居室（厅）、书房、厨房和卫生间。评价中现代城市中的住宅大都是成排成片建造，住宅之间的距离一般不会很大，因此应该精心设计。针对别墅、洋房性质的建筑应尽量避免前后左右不同住户之间的居住空间的视线干扰。据调研，在低于北纬25°的地区，宜考虑视觉卫生要求。根据国外经验，当两幢住宅楼居住空间的水平视线距离不低于18m时即能基本满足要求。此外，卫生间是住宅内部的一个空气污染源，卫生间开设外窗有利于污浊空气的排放，但是套内空间的平面布置常常又很难保证卫生间一定能靠外墙。因此，本条文规定在一套住宅有多个卫生间的情况下，最多只能有一个卫生间未开设外窗。

对于公共建筑本条主要评价，在规定的使用区域，主要功能房间都能通过地面以上0.80~2.30m高度处的玻璃窗看到室外自然环境，没有构筑物或周边建筑物造成明显视线干扰。对于公共建筑，非功能空间包括走廊、核心筒、卫生间、电梯间、特殊功能房间，其余的为功能房间。

【具体建筑类型要求】

◎ 医院建筑

医院建筑中应优先考虑病房可获得良好室外景观，给病人创造良好的康复环境。

◎ 饭店建筑

饭店建筑根据满足视野要求的客房视野达标数量比例，按表8.14的规则评分。

表 8.14 客房视野评分规则

客房数量比例 R_R	得分
70%≤R_R<80%	1
80%≤R_R<90%	2
R_R≥90%	3

本条重点关注饭店的客房，要求进行视野达标计算。判定客房视野达标与否的计算方法：在客房中心点 1.5m 高的位置，与外窗各角点连线所形成的立体角内，看其是否可看到天空或地面。视野分析报告中应将周边高大建筑物、构筑物的影响考虑在内，并涵盖所有最不利房间。

【达标判断】

设计评价查阅建筑专业平面和门窗的设计图纸和文件，以及主要功能房间的视线模拟分析报告；竣工评价和运行评价在设计评价方法之外还应查阅相关竣工文件，并现场检查。

判定要点：

对于居住建筑，设计评价查阅总平面图，对住宅与相邻建筑的直接间距进行核实；竣工和运行阶段查阅竣工总平面图，并进行现场核查。当两建筑相对的外墙间距不足 18m，但至少有一面外墙上无窗户时，也可认为没有视线干扰。

对于公共建筑，非功能空间包括走廊、核心筒、卫生间、电梯间、特殊功能房间，其余的为功能房间。设计评价查阅最不利楼层或房间总平面图、剖面图和视野模拟分析报告；竣工评价和运行评价查阅竣工图，剖面图和视野模拟分析报告，并现场核查。视野模拟分析报告中应将周边高大的建筑物、构筑物的影响都考虑在内，建筑自身遮挡也不能忽略，并涵盖所有朝向的最不利房间。具体评价时应选择在其主要功能房间中心点 1.5m 高的位置，与窗户各角点连线所形成的立体角内，看其是否可看到天空或地面。

8.2.6 主要功能房间的采光系数满足现行国家标准《建筑采光设计标准》（GB 50033—2013）的要求，评价总分值为 8 分。评分规则如下：

1 居住建筑卧室、起居室的窗地面积比达到 1/6，得 6 分；达到 1/5，得 8 分；

2 公共建筑主要功能房间 60%以上面积的采光系数满足现行国家标准《建筑采光设计标准》（GB 50033—2013）的要求，得 4 分，达标面积比例每提高 5%加 1 分，最高分值为 8 分。

【条文说明】

本条适用于各类民用建筑的设计、竣工和运行评价。

充足的天然采光有利于居住者的生理和心理健康，同时也有利于降低人工照明能耗。各种光源的视觉试验结果表明，在同样照度的条件下，天然光的辨认能力优于人工光，从而有利于人们工作、生活、保护视力和提高劳动生产率。居住建筑功能房间包括卧室、起居室（厅）、书房、厨房和卫生间。对于公共建筑，非功能空间包括走廊、核心筒、卫生间、电梯间、特殊功能房间，其余的为功能房间。应通过模拟计算的方式核算所有客房的平均采光系数，以统计得到满足现行国家标准《建筑采光设计标准》（GB 50033—2013）的要求的面积比例。

【具体建筑类型要求】

◎ **校园建筑**

行政办公用房、教室及其他主要功能空间 80% 以上的主要功能空间室内采光系数满足现行国家标准《建筑采光设计标准》（GB/T 50033—2013）的要求，得 8 分。

◎ **饭店建筑**

饭店建筑根据饭店建筑根据客房采光系数达标数量比例，按表 8.15 的规则评分。

表 8.15 客房采光系数评分规则

客房数量比例 R_R	得分
70%≤R_R<80%	4
80%≤R_R<90%	6
R_R≥90%	8

【达标判断】

设计评价查阅相关设计文件和采光系数计算分析报告；竣工评价和竣工阶段和运行评价查阅相关竣工文件，以及第三方检测报告，并现场检查。

判定要点：

1）室内采光数值分析报告应满足本书附录 A.3 的要求。

2）窗地面积比的计算是否准确（需考虑重庆光气候分区的光气候系数），是否与房间的功能和采光系数要求一致。

3）采光计算参考面、室内表面反射比、外窗可见光透射比（与节能设计一致）（总透射比）、天空模型设置是否准确。

4）计算的模型是否准确，如窗户大小和位置、吊顶、周边遮挡建筑是否有考虑。

5）提供窗地比或室内采光模拟报告，必须涵盖所有的户型。

6）居住建筑主要功能房间应全部达标；校核其窗地面积比是否满足要求，同时还应查阅采光计算报告，看其采光系数是否满足标准要求。当窗地面积比不满足要求，但采光系数满足要求时，也可得分。同户型同样功能的房间只需要计算最不利房间（楼层低、室外遮挡严重、进深大、窗户透射比低等），当无法确定唯一的最不利房间时，应对所有分别具备不利因素的房间进行计算。

7）公共建筑全部主要功能房间的面积符合采光标准要求。评价方式为对各主要功能房间的采光分别计算并统计达标的面积，再统计总的达标面积并计算其占功能房间总面积的比例，并根据达标比例进行评分。

8.2.7　改善建筑室内天然采光效果，评价总分值为14分。评分规则如下：

1　主要功能房间有合理的控制眩光、改善天然采光均匀性的措施，且内区采光系数满足采光要求的面积比例不低于60%，得4分，每增加5%增加2分，最高得10分；

2　地下空间平均采光系数≥0.5%的面积与首层地下室面积的比例大于5%，得1分，面积达标比例每提高5%得1分，最高得4分。

【条文说明】

本条适用于各类民用建筑的设计、竣工和运行评价。

天然采光不仅有利于照明节能，而且有利于增加室内外的自然信息交流，改善空间卫生环境，调节空间使用者的心情。建筑的地下空间和高大进深的地上空间，由于物理的封闭，很容易出现天然采光不足的情况。通过反光板、棱镜玻璃窗、天窗、下沉庭院等设计手法的采用，以及各类导光技术和设施的采用，可以有效改善这些空间的天然采光效果。窗的不舒适眩光指数应满足表8.16要求。

表8.16　窗的不舒适眩光指数

眩光等级	眩光指数值 DGI
I	20
II	23
III	25
IV	27
V	28

【具体建筑类型要求】

◎ 校园建筑

普通教室、科学教室、实验室、史地、计算机、语言、美术、书法等专用教室及合班教室、图书室均应以自学生座位左侧射入的光为主。教室为南向外廊式布局时，应以北向窗为主要采光面。

为防止学生书写时自身挡光，教室光线应自学生座位的左侧射入。根据现场调研结果，有南廊的双侧采光的教室，靠北窗形成的采光系数均大于靠南廊侧窗形成的采光系数。故有南廊的双侧采光的教室应以北侧窗为主要采光面，以此采光面决定安设黑板的位置。

【技术途径】

1）根据房间的朝向、形状、大小等情况确定合理的开窗位置与大小，实现采光的均匀性，尽量避免眩光，并使室内采光系数达到相关要求。

2）建筑的地下空间和高大进深的地上空间，由于物理的封闭，很容易出现天然采光不足的情况。通过反光板、棱镜玻璃窗、天窗、下沉庭院等设计手法的采用，以及各类导光技术和设施的采用，可以有效改善这些空间的天然采光效果。

【达标判断】

设计评价查阅相关设计文件、天然采光模拟分析报告和照明设计说明及图纸；竣工评价和运行评价查阅相关竣工文件，以及天然采光和人工照明现场实测报告。

判定要点：

《绿色建筑评价标准》（DBJ50/T-066—2014）第 8.2.7 条第 1 款，要求符合《建筑采光设计标准》（GB 50033—2013）中控制不舒适眩光的相关规定。《绿色建筑评价标准》（DBJ50/T-066—2014）第 8.2.7 条第 1 款的内区，是针对外区而言的。为简化，一般情况下外区定义为距离建筑外围护结构 5m 范围内的区域。

两款可同时得分。如果参评建筑没有地下部分，《绿色建筑评价标准》（DBJ50/T-066—2014）第 8.2.7 条第 2 款不参评。

如果参评建筑无内区，且有控制眩光的措施，《绿色建筑评价标准》（DBJ50/T-066—2014）第 8.2.7 条第 1 款直接得 10 分。如果参评建筑没有地下部分，《绿色建筑评价标准》（DBJ50/T-066—2014）第 8.2.7 条第 2 款直接得 4 分。

8.2.8　采取可调节遮阳措施，防止夏季太阳辐射透过窗户玻璃直接进入室内，评价总分值为 12 分。评分规则如下：

1　太阳直射辐射可直接进入室内的外窗或幕墙，其透明部分面积的 25% 有可控遮阳调节措施，得 6 分；

2　透明部分面积的 50% 以上有可控遮阳调节措施，得 12 分。

【条文说明】

本条适用于各类民用建筑的设计、竣工和运行评价。

设计可调遮阳措施不完全指活动外遮阳设施，永久设施（中空玻璃夹层智能内遮阳），外遮阳加内部高反射率可调节遮阳也可以作为可调外遮阳措施。

【技术途径】

1）建筑可调节的遮阳措施形式多样，可分为内置中空遮阳和外遮阳。

2）内置中空百叶遮阳主要有中空玻璃夹层智能内遮阳窗，其夹层百叶为铝镁合金，5+19A+5（手动磁控）或 5+27A+5（电动遥控）其控制方式可采用手动控制或电动控制。

3）建筑活动外遮阳主要有卷帘遮阳、织物遮阳、百叶帘遮阳、铝合金机翼遮阳、铝合金格栅遮阳，各种形式外遮阳均可根据项目实际情况选用手动或电动控制。

【达标判断】

设计评价查阅建筑专业相关设计文件和图纸，以及产品检验检测报告；竣工评价和运行评价在设计评价方法之外还应查阅相关竣工图纸，并现场检查。

判定要点：

《绿色建筑评价标准》（DBJ50/T-066—2014）第 8.2.8 条所指的外窗、幕墙包括各个朝向以及透明天窗等。对于东西向和屋顶部分，可调遮阳允许 1.1 的权重系数。可调遮阳措施包括活动外遮阳设施、永久设施（中空玻璃夹层智能内遮阳）、固定外遮阳加内部高反射率可调节遮阳等措施。对没有阳光直射的透明围护结构，不计入分母总面积计算。

8.2.9　供暖空调系统末端现场独立调节方便、有利于改善人员舒适性，评价总分值为 8 分。评分规则如下：

　　1　75%及以上的主要功能房间的供暖、空调末端装置可独立启停和调节室温，得 4 分；

　　2　90%及以上的主要功能房间满足上述要求，得 8 分。

【条文说明】

本条适用于空调或供暖的各类民用建筑的设计、竣工和运行评价。

本条文强调的室内热舒适的调控性，包括主动式供暖空调末端的可调性，以及被动式或个性化的调节措施，总的目标是尽量地满足用户改善个人热舒适的差异化需求。对于采用供暖空调系统的公共建筑，应根据房间、区域的功能和所采取的系统形式，合理设置可调末端装置。

【具体建筑类型要求】

◎ 饭店建筑

饭店建筑按下列规则分别评分并累计：

1）所有客房的供暖、空调末端装置可独立启停和调节，得 4 分。

2）其他主要功能区域 90%及以上房间的供暖、空调末端装置可独立启停和调节，得 4 分。

由于入住饭店的旅客流动性大，类型多样，不同的人群对于热舒适的要求千差万别，必须确保客房内有现场控制的温度控制器，实现按自身需要进行热舒适设定和调节。

【技术途径】

对于全空气空调系统则应根据房间和区域功能，合理划分系统和设置末端，便于调节。对于风机盘管加新风空调系统，在对风机盘管系统进行控制时，考虑管理节能的要求，室内温度设定采用远端管理器授权的方式控制，实现统一管理，避免室内温度设定不合理而浪费能源。

集中供暖末端调控的恒温阀要实现良好的调节性能，供水温度只能在一定范围内变化，而且恒温阀调节不能满足新型末端的需要。基于节能和舒适性需求，目前越来越多的建筑采用诸如低温地板等新型辐射末端，而恒温阀无法应用于这类末端，目前以室温调控为核心的末端通断调节技术发展迅速且调节效果良好。

【达标判断】

对于设计评价，查阅建筑专业相关设计文件和图纸，以及产品检验检测报告；竣工评价和运行评价在设计评价方法之外还应查阅相关竣工图纸，并现场检查。

核查主要功能房间的供暖、空调末端装置可独立启停和调节室温情况，并根据评分规则打分。

8.2.10 优化建筑空间、平面布局和构造设计，改善自然通风效果，评价总分值为 13 分。评分规则如下：

1 居住建筑通风开口面积与房间地板面积的比例达到 8%，得 13 分；

2 公共建筑在过渡季典型工况下，不少于 60%的主要功能房间的平均自然通风换气次数不小于 2 次/h，得 6 分，达标房间比例每提高 5%加 1 分，最高得分为 13 分。

【条文说明】

本条适用于各类民用建筑的设计、竣工和运行评价。

本条第 1 款主要通过通风开口面积与房间地板面积（按轴线面积进行计算）的比值进行简化判断，此外，卫生间是住宅内部的一个空气污染源，卫生间开设外窗有利于污浊空气的排放。本条第 2 款主要针对不容易实现自然通风的公共建筑（如大进深内区、由于别的原因不能保证开窗通风面积满足自然通风要求的区域）进行了自然通风优化设计或创新设计，保证建筑在过渡季典型工况下平均自然通风换气次数大于 2 次/h（按面积计算）。对于高大空间，主要考虑 3m 以下的活动区域）。本款可通过以下两种方式进行判断：

1）在过渡季节典型工况下，自然通风房间可开启外窗净面积不得小于房间地板面积的 4%，建筑内区房间若通过邻接房间进行自然通风，其通风开口面积应大于该房间净面积的 8%，且不应小于 2.3m^2（数据源自美国 ASHRAE 标准 62.1）。

2）对于复杂建筑，必要时需采用多区域网络法进行多房间自然通风量的模拟分析计算。

公共建筑过渡季典型工况下主要功能房间平均自然通风换气次数不小于 2 次/h 的数量比例评分规则见表 8.17。

表 8.17 公共建筑自然通风达标数量比例评分规则

房间数量比例 R_R	得分
60%≤R_R<65%	6
65%≤R_R<70%	7
70%≤R_R<75%	8
75%≤R_R<80%	9
80%≤R_R<85%	10
85%≤R_R<90%	11
90%≤R_R<95%	12
R_R≥95%	13

【具体建筑类型要求】

◎ 校园建筑

校园建筑设计时,《绿色建筑评价标准》(DBJ50/T-066—2014)第 8.2.10 条为控制项,至少应满足得分最低要求。

自然通风可以提高居住者的舒适感,有助于健康。在室外气象条件良好的条件下,加强自然通风还有助于缩短空调设备的运行时间,降低空调能耗,绿色校园应特别强调自然通风。在建筑设计和构造设计中,建筑总平面布局和建筑朝向有利于夏季和过渡季节自然通风,采取诱导气流、促进自然通风的主动措施,如导风墙、拔风井等。

◎ 医院建筑

医院建筑中主要功能房间为病房、诊室及候诊空间,但精神病院患者房间以及其他因为特殊需要不能开窗的房间,不做要求。

◎ 饭店建筑

饭店建筑按下列规则分别评分并累计:

1) 客房区域:根据过渡季典型工况下,平均自然通风换气次数不小于 2 次/h 的房间数量比例,按表 8.18 的规则评分。

2) 其他主要功能区域:根据过渡季典型工况下,平均自然通风换气次数不小于 2 次/h 的房间面积比例,按表 8.19 的规则评分。

表 8.18 客房区域过渡季自然通风的数量比例评分规则

客房达标数量比例 R_{R1}	得分
70%≤R_{R1}<80%	5
80%≤R_{R1}<90%	6
R_{R1}≥90%	7

表 8.19　其他区域过渡季自然通风的面积比例评分规则

其他主要功能区域达标面积比例 R_{R2}	得分
70%≤R_{R2}<80%	4
80%≤R_{R2}<90%	5
R_{R2}≥90%	6

除立面设置可开启扇外，还可采用多种补偿措施改善公共区域自然通风效果，也可采用室内气流数值分析的方法综合比较不同建筑设计及构造设计方案，确定最优的自然通风系统方案。

此外，还可以采用其他措施改善建筑自然通风效果。例如，可采用导风墙、捕风窗、拔风井、太阳能拔风道等诱导气流的措施，并对设有中庭的建筑在适宜季节利用烟囱效应引导热压通风。对于地下空间，通过设计可直接通风的半地下室，或在地下室局部设置下沉式庭院改善自然通风效果。

【技术途径】

建筑在设计时，可采用下列措施加强或改善自然通风：

1）建筑群平面布置应优先考虑错列式、斜列式等布置形式。

2）建筑单体采用诱导气流方式，如导风墙和拔风井等，促进建筑内自然通风。

3）在排风竖井屋面处采用太阳光辐射加热的措施，提高室内热压作用。

4）自然通风排气口应设于建筑的负压区，尽量高置。

5）定量分析风压和热压作用在不同区域的通风效果，综合比较不同建筑设计及构造设计方案，确定最优自然通风系统设计方案。

【达标判断】

对于设计评价，查阅建筑空间平面图、规划设计图等相关设计文件和图纸，建筑门窗表以及必要的自然通风模拟分析报告；竣工评价和运行评价在设计评价方法之外还应查阅相关竣工图纸，并现场检查。

作为本条的延伸，评审时还应审核空调室外机安装部位的合理性。

1）计算居住建筑通风开口面积与房间地板面积的比例，判断是否满足第 1 条。

2）针对重庆地区，采用 0.3～0.5m/s 的外窗气流风速，计算由外窗进入室内的通风换气量，从而折算房间自然通风换气次数，根据换气次数不小于 2 次/h 的主要功能房间的比例确定得分情况。

判定要点：

室内风环境数值分析报告应满足本书附录 A.4 的要求。

《绿色建筑评价标准》（DBJ50/T-066—2014）第 8.2.10 条第 2 款可通过以下两种方式进行判断。

1）在过渡季节典型工况下，自然通风房间可开启外窗净面积不得小于房间地板面积的 4%，建筑内区房间若通过邻接房间进行自然通风，其通风开口面积应大于该房间净面积的 8%，且不应小于 2.3m^2（数据源自美国 ASHRAE 标准 62.1）。

2）对于复杂建筑，必要时需采用多区域网络法进行多房间自然通风量的模拟分析计算。

3）外窗可开启面积计算按以下规则执行：

① 平开窗、推拉窗自然通风的有效开启面积按实际可开启面积计算。

② 上悬窗、中悬窗、下悬窗自然通风的有效开启面积按外窗开启扇面积×开启角度的 sin 值计算；当开启角度大于 70° 时，有效开启面积按 100% 计算。

③ 玻璃幕墙自然通风的有效开启面积均按可开启扇面积计算。

④ 外门可开启面积可纳入外窗可开启面积计算。

无论玻璃幕墙采用何种开启方式（上悬式或下悬式开启最为常见），活动扇都可认定为可开启面积，不再计算实际的或当量的可开启面积。

《绿色建筑评价标准》（DBJ50/T-066—2014）第 8.2.10 条的玻璃幕墙系指透明的幕墙，背后有非透明实体墙的纯装饰性玻璃幕墙不在此列。

对于高层和超高层建筑，由于高处风力过大以及安全方面的原因，自然通风不再是外窗和玻璃幕墙是否能开启主要考虑因素，故仅评判第 18 层及其以下各层的外窗和玻璃幕墙，18 层以上部分不参评。

8.2.11 室内气流组织合理，评价总分值为 5 分。评分规则如下：

1 避免卫生间、餐厅、地下车库等区域的空气和污染物串通到室内其他空间或室外主要活动场所，得 2 分；

2 重要功能区域通风或空调供暖工况下的气流组织满足热环境参数设计要求，得 3 分。

【条文说明】

本条适用于各类民用建筑的设计、竣工和运行评价。对于非全装修的居住建筑，本条第 2 款直接判定不得分。

重要功能区域指的是主要功能房间，高大空间（如剧场、体育场馆、博物馆、展览馆等），以及对于气流组织有特殊要求的区域。本条第 1 款要求卫生间、餐厅、地下车库等区域的空气和污染物避免串通到室内别的空间或室外主要活动场所。住区内尽量将厨房和卫生间设置于建筑单元（或户型）自然通风的负压侧，防止厨房或卫生间的气味因主导风反灌进入室内，而影响室内空气质量。同时，可以对于不同功能房间保证一定压差，避免气味散发量大的空间（如卫生间、餐厅、地下车库等）的气味或污染物不会串通到室内别的空间或室外主要活动场所。卫生间、餐厅、地下车库等区域如设置机械排风，并保证负压外，还应注意其取风口和排风口的位置，避免短路或污染，才能判断达标。运行评价需现场检测。

本条第 2 款要求重要功能区域通风或空调供暖工况下的气流组织应满足功能要求，避免冬季热风无法下降，避免气流短路或制冷效果不佳，确保主要房间的环境参数（温度、湿度分布、风速、辐射温度等）达标。公共建筑高大空间包括剧场、体育场馆、博物馆、展览馆等的暖通空调设计图纸应有专门的气流组织设计说明，提供射流公式校核报告，末端风口设计应有充分的依据，必要时应提供相应的模拟分析优化报告。对于住宅应分析分体空调室内机位置与起居室床的关系是否会造成冷风直接吹到居住者、分体空调室外机设计是否形成气流短路或恶化室外传热等问题；对于全装修住宅，还应对室内供暖、空调末端对卧室和起居室室内热环境参数是否达标。设计阶段主要审查暖通空调设计图纸，以及必要的气流组织模拟分析或计算报告。运行阶段检查典型房间的抽样实测报告。

【具体建筑类型要求】

◎ 办公建筑

1）新风采气口位置应合理设计，保证新风质量及避免二次污染的发生。

为确保引入室内的为室外新鲜空气，新风采气口的上风向不能有污染源；提倡新风直接入室，缩短新风风管的长度，减少途径污染。

2）在建筑中宜采取禁烟措施，或采取措施尽量避免室内用户以及送回风系统直接暴露在吸烟环境中。

由于吸烟危害健康并会对室内空气带来污染，因此应在建筑中采取禁烟措施，或采取措施尽量避免室内用户以及送回风系统直接暴露在吸烟环境中，具体措施包括设计负压吸烟室，或者整座大楼禁止吸烟等（即只能到室外吸烟）。

◎ 校园建筑

中小学绿色校园应该成为全社会公共场所禁烟的典范，校园应全面实行禁烟制度，设置明显的严禁吸烟标识。

◎ 饭店建筑

饭店建筑应采用有效的全楼吸烟控制措施，包括以下措施及要求：
1）划定无烟客房或无烟楼层，无烟客房的数量占客房总数量的90%以上。
2）所有客房配置有效的除味装置。
3）公共区域禁止吸烟。

此外，饭店建筑往往配备类型众多的服务区域，其中吸烟室、雪茄吧、大堂酒廊、美容发廊、按摩室等场所都会产生大量有害的废气，必须从源头上进行处理，减少排气中的污染物浓度。厨房也是饭店建筑在运行过程中产生污染物和废弃物的重点区域，一方面要对排气系统设置多级油烟处理装置，确保达标排放；另一方面，也可从灶具入手进行革新，如采用全套电磁炉灶设备，可大幅度减少厨房中的细微颗粒物产生，保障厨房工作人员的健康和安全。

【技术途径】

建筑应对自然通风气流组织进行设计，使空间布局、剖面设计和门窗的设置有利于组织室内自然通风。宜对建筑室内风环境进行计算机模拟,优化自然通风设计。

房间平面宜采取有利于形成穿堂风的布局,避免单侧通风。

外窗的位置、方向和开启方式应合理设计,居住建筑主要使用空间的外窗可开启面积小于所在房间面积的十五分之一,公共建筑外窗或者透明幕墙的实际可开启面积不应小于同朝向外墙或者幕墙总面积的 5%。

宜采用下列措施加强建筑内部的自然通风:

1)采用导风墙、捕风墙、拔风井、通风道、自然通风器、太阳能拔风道、无动力风帽等诱导气流的措施,拔风井、通风道等设施应可控制、可关闭。

2)设有中庭的建筑宜在上部设置可开启窗,在适宜季节利用烟囱效应引导热压通风,可开启窗在冬季应能关闭。

3)有条件时宜采用下列措施加强地下空间的自然通风:

① 设计可以直接通风的半地下室。

② 地下室局部设置下沉式庭院,下沉式庭院宜避免汽车尾气对上部建筑的影响。

③ 地下室设置通风井、窗井。

【达标判断】

设计评价查阅建筑专业平面图、门窗表以及暖通专业相关设计文件和图纸,以及气流组织模拟分析报告;竣工评价和运行评价查阅相关竣工图纸,气流组织模拟分析报告或测试报告,并现场检查。

判定要点:

1)室内风环境数值分析报告应满足本书附录 A.4 的要求。

2)《绿色建筑评价标准》(DBJ50/T-066—2014)第 8.2.11 条第 1 款中,卫生间、餐厅、地下车库等区域如设置机械排风,并保证负压外,还应注意其取风口和排风口的位置,避免短路或污染,才能判断达标。

3)《绿色建筑评价标准》(DBJ50/T-066—2014)第 8.2.11 条第 2 款中,重要功能区域指的是主要功能房间,高大空间(如剧场、体育场馆、博物馆、展览馆),以及对于气流组织有特殊要求的区域。

8.2.12 主要功能房间中人员密度较高且随时间变化大的区域设置室内空气质量监控系统,评价总分值为 10 分。评分规则如下:

1 对室内的二氧化碳浓度进行数据采集、分析并与通风联动,得 7 分;

2 实现对室内污染物浓度超标实时报警,并与通风系统联动,得 3 分。

【条文说明】

本条适用于集中通风空调的各类公共建筑的设计、竣工和运行评价。住宅建筑不参评。

二氧化碳检测技术比较成熟、使用方便,但甲醛、氨、苯、VOC 等空气污染物的浓度监测比较复杂,使用不方便,有些简便方法不成熟,受环境条件变化影响大,仅甲醛的监测容易实现。如上所述,除二氧化碳要求检测进、排风设备的工作状态，并与室内空气污染监测系统关联，实现自动通风调节。其他污染物要求可以超标实时报警。室内 CO_2 浓度的设定量值可参考国家标准《室内空气中二氧化碳卫生标准》（GB/T 17094—1997）（$2000mg/m^3$）等相关标准的规定。

【具体建筑类型要求】

◎ 博览建筑

采取有效措施，对博物馆内熏蒸、清洗、干燥、修复等区域产生的有害气体进行实时监测和控制。

博物馆熏蒸室要求设置独立机械通风系统，且排风管道不应穿越其他用房；排风系统应安装滤毒装置，其控制开关应设置在室外。藏品技术用房、展品制作与维修用房、实验室等应按工艺要求设置带通风柜的通风系统和全室通风系统。化学危险品和放射源及废料的放置室，夏季应设置使室温小于 25℃ 的冷却措施，并应设有通风设施。

针对这些区域，设置有害气体监控功能的设备或系统，能够最小化危险，监控内容应根据其功能、用途、系统类型等经技术经济比较后确定。

【技术途径】

建筑室内的二氧化碳和污染物来源分为室内和室外两类，因此空气质量监控系统测点应布置于室内和集中通风空调系统处。

1）室内测点应根据《室内空气质量标准》（GB/T 18883—2002）的选点要求。

① 测点数量：测点数量根据监测室内面积大小和现场情况而确定，以期能正确反映室内空气污染物的水平。原则上小于 $50m^2$ 的房间应设 1～3 个测点；50～$100m^2$ 设 3～5 个测点；$100m^2$ 以上至少设 5 个测点。在房间对角线上或梅花式均匀分布。

② 测点应避开通风口，离墙壁距离应大于 0.5m。

③ 测点高度：原则上与人的呼吸高度相一致，相对高度 0.5～1.5m。

2）集中通风空调系统测点布置：

① 新风管段处：检测室外新风含有的 CO_2、污染物（如甲醛）和 TVOC 浓度以及新风量。因此在总新风入口管段处布置 CO_2、污染物（如甲醛）和 TVOC 浓度测点和风量测量断面测点。

② 回风管段处：检测与机组相连接的回风管段处的 CO_2、污染物（如甲醛）和 TVOC 浓度以及机组回风风量。因此在与机组相连接的回风管段处布置 CO_2、污染物（如甲醛）和 TVOC 浓度和风量测量断面测点。

③ 送风管段处：检测送风管段处的 CO_2、污染物（如甲醛）和 TVOC 浓度以及送风量。因此在送风管段处布置 CO_2、污染物（如甲醛）和 TVOC 浓度和风量测量测点。

④ 排风管段处：检测排风管段处的 CO_2、污染物（如甲醛）和 TVOC 浓度以及排风量。因此在排风管段处布置 CO_2、污染物（如甲醛）和 TVOC 浓度和风

量测量测点。

3）注意事项：

根据公共建筑节能检测标准，风量、功率测量时应注意以下几点并按照下述方法进行测量。

① 当测量通风机风量时，出口的测定截面积位置应靠近风机，风机风压为风机进出口处的全压差，风机的风量为吸入端风量和压出端风量的平均值。

② 测定截面应选在气流比较均匀稳定的地方。一般都选在局部阻力之后大于或等于5倍管径（或矩形风管大边尺寸）和局部阻力之前大于或等于2倍管径（或矩形风管大边尺寸）的直管段上，风量测量断面应选择在机组出口或入口直管段上，且距上游局部阻力管件2倍以上管径的位置，其中机组风压的测量断面必须选择在靠近机组的出口或入口处。当条件受到限制时，距离可适当缩短，且应适当增加测点数量。测定截面内测点的位置和数目，主要根据风管形状而定，对于矩形风管，应将截面划分为若干个相等的小截面，并使各小截面尽可能接近正方形，测点位于小截面的中心处，小截面的面积不得大于$0.05m^2$。

③ 风量测量断面测点布置应符合下列规定：

矩形断面测点数的确定及布置方法应符合表8.20和图8.1规定。

表8.20 矩形断面测点数的确定及布置方法

纵线数	每条线上点数	测点距离 X/A 或 X/H
5	1	0.074
	2	0.288
	3	0.500
	4	0.712
	5	0.926
6	1	0.061
	2	0.235
	3	0.437
	4	0.563
	5	0.765
	6	0.939
7	1	0.053
	2	0.203
	3	0.366
	4	0.500
	5	0.634
	6	0.797
	7	0.947

注：1. 当矩形长短边比＜1.5时，至少布置25点，如图8.1所示。对于长边＞2m时，至少应布置30个点（6条纵线，每个上5个点）。

2. 对于长短边比≥1.5时，至少应布置30个点（6条纵线，每个上5个点）。

3. 对于长短边比≤1.2时，可按等截面划分小截面，每个小截面边长200～250mm。

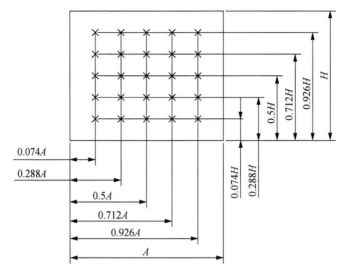

图 8.1　测点数的确定及布置方法

平均动压为

$$P_v = \left(\frac{\sqrt{P_{v1}} + \sqrt{P_{v2}} + \cdots + \sqrt{P_{vn}}}{n} \right)^2 \tag{8.1}$$

式中，P_v——平均动压，Pa；

$\quad\quad$ P_{v1}、P_{v2}、P_{vn}——各测点的动压，Pa。

断面平均风速为

$$V = \sqrt{\frac{2P_v}{\rho}} \tag{8.2}$$

式中，V——断面平均风速，m/s；

$\quad\quad$ ρ——空气密度，kg/m^3，$\rho = 0.349B/(273.15+t)$；

$\quad\quad$ B——大气压力，hPa；

$\quad\quad$ t——空气温度，℃。

机组或系统实测风量计算为

$$L = 3600VF \tag{8.3}$$

式中，F——断面面积，m^2；

$\quad\quad$ L——机组或系统风量，m^3/h。

采用数字式风速计测量风量时，断面平均风速取算术平均值，机组或系统实测风量按式上式计算。

室内平均二氧化碳或污染物浓度为

$$c_{rm} = \frac{\sum\limits_{i=1}^{n} c_{rm,i}}{n} \tag{8.4}$$

$$c_{rm,i} = \frac{\sum_{j=1}^{p} c_{i,j}}{p} \tag{8.5}$$

式中，c_{rm}——检测持续时间内受检房间的室内平均污染物浓度，%RH；

$c_{rm,i}$——检测持续时间内受检房间第 i 个室内逐时污染物浓度，%RH；

n——检测持续时间内受检房间的室内逐时污染物浓度的个数；

$c_{i,j}$——检测持续时间内受检房间第 j 个测点的第 i 个污染物浓度逐时值，%RH；

p——检测持续时间内受检房间布置的污染物浓度测点的点数。

【达标判断】

对于设计评价，查阅暖通和电气专业相关设计文件和图纸；对于竣工评价和运行评价，查阅相关竣工图纸、运行记录，并现场检查。

主要功能房间中人员密度较高且随时间变化大的区域设置了相应二氧化碳浓度传感器和甲醛浓度传感器，测点布置满足《室内空气质量标准》（GB/T 18883—2002）中的选点要求，并且与通风系统联动，即为达标。有其中之一的，根据评分规则给出相应分值。室内二氧化碳的浓度的设定值可参考国家标准《室内空气中二氧化碳卫生标准》（GB/T 17094—1997）等相关标准的规定（表 8.21）。

表 8.21 室内空气污染物浓度限值

参数	单位	标准值	备注
氨	mg/m³	0.20	1h 均值
甲醛	mg/m³	0.10	1h 均值
苯	mg/m³	0.11	1h 均值
可吸入颗粒物 PM10	mg/m³	0.15	日平均值
总挥发性有机物（VOC）	mg/m³	0.60	8h 均值

判定要点：

人员密度较高且随时间变化大的区域是指设计人员密度超过 0.25 人/m²，设计总人数超过 8 人，且人员随时间变化大的区域。

室内 CO_2 浓度的设定量值可参考国家标准《室内空气中二氧化碳卫生标准》（GB/T 17094—1997）（2000mg/m³）等相关标准的规定。

《绿色建筑评价标准》（DBJ50/T-066—2014）第 8.2.12 条第 1 款中，如果仅有 CO_2 浓度监测和报警，但没有与通风系统联动的，可以得 4 分。

8.2.13 地下车库设置与排风设备联动的一氧化碳浓度监测装置，保证地下车库污染物浓度符合有关标准的规定，评价分值为 5 分。

【条文说明】

本条适用于设地下车库的各类民用建筑的设计、竣工和运行评价。

本条为新增条文。地下车库空气流通不好，容易导致有害气体的堆积，对人体伤害很大。有地下车库的建筑，车库设置与排风设备联动的一氧化碳检测装置，CO 的短时间接触容许浓度上限为 $30mg/m^3$，超过此值报警，然后立刻启动排风系统。所设定的量值可参考国家标准《工作场所有害因素职业接触限值 化学有害因素》（GBZ2.1—2007）（一氧化碳的短时间接触容许浓度上限为 $30mg/m^3$）等相关标准的规定。

【技术途径】

对于有地下车库的建筑，车库设置与排风设备联动的一氧化碳检测装置并且与排风设备联动，CO 的短时间接触容许浓度上限为 $30mg/m^3$，超过此值报警，然后立刻启动排风系统。CO 传感器的布放：按防火分区放置，每个分区 1~3 个，按面积大小，安装方式是离地 1.3m。联动控制：在风机动力箱内预留 PLC 控制接点（运行状态、故障状态、手/自动状态、启停控制），将 CO 传感器和风机控制点接入 PLC。

【达标判断】

设计评价查阅暖通和电气专业相关设计文件和图纸；竣工评价和运行评价查阅相关竣工图纸，并现场检查。

核实地下车库是否设置与排风设备联动的一氧化碳浓度监测装置。

判定要点：

《绿色建筑评价标准》（DBJ50/T-066—2014）第 8.2.13 条所设定的量值可参考国家标准《工作场所有害因素职业接触限值 化学有害因素》（GBZ2.1—2007）（一氧化碳的短时间接触容许浓度上限为 $30mg/m^3$）等相关标准的规定。

9 施工管理

9.1 控 制 项

9.1.1 建立绿色建筑项目施工管理体系和组织机构，并落实各级责任人。

【条文说明】

本条适用于各类民用建筑的竣工和运行评价。对于施工过程中造成了严重社会影响的，不能参评绿色建筑。

项目部成立专门的绿色建筑施工管理组织机构，完善管理体系和制度建设，根据预先设定的绿色建筑施工总目标，进行目标分解、实施和考核活动。比选优化施工方案，制定相应施工计划并严格执行，要求措施、进度和人员落实，实行过程和目标双控。项目经理为绿色施工第一责任人，负责绿色施工的组织实施及目标实现，并指定绿色建筑施工各级管理人员和监督人员。

【技术途径】

1）建立绿色施工管理的风险控制小组，结合工程绿色施工风险的辨识结果，落实好风险防控的责任，并尽量延迟风险发生的时间和控制影响的范围，借助具体的风险管理措施，从源头有效预防和控制危险源，以及在绿色建筑工程施工过程中消除风险产生的条件，为整个工程质量和成本的保证创设良好的绿色施工环境。

2）对绿色施工流程进行长期的动态跟踪，并落实好相关绿色施工风险的告知工作。同时要求绿色施工管理人员全程动态跟踪，并及时反馈绿色施工管理状态，为绿色施工管理工作提供清晰和明确的思路。绿色建筑工程点多线长，长期的工期要求有效调整管理工作，以抓住工作的重心，为工程管理小组排查未完工工程，进行返工处理。

3）项目部的负责人要不定期组织对各个项目施工的随机调查，凡是没有达到重庆市《建筑节能（绿色建筑）工程施工质量验收规范》标准的，除了责令重修，还要严格追查相关责任人。

【达标判断】

对于竣工评价和运行评价，查阅该项目组织机构的相关制度文件，在施工过程中各种主要活动的可证明记录，包括可证明时间、人物、事件的纸质和电子文件，影像资料等。当项目有绿色施工的专项要求时，应首先满足绿色施工的相关规定。

判定要点：

要求提供项目施工管理组织机构设置文件及各级负责人，相应的管理制度。重点审核组织机构中是否有绿色的职能，管理制度中是否有绿色的要求。

9.1.2 施工项目部制定施工全过程的环境保护计划，并组织实施。

【条文说明】

本条适用于各类民用建筑的竣工和运行评价。

建筑施工过程是对工程场地的一个改造过程，不但改变了场地的原始状态，而且对周边环境造成影响，包括水土流失、土壤污染、扬尘、噪声、污水排放、光污染等。为了有效减小施工对环境的影响，应制定施工全过程的环境保护计划，明确施工中各相关方应承担的责任，将环境保护措施落实到具体责任人；实施过程中开展定期检查，保证环境保护计划的实现。

【达标判断】

竣工评价和运行评价查阅施工全过程环境保护计划书、施工单位 ISO 14001 认证文件、环境保护实施记录文件（包括责任人签字的检查记录、照片或影像等）、可能有的当地环保局或建委等有关部门对环境影响因子如扬尘、噪声、污水排放评价的达标证明。记录文件包括对采取的措施、检查等有责任人签字，以及有关图片、影像等的佐证。

判定要点：

有全过程的环境保护计划书，环保书中明确施工中各相关方应承担的责任，将环境保护措施落实到具体责任人。

实施过程中开展定期检查，保证环境保护计划的实现。

9.1.3 施工项目部制定施工人员职业健康安全管理计划，并组织实施。

【条文说明】

本条适用于各类民用建筑的竣工和运行评价。

建筑施工过程中应加强对施工人员的健康安全保护。建筑施工项目部应编制职业健康安全管理计划，并组织落实，保障施工人员的健康与安全。

安全管理运行良好，达到《建筑施工安全检查标准》（JGJ 59—2011）要求。质量管理体系健全，运转正常。

【达标判断】

竣工评价和运行评价查阅职业健康安全管理计划、施工单位 OHSAS 18000 职业健康与安全体系认证文件、现场作业危险源清单及其控制计划、现场作业人员个人防护用品配备及发放台账，必要时核实劳动保护用品或器具进货单。实施记录，如劳保用品发放记录、职业健康的有关照片、影像佐证等；安全方面的安全措施、安全教育、安全检查记录等。

判定要点：

建筑施工过程中应加强对施工人员的健康安全保护。建筑施工项目部应编制职业健康安全管理计划，并组织落实，保障施工人员的健康与安全。

> **9.1.4** 施工前进行设计文件中绿色建筑重点内容的专业会审。

【条文说明】

本条适用于各类民用建筑的竣工和运行评价。

施工建设将绿色设计转化成绿色建筑。在这一过程中，参建各方应对设计文件中绿色建筑重点内容正确理解与准确把握。施工前由参建各方进行专业交底时，应对保障绿色建筑性能的重点内容逐一交底。

【达标判断】

对于竣工评价和运行评价，查阅各专业设计文件交底记录。

需要提交设计院提供的绿色建筑重点内容要点说明；建设单位组织的绿色建筑重点内容专项会审记录。包括承包商提出的问题，设计单位的答复、会审结果、解决方法、需要进一步商讨的问题等。

判定要点：

参建各方应对设计文件中绿色建筑重点内容正确理解与准确把握。施工前由参建各方进行专业会审时，应对保障绿色建筑性能的重点内容逐一交底。

9.2 评 分 项

> **9.2.1** 采取洒水、覆盖、遮挡等有效的降尘措施，评价分值为4分。

【条文说明】

本条适用于各类民用建筑的竣工和运行评价。

施工扬尘是最主要的大气污染源之一。施工中应采取降尘措施，降低大气总悬浮颗粒物浓度。

【技术途径】

施工中的降尘措施包括对易飞扬物质的洒水、覆盖、遮挡，对出入车辆的清洗、封闭，对易产生扬尘施工工艺的降尘措施等。在工地建筑结构脚手架外侧设置密目防尘网或防尘布，具有很好的扬尘控制效果。

【达标判断】

对于竣工评价和运行评价，查阅由建设单位、施工单位、监理单位签字确认的降尘措施实施记录。需要有每月不少于一次降尘措施记录表，审核现场降尘对象（扬尘源）是否基本包含，降尘措施是否合理有效。降尘措施应按表 9.1 记录。

表 9.1　降尘措施记录表

工程名称		编号			
		填表日期			
施工单位		施工阶段			
降尘对象			降尘措施		
		建设单位	监理单位		施工单位
各方签字					

判定要点：

有效的降尘措施，包括对易飞扬物质的洒水、覆盖、遮挡，对出入车辆的清洗、封闭，对易产生扬尘施工工艺的降尘措施等。在工地建筑结构脚手架外侧设置密目防尘网或防尘布。

> 9.2.2　采取有效的降噪措施。在施工场界测量并记录噪声，满足国家标准《建筑施工场界环境噪声排放标准》（GB 12523—2011）的规定，评价分值为 6 分。

【条文说明】

本条适用于各类民用建筑的竣工和运行评价。

施工产生的噪声是影响周边居民生活的主要因素之一，也是居民投诉的主要对象。国家标准《建筑施工场界环境噪声排放标准》（GB 12523—2011）对噪声的测量、限值做出了具体的规定，是施工噪声排放管理的依据。

【技术途径】

为了减低施工噪声排放，应该采取降低噪声和噪声传播的有效措施，包括采用低噪声设备，运用吸声、消声、隔声、隔振等降噪措施，降低施工机械噪声。

【达标判断】

对于竣工评价和运行评价，查阅每月不少于一次的场界噪声测量记录、降噪措施记录表。采取有效的降噪措施。在施工场界测量并记录噪声，包括采用低噪声设备，运用吸声、消声、隔声、隔振等降噪措施，降低施工机械噪声，使其满足国家标准《建筑施工场界环境噪声排放标准》（GB 12523—2011）的规定。查阅场界测量的等效声级纪录，按照《建筑施工场界环境噪声排放标准》（GB 12523—2011）要求，在噪声源发生阶段测量。降尘措施应按表 9.2 记录。

表9.2 降噪措施记录表

工程名称		编号	
		填表日期	
施工单位		施工阶段	
噪声源		降噪措施	
	建设单位	监理单位	施工单位
各方签字			

判定要点:

一是施工现场噪声源是否基本包含;二是相应降噪措施是否合理有效。

> 9.2.3 制定并实施施工废弃物减量化资源化计划,评价总分值为8分。评
> 分规则如下:
> 1 制定施工废弃物减量化资源化计划,得1分。
> 2 可回收施工废弃物的回收率不小于80%,得3分。
> 3 每10 000m² 建筑面积施工固体废弃物排放量:
> 1)不大于400t但大于350t,得1分;
> 2)不大于350t但大于300t,得3分;
> 3)不大于300t,得4分。

【条文说明】

本条适用于各类民用建筑的竣工和运行评价。

目前建筑施工废弃物的数量很大,堆放或填埋均占用大量的土地;对环境产生很大的影响,包括建筑垃圾的淋滤液渗入土层和含水层,破坏土壤环境,污染地下水,有机物质发生分解产生有害气体,污染空气;同时建筑施工废弃物的产出,也意味着资源的浪费。因此减少建筑施工废弃物产出,涉及节地、节能、节材和保护环境这样一个可持续发展的综合性问题。施工废弃物减量化应在材料采购、材料管理、施工管理的全过程实施。施工废弃物应分类收集、集中堆放,尽量回收和再利用。

建筑施工废弃物包括工程施工产生的各类施工废料,有的可回收,有的不可回收,不包括基坑开挖的渣土。

【达标判断】

竣工评价和运行评价查阅建筑施工废弃物减量化资源化计划,回收站出具的建筑施工废弃物回收单据,各类建筑材料进货单,各类工程量结算清单,施工单位统计计算的每10 000m² 建筑施工固体废弃物排放量。查阅施工废弃物减量化、

资源化计划，得 1 分。回收站出具的施工废弃物回收单据，包括品名、数量、时间等，得 3 分。承包商统计、计算的每 10 000m² 建筑面积废弃物排放量，并核实，得 1~4 分。

判定要点：

核实应根据承包商提交的材料进货量与工程结算量计算。两种方式计算的固体废弃物排放量可能不一致，按照其中的大值为准。

建筑固体废弃物排放量根据两种方法计算：

1）废弃物排放量=$\sum$(材料进货量–工程结算量)×10 000/建筑总面积。

2）废弃物排放到消纳场以及回收站的统计数据。

9.2.4　制定并实施施工节能和用能方案，监测并记录施工能耗，评价总分值为 8 分。评分规则如下：

1　制定并实施施工节能和用能方案，得 1 分；

2　监测并记录施工区、生活区的能耗，得 3 分；

3　监测并记录主要建筑材料、设备从供货商提供的货源地到施工现场运输的能耗，得 3 分；

4　监测并记录建筑施工废弃物从施工现场到废弃物处理/回收中心运输的能耗，得 1 分。

【条文说明】

本条适用于各类民用建筑的竣工和运行评价。

施工过程中的用能，是建筑全寿命期能耗的组成部分。由于建筑结构、高度、所在地区等的不同，建成每平方米建筑的用能量有显著的差异。施工中应制定节能和用能方案，提出建成每平方米建筑能耗目标值，预算各施工阶段用电负荷，合理配置临时用电设备，尽量避免多台大型设备同时使用。合理安排工序，提高各种机械的使用率和满载率，降低各种设备的单位耗能。做好建筑施工能耗管理，包括现场耗能与运输耗能。为此应该做好能耗监测、记录，用于指导施工过程中的能源节约。竣工时提供施工过程能耗记录和建成每平方米建筑实际能耗值，为施工过程的能耗统计提供基础数据。

记录主要建筑材料在场内运输及转运过程中的耗能，是指有记录的建筑材料占所有建筑材料重量的 85% 以上。施工过程中的钢材、混凝土、砖、机电设备、管材等建筑材料及设备构配件中，为供方送至现场时，应记录相应的运费、距离、运输的设备性能，从而计算得出能耗；主要建筑材料、设备自提时，应监测并记录从供货商提供的货源地到施工现场运输的能耗。

【技术途径】

施工中应制定节能和用能方案，提出建成每平方米建筑能耗目标值，预算各施工阶段用电负荷，合理配置临时用电设备，尽量避免多台大型设备同时使用。

合理安排工序，提高各种机械的使用率和满载率，降低各种设备的单位耗能。做好建筑施工能耗管理，包括现场耗能与运输耗能。并做好能耗监测、记录，用于指导施工过程中的能源节约。竣工时提供施工过程能耗记录和建成每平方米建筑实际能耗值，为施工过程的能耗统计提供基础数据。

【达标判断】

对于竣工评价和运行评价，查阅施工节能和用能方案，用能监测记录，建成每平方米建筑能耗值。施工区用能应按表 9.3 记录。

表9.3　施工区用能记录

工程名称				地点			
建筑类型		结构类型		建筑类型		结构类型	
开发商				承包商			
	施工区						
时间区间	生产用电/（kW/h）	办公区用电/（kW/h）	施工设备用油/t	其他用能			折算为标煤/t
总计							

判定要点：

《绿色建筑评价标准》（DBJ50/T-066—2014）第 9.2.4 条第 3 款中，记录主要建筑材料运输耗能，是指有记录的建筑材料占所有建筑材料重量的 85%以上。

能耗记录包括施工区、生活区能耗得 3 分。施工区是主要的，建议施工区能耗记录 2.5 分，生活区能耗记录为 0.5 分。如果生活区不在施工现场，则施工区能耗记录得 3 分。废弃物（包括渣土）外运的运输能耗得 1 分。

9.2.5　制定并实施施工节水和用水方案，监测并记录施工水耗，评价总分值为 8 分。评分规则如下：

　　1　制定并实施施工节水和用水方案，得 1 分；

　　2　监测并记录施工区、生活区的水耗数据，得 3 分；

　　3　监测并记录基坑降水的抽取量、排放量和利用量数据，得 2 分；

　　4　利用循环水洗刷、降尘、绿化等，得 2 分。

【条文说明】

本条适用于各类民用建筑的竣工和运行评价。

施工过程中的用水，是建筑全寿命期水耗的组成部分。由于建筑结构、高度、所在地区等的不同，建成每平方米建筑的用水量有显著的差异。施工中应制定节水和用水方案，提出建成每平方米建筑水耗目标值。为此应该做好水耗监测、记录，用于指导施工过程中的节水。竣工时提供施工过程水耗记录和建成每平方米建筑实际水耗值，为施工过程的水耗统计提供基础数据。

基坑降水抽取的地下水量大，要合理设计基坑开挖，减少基坑水排放。配备地下水存储设备，合理利用抽取的基坑水。记录基坑降水的抽取量、排放量和利用量数据。对于洗刷、降尘、绿化、设备冷却等用水，应尽量采用循环水。循环水是指非城市市政提供的工业或生活用自来水，具体包括工程项目中使用的中水、基坑降水、工程使用后收集的沉淀水以及雨水等。

【技术途径】

1）大力加强工程施工节约用水的宣传教育，培育员工自觉养成节水爱水的良好习惯。并加强节水技术的研究，集成推广。

2）在用水设备上安装计量水表，监测并记录施工区、生活区的水耗数据。

3）集成推广循环用水、一水多用等新措施、新方法。例如，在搅拌机、车辆清洗处、隧道排水口设置沉淀池，排出的废水经二次或三次沉淀后，可二次使用或派作其他用场。

4）通过对新技术、新工法的集成推广达到节水的实际效果。例如：

① 混凝土表面采用苫草、草垫、覆膜，混凝土养护时可以在水管的前面加上喷头，进行淋浴，这样就可以减少水的用量和流失。

② 砌体材料浇水场地应硬化，防止水渗漏。浇水湿润时不要固定在一个位置，要全面喷淋，这样可以市砌体全面湿润，避免湿润不全面。

③ 要严格混凝土配比制度，严防混凝土加水多使混凝土表面离析，影响混凝土的质量，也造成不必要的施工用水的浪费。

【达标判断】

对于竣工评价和运行评价，查阅施工节水和用水方案，用水监测记录，建成每平方米建筑水耗值，有监理证明的循环水使用记录以及项目配置的施工现场水循环使用设施，循环水使用照片、影像等证明资料。建筑工程施工用水应按表 9.4 记录。

表 9.4　建筑工程施工用水记录表

工程名称			工程地点			
建筑类型		结构类型	建筑类型		结构类型	
开发商			承包商			
单位：m³						

时间区间	施工区		生活区	基坑水			其他循环水利用
	生产用水	办公用水		抽水	直接排放	利用	
总计							

判定要点：

水耗记录包括施工区、生活区水耗得 3 分。施工区是主要的，建议施工区水耗记录 2.5 分，生活区水耗记录为 0.5 分。如果生活区不在施工现场，则施工区水耗记录得 3 分。

有些情况下，基坑降水的抽水量大于工程用水量，因此要重视基坑水的记录。抽取的基坑水记录包括三部分，三部分记录完整得 2 分，部分缺应扣分。

基坑施工无抽水的，得 2 分。应提供相应的说明资料。

9.2.6　减少预拌混凝土的损耗，评价总分值为 6 分。评分规则如下：

1　损耗率不大于 1.5% 但大于 1.0%，得 3 分；

2　损耗率不大于 1.0%，得 6 分。

【条文说明】

本条适用于各类民用建筑的竣工和运行评价。也可在设计评价中进行预审。对未使用预拌混凝土的项目，本条不参评。

减少混凝土损耗、降低混凝土消耗量是施工中节材的重点内容之一。工程量预算定额中，一般规定预拌混凝土的损耗率是 1.5%，但在很多工程施工中超过了 1.5%，甚至达到了 2%～3%，因此有必要对预拌混凝土的损耗率提出要求。本条参考有关定额标准及部分实际工程的调查数据，对损耗率分档评分。

【达标判断】

竣工评价和运行评价查阅混凝土用量结算清单、预拌混凝土进货单，施工单位统计计算的预拌混凝土损耗率。

判定要点：

查阅混凝土用量结算清单、预拌混凝土进货单，施工单位统计计算的预拌混凝土损耗率。损耗率按下式审核：

$$损耗率 = (进货量 - 结算量) \times 100\% / 结算量$$

按照损耗率分档给分。

9.2.7　降低钢筋损耗率，评价总分值为 8 分。评分规则如下：

1　80% 以上的钢筋采用专业化生产的成型钢筋，得 8 分。

2　现场加工钢筋损耗率：

1）不大于 4.0% 但大于 3.0%，得 4 分；

2）不大于 3.0% 但大于 1.5%，得 6 分；

3）不大于 1.5%，得 8 分。

【条文说明】

本条适用于各类民用建筑的竣工和运行评价，也可在设计评价中进行预审。对不使用钢筋的项目，本条得满分。

钢筋是钢筋混凝土结构建筑的大宗消耗材料。钢筋浪费是建筑施工中普遍存在的问题，设计、施工不合理都会造成钢筋浪费。我国各地方的工程量预算定额，根据钢筋的规格不同，一般规定的损耗率为 2.5%～4.5%。根据对国内施工项目的初步调查，施工中实际钢筋浪费率约为 6%。因此有必要对钢筋的损耗率提出要求。

专业化生产是指将钢筋用自动化机械设备按设计图纸要求加工成钢筋半成品，并进行配送的生产方式。钢筋专业化生产不仅可以通过统筹套裁节约钢筋，还可减少现场作业、降低加工成本、提高生产效率、改善施工环境和保证工程质量。

本条参考有关定额标准及部分实际工程的调查数据，对现场加工钢筋损耗率分档评分。

钢筋浪费率约为 6%。因此有必要对钢筋的损耗率提出要求。

钢筋专业化生产是指将钢筋用自动化机械设备按设计图纸要求加工成钢筋。

【达标判断】

对于竣工评价和运行评价，查阅专业化生产钢筋用量结算清单、成型钢筋进货单，施工单位统计计算的成型钢筋使用率，现场钢筋加工的钢筋工程量清单、钢筋用量结算清单，钢筋进货单，施工单位统计计算的现场加工钢筋损耗率。设计评价预审时，查阅采用专业化加工的建议文件，如条件具备情况、有无加工厂、运输距离等。

《绿色建筑评价标准》（DBJ50/T-066—2014）第 9.2.7 条两款平行评分。第 1 款 80%以上的钢筋采用专业化生产的成型钢筋，得 8 分。第一款没有得满分的，按照第 2 款评审，总分不超过 8 分。

判定要点：

查阅相应进货单，结算清单，按照下式审核：

$$使用率、损耗率=(进货量-结算量)×100\%/结算量$$

对不使用钢筋的项目，《绿色建筑评价标准》（DBJ50/T-066—2014）第 9.2.7 条得满分。

9.2.8　提高模板周转次数，评价总分值为 8 分。评分规则如下：

1　工具式定型模板使用面积占模板工程总面积的比例不小于 50%但小于 70%，得 4 分；

2　不小于 70%但小于 85%，得 6 分；

3　不小于 85%，得 8 分。

【条文说明】

本条适用于各类民用建筑的竣工和运行评价。对不使用模板的项目，本条得满分。

建筑模板是混凝土结构工程施工的重要工具。我国的木胶合板模板和竹胶合板模板发展迅速，目前与钢模板已成三足鼎立之势。散装、散拆的木（竹）胶合板模板施工技术落后，模板周转次数少，费工费料，造成资源的大量浪费。同时废模板形成大量的废弃物，对环境造成负面影响。工具式定型模板，采用模数制设计，可以通过定型单元，包括平面模板、内角、外角模板以及连接件等，在施工现场拼装成多种形式的混凝土模板。它既可以一次拼装，多次重复使用；又可以灵活拼装，随时变化拼装模板的尺寸。定型模板的使用，提高了周转次数，减少了废弃物的产出，是模板工程绿色技术的发展方向。

本条用定型模板使用面积占模板工程总面积的比例进行分档评分。

【达标判断】

对于竣工评价和运行评价，查阅模板工程施工方案，定型模板进货单或租赁合同，模板工程量清单，以及施工单位统计计算的定型模板使用率。

定型模板的使用率按照模板用于实际建筑模板工程面积计算。

查看模架施工方案，施工方案中一般包括模板工程量总面积、定型模板面积、非标模板面积、标准层模板流水方案等。必要时可查阅定型模板的租赁或购买合同，结合流水查看采用定型模板的面积。

判定要点：

定型模板使用率=（使用定型模板的模板工程面积/模板工程总面积）×100%

对不使用模板的项目，《绿色建筑评价标准》（DBJ50/T-066—2014）第 9.2.8 条得满分。

9.2.9 实施设计文件中绿色建筑重点内容，评价分值为 4 分。评分规则如下：

1 参加各方进行绿色建筑重点内容的专项交底，得 2 分；

2 施工过程中以施工日志记录绿色建筑重点内容的实施情况，得 2 分。

【条文说明】

本条适用于各类民用建筑的竣工和运行评价。

施工是把绿色建筑由设计转化为实体的重要过程，在这一过程中除施工应采取相应措施降低施工生产能耗、保护环境外，设计文件会审也是关于能否实现绿色建筑的一个重要环节。各方责任主体的专业技术人员都应该认真理解设计文件，以保证绿色建筑的设计通过施工得以实现。

【技术途径】

1）专项交底可采用会议形式或书面形式，会议形式需要提交会议纪要。专项交底着重于施工安排和施工方法，保证施工质量。

2）绿色建筑重点内容施工日志，可在一般施工日志的基础上，专门归档，有针对性的提交。

【达标判断】

竣工评价和运行评价查阅各专业设计文件会审记录、施工日志记录。

判定要点：

绿色建筑重点内容应与《绿色建筑评价标准》（DBJ50/T-066—2014）第 9.1.4 条中的要求一致。

9.2.10 严格控制设计文件变更，避免出现降低建筑绿色性能的重大变更，评价分值为 4 分。

【条文说明】

本条适用于各类民用建筑的竣工和运行评价。

绿色建筑设计文件经审查后，在建造过程中往往可能需要进行变更，这样有可能使绿色建筑的相关指标发生变化。本条旨在强调在建造过程中严格执行审批后的设计文件，若在施工过程中出于整体建筑功能要求，对绿色建筑设计文件进行变更，但不显著影响该建筑绿色性能，其变更可按照正常的程序进行。设计变更应存留完整的资料档案，作为最终评审时的依据。

【达标判断】

对于竣工评价和运行评价，查阅各专业设计文件变更记录、洽商记录、会议纪要、施工日志记录。针对绿色建筑重点内容，如果没有发生变更，应该查阅有监理工程师签字的无变更证明材料；如果发生了变更，应查看相应的设计变更申请表、设计变更记录文件、设计变更通知单等，业主方应提交变更后绿色性能说明，以判断变更后是否降低了建筑的绿色性能。

判定要点：

降低建筑绿色性能的重大变更，应针对《绿色建筑评价标准》（DBJ50/T-066—2014）9.1.4 条中提出的绿色建筑重点内容。

9.2.11 施工过程中采取相关措施保证建筑的耐久性，评价总分值为 8 分。评分规则如下：

1 对保证建筑结构耐久性的技术措施进行相应检测并记录，得 3 分；

2 对有节能、环保要求的设备进行相应检测并记录，得 3 分；

3 对有节能、环保要求的装修装饰材料进行相应检测并记录，得 2 分。

【条文说明】

本条适用于各类民用建筑的竣工和运行评价。

建筑使用寿命的延长意味着更好地节约能源资源。建筑结构耐久性指标，决定着建筑的使用年限。施工过程中，应根据绿色建筑设计文件和有关标准的要求，对保障建筑结构耐久性的相关措施进行检测。检测结果是竣工验收及绿色建筑评价时的重要依据。

对绿色建筑的材料、设备，应按照相应标准进行检测。

本条规定的检测，可采用实施各专业施工、验收规范所进行的检测结果。也就是说，不必专门为绿色建筑实施额外的检测。

【达标判断】

对于竣工评价和运行评价，查阅建筑结构耐久性的施工专项方案和检测报告，对有关绿色建筑材料、设备的检测报告。

> 9.2.12 实现土建装修一体化施工，评价总分值为 12 分。评分规则如下：
> 1 提供土建装修一体化施工图纸，得 1 分；
> 2 工程竣工时主要功能空间的使用功能完备，装修到位，得 3 分；
> 3 提供装修材料检测报告、机电设备检测报告、性能复试报告，得 4 分；
> 4 提供建筑竣工验收证明、建筑质量保修书、使用说明书，得 4 分。

【条文说明】

本条适用于住宅建筑的竣工和运行评价。也可在设计评价中进行预审。

土建装修一体化设计、施工，对节约能源资源有重要作用。实践中，可由建设单位统一组织建筑主体工程和装修施工，也可由建设单位提供菜单式的装修做法由业主选择，统一进行图纸设计、材料购买和施工。在选材和施工方面尽可能采取工业化制造，具备稳定性、耐久性、环保性和通用性的设备和装修装饰材料，从而在工程竣工验收时室内装修一步到位，避免破坏建筑构件和设施。

【达标判断】

对于竣工评价和运行评价，查阅土建装修一体化的证明资料；竣工验收时主要功能空间的实景照片及说明；装修材料、机电设备检测报告、性能复试报告；建筑竣工验收证明、建筑质量保修书、使用说明书。设计评价预审时，查阅土建装修一体化设计图纸、效果图。有关材料、设备的检测、复试报告可采用分项工程验收的资料。

> 9.2.13 工程竣工验收前，由建设单位组织有关责任单位，进行机电系统的综合调试和联合试运转，结果符合设计要求，评价分值为 8 分。

【条文说明】

本条适用于各类民用建筑的竣工和运行评价。也可在设计评价中进行预审。

随着技术的发展，现代建筑的机电系统越来越复杂。本条强调系统综合调试和联合试运转的目的，就是让建筑机电系统的设计、安装和运行达到设计目标，保证绿色建筑的运行效果。主要内容包括制定完整的机电系统综合调试和联合试运转方案，对通风空调系统、空调水系统、给排水系统、热水系统、电气照明系统、电力系统的综合调试过程以及联合试运转过程。建设单位是机电系统综合调试和联合试运转的组织者，根据工程类别、承包形式，建设单位也可以委托代建公司和施工总承包单位组织机电系统综合调试和联合试运转。

【达标判断】

对于竣工评价和运行评价，查阅设计文件中机电系统综合调试和联合试运转方案和技术要点，施工日志、调试运转记录。设计评价预审时，查阅设计方提供的综合调试和联合试运转技术要点文件。

判定要点：

竣工评价和运行评价查阅施工日志、调试运转记录，主要材料如下：

1）通风空调系统调试内容，调试步骤、方法，调试要求，检测要求，调试报告（包括调试记录，调试数据整理与分析结果）。

2）空调水系统调试内容，调试步骤、方法，调试要求，检测要求，调试报告（包括调试记录，调试数据整理与分析结果）。

3）给水管道系统调试内容，调试步骤、方法，调试要求，检测要求，调试报告（包括调试记录，调试数据整理与分析结果）。

4）热水系统调试内容，调试步骤、方法，调试要求，检测要求，调试报告（包括调试记录，调试数据整理与分析结果）。

5）电气照明及电力系统调试内容，调试步骤、方法，调试要求，检测要求，调试报告（包括调试记录，调试数据整理与分析结果）。

9.2.14 材料运输工具适宜，装卸方法得当，防止损坏和遗洒。根据现场平面布置情况就近卸载，避免和减少二次搬运。评价总分值为 2 分。评分规则如下：

1　材料运输组织的相关分析报告证明了材料运输方式的合理，得 1 分；

2　相关分析报告证明现场平面装卸布置合理，得 1 分。

【条文说明】

本条适用于各类民用建筑的竣工和运行评价。

建筑材料的运输费用是构成建筑工程成本的重要因素。建筑材料的运量很大，供需关系复杂，运输方式和运输距离的变动因素较多。因此，同样的建筑材料，往往运输费用和能耗会有较大差别。如果运输组织得好，不仅可以节约运输费用，降低工程成本，还可以提高运能，降低能耗。

运输建筑材料有各自不同的交通运输工具，采用不同的运输方式，发生的运输能耗和运输成本不同；建筑材料每经过一次中转，都会相应增加一次运输和装卸的费用与能耗。

【达标判断】

对于竣工评价和运行评价，查阅材料运输记录（包括材料类型、材料采购地点、运输方式、装卸方法的记录），由建设方提供材料运输组织相关分析报告。

9.2.15 施工现场生产、生活及办公临时设施设置合理，评价总分值为 3 分。评分规则：

1　合理布局生产、生活及办公临时设施，得 1 分；

2　临时设施采用可再利用节能材料，得 1 分；

3　合理配置空调、风扇、供暖设备数量，规定使用时间，实行分段分时使用，得 1 分。

【条文说明】

本条适用于各类民用建筑的竣工和运行评价。

施工现场生产、生活及办公临时设施设置合理，符合下列要求：

1）利用场地自然条件，合理设计生产、生活及办公临时设施的体形、朝向、间距和窗墙面积比，使其获得良好的日照、通风和采光，可根据需要在外窗设置遮阳设施。

2）临时设施宜采用可再利用节能材料，墙体、屋面使用隔热性能好的材料，减少夏天空调、冬天供暖设备的使用时间及耗能量。

3）合理配置空调、风扇、供暖设备数量，规定使用时间，实行分段分时使用，节约用电。

【达标判断】

对于竣工评价和运行评价，查阅施工组织记录等相关文件、相关技术报告，核查现场竣工评价和运行评价查阅施工现场生产、生活及办公临时布局施工图，空调、风扇、供暖设备采购计划，空调、风扇、供暖设备使用管理办法及记录文件。

> **9.2.16** 合理保护古树、大树及具有地域性代表性的乡土植物，对施工场地内良好的表面耕植土进行收集和利用，评价分值为 3 分。

【条文说明】

本条适用于各类民用建筑的竣工和运行评价。

利用和保护施工用地范围内原有绿色植被。对于施工周期较长的现场，可按建筑永久绿化的要求，安排场地新建绿化。如此不仅可减少绿化投资，而且可以固定施工过程排放的 CO_2。对施工场地内良好的表面耕植土进行收集和利用可减少绿化土壤的运输量，从而减少运输绿化土壤带来的交通能耗。

【达标判断】

对于竣工评价和运行评价，查阅申报单位提供的《古树、大树保护及耕植土利用方案》、现场施工记录、影像照片或其他证明文件，证明已对场地内良好的表面耕植土进行收集和利用，核查施工前后现场绿化情况以及场内良好的表面耕植土进行收集和利用情况。

10 运营管理

10.1 控制项

> **10.1.1** 制定并实施节能、节水、节材等资源节约与绿化管理制度。

【条文说明】

本条适用于各类民用建筑的运行评价。

物业管理单位应提交节能、节水、节材与绿化管理制度，并说明实施效果。节能管理制度主要包括节能方案、节能管理模式和机制、分户分项计量收费等。节水管理制度主要包括节水方案、分户分类计量收费、节水管理机制等。耗材管理制度主要包括维护和物业耗材管理。绿化管理制度主要包括苗木养护、用水计量和化学药品的使用制度等。

《国务院办公厅关于严格执行公共建筑空调温度控制标准的通知》（国办发〔2007〕42 号）要求所有公共建筑内的单位，包括国家机关、社会团体、企事业组织和个体工商户，除医院等特殊单位以及在生产工艺上对温度有特定要求并经批准的用户之外，夏季室内空调温度设置不得低于 26℃，冬季室内空调温度设置不得高于 20℃。一般情况下，空调运行期间禁止开窗。

【具体建筑类型要求】

◎ **办公建筑**

物业管理部门宜定期进行办公建筑环境满意度评价，并有持续改进措施。在评价绿色办公建筑的各项指标中应有对建筑中各使用人群的满意度调查，关注使用者的直接感受。发现不足并通过持续改进，完善绿色办公建筑的各项管理。

◎ **校园建筑**

学生、教工和家长参与校园运营管理中，及时反馈并解决问题。学校建设与管理应符合《国家学校体育卫生条件试行基本标准》的要求。

学校宜编制校园中长期节能规划，节能规划中应当包括：

1）科学预测校园建筑的能源负荷，应充分考虑地域气候因素与校园寒暑假运营管理特点，合理确定校园用能需求量。

2）结合当地供能状况，合理优化校园能源系统的结构。

3）制定阶段节能目标。

4）因地制宜地利用自然能源及可再生能源。

◎ 商店建筑

商店建筑应制定并实施二次装修管理制度。

商店建筑后期运行过程中，涉及很多店铺及小业主，而且经常涉及二次装修问题。商店建筑正常营业过程中，某个店铺的二次装修往往会对周边其他店铺产生影响，包括噪声、扬尘等，因此加强商店建筑的二次装修管理非常重要。二次装修管理制度应对装修施工资格、装修施工流程、建材采购、施工现场管理等进行约束，确保实现绿色装修，尽量减少对其他店铺正常营业及顾客购物的影响。此外，二次装修还应注意防火等安全要求，采取有效措施确保安全。

【技术途径】

制定物业管理机构的节能、节水、节材与绿化管理制度，检查实施过程与效果。节能管理制度主要包括：分户、分类的计量与收费；物业内部的节能管理机制；办公、商店建筑耗电、冷热量等实行分项计量收费。节水管理制度主要包括：梯级用水的方案，物业内部的节水管理机制。节材管理制度主要包括：建筑和设备系统在维修过程使用的材料消耗管理制度；物业办公耗材管理制度。

【达标判断】

运行评价时，重点关注如何通过有效的管理措施来实现降低能源消耗、水资源综合利用、绿色运营等目标。本条重点审查物业管理公司提交的节能、节水、节材、绿化等相应管理制度以及日常管理记录。通过现场考察和用户抽样调查的实际情况，确认各项制度得以实施，并对国家及当地政府禁止或限制的化学药品的目录进行核查。

判定要点：

（1）管理制度重点评价内容

1）物业管理制度中关于节能管理模式、收费模式等节能管理制度的合理性、可行性及落实程度。

2）物业管理制度中关于梯级用水原则和节水方案等节水规定的合理性和落实效果。

3）物业管理制度中关于建筑、设备、系统的维护制度和耗材管理制度的规定和实施情况。

4）核算并确认各类用水的使用及计量是否满足标准中规定的各类指标的具体要求。

5）检查各种杀虫剂、除草剂、化肥、农药等化学药品在绿化管理制度中的使用规范和实施情况。

（2）日常管理记录重点评价内容

1）节能管理记录应体现各项主要用能系统和设备的运行记录、能源计量记录。

2）节水管理记录应体现各级水表计量的完整一年的数据。

3）节材管理记录主要指设备和材料的台账记录。

4）绿化管理记录应体现绿化用水记录、化学药品使用记录等内容。

> **10.1.2** 制定垃圾管理制度，有效控制垃圾物流，对废弃物进行分类收集，垃圾容器设置规范。

【条文说明】

本条适用于各类民用建筑的运行评价。

建筑运行过程中产生的生活垃圾有家具、电器等大件垃圾，有纸张、塑料、玻璃、金属、布料等可回收利用垃圾；有剩菜剩饭、骨头、菜根菜叶、果皮等厨余垃圾；有含有重金属的电池、废弃灯管、过期药品等有害垃圾；还有装修或维护过程中产生的渣土、砖石和混凝土碎块、金属、竹木材等废料。首先，根据垃圾处理要求等确立分类管理制度和必要的收集设施，并对垃圾的收集、运输等进行整体的合理规划，合理设置小型有机厨余垃圾处理设施。其次，制定包括垃圾管理运行操作手册、管理设施、管理经费、人员配备及机构分工、监督机制、定期的岗位业务培训和突发事件的应急处理系统等内容的垃圾管理制度。最后，垃圾容器应具有密闭性能，其规格和位置应符合国家有关标准的规定，其数量、外观色彩及标志应符合垃圾分类收集的要求，并置于隐蔽、避风处，与周围景观相协调，坚固耐用，不易倾倒，防止垃圾无序倾倒和二次污染。

【具体建筑类型要求】

◎ **办公建筑**

设有餐厅或厨房的办公建筑，宜对餐厨垃圾进行单独收集，并及时清运。为避免餐厨垃圾的管理无序、任意处置问题，对设有餐厅或厨房的办公建筑，餐厨垃圾产生单位应当设置符合标准的容器，用于存放餐厨垃圾，并应当按照环境保护管理的有关规定，设置油水分离器或者隔油池等污染防治设施。

禁止将餐厨垃圾直接排入下水道或擅自从事餐厨垃圾收集、运输、处理。餐厨垃圾应由符合要求的专门机构或企业进行处理，并在收集、清运过程中无二次污染。

◎ **校园建筑**

对实验室有害废物或危险品应有专人处理或回收，实行严格管理。

易产生有害、有毒污染物的实验室应有专人进行处理或回收，实施严格的保管、领用、审查制度，设置相关环保处理设备进行无害化处理，并进行有效监控，确保不影响人体健康。

◎ **医院建筑**

采取措施控制医疗废物和非医疗废物的产生，非医疗废物的回收符合感染控制的要求。

◎ 饭店建筑

饭店类建筑设计应对日常运营中产生的垃圾废弃物处理提出专项系统解决方案，在总图设计、内部功能流线设计上应充分考虑垃圾废弃物的日常收集、分类、回收利用与运输，并提供相应的土建、机电条件。

饭店应建立专用的垃圾处理用房及设备，垃圾处理流线应与有洁净、卫生要求的其他功能流线适当分离。垃圾处理用房应满足日常垃圾存放、分类、处理（包括布置垃圾处理设备，如压缩机等）的空间需求，邻近厨房等垃圾产生量较大的用房，并与装卸区有便捷联系，以便能够及时快速处理产生的垃圾。

有条件的饭店应采用干湿垃圾分类处理的方式，这样更有利于垃圾的回收利用，方便后期处理。考虑到温度条件、垃圾处理点位置条件、垃圾收集的频繁程度等，鼓励设置垃圾冷藏间，并与厨房、装卸平台联系便捷，以避免垃圾卫生、气味等问题。

【技术途径】

1）完善垃圾管理制度，保洁人员应负责垃圾站周围的卫生，保证垃圾站里的垃圾存放齐整，地面无散落的垃圾。垃圾车撒落在路上的垃圾由垃圾清运人员负责扫净。清洁主管应按相关标准检查清洁工的工作情况，并记录。

2）垃圾的分类处理。

① 工程垃圾：瓦砾、碎砖、灰渣、碎板料等实行谁施工，谁负责清运，禁止倒在垃圾中转站内。路面灰尘、泥沙等粉尘性垃圾在运送途中应加以遮挡，防止垃圾掉落或飞扬引起二次污染。

② 生活垃圾：清洁工清洁时的少量垃圾可倒入附近的垃圾桶内，量大的垃圾应直接运送到垃圾中转站内。清洁工应在规定时间收集垃圾桶内的垃圾并转运至垃圾中转站。

3）垃圾容器主要指果皮箱、塑料垃圾桶及环卫处指定需进行保洁管理的垃圾存放设施。垃圾容器必须保证外观整洁，做到：无污渍、无灰尘、无涂抹画痕、无张贴外挂。

【达标判断】

查阅建筑、环卫等专业的垃圾收集、处理设施的竣工文件，垃圾管理制度文件，垃圾收集、运输等的整体规划，并现场核查。重点关注生活垃圾管理制度是否完善、合理，容器是否设置规范并符合要求。

审查垃圾管理制度，包括：垃圾分类、收集、运输等整体系统的规划，要求做到对垃圾流进行有效控制；垃圾管理运行操作手册（含管理设施、管理经费、人员配备及机构分工、监督机制等、定期的岗位业务培训）和污染事件应急处理预案等。现场核实检查垃圾分类收集情况、清运记录，注重有序管理和杜绝二次污染。

判定要点：

《绿色建筑评价标准》（DBJ50/T-066—2014）第10.1.2条重点审查垃圾收集处

理的竣工图纸及设施清单、物业管理机构制定的垃圾管理制度，并现场核实垃圾收集、清运的效果。

主要评价内容如下：

1）垃圾管理制度中应明确垃圾分类方式，如对可回收垃圾、厨余垃圾、有害垃圾进行分类收集。

2）场地内应设置分类容器，且具有便于识别的标志。

3）垃圾收集和运输过程符合环卫相关规定。

4）垃圾的分类排放，应明确专业人员管理，严禁随意混合或在专门处理处置设施外处置垃圾。

10.1.3 运行过程中产生的废气、污水等污染物达标排放。

【条文说明】

本条适用于各类民用建筑的运行评价。

居住建筑和公共建筑的运营过程中会产生污水和废气，居住建筑主要为生活污水，而公共建筑除了生活污水外，还有餐饮污水、油烟气体等的排放。为此需要设置各类设备，通过合理的技术措施和排放管理，进行无害化处理。

建筑运行过程中还会产生各类废气和污水，可能造成多种有机和无机的化学污染，放射性等物理污染，以及病原体等生物污染。此外，还应关注噪声、电磁辐射等物理污染（光污染已在《绿色建筑评价标准》（DBJ50/T-066—2014）第4.2.4条体现）。为此需要通过合理的技术措施和排放管理手段，杜绝建筑运行过程中相关污染物的不达标排放。相关污染物的排放应符合《大气污染物综合排放标准》（GB 16297—1996）、《锅炉大气污染物排放标准》（GB 13271—2014）、《饮食业油烟排放标准》（GB 18483—2001）、《污水综合排放标准》（GB 8978—1996）、《医疗机构水污染物排放标准》（GB 18466—2001）、《污水排入城镇下水道水质标准》（GB/T 31962—2015）、《社会生活环境噪声排放标准》（GB 22337—2008）、《制冷空调设备和系统减少卤代制冷剂排放规范》（GB/T 26205—2010）等国家现行标准的规定。

【达标判断】

查阅污染物排放管理制度文件，项目运行期排放废气、污水等污染物的排放检测报告，并现场核查。条文的目的是杜绝建筑运营过程中污水和废气的不达标排放。物业管理机构需要提供建筑运营期（一年内）的第三方检测报告，需现场了解污水和废气处理设施的连续运行情况。

判定要点：

《绿色建筑评价标准》（DBJ50/T-066—2014）第10.1.3条重点审查污染物排放管理制度文件，具有资质的第三方检测机构出具的项目运行期排放废气、污水等污染物的排放检测报告，并现场核查。检测报告中应包含测点数量、测点位置、测试工况、测试项目、检测结果等内容。

> **10.1.4** 节能、节水设施工作正常，符合设计要求。

【条文说明】

本条适用于各类民用建筑的运行评价。

节水、节能设施正常运行是满足项目各项考核目标的基本要求，否则无法达到水资源综合利用的目的，因此此项为控制项指标。正常运行不仅指设备运行状态正常，同时运行参数符合设计要求。

绿色建筑设置的节能、节水设施，如热能回收设备、地源/水源热泵、太阳能光伏发电设备、太阳能光热水设备、遮阳设备、雨水收集处理设备等，均应工作正常，才能使预期的目标得以实现。

【具体建筑类型要求】

◎ 商店建筑

结合建筑能源管理系统定期进行能耗统计和能源审计，并合理制定年度运营能耗、水耗指标和环境目标。商店建筑运行能耗较高，因此有必要对其加强能源监管。一般来说，通过能耗统计和能源审计工作可以找出一些低成本或无成本的节能措施，这些措施可为业主实现 5%～15%的节能潜力。

由于商店建筑种类比较多，故很难用一个定额数据对其能耗进行限定和约束。但从整体节能的角度，项目有必要做好能源统计工作，合理设定目标，并基于目标对机电系统提出一系列优化运行策略，不断提升设备系统的性能，提高建筑物的能效管理水平，真正落实节能。

【技术途径】

1）运营管理单位不可私自变更设计运行参数。

2）定期对绿色建筑水系统运行状况进行评估和分级，促进运营管理单位的对水系统的维护和更新。

3）新型节水、节能设施出现后，应在评估分析基础上，对老旧设施和系统进行更新。

【达标判断】

查阅节能、节水设施的设计文件，现场检查设备系统的工作情况，核查节能、节水设施的运行数据月报与年报和能源系统运行数据，以确定达到设计的功能与技术指标。在实际工程中，节能、节水设施的运行数据是一个动态值，往往与气象参数、建筑负荷及设备调试状况等相关，需要评价者给出科学合理的分析意见。

判定要点：

《绿色建筑评价标准》（DBJ50/T-066—2014）第 10.1.4 条重点审查节能节水设施的竣工图纸、运行记录、运行分析报告，并现场核查设备系统的工作情况。节能、节水设施的运行记录应至少包含提供一年的数据；节能、节水设施的运行分析报告（月报与年报）应能反映各项设施的运行情况及节能、节水的效果，如总能耗、可再生能源供能量、传统水源的总用水量、非传统水源的供水量等。

> 10.1.5　供暖、通风、空调、照明等设备的自动监控系统工作正常，运行记录完整。

【条文说明】

《绿色建筑评价标准》（DBJ50/T-066—2014）第 10.1.5 条适用于各类民用建筑的运行评价，也可在设计评价中进行预审。

供暖、通风、空调、照明系统是建筑物的主要用能设备。《绿色建筑评价标准》（DBJ50/T-066—2014）第 5.2.8 条、5.2.9 条、5.2.10 条、8.2.9 条、8.2.12 条、8.2.13 条虽已要求采用自动控制措施进行节能和室内环境保障，但本条主要考察其实际工作状况及其运行数据。因此，需对绿色建筑的上述系统及主要设备进行有效的监测，对主要运行数据进行实时采集并记录；并对上述设备系统按照设计要求进行自动控制，通过在各种不同运行工况下的自动调节来降低能耗。

【技术途径】

对建筑的供暖、通风、空调、照明等系统及主要设备进行有效的监测，对主要运行数据进行实时采集并记录；并对上述系统按照设计要求进行自动控制，通过在各种不同运行工况下的自动调节来降低能耗。

对冷热源、风机、水泵等设备必须进行有效监测，对用能数据和运行状态进行实时采集并记录；按照设计的工艺要求进行自动控制。只有 BA 系统处于正常工作状态下，建筑物才能实现高效管理和有效节能。BA 系统一般为直接数字控制系统（direct digital control，DDC）或现场总线控制系统（fieldbus control system，FCS）或集散控制系统（distributed control system，DCS）。

公共建筑的面积小于 2 万 m^2 和 10 万 m^2 以下的住宅区，可不设 BA 系统，但应采取自动控制方式，如对风机、水泵等通过闭环反馈实现变频控制。

【达标判断】

查阅设备自控系统竣工文件、运行记录，并现场核查设备及其自控系统的工作情况。核实建筑是否有相应的系统运行记录，并且完整。在 BA 系统的中央控制站上，检查系统对主要耗能设备监控的实时工作情况，审查 BA 系统的运行记录的真实性和完整性。系统的运行记录和检测数据应保持一年以上，允许有不超过一个月的自动记录中断，但是主要能耗数据应在系统故障期提供人工记录。在设计评价时预审 BA 系统设计文件，主要为监控点数表。

判定要点：

《绿色建筑评价标准》（DBJ50/T-066—2014）第 10.1.5 条重点审阅建筑设备自控系统的竣工图纸（设计说明、点位表、平面图、原理图等）、运行记录，并现场核查设备与系统的工作情况，尤其要核对监控点数表的内容是否与现场设备系统一致和节能优化的控制策略是否得到实施。

对于建筑面积 2 万 m^2 以下的公共建筑和建筑面积 10 万 m^2 以下的住宅区公共设施的监控，可以不设建筑设备自动监控系统，但应设简易有效的控制措施。

10.2 评 分 项

> 10.2.1 物业管理部门获得有关管理体系认证，评价总分值为 10 分。评分规则如下：
>
> 1 具有 ISO 14001 环境管理体系认证，得 4 分；
>
> 2 具有 ISO 9001 质量管理体系认证，得 4 分；
>
> 3 具有现行国家标准《能源管理体系要求》（GB/T 23331—2012）能源管理体系认证，得 2 分。

【条文说明】

本条适用于各类民用建筑的运行评价。

物业管理单位通过 ISO 14001 环境管理体系认证，是提高环境管理水平的需要，可达到节约能源，降低消耗，减少环保支出，降低成本的目的，减少由于污染事故或违反法律、法规所造成的环境风险。

物业管理具有完善的管理措施，定期进行物业管理人员的培训。ISO 9001 质量管理体系认证可以促进物业管理单位质量管理体系的改进和完善，提高其管理水平和工作质量。

《能源管理体系要求》（GB/T 23331—2012）是在组织内建立起完整有效的、形成文件的能源管理体系，注重过程的控制，优化组织的活动、过程及其要素，通过管理措施，不断提高能源管理体系持续改进的有效性，实现能源管理方针和预期的能源消耗或使用目标。

【具体建筑类型要求】

◎ 校园建筑

定期进行运营管理体系外部评估审查。

为了确保绿色校园运营管理体系运行的有效性以及各项数据的可靠性和参比性，有必要对绿色校园运营管理体系进行外部评审，对校园运营管理体系涉及的各项要素进行年度评估，及时发现并解决问题并聘请外部专家指导绿色校园工作。

◎ 商店建筑

定期对运行管理人员进行系统运行和维护相关专业技术和节能新技术得培训及考核。

【达标判断】

查阅物业管理机构的 ISO 14001、ISO 9001 和《能源管理体系要求》（GB/T 23331—2012）的认证证书，以及相关的工作文件。ISO 14001 包括了环境管理体系、全寿命期分析等内容，旨在指导各类组织取得表现正确的环境行为。物业管理部门通过 ISO 14001 环境管理体系认证，重视节约能源，降低消耗，减少环保支出，降低成本，可减少由于污染事故或违反法律、法规所造成的环境风险。这是物业管理单位工作质量的保证。《能源管理体系要求》（GB/T 23331—2012）和能源管理体系认证，规定了对能源管理体系的要求，组织确定有效的能源管理体系要素和过程，强调对能源管理的过程控制，为兑现管理承诺和实现能源方针进行策划—实施—检查与纠正—持续改进等过程。

ISO 14001 环境管理体系认证体系相关工作文件包含环境方针中的持续改进、保护环境、遵守法规承诺；环境因素的识别与评价；须遵守的法律法规要求及获取途径；环境指标与目标；实现环境目标措施中的职责，方法和时间要求；部门岗位职责和资源保证；教育培训和信息交流办法；运行控制和应急响应；预防措施；评审措施等内容。

ISO 9001 质量管理体系认证相关工作文件包含文件控制程序；质量记录管理程序；内部审核程序；不合格品控制程序；纠正措施控制程序；预防措施控制程序等内容。

《能源管理体系要求》（GB/T 23331—2012）的能源管理体系相关工作文件包括能源方针；能源管理基准与标杆；能源目标与指标；能源管理方案；能源管理体系的实施与运行；能源管理的检查与纠正等工作文件。

10.2.2　节能、节水、节材与绿化的操作管理制度在现场明示，操作人员严格遵守规定。节能、节水设施的运行具有完善的管理制度和应急预案，评价总分值为 8 分。评分规则如下：

1　操作管理制度在现场明示，操作人员严格遵守规定，得 4 分；

2　节能、节水设施运行具有完善的管理制度和应急预案，得 4 分。

【条文说明】

本条适用于各类民用建筑的运行评价。

节能、节水、节材等资源节约与绿化的操作管理制度必须是指导操作管理人员工作的细则，应挂在各个操作现场的墙上，促使值班人员严格遵守，以有效保证工作的质量。

项目竣工以后的管理运行对绿色建筑节水、节能影响甚大，应制定完善、严格的管理制度，并由主管部门定期抽查和评比。为保证系统安全和用户健康，应制定节水、节能设施运行的应急预案，并进行定期演练。

【技术途径】

1）结合设备、系统操作要点与人力资源管理要求，制定完善操作管理制度。

2）设计文件包括应急预案的章节，要求管理单位严格遵守，并购置相应材料、设备，提出定期演练要求。

【达标判断】

运行评价查阅操作管理制度、操作规程、应急预案、操作人员的专业证书、节能节水系统的运行记录和现场核实。

判定要点：

检查项目内各类设施的操作规程以及应急预案。主要评价以下内容：

1）节能、节水设施机房中（如冷水机房、AHU 机房、锅炉房、电梯机房、配电间、泵房等）操作规程的合理性及落实情况，要求机房中明示机房管理制度、操作规程、交接班制度、岗位职责和应急预案。

2）节能、节水设施设备应具有巡回检查制度，并有完善的运行记录。

3）核查应急预案的有效性和安全保障。应急预案中对各种突发事故的处理要有着明确的处理流程，明确的人员分工，严格的上报和记录程序，并且对专业维修人员的安全有着严格的保障措施。

4）检查各项应急预案的应急情况报告和应急处置报告的完整性和及时性，以及某些应急预案的演练记录。

在商业建筑的运行评价中审查各类设施的操作规程，操作规程应明确规定开机关机的准备工作及具体程序，设备的运行操作规程、操作人员的岗位职责、应急处理预案等应上墙，并现场核实上墙情况和设备运行情况；核查各类设施的应急预案、应急情况报告和应急处置报告，并核查相关演练记录。

10.2.3　实施能源资源管理激励机制，管理业绩与节约能源资源、提高经济效益挂钩，评价总分值为 6 分。评分规则如下：

1　物业管理机构的工作考核体系中包含能源资源管理激励机制，得 2 分；

2　与租用者的合同中包含节能条款，得 1 分；

3　采用能源合同管理模式，得 2 分；

4　提供业主反馈意见书，得 1 分。

【条文说明】

本条适用于各类民用建筑的运行评价。当被评价项目不存在租用者时，本条第 2 款可不参评。

管理是运行节约能源、资源的重要手段，必须在管理业绩上与节能、节约资源情况挂钩。因此要求物业管理单位在保证建筑的使用性能要求、投诉率低于规定值的前提下，实现其经济效益与建筑用能系统的耗能状况、水资源和各类耗材等的使用情况直接挂钩。采用合同能源管理模式更是节能的有效方式。

【达标判断】

查阅物业管理机构的工作考核体系文件、业主和租用者及管理企业之间的合同，业主反馈意见书。审查物业管理机构的工作考核体系中是否包含资源管理激励机制，与租用者的合同中是否包含节能条款。如新建建筑尚未实行合同能源管理，需要提供运营后的节能改进投入的实施情况。若被评项目采用合同能源管理公司进行能源管理，合同能源管理模式应符合被评项目的实际情况。

判定要点：

《绿色建筑评价标准》（DBJ50/T-066—2014）第10.2.3条重点关注物业管理机构工作考核体系中的能源资源管理激励机制、与租用者签订的合同中是否包含节能条款，以及是否采用合同能源管理模式。

10.2.4　建立绿色教育宣传机制，编制绿色设施使用手册，形成良好的绿色氛围，评价总分值为6分。评分规则如下：

1　有绿色教育宣传工作记录，得2分；

2　向使用者提供绿色设施使用手册，得2分；

3　相关绿色行为与成效获得公共媒体报道，得2分。

【条文说明】

本条适用于各类民用建筑的运行评价。

在建筑物长期的运行过程中，用户和物业管理人员的意识与行为，直接影响绿色建筑的目标实现，因此需要坚持倡导绿色理念与绿色生活方式的教育宣传制度，培训各类人员正确使用绿色设施，形成良好的绿色行为与风气。

对室内环境和用能数据应进行公示。公示室内环境和用能数据的场所，应选择在中庭、大堂、出入口、收银台等公众可达、可视的场所。需要提醒的是，设置上述公示装置另一方面也要结合考虑流线设计和人流聚散，避免因此造成人为拥堵和混乱。

【技术途径】

绿色设施使用手册是为建筑使用者及物业管理人员提供的绿色设施（建筑设备管理系统、节能灯具、遮阳设施、可再生能源系统、非传统水源系统、节水器具、节水绿化灌溉设施、垃圾分类处理设施等）功能、作用及使用说明的文件。

【达标判断】

查阅绿色教育宣传的工作记录与报道记录，包括宣传内容和方式，参与人员数量等；绿色设施使用手册应符合项目实际情况，内容完整，便于理解与使用；核查是否获得媒体报道（媒体名称、报道时间、栏目和内容）。

10.2.5　定期检查、调试公共设施设备，并根据运行检测数据进行设备系统的运行优化，评价总分值为10分。评分规则如下：

1　对设施设备具有检查、调试、运行、标定记录，且管理措施齐全、调试运行记录完整，得7分；

2　制定并实施设备能效改进方案，实施文档和改进后的运行记录齐全完整，并能持续改进，得3分。

【条文说明】

本条适用于各类民用建筑的运行评价。

保持建筑物与居住区的公共设施设备系统运行正常，是绿色建筑实现各项目标的基础。机电设备系统的调试不仅限于新建建筑的试运行和竣工验收，而应是一项持续性、长期性的工作。因此，物业管理单位有责任定期检查、调试设备系统，标定各类检测器的准确度，根据运行数据或第三方检测的数据，不断提升设备系统的性能，提高建筑物的能效管理水平。

【具体建筑类型要求】

◎ 校园建筑

校园后勤部门定期对校车、运动器械等涉及安全的设施进行检查维护。

中小学生安全问题一直是全社会关注的重中之重，学校应采取切实措施确保各场地设施设备的安全运行，避免意外事件发生。

◎ 医院建筑

医院建筑评价时，本条为控制项。

对建筑中设施设备应定期检测和日常维护，并应保证暖通空调设备、饮用水、医疗用水、非传统水源、污水处理、医用气体、医疗废气排放、医疗废物管理、射线防护、室内环境质量达标。

【达标判断】

查阅相关设备的检查、调试、运行、标定记录，以及能效改进方案等文件。审核物业管理机构的设备管理措施、检查调试、运行记录，审查设备能效改造等方案、施工文档和改造后的运行记录，调试与运行记录应完整。由于运营评价期在建筑投运后一年，一般还不需要作规模化改造，但可根据运行的情况发现问题，并进行有效的局部改进。

10.2.6 对供暖、通风与空调系统的节能运行管理综合评价达到重庆市《公共建筑采暖、通风与空调系统节能运行管理标准》（DBJ50-081—2008）规定的3A级或以上，评价分值为4分。

【条文说明】

本条适用于公共建筑的运行评价。

【技术途径】

优化采暖、通风与空调系统的节能运行管理，使其达到重庆市《公共建筑采暖、通风与空调系统节能运行管理标准》（DBJ50-081—2008）规定的3A级或以上。

1）正确切换冷机运行状态，保证冷机较长时间的高效运行。

2）输配系统应实现"小流量，大温差"，降低输配系统的能耗。

3）适当的温湿度设定，保证室内温度均匀，舒适性较高。

4）按照需求启停，能有效地利用过渡季节。

除此之外，还可进行对冷热源系统，输配系统，冷却塔等的改造，增人节能潜力。

【达标判断】

查阅运行阶段供暖、通风与空调系统运行考核情况。核实是否对采暖、通风与空调系统的节能运行管理综合评价达到重庆市《公共建筑采暖、通风与空调系统节能运行管理标准》（DBJ50-081—2008）规定的 3A 级或以上。

判定要点：

对采暖、通风与空调系统的节能运行管理综合评价达到重庆市《公共建筑采暖、通风与空调系统节能运行管理标准》（DBJ50-081—2008）规定的 3A 级或以上。水平由低到高依次划分为 1A（A）、2A（AA）、3A（AAA）、4A（AAAA）、5A（AAAAA）。采暖、通风与空调系统的节能运行管理水平应接受并通过第三方综合评价，在实际运行中应保证达到节能效果。

10.2.7　对空调通风系统和照明系统按照相关规定进行定期检查和清洗，评价总分值为 6 分。评分规则如下：

1　具有清洗计划，得 2 分；

2　执行清洗计划，并具有日常清洗维护记录，得 4 分。

【条文说明】

本条适用于采用集中空调通风系统的各类民用建筑的运行评价。

随着国民经济的发展和人民生活水平的提高，集中空调与通风系统和照明系统已成为许多建筑中的一项重要设施。对于使用空调可能会造成疾病转播（如军团菌、"非典"等）的认识也不断提高，从而深刻意识到了清洗空调系统的重要性。对空调通风系统按照现行国家标准《空调通风系统清洗规范》（GB 19210—2003）的规定进行定期检查和清洗。对于照明设施如灯罩、灯管（灯泡）等进行定期清洁，以免灰尘影响照明效果，并消耗电能。

【技术途径】

应定期对通风系统清洁程度进行检查，通风系统清洗检查时间间隔应满足表 10.1 的要求。对于高湿地区或污染严重地区的检查周期要相应缩短或提前检查。

表 10.1　通风系统清洗检查时间间隔　　　　　　　　单位：年

建筑物用途分类	空气处理机组	送风管	回风管
工业	1	1	1
居室	1	2	2
小商业	1	2	2
商业	1	2	2
卫生保健	1	1	1
航运业	1	2	2

检查范围包括空气处理机组、管道系统部件与管道系统的典型区域。在通风系统中含有多个空气处理机组时，应对一个典型的机组进行检查。检查过程不能对室内环境造成损坏。在怀疑有污染发生时或少量的污染物危及敏感区域环境时，应该采取环境控制措施。

通风系统的清洗可使用真空吸尘设备、高压气源、高压水源和其他设备将黏附的颗粒与碎屑移除并有效地输送到收集装置。在机械清洗以前或清洗过程中不应使用任何密封剂、涂料和黏结剂。对于多孔材料允许使用密封剂作为临时措施。

部件清洗应对空气处理机组内表面、挡水板、凝结水盘和冷凝水管、风机、排气扇、风管以及盘管表面和组件等所有有污染物沉积的部件进行清洗。对于直接清洗困难的区域应开设检修口进行清洗。若空气处理机组的加热和冷却盘管之间有无法清洗到的地方，可将盘管拆卸或移出后进行彻底清洗。

所使用的清洗方法应保证通风系统所有部件达到视觉清洁要求。清洗后，应将调节阀、百叶风口、格栅、扩散器和其他气流调节装置恢复到原位。

在清洗电加热盘管时，盘管的电源应断开，并锁定或悬挂标识。对于湿法清洗，仅允许使用非腐蚀性清洗剂，盘管在重新使用前应洗掉化学制剂并彻底干燥。开设的检修口应满足清洗和修复的需要。

玻璃纤维部件的清洗应采用装有高效过滤器的接触式真空吸尘设备或者其他适当的设备对玻璃纤维部件进行彻底清洗。

【达标判断】

查阅物业管理机构空调通风系统检查、清洗计划、工作记录和清洗效果评估报告。空调系统启用前，应对过滤器、表冷器、加热器、加湿器、冷凝水盘及风管进行全面检查、清洗或更换，保证空调送风风质符合《室内空气中细菌总数卫生标准》（GB/T 17093—1997）的要求。空调系统清洗的具体方法和要求参见《空调通风系统清洗规范》（GB 19210—2003）。空调系统中的冷却塔应具备杀灭军团菌的能力，并定期进行检验。

判定要点：

审核空调设备和风管的清洗计划和日常清洗维护记录（包括清洗过程中的实时照片或视频）。

清洗效果评估报告应体现量化效果。

由于空调通风系统的清洗检查一般在系统投运后两年后进行，因此在绿色建筑运行评价时，如果检查结果表明未达到清洗条件，则可只有清洗计划而无清洗记录和清洗报告。

对于不设集中空调系统的居住区，《绿色建筑评价标准》（DBJ50/T-066—2014）第 10.2.7 条不参评。

10.2.8 非传统水源的水质和用水量记录完整、准确，评价总分值为 4 分。评分规则如下：

1 定期进行检测，得 2 分；

2 水质检测报告全部合格，得 2 分。

【条文说明】

本条适用于设置非传统水源利用设施的各类民用建筑的运行评价，也可在设计评价中进行预审。无非传统水源利用设施的项目不参评。

对重庆地区而言，非传统水源包括雨水、中水和再生水；以雨水和中水为主，再生水为辅。非传统水源的水质和水量记录可以为今后非传统水源的使用积累经验和数据。

为保证合理使用非传统水源，实现节水目标，必须定期对使用的非传统水源进行检测，并对其水质和用水量进行准确记录。

【技术途径】

1）针对不同水质指标，分别设置在线仪表或进行定期检测，水量数据可在线记录。

2）通过检测报告结果分析，改进和优化系统运行，力争水质水量参数达到设计要求。

【达标判断】

查阅非传统水源的检测、计量记录，具有定期的水质和水量监测记录报告，且水质报告符合相应的水质要求，方可认定达标。

使用非传统水源的场合，其水质的安全性十分重要。为保证合理使用非传统水源，必须定期对使用的非传统水源进行检测方法，并准确记录。对所使用的非传统水源检测的结果应符合国家标准《城市污水再生利用 城市杂用水水质》（GB/T 18920—2002）。核查非传统水源的检测记录，定期进行检测并保存记录，提供的检测报告合格。

判定要点：

水质检测报告包括日常自检记录及委托有资质的第三方检测机构提供的检测报告，检测报告应包含检测时间、检测项目、检测方法、检测结果等；用水量记录应至少提供完整一年的总用水量记录及各分项用水量记录；运行分析报告应体现项目的设计情况、运行过程分析、运行评价等。

非传统水源应满足现行国家标准《城市污水再生利用城市杂用水水质》（GB/T 18920—2002）的要求。非传统水源的水质检测间隔应不小于 1 个月，同时，应提供非传统水源的供水量记录。

城市杂用水的水质应符合表 10.2 的规定。

表 10.2 城市杂用水水质标准

序号	项目	冲厕	道路清扫消防	城市绿化	车辆冲洗	建筑施工
1	pH 值	6.0～9.0				
2	色/度 ≤	30				
3	嗅	无不快感				
4	浊度/NTU ≤	5	10	10	5	20
5	溶解性总固体/（mg/L） ≤	1500	1500	1000	1000	—
6	五日生化需氧量（BOD$_5$）/（mg/L） ≤	10	15	20	10	15
7	氨氮/（mg/L） ≤	10	10	20	10	20
8	阴离子表面活性剂/（mg/L）≤	1.0	1.0	1.0	0.5	1.0
9	铁/（mg/L） ≤	0.3	—	—	0.3	—
10	锰/（mg/L） ≤	0.1	—	—	0.1	—
11	溶解量/（mg/L） ≥	1.0				
12	总余氯/（mg/L）	接触 30min 后≥1.0，管网末端≥0.2				
13	总大肠菌群/（个/L） ≤	3				

10.2.9 智能化系统的运行效果满足建筑运行与管理的需要，评价总分值为 12 分。评分规则如下：

1 居住建筑的智能化系统满足现行行业标准《居住区智能化系统配置与技术要求》（CJ/T 174—2003）的基本配置要求，得 8 分；

2 公共建筑的智能化系统满足现行国家标准《智能建筑设计标准》（GB/T 50314—2015）的基本配置要求，得 8 分；

3 智能化系统工作正常，符合设计要求，得 4 分。

【条文说明】

本条适用于各类民用建筑的运行评价，也可在设计评价中进行预审。

通过智能化技术与绿色建筑其他方面技术的有机结合，可望有效提升建筑综合性能。由于居住建筑/居住区和公共建筑的使用特性与技术需求差别较大，故其智能化系统的技术要求也有所不同；但系统设计上均要求达到基本配置。此外，还对系统工作运行情况也提出了要求。

居住建筑智能化系统应满足《居住区智能化系统配置与技术要求》（CJ/T 174—2003）的基本配置要求，主要评价内容为居住区安全技术防范系统、住宅信息通信系统、居住区建筑设备监控管理系统、居住区监控中心等。

公共建筑的智能化系统应满足《智能建筑设计标准》（GB 50314—2015）的基本配置要求，主要评价内容为安全技术防范系统、信息通信系统、建筑设备监控管理系统、安（消）防监控中心等。国家标准《智能建筑设计标准》（GB 50314—2015）以系统合成配置的综合技术功效对智能化系统工程标准等级予以了界定，绿色建筑应达到其中的应选配置（即符合建筑基本功能的基础配置）的要求。

【具体建筑类型要求】

◎ 医院建筑

医院建筑应对建筑智能化系统和医院信息系统进行统一管理。除了满足医疗服务的基本需要之外，还应实现对设施、设备运行情况的实施监控。

【技术途径】

1）居住建筑/居住区智能化系统的设计，更加关注通过高效的管理与服务，为住户提供一个安全、舒适与便利的居住环境。为此，需根据《智能建筑设计标准》（GB 50314—2015）和《居住区智能化系统配置与技术要求》（CJ/T 174—2003）的基本配置要求，配置完善的安全技术防范系统、通信网络子系统、管理与监控子系统等。

安全技术防范系统。应配置住宅报警装置、访客对讲装置、周界防越报警装置、闭路电视监控、电子巡更装置等，并满足基本配置要求。

通信系网路子系。应配置居住区宽带接入网、控制网、有线电视网、电话网和家庭网，并满足基本配置要求。

管理与监控子系统。应配置自动抄表装置、车辆出入于停车场管理装置、经济广播与背景音乐装置、物业管理计算机系统、公共设备监控装置等，并满足基本配置要求。

2）公共建筑智能化系统的设计，应根据《智能建筑设计标准》（GB/T 50314—2015）附录 A～H 进行配置，并进一步构建智能化集成系统 BMS 或 IBMS。

3）建筑智能化系统设计说明中应对采用的智能化手段进行详细说明。

【达标判断】

查阅智能化系统工程专项设计文档（不接受未经深化的建筑电气弱电施工图）、施工变更文件、验收报告及运行记录，现场考察各系统的运行情况和进行用户抽样调查。居住区的安全防范系统、设备监控管理系统、信息网络系统和信息机房等达到《居住区智能化系统配置与技术要求》（CJ/T 174—2003）的基本配置功能，公共建筑的安全防范系统、设备监控管理系统和信息网络系统达到《智能建筑设计标准》（GB/T 50314—2015）的基本配置功能。设计评价时预审安防系统、建筑设备监控管理系统、信息网络系统、监控中心及信息机房等设计文件。

判定要点：

重点关注智能化系统的配置方案及运行可靠性。

《绿色建筑评价标准》（DBJ50/T-066—2014）第 10.2.9 条重点审查智能化系统工程专项深化设计竣工图纸（非建筑设计院的电气施工图）、施工变更文件、验收报告及运行记录。

现场检查安全防范系统、设备监控管理系统和信息网络系统的工程质量和运行情况时，应检查各系统的运行记录，在控制中心巡视各系统的工作状态，不应有长期故障停运的情况。

10.2.10 应用信息化手段进行物业管理，建筑工程、设施、设备、部品、能耗等档案及记录齐全，评价总分值为8分。评分规则如下：
1 设置物业信息管理系统，得4分；
2 物业管理信息系统功能完备，得2分；
3 记录数据完整，得2分。

【条文说明】

本条适用于各类民用建筑的运行评价。

信息化管理是实现绿色建筑物业管理定量化、精细化的重要手段，对保障建筑的安全、舒适、高效及节能环保的运行效果，提高物业管理水平和效率，具有重要作用。

【技术途径】

工程图纸资料、设备、设施、配件等档案资料，建筑物及其设备系统的能源消耗数据和室内外的环境监测数据，无论是评价工作还是日常运行，都必须长期保存。采用信息化手段建立完善的建筑工程及设备、能耗、环境、配件档案及维修记录。其内容包括：

1）物业信息管理系统采用B/S网络版。

2）建筑的水、电、气数据能自动输入物业管理系统，并能进行存储、分析、查询和统计。

【达标判断】

现场操作物业信息管理系统，查阅针对建筑工程及设备、配件档案和维修的信息记录，能耗和环境的监测数据。物业信息管理系统应运行正常，物业管理信息内容完备。应提供至少1年的用水量、用电量、用气量、用冷热量、设备部品更换等的数据，作为评价依据。

判定要点：

1）智能化集成系统的功能应符合下列要求。

① 应以满足建筑物的使用功能为目标,确保对各类系统监信息资源的共享和优化管理。

② 应以建筑物的建设规模、业务性质和物业管理模式等为依据，建立实用、可靠和高效的信息化应用系统，以实施综合管理功能。智能化集成系统构成宜包括智能化系统信息共享平台建设和信息化应用功能实施。

2）智能化集成系统配置应符合下列要求。

① 应具有对各智能化系统进行数据通信、信息采集和综合处理的能力。

② 集成的通信协议和接口应符合相关的技术标准。

③ 应实现对各智能化系统进行综合管理。

④ 应支撑工作业务系统及物业管理系统。

⑤ 应具有可靠性、容错性、易维护性和可扩展性。

10.2.11 采用无公害病虫害防治技术，规范杀虫剂、除草剂、化肥、农药等化学药品的使用，有效避免对土壤和地下水环境的损害，评价总分值为 6 分。评分规则如下：

1 建立和实施化学药品管理责任制，得 2 分；
2 病虫害防治用品使用记录完整，得 2 分；
3 采用生物制剂、仿生制剂等无公害防治技术，得 2 分。

【条文说明】

本条适用于各类民用建筑的运行评价。

无公害病虫害防治是降低城市环境污染、维护城市生态平衡的一项重要举措，对于病虫害坚持以物理防治、生物防治为主，化学防治为辅，并加强预测预报。因此，一方面提倡采用生物制剂、仿生制剂等无公害防治技术，另一方面规范杀虫剂、除草剂、化肥、农药等化学药品的使用，防止环境污染，促进生态可持续发展。

【技术途径】

建立杀虫剂、除草剂、化肥、农药等化学药品的使用管理制度，采用生物制剂、仿生制剂等无公害防治技术。

【达标判断】

查阅化学药品的进货清单与使用记录，并现场核实农药和化肥管理账册和管理责任制。各地政府主管部门发布的《城市园林绿化养护管理标准》应作为评价工作的主要依据。当评价项目的绿化工程委托专业机构实施养护时，应由养护机构提交本条要求的该项目的相关资料。

判定要点：

《绿色建筑评价标准》（DBJ50/T-066—2014）第 10.2.11 条评价工作重点查阅绿化用化学药品管理制度，病虫害防治记录文件（包含使用的防治技术、采用的防治药品、防治时间、操作人员记录等内容），杀虫剂、除草剂、化肥、农药等化学药品进货清单。绿化管理制度应体现化学药品使用的相关管理措施（结合场地绿化种植类型制定病虫害防治措施，化学药品管理责任明确，管理人、领用人和监督人明确职责）；病虫害防治用品的进货清单应注明日期、进货单位、防治用品名称、进货量等内容；使用记录应体现使用时间以及每次使用的数量，应至少提供一年的使用记录；使用记录应体现每次使用时间、用药名称、防治对象、用药剂量、防治效果等，应至少提供一年的使用记录。

当整个用地范围内部分建筑参评时，《绿色建筑评价标准》（DBJ50/T-066—2014）第 10.2.11 条的评价范围仍为整个用地范围。单体建筑中部分区域参评或复合多种功能的综合型建筑参评时，同此处理方式。

> **10.2.12** 栽种和移植的树木一次成活率大于90%,植物生长状态良好,评价总分值为 6 分。
>   1 工作记录完整,得 4 分;
>   2 现场观感良好,得 2 分。

【条文说明】

本条文适用于居住区绿化设计、施工和竣工后运行评价。

为加速改善城市生态环境,许多大城市纷纷将乡村的大树乃至百年以上的古树移栽进城。各个城市纷纷效仿,折射出人们对"十年树木"的自然规律的漠视。一方面,大树进城破坏了原产地的自然生态系统,且树体在转运过程中遭到破坏,难以起到预期的绿化效果;另一方面,大树移栽成活率低,成本高昂,且易携带病虫害。但是,大树又是园林绿化的重要材料,在短期内提高城市或居住区的绿地率、人均公共绿地面积、绿化覆盖率等方面有举足轻重的作用。因此,保证大树的成活率及健康状况对居住区绿化非常重要。

【技术途径】

1)设计时尽量保留场地内的大规格苗木。选用的植物种类尽量以耐候性强的乡土植物为主,移栽所用的大规格苗木需在苗圃中完成驯化。

2)在有利于植物成活的时间移栽,保证后期管理。

3)发现危树、枯死树木及时处理。及时做好树木病虫害预测、防治工作,做到树木无暴发性病虫害。

4)对行道树、花灌木、绿篱定期修剪,草坪及时修剪,保持草坪、地被的完整。

【达标判断】

查阅绿化管理报告,现场核实和用户抽样调查。绿化管理制度应体现植物养护和补种的具体规定和目标;绿化日常管理记录应包括浇灌、施肥、剪枝以及病虫害防治等。

当整个用地范围内部分建筑参评时,《绿色建筑评价标准》(DBJ50/T-066—2014)第 10.2.12 条的评价范围仍为整个用地范围,单体建筑中部分区域参评或复合多种功能的综合型建筑参评时,同此处理。当在冬季进行运行评价时,需提交夏季的现场照片佐证。

判定要点:

各地政府主管部门已经发布的《城市园林绿化养护管理标准》应作为评价工作的主要依据。检查工作记录、现场核实和用户调查,现场观感良好。北方地区在冬季进行评价时,需提交夏季的绿化园林现场照片佐证。当评价项目的绿化工程委托专业机构实施养护时,应由养护机构提交本条要求的该项目的相关资料。

对于新建、扩建、改建的公共绿地、居住区绿地、单位附属绿地、城市风景林地、道路绿化中的大树移植需遵循以下原则：

1）生态性原则。应尽量保护现存的大树景观，避免盲目移植和开发对生态环境带来的破坏，提倡将先进的生态技术运用到大树移植技术中，利于开发区景观建设的可持续发展。

2）地域性原则。大树移植应体现所在地域的自然环境特征，因地制宜地创造出具有开发区特色和地域特征的城市景观，优先选择乡土树种。

3）经济性原则。以建设节约型社会为目标，顺应市场发展需求及本区经济状况，注重节能、节水、节材，注重合理使用土地资源及植物资源。提倡朴实简约，反对浮华铺张，尽可能采用新技术、新材料、新设备、达到优良的性价比。

4）社会性原则。通过对重要景观节点配置大树的设计手法，赋予环境景观亲切宜人的艺术感召力，促进精神文明建设；要遵循以人为本的原则，优化植物资源配置，从而取得良好的环境、经济和社会效益。

5）历史性原则。要尊重历史，保护和利用历史性景观。大树移植不仅是树体的移植，更重要的是文化的移植，移植时要注重目标树体与周边环境整体的协调统一，做到保留在先，改造在后。

6）查阅绿化管理报告，并现场核实和用户调查判断其达标情况。

10.2.13　垃圾站（间）不污染环境，不散发臭味，评价总分值为 6 分。评分规则如下：

1　垃圾站（间）定期冲洗，得 2 分；

2　垃圾及时清运、处置，得 2 分；

3　周边无臭味，用户反映良好，得 2 分。

【条文说明】

本条适用于各类民用建筑的运行评价，也可在设计评价中进行预审。

重视垃圾站（间）的景观美化及环境卫生问题，用以提升生活环境的品质。垃圾站（间）设冲洗和排水设施，并定期进行冲洗、消杀；存放垃圾能及时清运、并做到垃圾不散落、不污染环境、不散发臭味，参考《深圳市垃圾转运站管理规定》及相关的垃圾中转站管理规定，对垃圾站（间）的冲洗及垃圾搬运时间周期进行详细的界定：禁止在垃圾站（间）内外拣拾、堆放废品，垃圾站（间）内所有垃圾，必须每天清理，不得堆积在站内。转运结束后垃圾站（间）内外要彻底清扫、冲洗，剩余垃圾不得超过一箱。垃圾站（间）的垃圾必须每天日产日清，两天不少于一次；每两天应对进行消毒工作不少于一次。本条所指的垃圾站（间），还应包括生物降解垃圾处理房等类似功能间。

【技术途径】

1）垃圾站（间）有冲洗和排水设施，存放垃圾能及时清运、不污染环境、不散发臭味。

2）做到生活垃圾处理无害化、减量化和资源化原则。在满足经济技术可靠、合理的基础上设置除臭设备，其应充分考虑处理臭气量，做到处理效果好，占地面积小，能耗低的要求。

【达标判断】

现场考察垃圾站（间）的冲洗和排水设施，垃圾清运记录和用户抽样调查。

判定要点：

重点关注垃圾收集站（点）及垃圾间的环境卫生状况。

10.2.14 实行垃圾分类收集和处理，评价总分值为 8 分。评分规则如下：

1 垃圾分类收集率不低于 90%，得 2 分；

2 可回收垃圾的回收比例不低于 90%，得 2 分；

3 对可生物降解垃圾进行单独收集和合理处置，得 2 分；

4 对有害垃圾进行单独收集和合理处置，得 2 分。

【条文说明】

本条适用于各类民用建筑的运行评价。

垃圾分类收集就是在源头将垃圾分类投放，并通过分类的清运和回收使之分类处理或重新变成资源。垃圾分类收集有利于资源回收利用，便于处理有毒有害的物质，减少垃圾的处理量，减少运输和处理过程中的成本。需要用法规来约束人们必须分类处置垃圾。在尚未实行垃圾分类处理的城市，建筑物和住宅区先行实施垃圾分类，可为今后的城市实施打下基础，使市民和物业管理机构养成环保习惯。

【技术途径】

1）建立完善的垃圾分类收集、运输体系。

区域内垃圾收运体系的建设应结合城市现有环卫设施及相关环卫规划进行设置。收运体系建设应以无污染、密闭化为目标，宜采用密闭式运输车辆，杜绝垃圾在运输过程中发生跑、冒、滴、漏的现象，使密闭化运输率达到 100%。所有环卫设施在运行过程中还满足《城市环境卫生质量标准》（建设部建城〔1997〕21 号发布）的要求。

2）家庭垃圾收集应分开投放不同类型垃圾，不同类型垃圾采用不同标识的收集容器进行收集。公共场所的分类收集容器设置与废物箱的设置相结合，按照《城市生活垃圾分类标志》（GB/T 19095—2008）设置醒目标识。收集容器放置应便于居民投放垃圾，如楼门前、办公楼楼层等地；不妨碍交通，便于垃圾收集和清运的地点。

区域内环境卫生设施的设置应参照《城镇环境卫生设施设置标准》（CJJ 27—

2016），其中垃圾转运站应按照《生活垃圾转运站技术规范》（CJJ 47—2016）建设。不同类型垃圾收运体系与相应外部收运体系相衔接，确保不同类型垃圾采用适合技术进行处理处置。

3）鼓励设置二手回收市场，促进区域内二手物资的循环利用。在新建、扩建的居住区或旧城改建的居住区应设置社区资源回收网络，每个居住小区应至少设置一座再生资源回收站点，可选取条件较好的垃圾收集点代替，日收日清；办公区、公共区等非居民区的再生资源，可采取回收企业定时、定点上门回收方式收集；从事回收、运输的工作人员应统一着装、规范作业；回收车辆应具有统一标识。

【达标判断】

检查可生物降解垃圾的单独收集的比例、审查可生物降解垃圾处理间的设计文件并现场核实运行情况。垃圾收集房设有风道或排风、冲洗和排水设施，处理过程无二次污染，可生物降解垃圾处理设备，运行正常。

判定要点：

《绿色建筑评价标准》（DBJ50/T-066—2014）第 10.2.14 条重点评价垃圾的分类收集和处理情况。

◎ 垃圾分类收集

当评价项目是否按照要求分类收集清运时，重点评价分类收集率是否达到90%以上。分类收集率指垃圾分类收集地区分类收集的垃圾量与垃圾排放总量的比。分类收集率的计算公式为

$$\gamma_{\text{s}} = \frac{\omega_{\text{s}}}{W} \times 100\% \qquad (10.1)$$

式中，γ_{s}——分类收集率，%；

ω_{s}——分类收集的垃圾重量，t；

W——垃圾排放总重量，t。

◎ 可回收垃圾的回收比例

当评价可回收垃圾的处理情况时，重点评价垃圾回收率指标是否达到 90%以上。垃圾回收率指已回收的可回收物的质量占垃圾排放总质量的百分数。应用本公式时应注意，由物业管理部门直接卖给废旧物资回收部门的可回收物的量也应统计在内。

垃圾回收率的计算公式

$$\gamma_{\text{r}} = \frac{\omega_{\text{l}}}{W} \times 100\% \qquad (10.2)$$

式中，γ_{r}——垃圾回收率，%；

ω_{l}——已回收的可回收物的重量，t；

W——垃圾排放总重量，t。

采用上述公式时，应注意评价时间段的选择，分子、分母时间段取值的一致性，评价时间段宜取一年以上。

◎ 可生物降解垃圾

本款重点评价厨余垃圾是否单独收集，并进行合理处置。

◎ 有害垃圾

《绿色建筑评价标准》（DBJ50/T-066—2014）第 10.2.14 条重点评价有害垃圾是否按照《城镇环境卫生设施设置标准》（CJJ 27—2012）的要求单独收集和处理。此外，有害垃圾还应符合《危险废物鉴别标准》（GB 5085—2007）和《危险废物贮存污染控制标准》（GB18597—2001/XG1—2013）的相关规定。

11   提高与创新

11.1   基 本 要 求

11.1.1   绿色建筑评价时，按本章规定对绿色建筑加分项进行评价，并确定附加得分。

【条文说明】

绿色建筑全寿命期内各环节和阶段，都有可能在技术、产品选用和管理方式上进行性能提升和创新。为鼓励性能提升和创新，在各环节和阶段采用先进、适用、经济的技术、产品和管理方式，《绿色建筑评价标准》（DBJ50/T-066—2014）增设了相应的评价项目。比照控制项和评分项，将此类评价项目称为加分项。

《绿色建筑评价标准》（DBJ50/T-066—2014）增设的加分项内容，有的在属性分类上属于性能提升，如采用高性能的空调设备、建筑材料、节水装置等，鼓励采用高性能的技术、设备或材料；有的在属性分类上属于创新，如建筑信息模型（building information modeling，BIM）、碳排放分析计算、技术集成应用等，鼓励在技术、管理、生产方式等方面的创新。

11.1.2   绿色建筑加分项包括性能提升和创新，按要求评分；当加分项总得分大于 10 分时，取 10 分。

【条文说明】

加分项的评定结果为某得分值或不得分。考虑到与绿色建筑总得分要求的平衡，以及加分项对建筑"四节一环保"节能、节地、节水、节材和环境保护性能的贡献，《绿色建筑评价标准》（DBJ50/T-066—2014）对加分项总分作了不大于10 分的限制。附加分与加权得分相加后得到绿色建筑总得分，作为确定绿色建筑等级的最终依据。某些加分项是对前面章节中评分项的提高，加分项得分时，不影响相应评分项的得分。

11.2   加 分 项

11.2.1   围护结构热工性能指标优于国家、地方或行业建筑节能设计标准的规定，并满足下列任意一款的要求，评价总分值为 2 分：

　　1　围护结构热工性能比国家或行业建筑节能设计标准规定高 20%；
　　2　供暖空调全年计算负荷降低幅度达到 15%。

【条文说明】

本条适用于各类民用建筑的设计、竣工和运行评价。

本条是对第 5.2.3 条的更高层次要求。

围护结构的热工性能提升，对于绿色建筑的节能与能源利用影响较大，而且也对室内环境质量有一定影响。为便于操作，参照国家有关建筑节能设计标准的做法，分别提供了规定性指标和性能化计算两种可供选择的达标方法。

【达标判断】

设计评价查阅建筑节能计算书等相关设计文件和专项计算分析报告；竣工评价和运行评价在设计评价方法之外还应核实材料性能或根据运行数据现场核实。

判定要点：

《绿色建筑评价标准》（DBJ50/T-066—2014）第 11.2.1 条第 1 款中，围护结构热工性能重点核查传热系数 K、遮阳系数 SC 和太阳得热系数 SHGC。要求传热系数 K、遮阳系数 SC 和太阳得热系数 SHGC 比标准要求的数值均降低 20% 得 2 分。

《绿色建筑评价标准》（DBJ50/T-066—2014）第 11.2.1 条第 2 款中，应该做如下的比较计算：其他条件不变（包括建筑的外形、内部的功能分区、气象参数、建筑的室内供暖空调设计参数、空调供暖系统形式和设计的运行模式（人员、灯光、设备等）、系统设备的参数取同样的设计值），第一个算例取国家、行业或重庆市建筑节能设计标准规定的建筑围护结构的热工性能参数，第二个算例取实际设计的建筑围护结构的热工性能参数，然后比较两者的负荷差异。

　　11.2.2　卫生器具的用水效率均达到国家现行有关卫生器具用水等级标准规定的 1 级，评价分值为 1 分。

【条文说明】

本条适用于各类民用建筑的设计、竣工和运行评价。

本条是对《绿色建筑评价标准》（DBJ50/T-066—2014）第 6.2.6 条的更高层次要求。对于非全装修的居住建筑，竣工和运行评价本条直接判定为不得分。

绿色建筑鼓励选用更高节水性能的节水器具，目前我国已对部分用水器具的用水效率制定了相关标准，如《水嘴用水效率限定值及用水效率等级》（GB 25501—2010）、《坐便器用水效率限定值及用水效率等级》（GB 25502—2017），《小便器用水效率限定值及用水效率等级》（GB 28377—2012）、《淋浴器用水效率限定值及用水效率等级》（GB 28378—2012）、《便器冲洗阀用水效率限定值及用水效率等级》（GB 28379—2012），今后还将陆续出台其他用水器具的标准。

在设计文件中要注明对卫生器具的节水要求和相应的参数或标准。卫生器具有用水效率相关标准的应全部采用，方可认定达标，没有的可暂时不参评。今后当其他用水器具出台了相应标准时，按同样的原则进行要求。

【达标判断】

设计评价查阅给排水专业施工图纸、设计说明书、产品说明书（含相关节水器具的性能参数要求）；竣工评价查阅竣工图纸、设计说明书、产品说明书、产品节水性能检测报告；运行评价查阅竣工图纸、设计说明书、产品说明书、产品节水性能检测报告，并现场核查相关节水器具的使用情况。

判定要点：

主要涉及标准：《水嘴用水效率限定值及用水效率等级》（GB 25501—2010）、《坐便器用水效率限定值及用水效率等级》（GB 25502—2017）、《小便器用水效率限定值及用水效率等级》（GB 28377—2012）、《淋浴器用水效率限定值及用水效率等级》（GB 28378—2012）、《便器冲洗阀用水效率限定值及用水效率等级》（GB 28379—2012）。在设计文件中要注明对卫生器具的节水要求和相应的参数或标准。卫生器具有用水效率相关标准的应全部采用，方可认定达标，没有的可暂时不参评。对土建装修一体化设计的项目，在施工图设计中应对节水器具的选用做出要求；对非一体化设计的项目，申报方应提供确保业主采用节水器具的措施、方案或约定。

11.2.3　根据当地资源及气候条件，采用资源消耗少和环境影响小的建筑结构体系，评价分值为 1 分。

【条文说明】

本条适用于各类民用建筑的设计、竣工和运行评价。

本条进一步强调了应基于当地特点以及建筑自身特点。当主体结构采用钢结构、木结构，或预制构件用量不小于 60% 时，本条可得分。对其他情况，尚需经充分论证后方可申请本条评价。

【技术途径】

根据建筑的类型、用途、所处地域和气候环境的不同，可能需要采用钢结构体系、砌体结构体系、木结构体系和预制混凝土结构体系以外的结构体系从而达到资源消耗和环境影响小的目标。对于这种情况，需要由申报单位提交结构体系优化设计说明，并通过专家讨论判定是否属于结构体系优化设计。

结构体系优化设计说明应包括两方面的内容：①如何通过优化设计确定选用该体系；②对该体系进行了哪些优化设计。

【达标判断】

设计评价查阅结构专业设计图纸以及专项计算分析报告；竣工评价和运行评价在设计评价方法之外还应查阅竣工图纸，并现场检查。

11.2.4 采取有效的空气处理措施，并设置室内空气质量监控系统，保证健康舒适的室内环境，评价分值为 1 分。

【条文说明】

本条适用于各类民用建筑的设计、竣工和运行评价。

本条是对《绿色建筑评价标准》（DBJ50/T-066—2014）第 8.2.12 条的更高层次要求。

空气处理措施包括在空气处理机组中设置中效过滤段、在主要功能房间设置空气净化装置等。根据《空气过滤器》（GB/T 14295—2008）规定，过滤器按性能可划分为：粗效过滤器、中效过滤器、高中效过滤器及亚高效过滤器；按计重效率等，粗效过滤器划分为四种，中效过滤器分为三种。其中，高中效过滤器额定风量下的计数效率为 E（效率）不小于 20%，并不大于 40%（粒径≥0.5μm）。空气处理措施包括在空调风系统设置中效 3 型或中效 3 型以上的过滤段或设置空气净化装置，能够有效过滤空气中的大部分污染物，保证送风的洁净度。

若采取了针对 PM10、PM2.5 的监测、控制与改善措施，此条得分。针对 PM10、PM2.5 的监测，控制与改善措施除应包括主要功能房间中人员密度较高且随时间变化大的区域之外，还应包括其他的人员经常停留空间或区域。在设置室内空气质量监控系统的同时，还应配合有相应的、有效的空气处理措施，以保证空气品质的提升。

【达标判断】

设计评价查阅暖通空调、电气专业设计图纸和文件；竣工评价在设计评价方法之外还应查阅系统竣工图纸、主要产品型式检验报告、第三方检测报告等，并现场检查。运行评价在设计评价方法之外还应查阅系统竣工图纸、主要产品型式检验报告、运行记录、第三方检测报告等，并现场检查。

主要功能房间主要包括间歇性人员密度较高的空间或区域（如会议室等），以及人员经常停留空间或区域（如办公室的等）。空气处理措施包括在空气处理机组中设置中效过滤段、在主要功能房间设置空气净化装置等。

在满足《民用建筑供暖通风与空气调节设计规范》（GB 50736—2012）、《空气冷却器与空气加热器》（GB/T 14296—2008）、《空气过滤器》（GB/T 14295—2008）、《高效空气过滤器》（GB/T 13554—2008）等标准规定的基础上或之外，如对空气的冷却、加热、加湿、过滤、净化等处理措施及相关设备装置（如空气冷却器、加热器、加湿器、过滤器）较常规技术作了收效明显的改良与创新，或其效率（换热效率、过滤效率等）等技术性能指标较相关标准规定有显著提升，且同样能够保障或进一步改善室内热湿环境和空气品质（前提是符合相关标准规定），可认为满足本条要求。

判定要点：

1）若采取了针对 PM10、PM2.5 的监测、控制与改善措施，此条得分。

2）空调风系统中设置中效 3 型或中效 3 型以上的过滤段，此条得分。

11.2.5　装修工程竣工后，建筑室内游离甲醛、苯、氨、氡和 TVOC 等空气污染物浓度不高于现行国家标准《室内空气质量标准》（GB/T 18883—2002）规定限值的 70%，评价分值为 1 分。

【条文说明】

本条适用于各类民用建筑的竣工和运行评价。

本条是对《绿色建筑评价标准》（DBJ50/T-066—2014）第 8.1.3 条的更高层次要求。

以 TVOC 为例，英国 BREEAM 新版文件的要求已提高至 300μg/m³，比我国现行国家标准《民用建筑工程室内环境污染控制规范（2013 年版）》（GB 50325—2010）中的 0.5mg/m³ 还要低不少。甲醛更是如此，多个国家的绿色建筑标准要求均在 50~60μg/m³ 的水平。相比之下，我国的 0.08mg/m³ 的要求也高出了不少。在进一步提高对于室内环境质量指标要求的同时，也适当考虑了我国当前的大气环境条件和装修材料工艺水平。因此，将现行国家标准规定值的 70% 作为室内空气品质的更高要求。国家标准《室内空气质量标准》（GB/T 18883—2002）中的有关规定值的 70% 详见表 11.1。

表 11.1　《室内空气质量标准》（GB/T 18883—2002）中的有关规定值的 70%

污染物	更高标准值	备注
氨 NH_3	≤0.14mg/m³	1h 均值
甲醛 HCHO	≤0.07mg/m³	1h 均值
苯 C_6H_6	≤0.08mg/m³	1h 均值
总挥发性有机物 TVOC	≤0.42mg/m³	8h 均值
氡 ^{222}Rn	≤320Bq/m³	年平均值
可吸入颗粒物 PM10	0.11mg/m³	日平均值

【达标判断】

对于竣工评价和运行评价，查看室内污染物检测报告（应依据相关国家标准进行检测），并现场检查。

11.2.6　建筑方案充分考虑当地资源、气候条件、场地特征和使用功能，合理控制和分配投资预算，具有明显的提高资源利用效率、提高建筑性能质量和环境友好性等方面的特征，评价分值为 2 分。

【条文说明】

本条适用于各类民用建筑的设计、竣工和运行评价。

本条主要目的是为了鼓励设计创新，通过对建筑设计方案的优化，降低建筑建造和运营成本，提高绿色建筑设计与技术水平。例如，建筑设计充分体现我国不同气候区对自然通风、保温隔热等节能特征的不同需求，建筑形体设计等与场地微气候结合紧密，应用自然采光、遮阳等被动式技术优先的理念，设计策略明显有利于降低空调、供暖、照明、生活热水、通风、电梯等的负荷需求、提高室内环境质量、减少建筑用能时间或促进运行阶段的行为节能等。

【达标判断】

设计评价查阅建筑等相关专业设计图纸和说明、分析论证报告，以及专项分析论证报告；竣工评价和运行评价在设计评价方法之外还应现场核实。

判定要点：

《绿色建筑评价标准》（DBJ50/T-066—2014）第11.2.6条得分的前提条件是《绿色建筑评价标准》（DBJ50/T-066—2014）第4.2.13条、第5.2.3条、第7.2.1条、第8.2.7条、第8.2.10条同时获得较好评分。

在此基础上，要求提供专项分析论证报告列举说明建筑方案所运用的创新性理念和措施，并分析论证其对于场地微环境气候、建筑物造型、天然采光、自然通风、保温隔热、材料选用、人性化设计等方面效果的显著改善或提升。

> 11.2.7 合理选用废弃场地进行建设。对已被污染的废弃地，进行处理并达到有关标准要求，评价分值为1分。

【条文说明】

本条适用于各类民用建筑的设计、竣工和运行评价。

我国城市可建设用地日趋紧缺，对废弃地进行改造并加以利用是节约集约利用土地的重要途径之一。利用废弃场地进行绿色建筑建设，在技术难度、建设成本方面都需要付出更多努力和代价。因此，对于优先选用废弃地的建设理念和行为进行鼓励。

本条所指的废弃场地主要包括裸岩、石砾地、盐碱地、沙荒地、废窑坑、废旧仓库或工厂弃置地等。绿色建筑可优先考虑合理利用废弃场地，采取改造或改良等治理措施，对土壤中是否含有有毒物质进行检测与再利用评估，确保场地利用不存在安全隐患、符合国家相关标准的要求。

【达标判断】

设计评价审核规划设计应对措施的合理性及环评报告；竣工评价和运行评价在设计评价方法之外还应审核场地利用情况、治理效果是否达到相关标准或检测报告。

> 11.2.8 在建筑的规划设计、施工建造和运行管理阶段应用建筑信息模型（BIM）技术，每用于一个阶段得1分，两个或两个以上阶段应用得2分，评价分值为2分。

【条文说明】

本条适用于各类民用建筑的设计、竣工和运行评价。

建筑信息模型（BIM）是建筑业信息化的重要支撑技术。BIM是在CAD技术基础上发展起来的多维模型信息集成技术。BIM以三维数字技术为基础，集成了建筑工程项目各种相关信息的工程数据模型，是对工程项目设施实体和功能特性的数字化表达，使设计人员和工程技术人员能够对各种建筑信息做出正确的应对，并为协同工作提供坚实的基础。BIM 的作用是使建筑项目信息在规划、设计、建造和运行维护全过程充分共享，无损传递，并为建筑从概念到拆除的全寿命期中所有决策提供可靠依据。BIM 技术对建筑行业技术革新的作用和意义已在全球范围内得到了业界的广泛认可。BIM 技术的发展和普及应用已成为继 CAD 技术之后建筑行业的又一次革命。

BIM 技术支持建筑工程全寿命期的信息管理和利用。在建筑工程建设的各阶段支持基于 BIM 的交换数据和共享，可以极大地提升建筑工程信息化整体水平，工程建设各阶段、各专业之间的协作配合可以在更高层次上充分利用各自资源，有效地避免由于数据不通畅带来的重复性劳动，大大提高整个工程的质量和效率，显著降低成本。

【达标判断】

设计评价审核规划设计阶段的 BIM 技术应用报告；竣工评价查阅规划设计、施工建造阶段的 BIM 技术应用报告；运行评价审核规划设计、施工建造、运行管理阶段的 BIM 技术应用报告。

为了实现 BIM 信息应用的共享、协同、集成的宗旨，要求在 BIM 应用报告中说明项目中某一方（或专业）建立和使用的 BIM 信息，如何向其他方（或专业）交付，如何为其他方（或专业）所用，如何与其他方（或专业）协同工作，以及信息在传递和共享过程中的正确性、完整性、协调一致性，及应用所产生的效果、效率和效益。

11.2.9　对建筑进行碳排放计算分析，采取有效措施降低单位建筑面积碳排放强度，评价分值为 1 分。

【条文说明】

本条适用于各类民用建筑的设计、竣工和运行评价。

建筑碳排放计算及其碳足迹分析，不仅有助于帮助绿色建筑项目进一步达到和优化节能、节水、节材等资源节约目标，而且有助于进一步明确住房城乡建设领域对于我国温室气体减排的贡献量。经过多年的研究探索，我国也有了较为成熟的计算方法和一定量的案例实践。在计算分析基础上，再进一步采取相关节能减排措施降低碳排放，做到有的放矢。绿色建筑作为节约资源、保护环境的载体，理应将此作为一项技术措施同步开展。

建筑碳排放作为衡量建筑物节能减排效果的指标，具有综合性、确定性、科学性和经济性等优势，能够直观准确地体现出建筑全寿命周期内的节能减排效果。目前，根据我国建筑碳排放研究成果建筑碳排放主体主要分为社区级和单体建筑两个层面。中国城市科学研究会绿色建筑与节能专业委员会的相关研究将建筑生命周期碳排放计算划分为建材生产、建材运输、建筑施工、运营、维修、拆除和废弃物回收 7 个阶段，建筑生命周期设为 50a。

目前，建筑物碳排放的计算方法很多，不同的研究对建筑物全寿命周期的划分虽有所区别，但涵盖的阶段基本相同。《绿色建筑评价标准》（DBJ50/T-066—2014）将建筑物碳排放对象按单体建筑进行计算，建筑运营阶段的碳排放占建筑全生命周期碳排放比例最高，且单体建筑的碳排放计算通常不考虑建筑给排水和垃圾处理所产生的碳排放。

建筑碳排放计算以单体建筑碳排放为研究对象，计算边界主要包括单体建筑全寿命周期内建材生产及运输、建造及拆除、建筑使用和维护 3 个阶段。建材的种类主要考虑水泥、钢材、铝合金建筑型材、玻璃、木材、陶瓷、砌块（烧结砖）、纤维板、石膏板、油漆等几大类；建筑物建造过程可按照基础工程、装修工程、结构工程、安装工程、场内运输、施工临设 6 大工程进行分别考虑；建筑运营阶段的碳排放主要应考虑建筑围护结构、建筑供暖供冷、室内设备照明、生活热水、炊事产生的碳排放以及可再生能源和清洁能源利用带来的碳中和效应。

碳排放计算方法：

建筑生命周期内的碳排放计算方法按照上述 3 个阶段分别进行计算，并将 3 个阶段的计算结果汇总，计算涵盖生命周期的碳排放总量。

◎ 建材碳排放计算

$$Q = Q_1 + Q_2 + Q_3 + Q_4 \tag{11.1}$$

式中，Q——建筑物中建材总的碳排放；

Q_1、Q_2、Q_3、Q_4——建筑中建材生产、运输、更换和拆除后处理过程中的总碳排放。Q_1 包括从原材料获取到支撑成品的全过程所消耗的能量折算成的碳排放，以及建材在生产过程中所产生的碳排放，可根据建材的碳排放强度和使用量计算得到。Q_2 是指建筑物施工所用建材从生产地到施工现场的运输过程中所消耗的燃料折算成的碳排放，可根据建材的种类和运输工具进行计算。Q_3 是指建筑物中维护更换的建材的生产和运输过程碳排放计算之和。Q_4 的计算可根据建材拆除后的碳强度值进行计算。

◎ 建造过程碳排放计算方法

建筑物建造过程的碳排放按照基础工程、装修工程、安装工程、场内运输、施工临设 6 大部分机型计算。每个分部工程可计算为

$$E = \sum_{i=1}^{n} Q_i f_i K_i \tag{11.2}$$

式中，E——建筑物建造过程中分部工程的能耗；

Q_i——第 i 个分部工程量；

f_i——第 i 个分部工程单位工程量能耗系数；

K_i——第 i 个分部工程综合调整系数，依据计算内容有不同的含义。

将计算的各分部工程的能耗进行汇总，并按照所使用的燃料类型的碳排放因子进行换算，最总计算出建筑物建造过程的碳排放。

◎　建筑物运营阶段的碳排放计算方法

建筑物运营阶段的碳排放计算可分为暖通空调系统的能量消耗、生活热水系统的能量消耗、照明系统的能量消耗、可再生能源系统的能量消耗进行分类汇总。

暖通空调系统的能量消耗计算分为暖通空调系统供热系统能量消耗、供冷系统能量消耗和辅助设备的能量消耗。生活热水系统的能量消耗按照生活热水系统的形式、设备效率、使用方式等计算。照明系统的能量消耗按照建筑分区的功能、照明系统的类型、照明设备的效率、使用策略等计算。对于可再生能源系统的能量消耗应分别计算，地源热泵系统的能量消耗应主要体现在系统的效率上，因此在可再生能源系统的消耗中不再单独计算，而是在暖通空调系统中计算其节能性；对于太阳能光热或光伏发电、风力发电等系统的能耗则依据资源条件、系统类型、系统形式、系统效率集散不同系统的能量消耗。

设计阶段对未来建筑使用过程中存在的不确定因素是进行建筑物碳排放计算的主要难点之一，主要包括：建筑物使用情况（时间）和人员密度、建筑全寿命周期的能源系统实际运行效率、与建筑用电相关联的电网供电组成情况及碳政策等。建筑碳排放将建筑物使用一次能源的概念，将建筑物的能耗和可再生能源应用统一折算成一次能源，并最终换算成碳排放，使得建筑物的节能效果更直观，尽可能精确简单的对未来建筑物未来碳排放进行预测，综合体现在建筑物围护结构改进、设备能效提升以及可再生能源的应用所带来的节能减排效应。

在计算分析基础上，进一步对比不同节能减排的技术措施，分析其碳排放减排效果，并提供第三方碳排放计算分析报告。对于使用非推荐的碳排放计算方法获得的碳排放分析报告需得到相关评审机构认可。

【达标判断】

设计评价审核设计阶段的碳排放计算分析报告，以及相应措施，审查其合理性；竣工评价审核建造阶段的碳排放计算分析报告，以及相应措施，审查其合理性；运行评价审核运行阶段的碳排放计算分析报告，以及相应措施的运行情况，审查其合理性及效果。

设计阶段的碳排放计算分析报告主要分析建材的原料开采、加工、运输和建材现场生产过程的碳排放量，建材包含主体结构建材、建筑围护结构材料、建筑填充体材料。竣工阶段主要分析施工建造阶段的碳排放量，运行阶段主要分析建筑在标准运行工况下从建筑竣工验收并投入使用至建筑拆除或废弃过程的碳排放量。运行阶段碳排放量还应考虑建筑周边植物碳汇的影响。

要求提交碳排放计算分析报告，其中需说明所采用的计算标准、方法和依据（但暂不指定某一特定标准或方法），以及所采取的具体减排措施和效果（仅要求对碳排放强度进行采取措施前后的对比）。

【判断要点】

碳排放计算需严格对照设计，详细分析各种减排措施的实施效果。否则，《绿色建筑评价标准》（DBJ50/T-066—2014）第11.2.9条不予得分。

> 11.2.10　在节能、节材、节水、节地、环境保护和运行管理等方面，采用创新性强且实用效果突出的新技术、新材料、新产品、新工艺，可产生明显的经济、社会和环境效益。评价总分值为2分。一项1分，两项及两项以上2分。

【条文说明】

本条适用于各类民用建筑的设计、竣工和运行评价。

本条主要是对前面未提及的其他技术和管理创新予以鼓励。对于不在前面绿色建筑评估体系范畴内，对在保护自然资源和生态环境、节能、节材、节水、节地、减少环境污染与智能化系统建设等方面实现杰出性能的项目进行引导，通过各类项目对创新项的追求以提高绿色建筑技术水平。

当某项目采取了创新的技术措施，并提供了足够证据表明该技术措施可有效提高环境友好性，提高资源与能源利用效率，实现可持续发展或具有较大的社会效益时，可参与评审。项目的创新点应较大的超过相应指标的要求，或达到合理指标但具备显著降低成本或提高工效等优点。本条未列出所有的创新项内容，只要申请方能够提供足够相关证明，并通过专家组的评审即可认为满足要求。

对于在绿色建材、装配式建筑等国家、地方执行的专项评价中评定为高等级水平的技术应用的，经专家确认，可认定为先进技术的应用。

【达标判断】

设计评价时查阅设计图纸、设计说明书，审核相关分析论证报告；竣工评价和运行评价时查阅竣工图纸、设计说明书，审核相关分析论证报告，现场检查。

> 11.2.11　合理充分利用空调冷凝水，降低空调冷凝温度，评价分值为1分。

【条文说明】

本条适用于公共建筑的设计、竣工和运行评价。

运行中的房间空调器当蒸发器表面温度低于空气露点温度时，空气中的水蒸气会在蒸发器表面凝结，形成冷凝水。冷凝水带有大量的余冷，水温相对较低，如果合理回收冷凝水并将其利用到空调系统中的冷却系统上，则可利用水蒸发时带走大量热量的原理来降低冷凝器的工作温度，提高能效比，减少一定的城市热岛效应。同时，冷凝器工作温度的降低，可以有效改善压缩机的工作条件，延长其工作寿命。

对于集中空调系统设置冷凝水回收，用于冷却塔补水，可认为本条达标。

【达标判断】

设计评价查阅冷凝水回收利用设计说明书；竣工评价和运行评价查阅冷凝水回收利用设计说明书，并核查现场。

11.2.12　供暖空调系统的冷、热源机组能效均优于现行国家标准《公共建筑节能设计标准》（GB 50189—2015）的规定以及现行有关国家标准能效节能评价值的要求，评价分值为 1 分。

1　对电机驱动的蒸气压缩循环冷水（热泵）机组，直燃型和蒸汽型溴化锂吸收式冷（温）水机组、单元式空气调节机、风管送风式和屋顶式空调机组，多联式空调（热泵）机组，燃煤、燃油和燃气锅炉，其能效指标比现行国家标准《公共建筑节能设计标准》（GB 50189—2015）规定值的提高或降低幅度满足表 11.2.12 的要求；

2　对房间空气调节器和家用燃气热水炉，其能效等级满足现行有关国家标准规定的 1 级要求。

表 11.2.12　冷、热源机组能效指标比现行国家标准
《公共建筑节能设计标准》（GB 50189—2015）的提高或降低幅度

机组类型		能效指标	提高或降低幅度
电机驱动的蒸气压缩循环冷水（热泵）机组		制冷性能系数（COP）	提高 12%
溴化锂吸收式冷水机组	直燃型	制冷、供热性能系数（COP）	提高 12%
	蒸汽型	单位制冷量蒸汽耗量	降低 12%
单元式空气调节机、风管送风式和屋顶式空调机组		能效比（EER）	提高 12%
多联式空调（热泵）机组		制冷综合性能系数 IPLV（C）	提高 16%
锅炉	燃煤	热效率	提高 6 个百分点
	燃油燃气	热效率	提高 4 个百分点

【条文说明】

本条适用于各类民用建筑的设计、竣工和运行评价。

本条是《绿色建筑评价标准》（DBJ50/T-066—2014）第 5.2.5 条的更高层次要求，除指标数值以外的其他说明内容与《绿色建筑评价标准》（DBJ50/T-066—2014）第 5.2.5 条相同。对于非全装修的居住建筑，竣工和运行评价本条直接判定为不得分。

尚需说明的是对于住宅或小型公建中采用分体空调器、燃气热水炉等其他设备作为供暖空调冷热源的情况（包括同时作为供暖和生活热水热源的热水炉），可

以《房间空气调节器能效限定值及能效等级》（GB 12012.3—2010）、《转速可控型房间空气调节器能效限定值及能效等级》（GB 21455—2013）、《家用燃气快速热水器和燃气采暖热水炉能效限定值及能效等级》（GB 20665—2015）等现行有关国家标准中的能效等级 1 级作为判定本条是否达标的依据。

【达标判断】

对于设计评价，查阅相关设计文件；竣工评价和运行评价应查阅相关竣工图、主要产品型式检验报告，并现场核实。

判定要点：

对于城市市政热源，不对其热源机组能效进行评价。用户（住户）自行选择空调供暖系统、设备的，《绿色建筑评价标准》（DBJ50/T-066—2014）第 11.2.12条不参评。

11.2.13　合理采用分布式热电冷联供技术，系统全年能源综合利用率不低于 70%，评价分值为 1 分。

【条文说明】

本条适用于各类公共建筑的设计、竣工和运行评价。

分布式热电冷联供系统为建筑或区域提供电力、供冷、供热（包括供热水）三种需求，实现能源的梯级利用。在应用分布式热电冷联供技术时，必须进行科学论证，从负荷预测、系统配置、运行模式、经济和环保效益等多方面对方案做可行性分析，严格以热定电，系统设计满足相关标准的要求。

【技术途径】

根据国外已实施的三联供系统情况和工程实践，基本认为在下列建筑物的适用性较好：

1）除多路供市电以外另外设置备用发电机组应急的一些重要公共建筑物。

2）天然气供应充足、稳定的地区。

3）有热电冷负荷供应要求，且热电冷负荷匹配合理的建筑物。

动力装置类型的确定要考虑系统的余热利用方式，尽量让发电装置的余热得到充分利用的条件下选择发电效率高的机组，从节能性角度：

① 对于单循环燃气轮机热电联产系统，总效率一般在 80%左右，发电效率在 15%～40%，其节能率在 3%～20%。

② 对于内燃机热电联产系统，其发电效率和总效率更高，发电效率一般在 25%以上，总效率也可达 85%，因而节能率一般可以高达 14%以上。

③ 对于微燃机和斯特林发动机，发电效率可达 30%，热电联产总效率为 80%左右，此时节能率为 13%左右。

④ 对于燃料电池热电联产系统，发电效率可达 50%，热电联产总效率为 80%

左右，此时节能率 25%左右。

只有当天然气热电冷联产系统的发电效率为 40%，系统整体能源利用率超过 82%以上，系统工作于联产制冷模式下才具有一定的节能性。

【达标判断】

设计评价查阅相关设计文件、计算分析报告（包括负荷预测、系统配置、运行模式、经济和环保效益等方面）；竣工评价和运行评价查阅相关竣工图、主要产品型式检验报告、计算分析报告，并现场核实。

系统全年平均能源综合利用率的计算方法详见行业标准《燃气冷热电三联供工程技术规程》（CJJ 145—2010）第 3.3.5 条，应为系统全年输出能量（年净输出电量、有效余热供热量与供冷量之和，注意电量单位的转换 $1kW \cdot h=3.6MJ$）；与输入能量（年燃气耗量与燃气低位发热量之积）之比。但其中不应包括补充冷热设备输出的能量，以及辅助系统消耗的能量。例如，发电机组内部自耗电量，余热锅炉、余热吸收式制冷机等设备补燃产生的热/冷量。

判定要点：

根据夏季是否有热需求合理采用分布式三联供，并且采用分布式三联供时能源利用效率达 70%以上。合理采用分布式热电冷联供技术，系统全年能源综合利用率不低于 70%，从负荷预测、系统配置、运行模式、经济和环保效益等多方面对方案做可行性分析。

附录 A 数值分析报告提纲及要求

附录 A.1 重庆市绿色建筑自评估报告性能分析要求
——室外声环境数值分析报告提纲及要求

A.1.1 综合概况

◎ 项目基本信息

数值分析报告中项目基本信息项目应包括但不限于：用地性质、地块组成、占地面积、建筑面积、主要噪声源及分布、目标建筑与周边声源及遮挡物的位置关系示意图等。

◎ 标准要求

数值分析报告中标准要求应包括：对应的绿色建筑标准及条款、标准规定的计算要求、评分要求及达标要求。

例如：

《绿色建筑评价标准》（DBJ50/T-066—2014）第 4.2.5 条 场地内环境噪声符合现行国家标准《声环境质量标准》（GB 3096—2008）的规定，评价分值为 4 分。

◎ 数值分析依据

数值分析依据应包括但不限于：应写明基础数据及来源，如模拟区域地形、模拟区域内的建筑、点线面声源输入声源的声功率级、设备的声功率级、数值分析建筑信息来源（图纸）等。

数据来源：

1）《汽车定置噪声限值》（GB 16170—1996）。

2）《机动车辆允许噪声标准》（GB 1495—2002）。

3）《铁道机车辐射噪声限值》（GB/T 13669—1992）。

4）《声环境质量标准》（GB 3096—2008）。

5）《重庆统计年鉴》（数据分析应采用最近最新年份关于城区内区域噪声的统计数据等相关标准、资料中的数据）。

部分设备的声功率级：《环境噪声与振动控制工程技术导则》（HJ 2034—2013）。

分析过程可参考《民用建筑绿色性能计算标准》（JGJ/T 449—2018）要求进行。

A.1.2 数值分析方法

◎ 分析方法

数值分析报告中分析方法应包括但不限于：数值分析采用的分析方法（模型选取等）和基本流程。

数值分析方法要求如下。

（1）基本计算方法

接收点位置的等效连续顺风倍频带声压级 L_T（DW）对每个点声源和它的虚源，从 63Hz 到 8kHz 标称中心频率的 8 个倍频带可计算为

$$L_\mathrm{T}(\mathrm{DW}) = L_\mathrm{W} + D_\mathrm{C} - A$$

式中，L_W——由点声源产生的倍频带声功率级（dB），基准声功率为 1pW。

D_C——指向性校正（dB），它述从点声源的等效连续声压级与产生声功率级 L_W 的全向点声源在规定方向级的偏差程度。指向性校正 D_C 等于点声源的指向性指数 D_I 加上计到小于 4π 球面度（sr）立体角内的声传播指数 D_Ω，对辐射到自由空间的全向点声源，$D_\mathrm{C} = 0\mathrm{dB}$。

A——从点声源到接收点的声传时，倍频带衰减。

（2）模型选取

计算模型应满足《声学 户外声传播衰减第 2 部分 一般计算方法》（GB/T 17247.2—1998）、《环境影响评价技术导则 声环境》（HJ 2.4—2009）、《环境影响评价技术导则 城市轨道交通》（HJ 453—2018）等现行国内标准或规范的要求，不满足时应采用校核修正的方法校验预测模型的适用性。校核修正方法如下：

1）对道路噪声，可在距道路行车道中线 25m，高于路面 1.5m 处设置预测点及实测点，通过比较预测点与实测点之间差值作为源强修正量，应确保类比道路与预测道路的车流量、车速、路面结构、车型比、昼夜比等与预测道路接近。

2）对单车源强校正时，参照距离应距车辆 7.5m 距离。

3）对轨道交通噪声，可在距离轨道边线 25m，高于轨面 1.5m 设置预测点及实测点，通过比较预测点与实测点之间差值作为源强修正量。

4）对铁路噪声，可在距离轨道边线 25m，高于轨面 3.5m 设置预测点及实测点，通过比较预测点与实测点之间的差值作为源强修正量；列车类型不同时，应针对不同列车类型分别修正。

◎ 数值分析软件

数值分析报告应包括：数值分析计算软件的介绍。常用数值分析软件简介如下。

（1）Cadna/A

Cadna/A 系统是一套基于 ISO 9613 标准方法、利用 Windows 作为操作平台的

噪声模拟和控制软件。Cadna A 软件广泛适用于多种噪声源的预测、评价、工程设计和研究，以及城市噪声规划等工作，其中包括工业设施、公路和铁路、机场及其他噪声设备。软件界面输入采用电子地图或图形直接扫描，定义图形比例按需要设置。对噪声源的辐射和传播产生影响的物体进行定义，简单快捷。按照各国的标准计算结果和编制输出文件图形，显示噪声等值线图和彩色噪声分布图。

（2）SoundPLAN

SoundPLAN 是包括墙优化设计、成本核算、工厂内外噪声评估、空气污染评估等的集成软件。其应用范围包括：

1）各种国际标准的道路、铁路、飞机噪声的预测、规划。

2）降噪方案优化，声屏障设计。

3）石油化工厂、炼铁厂、发电站、采矿厂、制造厂等项目根据噪声限值的规划。

4）OSHA［职业安全与卫生条例（美）］标准的鉴定，社区噪声控制，工人工作环境噪声控制等。

5）此软件还具有对空气污染物的扩散、传播的预测和分析功能。

（3）Predictor-LimA

Predictor-LimA 软件套件是一款极其高效的环境噪声项目用软件包。该套件将直观的 Predictor 软件和强大的 LimA 软件捆绑成一套最先进的集成软件包，可为所有项目提供最佳解决方案。根据任务不同，可以选择最适合的工具，以便高效进行环境噪声计算与分析。同时允许使 Predictor 的直观功能和 LimA 的灵活性快速方便地进行大多数项目。此外，LimA 系统还为您提供了用于进行深入的专业工作以及将环境噪声计算与其他系统完全集成的工具。

（4）Noise System

噪声影响评价系统 NoiseSystem 以《环境影响评价技术导则 声环境》（HJ 2.4—2009）推荐的模型为基础，采用图形化方式为用户提供良好的操作界面。工业声源包括点、线、水平面源、垂直面源、圆形面源、公路源、室内源。交通噪声支持多车道、路堤、路堑、桥梁、交叉路口、轨道声源计算。噪声衰减过程考虑了几何发散、障碍物屏蔽、空气吸收、绿化林、表面反射和地面效应等衰减因素。计算结果支持接受离散点、网格点、垂直网格点、线接受点、垂向线接受点、计算区域。图形支持位图、CAD 图和 GIS 图。

A.1.3 模型建立

◎ 模型建立

数值分析报告模型建立时应包括但不限于：物理模型、声源简化、计算区域、网格展示和建模说明。

模型建立要求如下。

（1）计算区域

1）建模时应考虑声源和遮挡物两部分，声源包括交通运输噪声、社会生活噪声及工业生产噪声。当目标建筑场所存在的固定设备（如室外空调机组等）产生噪声时，建模中也需考虑。遮挡物包括不平坦地形、各类建筑物、构筑物、绿化带及草地等。对象建筑外的各类建筑物及围墙、声屏障等构筑物的建模可只考虑外部主体轮廓。

2）建模应包含目标建筑场所及其边界外 200m 范围，当边界外 200～500m 内有噪声影响较大的声源时，建模范围应扩大至包含此类声源。机场或飞机噪声应根据其影响情况确定范围，当目标建筑场所在主要航迹离跑道两端各 6～12km、侧向各 1～2km 时，应考虑飞机噪声影响。

3）建模应考虑可预计的声源增加情况。

（2）声源简化

声源可根据模拟目的及声源特征进行简化，参考如下原则：

1）点声源：声源中心到预测点之间的距离超过声源最大几何尺寸 2 倍时，可将该声源近似为点声源。

2）线声源：公路、铁路、轨道交通或者输送管道、运输路线等产生的噪声，分析时可将其看作由许多点声源连成一线组成的线状声源，可模拟为线声源。

3）面声源：当声源中心到预测点之间的距离小于声源最大几何尺寸 3 倍时，该声源宜用面声源模拟。

4）位于建筑物室内的声源，产生的噪声经室内多次反射后经建筑的围护结构向外传播，应将建筑围护结构作为声源，计算其对外环境的影响，围护结构声源的等效方法同上述 1）～3）。

（3）网格划分

计算水平或垂直声场时，水平或垂直预测网格点间距应视计算区域大小及计算目的而针对性设定，大多数情况下，可采用 2m×2m 的计算网格。

（4）预测点设置

预测点设置于目标建筑窗外 1m 处，高于各层楼板 1.2～1.5m，预测点应包含目标建筑的噪声预测最不利点；分析建筑室外近地面噪声水平时，预测点高于地面 1.2～1.5m。

◎ 边界条件

数值分析报告边界条件应包括但不限于：边界条件、声源源强参数及其他较为重要的参数的设定方法和计算精度说明。

边界条件要求如下。

（1）声源源强参数

1）点、线、面声源均应输入声源的声功率级。部分设备的声功率级可参照《环境噪声与振动控制工程技术导则》（HJ 2034—2013）选取。当无法获知声源的声功率级但可知声源近场处的声压级时，可按照《声学 声压法测定噪声源声功率级采用反射面上方包络测量面的简易法》（GB/T 3768—2016）推荐的简易方法，利用距声源一定距离处的声压级及包络面面积估算声源的声功率级。

2）声源源强包含 63～8000Hz 的 8 个倍频带中心频率。因不同等级的道路的交通流量、通过车型不同，所受到的环境噪声影响也不同。模拟中应采用较为准确的实测道路交通噪声数据，或者是参考标准《汽车定置噪声限值》（GB16170—1996）、《机动车辆允许噪声标准》、《铁道机车噪声限值》（GB13669—1992）、《铁道客车内部噪声限值及测量办法》（GB/T 12816—2006）、《声环境质量标准》（GB3092—2008）或当地最近年份《重庆统计年鉴》中对城区内区域噪声的统计数据等相关标准、资料中的数据。

3）轨道交通噪声源强以距轨道中心线 25m，高于轨面 1.5m 处计，源强可通过实测或类比确定；铁路噪声源强以距轨道中心线 25m，高 3.5m 处计。噪声源强数据首先应依据有关标准、规范及行业管理部门颁布的相关指导性意见，当缺少所需数据时，可通过声源类比测量或从有关文献资料、研究报告中获取。对于所依据的文献资料和研究报告，应分析说明源强数据的可靠性（如数据的测量方法、线路条件、列车类型、样本数量、处理方法等），并说明与评价项目声源类型和条件的可比性。噪声源强数据也可通过实测或类比确定。

（2）其他参数

1）当声源距离遮挡物距离较近时，需考虑遮挡物的反射声影响，反射次数应不低于 5 次。

2）道路或铁路、轨道交通的昼/夜流量应不低于实际昼间/夜间的平均小时流量。如考虑的为规划道路或铁路，预测年限应考虑规划道路远期实施后产生的影响。对流量较低的铁路或专线铁路，可选择流量最大的一小时进行预测。

3）当模拟高架及地面道路、高架与高架之间组成的复合道路以及隧道出入口段噪声时，应考虑道路本身构筑物的多次反射声影响。当预测位于城区的道路或轨道交通地面线路时，当两侧高楼林立，多次反射声明显时，需考虑建筑多次反射产生的影响，反射次数不低于 5 次。

4）隧道（或下穿地道）洞口噪声采用垂直面声源模拟，面声源源强可根据隧道内车辆源强、隧道形状、隧道内平均吸声系数等因素综合确定。

5）对指向性明确的声源，应考虑其指向性影响。

6）当声源为高速铁路时，除轮轨噪声外，还应考虑高速铁路的空气动力性噪声、桥梁结构噪声、集电系统噪声的影响，分别计算上述各部分噪声的影响。

7）当轨道交通经过钢结构桥梁或特殊结构桥梁时，结构噪声影响突出，在预测中应重点考虑。

8）乔灌结合，绿化良好的绿化带降噪效果可按 0.5～1dB（A）/10m 计算，绿化带建模高度为绿化带平均高度，绿化带最多考虑 200m 距离。

9）当建模区域存在现有飞机噪声影响时，影响值可通过现状监测值类比确定。

10）对飞机噪声预测因子应为计权等效连续感觉噪声级，其他为等效连续 A 声级。

A.1.4　数值分析结果与结论

◎　数值分析结果

室外声环境数值分析结果应包括：

1）能够表达目标建筑和周边遮挡物位置关系的总平面图。

2）模拟区域近地面处（地面 1.2～1.5m）的昼间、夜间声场分布图。

3）目标建筑外立面（窗外 1m）噪声预测结果表（或分析图）。

数值分析结果要求：

模拟结果的等值线图要求：

应对计算结果的上下限进行调整，声场分布图应体现出较明显的变化，并对结果进行说明。

◎　对比分析

根据数值分析结果分析项目室外声环境状态，将昼间、夜间噪声值等结果与相关标准要求进行对比，判断达标情况。给出室外声环境的优化措施与实施过程，对比分析优化后的项目室外声环境状态。

◎　结论

进行达标判定，并给出结论。

A.1.5　审查要点（附表 A.1.1）

审查要点见附表 A.1.1。

附表 A.1.1　室外声环境数值分析报告专家判断表

编号	审查要点	具体判断	是否满足
1	数值分析依据	数值分析基础数据有可靠来源，写明基础数据及参考的数据资料	
2	计算方法	以 $L_T(DW) = L_W + D_C - A$ 为基本计算方法进行模拟计算	
3	模型选取	计算模型应满足《声学 户外声传播衰减第 2 部分 一般计算方法》（GB/T 17247.2—1998）、《环境影响评价技术导则 声环境》（HJ 2.4—2009）、《环境影响评价技术导则 城市轨道交通》（HJ 453—2018）等现行国内标准或规范的要求，不满足时采用校核修正的方法校验预测模型的适用性	
4	计算区域	建模时应考虑声源和遮挡物两部分	
		建模应包含目标建筑场所及其边界外 200m 范围，当边界外 200～500m 内有噪声影响较大的声源时，建模范围应扩大至包含此类声源。机场或飞机噪声应根据其影响情况确定范围	

续表

编号	审查要点	具体判断	是否满足
5	声源简化	声源中心到预测点之间的距离超过声源最大几何尺寸 2 倍时，可将该声源近似为点声源	
		公路、铁路、轨道交通或者输送管道、运输路线等产生的噪声，分析时可将其看作由许多点声源连成一线组成的线状声源，可模拟为线声源	
		当声源中心到预测点之间的距离小于声源最大几何尺寸 3 倍时，该声源宜用面声源模拟	
		位于建筑物室内的声源，产生的噪声经室内多次反射后经建筑的围护结构向外传播，应将建筑围护结构作为声源，计算其对外环境的影响，围护结构声源的等效方法同上	
6	网格划分	计算水平或垂直声场时，水平或垂直预测网格点间距应视计算区域大小及计算目的而针对性设定，大多数情况下，可采用 2m×2m 的计算网格	
7	预测点设置	预测点设置于目标建筑窗外 1m 处，高于各层楼板 1.2～1.5m，预测点应包含目标建筑的噪声预测最不利点；分析建筑室外近地面噪声水平时，预测点高于地面 1.2～1.5m	
8	声源源强参数	点、线、面声源均应输入声源的声功率级。部分设备的声功率级参照《环境噪声与振动控制工程技术导则》（HJ 2034—2013）选取	
		声源源强包含 63～8000Hz 的 8 个倍频带中心频率	
		轨道交通噪声源强以距轨道中心线 25m，高于轨面 1.5m 处计，源强可通过实测或类比确定；铁路噪声源强以距轨道中心线 25m，高 3.5m 处计	
9	其他参数	当声源距离遮挡物距离较近时，需考虑遮挡物的反射声影响，反射次数应不低于 5 次	
		道路或铁路、轨道交通的昼/夜流量应不低于实际昼间/夜间的平均小时流量	
		当模拟高架及地面道路、高架与高架之间组成的复合道路以及隧道出入口段噪声时，应考虑道路本身构筑物的多次反射声影响	
		对指向性明确的声源，考虑了其指向性影响	
		声源为高速铁路时，除轮轨噪声外，还应考虑高速铁路的空气动力性噪声、桥梁结构噪声、集电系统噪声的影响，分别计算上述各部分噪声的影响	
		当轨道交通经过钢结构桥梁或特殊结构桥梁时，结构噪声影响突出，在预测中应重点考虑	
		对飞机噪声预测因子应为计权等效连续感觉噪声级，其他为等效连续 A 声级	
		乔灌结合，绿化良好的绿化带降噪效果可按 0.5～1dB（A）/10m 计算，绿化带建模高度为绿化带平均高度，绿化带最多考虑 200m 距离	
		当建模区域存在现有飞机噪声影响时，影响值可通过现状监测值类比确定	
10	数值分析结果	能够表达目标建筑和周边遮挡物位置关系的总平面图	
		模拟区域近地面处（地面 1.2～1.5m）的昼间、夜间声场分布图	
		目标建筑外立面（窗外 1m）噪声预测结果表（或分析图）	
		应对计算结果的上下限进行调整，声场分布图应体现出较明显的变化，并对结果进行说明	

附录 A.2　重庆市绿色建筑自评估报告性能分析要求
——室外风环境数值分析报告提纲及要求

A.2.1　综合概况

　　◎ 项目基本信息

　　数值分析报告中项目基本信息项目应包括但不限于：用地性质、地块组成、占地面积、建筑面积、建筑功能、建筑朝向、窗墙比、楼间距及项目周边情况（如项目地形、高大乔木种植生长、周边建筑等）等说明。

　　◎ 标准要求

　　数值分析报告中标准要求应包括：对应的绿色建筑标准及条款、标准规定的计算要求、评分要求及达标要求。

　　例如：《绿色建筑评价标准》（DBJ50/T-066—2014）第 4.2.6 条 场地内风环境有利于冬季室外行走舒适及过渡季、夏季的自然通风，评价总分值为 6 分。评分规则如下。

　　1）冬季典型风速和风向条件下，建筑物周围人行风速低于 5m/s，且室外风速放大系数小于 2，得 2 分。

　　2）冬季典型风速和风向条件下，除迎风第一排建筑外，建筑迎风面与背风面表面风压差不超过 5Pa，得 1 分。

　　3）过渡季、夏季典型风速和风向条件下，场地内人活动区不出现涡旋或无风区，得 2 分。

　　4）过渡季、夏季典型风速和风向条件下，50%以上可开启外窗室内外表面的风压差大于 0.5Pa，得 1 分。

　　◎ 数值分析依据

　　数值分析依据应包括但不限于：应写明基础数据及来源，例如气象参数来源、地形参数、数值分析所需的建筑信息等。

　　数据来源：

　　1）当地气象站的气象数据。

　　2）《民用建筑供暖通风与空气调节设计规范》（GB 50736—2012）。

　　3）《中国建筑热环境分析专用气象数据集》[*]。

　　分析过程可参考《民用建筑绿色性能计算标准》（JGJ/T 449—2018）要求进行。

---

　　[*] 中国气象局气象信息中心资料室，清华大学建筑技术科学系. 中国建筑热环境分析专用气象数据集[M]. 北京：中国建筑工业出版社，2005.

A.2.2　数值分析方法

◎　分析方法

数值分析报告中分析方法应包括但不限于：数值分析采用的分析方法和基本流程。

数值分析方法要求如下。

（1）模型选取

数值分析应根据计算对象的特征和计算目的，选择合适的湍流模型，可采用 $k\text{-}\varepsilon$ 模型、$k\text{-}\omega$ 模型等；不建议使用零方程模型。

（2）差分格式

避免采用一阶差分格式。

（3）模拟工况（附表 A.2.1）

附表 A.2.1　模拟工况

工况	基本情况	风向	风速/（m/s）	主要评价内容
工况 1	夏季主导风向平均风速	ENE	1.1	自然通风
工况 2	过渡季主导风向平均风速	NNW	2	自然通风
工况 3	冬季主导风向平均风速	NNE	1.6	行人舒适性、防风节能

◎　数值分析软件

数值分析报告应包括：数值分析计算软件的介绍。常用数值分析软件有以下几种。

（1）FLUENT

CFD 商业软件 FLUENT，是通用 CFD 软件包，用来数值分析从不可压缩到高度可压缩范围内的复杂流动。由于采用了多种求解方法和多重网格加速收敛技术，因而 FLUENT 能达到最佳的收敛速度和求解精度。FLUENT 软件包含三种算法：非耦合隐式算法、耦合显式算法和耦合隐式算法，FLUENT 软件包含丰富而先进的物理模型，使得用户能够精确地数值分析无黏流、层流和湍流。湍流模型包含 Spalart-Allmaras 模型、$k\text{-}\omega$ 模型组、$k\text{-}\varepsilon$ 模型组、雷诺应力模型（RSM）组以及最新的分离涡数值分析（DES）和 V2F 模型等。另外用户还可以定制或添加自己的湍流模型。

（2）PHOENICS

PHOENICS 是英国 CHAM 公司开发的数值分析传热、流动、反应、燃烧过程的通用 CFD 软件，有 30 多年的历史。网格系统包括：直角、圆柱、曲面（包括非正交和运动网格，但在其 VR 环境不可以）、多重网格和精密网格。PHOENICS 可以对三维稳态或非稳态的可压缩流或不可压缩流进行数值分析，包括非牛顿流、多孔介质中的流动，并且可以考虑黏度、密度、温度变化的影响。

（3）Fluent Airpak

Fluent Airpak 是面向工程师、建筑师和室内设计师的专业领域工程师的专业人工环境系统分析软件，特别是 HVAC 领域。它可精确地数值模拟分析所研究对象内的空气流动、传热和污染等物理现象，它可准确地数值分析通风系统的空气流动、空气品质、传热、污染和舒适度等问题，并依照 ISO 7730 标准提供舒适度、PMV、PPD 等衡量室内空气质量（IAQ）的技术指标，从而减少设计成本，降低设计风险，缩短设计周期。Fluent Airpak 3.0 是目前国际上比较流行的商用 CFD 软件。

（4）Ansys CFX

Ansys CFX 包括从固体力学、流体力学、传热学、电学、磁学等在内的多物理场及多场耦合整体解决方案。Ansys CFX 采用基于有限元的有限体积法的数值方法和自适应多网格技术进行数值计算。CFX 4 引进了各种公认的湍流模型，如 $k\text{-}\varepsilon$ 模型、低雷诺数 $k\text{-}\varepsilon$ 模型、RNG $k\text{-}\varepsilon$ 模型、代数雷诺应力模型、微分雷诺应力模型、微分雷诺通量模型等。Ansys CFX 是唯一采用全隐式耦合算法的大型商业软件。算法上的先进性，丰富的物理模型和前后处理的完善性使 Ansys CFX 在结果精确性，计算稳定性，计算速度和灵活性上都有优异的表现。

A.2.3 模型建立

◎ 模型建立

数值分析报告模型建立时应包括但不限于：物理模型、计算区域、网格展示和建模说明。模型建立要求如下。

（1）建筑模型

应对目标建筑及周围障碍物进行分析，提供目标建筑与周围环境布局图，体现目标建筑及周边障碍物关系，可对建筑外观进行简化建模。根据项目规划红线图建立地形、目标建筑及其周边有影响的建筑模型。此外，物理模型构建还应包括：

1）对结果影响显著的主要构筑物。

2）建模域内的既存的（或同期建设的）构筑物。

3）既存的连续种植的高度 3m 及以上的乔木。

4）对既存的（或同期建设的）构筑物或显著影响气流的物体忽略或简化时，应予以说明。

（2）计算区域

目标建筑边界 H 范围内应以最大的细节要求再现，此外，还应满足以下要求：

1）建筑迎风截面堵塞比（模型面积/迎风面计算区域截面积）小于 4%。

2）由对象建筑（群）的外缘至各个方向的计算域边界，需满足对象建筑高度的 5 倍以上，如果建筑和周围附属物位于丘陵等地形，须考虑地形信息。

3）建筑覆盖区域应小于整个计算域面积 3%。

（3）网格划分

1）建筑区域内人行高度区 1.5m 高度应划分不小于 10 个网格；重点观测区域要在地面以上第 3 个网格或更高的网格内。

2）采用多尺度网格时，应确保网格应该反映出障碍物周围流态特征。

模型建立建议如下。

1）网格划分的质量要确保计算时能捕捉障碍物（室内和室外轮廓接触处）的流场特征，如穿过门窗的风速发生突变，需要细密的网格。

2）对形状规则的障碍物（建筑、地形等）宜使用结构化网格，网格过渡比不宜大于 1.5。

3）进行大范围的 CFD 数值分析，用于评估目标建筑和相邻建筑的风环境时，考虑自然通风通道。

◎　边界条件

数值分析报告边界条件应包括但不限于：边界条件、初始设置条件、气象参数及其他控制参数的设定方法说明。

边界条件要求：

1）基于当地的风环境，提供当地不同季节风向、风速基础资料表，至少包括夏季、冬季、过渡季。数值分析应采用季节性的风向和风速的基础数据，主导风采用平均风速和风向，垂直方向 h_0 高度为 10m。

2）入口风速的分布应符合梯度风规律。根据项目实际情况给定室外梯度风分布，考虑地面粗糙度带来影响，即

$$V_h = V_0 \left(\frac{h}{h_0} \right)^n$$

式中，V_h——高度为 h 处的风速，m/s；

V_0——基准高度 h_0 处的风速，m/s，一般取 10m 处的风速；

n——粗糙度指数，参考国内外标准以及我国研究成果，建议不同地貌情况下入口梯度风的指数 n 取值如附表 A.2.2。

附表 A.2.2　大气边界层不同地貌的 n 值

类别	适用区域	指数 n	梯度风高度/m
A	近海地区，湖岸、沙漠地区	0.12	300
B	田野，丘陵及中小城市、大城市郊区	0.16	350
C	有密集建筑的大城市区	0.22	400
D	有密集建筑群且房屋较高的城市市区	0.30	450

A.2.4　数值分析结果与结论

◎　数值分析结果

室外风环境数值分析结果应包括：

1）能够表达目标建筑和周边遮挡物位置关系的总平面图。

2）能反映障碍物、建筑和地形等的三维物理模型效果图。

3）不同季节不同来流风速下，场地内建筑周围人行区 1.5m 高处（屋顶花园、空中连廊、平台、露台等区域的 1.5m 高度也应作为参考平面）的风速分布云图、风速矢量图、风压分布云图、平均风速和最大风速列表。

4）模拟计算收敛曲线图。

5）不同季节不同来流风速下，数值分析得到的建筑首层及以上典型楼层迎风面与背风面（或主要开窗面）表面的压力分布云图。

6）冬季来流风速下，数值分析得到的室外活动区的风速放大系数图。

数值分析结果要求：

1）云图要求：压力云图和风速云图应体现出较明显的变化，风速矢量图应反映出风流场的气流，并对结果进行说明。

2）计算收敛性要求：计算应在求解充分收敛的情况下停止，即确定残差变化率不大于 0.001。

◎　对比分析

根据数值分析结果分析项目室外风环境状态，将风速、风压等结果与相关标准要求进行对比，判断达标情况。给出室外风环境的优化措施与实施过程，对比分析优化后的项目室外风环境状态。

◎　结论

进行达标判定，并给出结论。

A.2.5　审查要点（附表 A.2.3）

室外风环境

附表 A.2.3　室外风环境数值分析报告专家判断表

编号	审查要点	具体判断	是否满足
1	数值分析依据	数值分析基础数据有可靠来源，写明基础数据及参考的数据资料	
2	模型选取	数值分析时采用 k-ε 模型、RNG k-ε 模型或其他适用于计算对象模型	
3	差分格式	避免采用一阶差分格式	
4	模拟工况	有夏季主导风向平均风速、过渡季主导风向平均风速和冬季主导风向平均风速三个典型工况的模拟结果	

续表

编号	审查要点	具体判断	是否满足
5	建筑模型	根据项目规划红线图建立地形、目标建筑及其周边有影响的建筑进行较为完整的建模	
		对模型建立区域内对结果影响显著的主要构筑物、既存的（或同期建设的）的构筑物、3m 以上的乔木进行了完整的建模，或进行了构筑物简化合理性的说明	
6	计算区域	建筑迎风截面堵塞比（模型面积/迎风面计算区域截面积）小于4%	
		由对象建筑（群）的外缘至各个方向的计算域边界，需满足对象建筑高度的 5 倍以上	
		建筑覆盖区域应小于整个计算域面积3%	
7	网格划分	人行高度区 1.5m 高度应划分 10 个网格及以上	
		重点观测区域要在地面以上第 3 个网格或更高的网格内	
		采用多尺度网格时，应确保网格应该反映出障碍物周围流态特征	
8	边界条件	数值分析采用了季节性的风向和风速的基础数据	
		主导风采用平均风速和风向，垂直方向 h_0 高度为 10m	
		入口风速的分布应符合梯度风规律，合理选取入口梯度风指数值	
		风速入口根据项目实际情况给定室外梯度风分布，考虑地面粗糙度带来影响；对于未考虑粗糙度的情况，采用指数关系式修正粗糙度带来的影响	
9	数值分析结果	根据不同季节不同来流风速，1.5m 高处（屋顶花园、空中连廊、平台、露台等区域的 1.5m 高度也应作为参考平面）的风速分布云图、风速矢量图、风压分布云图。 结果反映冬季典型风速和风向条件下，建筑物周围人行风速低于 5m/s；过渡季、夏季典型风速和风向条件下，场地内人活动区不出现涡旋或无风区	
		不同季节不同来流风速下，建筑首层及以上典型楼层迎风面与背风面（或主要开窗面）表面的压力分布云图。 冬季典型风速和风向条件下，除迎风第一排建筑外，建筑迎风面与背风面表面风压差不超过 5Pa；过渡季、夏季典型风速和风向条件下，50%以上可开启外窗室内外表面的风压差大于 0.5Pa	
		冬季来流风速下，结果反映室外风速放大系数小于 2	

附录 A.3　重庆市绿色建筑自评估报告性能分析要求
——室内采光数值分析报告提纲及要求

A.3.1　综合概况

◎ 项目基本信息

数值分析报告中项目基本信息项目应包括但不限于：用地性质、地块组成、占地面积、建筑面积、建筑功能、建筑朝向、窗墙比、楼间距及项目周边情况（如项目地形、高大乔木种植生长、周边建筑）等。

◎ 标准要求

数值分析报告中标准要求应包括：对应的绿色建筑标准及条款、标准规定的计算要求、评分要求及达标要求。

◎ 数值分析依据

数值分析依据应包括但不限于：应写明基础数据及来源，如光气候参数、建筑透光材料基础光热参数、数值分析建筑信息来源（图纸）等。

数据来源：

1）《建筑采光设计标准》（GB 50033—2013）。

2）《民用建筑供暖通风与空气调节设计规范》（GB 50736—2012）。

分析过程可参考《民用建筑绿色性能计算标准》（JGJ/T 449—2018）要求进行。

A.3.2 数值分析方法

◎ 分析方法

数值分析报告中分析方法应包括但不限于：数值分析采用的分析方法（模型选取等）和基本流程。数值分析方法要求如下。

（1）计算方法

1）采光模拟应以采光系数和室内天然光照度作为采光设计的主要评价指标。室内某一点的采光系数 C，即

$$C = (E_n / E_w) \times 100\%$$

式中，E_n——室内照度；

E_w——室外照度。

2）采光模拟分析需要考虑天空光（SC）、室外反射光（ERC）和房间内表面的反射光（IRC）。采用光线追踪法计算时，光线反射次数不应低于 5 次，其中光线反射次数取值越高，光环境模拟结果越接近实际情况。

（2）模型选取

采光系数计算时天空模型应选择 CIE 标准全阴天模型（CIE Overcast Sky）。其他类型的采光性能分析应根据分析目的选用其他模型。

◎ 数值分析软件

数值分析报告应包括：数值分析计算软件的介绍。常用数值分析软件简介如下。

（1）Ecotect Analysis

Ecotect Analysis 软件是一款功能全面，适用于从概念设计到详细设计环节

的可持续设计及分析工具，其中包含应用广泛的仿真和分析功能，能够提高现有建筑和新建筑设计的性能。该软件将在线能效、水耗及碳排放分析功能与桌面工具相集成，能够可视化及仿真真实环境中的建筑性能。用户可以利用强大的三维表现功能进行交互式分析，模拟日照、阴影、发射和采光等因素对环境的影响。

（2）Radiance

Radiance 是美国能源部下属的劳伦斯伯克利国家实验室（LBNL）于 20 世纪 90 年代初开发的一款优秀的建筑采光和照明模拟软件包，它采用了蒙特卡洛算法优化的反向光线追踪引擎。ECOTECT 中内置了 Radiance 的输出和控制功能，这大大拓展了 ECOTECT 的应用范围，并且为用户提供了更多的选择。Radiance 广泛地应用于建筑采光模拟和分析中，其产生的图像效果完全可以媲美高级商业渲染软件，并且比后者更接近真实的物理光环境。Radiance 中提供了包括人眼、云图和线图在内的高级图像分析处理功能，它可以从计算图像中提取相应的信息进行综合处理。

（3）PKPM-Daylight

PKPM-Daylight 支持《建筑采光设计标准》（GB/T 50033—2013）/《绿色建筑评价标准》（GB/T 50378—2014）以及各地方绿色建筑评价标准的要求，也支持我国《建筑采光设计标准》（GB/T 50033—2013）中平均采光系数算法和国际通用 radiance 逐点采光系数算法。它能够输出专业的采光分析报告，满足采光及绿色建筑标准要求：计算结果准确，经过建设部鉴定，并提供多种采光优化建议；支持导光筒、采光罩等主动导光措施分析，支持窗地面积比快速判断。根据用户需求可定制采光报告输出内容、完整的计算过程及结果表述，判断是否符合绿色建筑评审要求。

（4）绿建斯维尔-DALI

绿建斯维尔-DALI 构建于 AutoCAD 平台，主要为建筑设计师或绿色建筑评价单位提供建筑采光的定量和定性分析工具，功能操作充分考虑建筑设计师的传统习惯，可快速对单体或总图建筑群进行采光计算。它能够提供三维采光分析功能，可直观获得房间某一视角的亮度或照度的等值线图或伪彩色图。输出详细到任一房间的项目采光分析报告书，各分析统计表可灵活输出到 Word 或 Excel，方便形成不同需求的报告格式。

A.3.3 模型建立

◎ 模型建立

数值分析报告模型建立时应包括但不限于：物理模型、计算区域、网格展示及建模说明。模型建立要求如下。

（1）建筑模型

采光模型建立应分为地上和地下，其中地上建筑模型应包括：

1）建筑周边建筑物、建筑各个功能房间、建筑门窗（含窗台高）、建筑物各类外挑构件，影响建筑采光的各类建筑构件和其他特殊采光构件（如导光管等）。应按照实际尺寸或根据已知条件进行设定。

2）周边遮挡物的建模范围：目标建筑周边的现有建筑和构筑物、设计方案已经规划管理部门审定的拟建建筑应作为遮挡物考察范围，当它与目标建筑的室外地坪 15° 线相交时，应予以建模（如附图 A.3.1 所示，周边建筑 1 应建模，周边建筑 2 可不建模）。周围遮挡物的物理模型可适当简化，以外部主体轮廓为主。

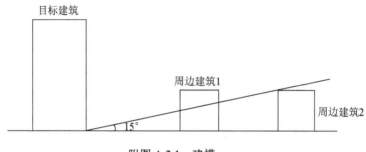

附图 A.3.1　建模

3）公共建筑采光计算应考虑吊顶高度，窗对面遮挡物距窗中心平均高度不小于遮挡物与窗的距离的 0.27 倍时，应考虑遮挡物对采光计算的影响。

地下建筑模型应包括：地下空间中各个功能房间，影响地下采光的主要地上建筑物，地下空间上的覆土和其他特殊采光构件（如导光管等）。

（2）计算区域

除了附属空间或避难所，其他所有的住区或功能区都应当被考虑。

（3）网格划分

对采光计算区域划分网格后，用各网格点的采光系数的算术平均值作为房间的平均采光系数，网格划分应满足以下要求：

对于常见的 $10\sim100m^2$ 的房间，网格间距取 0.5m；对于大于 $100m^2$ 的大空间，网格间距取 1.0m；对于小于 $10m^2$ 的小房间，网格间距取 0.25m。除此之外，还需满足网格最小间距小于窗洞尺寸、外窗遮阳构件后遮蔽物的尺寸。

◎　边界条件

数值分析报告边界条件应包括但不限于：边界条件、初始设置条件、光热参数值及其他控制参数的设定方法和计算精度说明。

边界条件要求：

1）光气候区的室外天然采光设计照度值应按《建筑采光设计标准》

（GB 50033—2013）确定。重庆地区的采光系数标准值应乘以光气候系数 $K=1.20$。

2）室内各表面的反射比应参考附表 A.3.1 确定。

附表 A.3.1　室内各表面的反射比

表面名称	反射比
顶棚	0.60～0.90
墙面	0.30～0.80
地面	0.10～0.50
桌面、工作台面、设备表面	0.20～0.60

3）建筑玻璃的光热参数值、透明（透光）材料的光热参数值、常用反射膜材料的反射比、导光管系统的光热性能参数、饰面材料的反射比、窗结构的挡光折减系数、窗玻璃的污染折减系数、室内构件的挡光折减系数、井壁的挡光折减系数、采光罩的距高比应参考《建筑采光设计标准》（GB 50033—2013）附录 D表 D.0.1～D.0.10 选取。

4）计算建筑全部利用天然光时数 t_D 时应符合附表 A.3.2 规定。

附表 A.3.2　建筑全部利用天然光时数 t_D

光气候区	办公	学校	旅馆	医院	展览	交通	体育	工业
I	2250	1794	3358	2852	3024	3358	3024	2300
II	2225	1736	3249	2759	2990	3249	2990	2225
III	2150	1677	3139	2666	2890	3139	2890	2150
IV	2075	1619	3030	2573	2789	3030	2789	2075
V	1825	1424	2665	2263	2453	2665	2453	1825

注：1. 全部利用天然光的时数是指室外天然光照度在设计照度值以上的时间。

　　2. 表中的数据是基于日均天然光利用时数计算的，没有考虑冬夏的差异，计算时应按实际使用情况确定。

5）计算建筑部分利用天然光时数 t'_D 时应符合附表 A.3.3 规定。

附表 A.3.3　建筑部分利用天然光时数 t'_D

光气候区	办公	学校	旅馆	医院	展览	交通	体育	工业
I	0	332	621	248	0	621	0	425
II	25	351	657	341	34	657	34	450
III	100	410	767	434	134	767	134	525
IV	175	429	803	527	235	803	235	550
V	425	507	949	806	571	949	571	650

注：部分利用天然光的时数是指设计照度和临界照度之间的时段。

A.3.4 数值分析结果与结论

◎ 数值分析结果

室内采光数值分析结果应包括:

1) 能够表达目标建筑和周边遮挡物位置关系的总平面图。

2) 通过模拟形成的目标建筑三维物理模型效果图。

3) 数值分析得到满足网格间距参考平面(民用建筑取距地面 0.75m)的采光系数平均值、室内参考平面采光系数等值线图,并列表统计主要功能房间及内区(一般为距外墙 5m 以内)满足标准的比例。

4) 室内参考平面天然光设计照度平均值、室内参考平面天然光设计照度等值线图,并列表统计主要功能房间及内区(一般为距外墙 5m 以内)满足标准的比例。

数值分析结果要求:

模拟结果的等值线图:应对计算结果的上下限进行调整,等值线图应体现出较明显的变化,并对结果进行说明。

◎ 对比分析

根据数值分析结果分析项目室内采光状态,将采光系数、室内天然光设计照度等结果与相关标准要求进行对比,判断达标情况。给出室内采光的优化措施与实施过程,对比分析优化后的项目室内采光状态。

◎ 结论

进行达标判定,并给出结论。

A.3.5 审查要点(附表 A.3.4)

附表 A.3.4　室内采光数值分析报告专家判断表

编号	审查要点	具体判断	是否满足
1	数值分析依据	数值分析基础数据有可靠来源,写明基础数据及参考的数据资料	
2	计算方法	采用光线追踪法计算时,光线反射次数不低于 5 次	
3	模型选取	天空模型选择 CIE 标准全阴天模型	
4	建筑模型（地上部分）	对影响建筑采光的各类建筑构件和其他特殊采光构件(如导光管等)进行了完整建模,并按照实际尺寸或根据已知条件进行设定	
		与目标建筑的室外地坪 15° 线相交的建筑,均予以建模	
		公共建筑采光计算考虑吊顶高度,窗对面遮挡物距窗中心平均高度不小于遮挡物与窗的距离的 0.27 倍时,考虑遮挡物对采光计算的影响	
	建筑模型（地下部分）	地下空间中各个功能房间,影响地下采光的主要地上建筑物,地下空间上的覆土和其他特殊采光构件(如导光管等)均进行了完整建模	

续表

编号	审查要点	具体判断	是否满足
5	计算区域	除了附属空间或避难所，其他所有的住区或功能区都被考虑为计算区域	
6	网格划分	对采光计算区域划分网格后，用各网格点的采光系数的算术平均值作为房间的平均采光系数	
		对于常见的 10～100m² 的房间，网格间距取 0.5m；对于大于 100m² 的大空间，网格间距取 1.0m；对于小于 10m² 的小房间，网格间距取 0.25m	
		满足网格最小间距小于窗洞尺寸、外窗遮阳构件后遮蔽物的尺寸	
7	边界条件	室外天然采光设计照度值和光气候系数取 1.20	
		室内各表面的反射比满足本书附表 A.3.1 要求	
		建筑玻璃的光热参数值、透明（透光）材料的光热参数值、常用反射膜材料的反射比、导光管系统的光热性能参数、饰面材料的反射比、窗结构的挡光折减系数、窗玻璃的污染折减系数、室内构件的挡光折减系数、井壁的挡光折减系数、采光罩的距高比参考《建筑采光设计标准》（GB 50033—2013）附录 D 表 D.0.1～D.0.10 选取	
		计算全部利用天然光时数满足本书附表 A.3.2 要求	
		计算部分利用天然光时数满足本书附表 A.3.3 要求	
8	数值分析结果	有能够表达目标建筑和周边遮挡物位置关系的总平面图	
		有目标建筑三维物理模型效果图	
		数值分析得到满足网格间距参考平面（民用建筑取距地面 0.75m）的采光系数平均值、室内参考平面采光系数等值线图	
		室内参考平面天然光设计照度平均值、室内参考平面天然光设计照度等值线图	
		不同建筑类型对应满足《建筑采光设计标准》（GB 50033—2013）的要求	
		公共建筑主要功能房间 60%以上面积的采光系数满足现行国家标准《建筑采光设计标准》（GB 50033—2013）的要求	

附录 A.4　重庆市绿色建筑自评估报告性能分析要求
——室内风环境数值分析报告提纲及要求

A.4.1　综合概况

◎　项目基本信息

数值分析报告中项目基本信息项目应包括但不限于：用地性质、项目的总平面布局、建筑面积、建筑功能、建筑朝向、窗墙比、主要户型等说明。

◎　标准要求

数值分析报告中标准要求应包括：对应的绿色建筑标准及条款、标准规定的计算要求、评分要求及达标要求。

◎ 数值分析依据

数值分析依据应包括但不限于：应写明基础数据及来源，如气象参数、室外风压差参数、数值分析建筑信息等。

数据来源：

1）《民用建筑供暖通风与空气调节设计规范》（GB 50736—2012）。

2）《中国建筑热环境分析专用气象数据集》[*]。

3）室外风压差参数：根据室外风场模拟结果，得出建筑迎风面及背风面的前后平均风压差。

分析过程可参考《民用建筑绿色性能计算标准》（JGJ/T 449—2018）要求进行。

A.4.2 数值分析方法

◎ 分析方法

数值分析报告中分析方法应包括但不限于：数值分析采用的分析方法和基本流程。

数值分析方法要求如下。

（1）模型选取

1）采用 3D 模型并满足 N-S 方程。

2）湍流模型可采用标准 k-ε 模型，推荐采用各向异性湍流模型，如 KECHEN 模型进行稳态计算。

（2）差分格式

避免采用一阶差分格式。

（3）模拟工况

重点考虑过渡季节和夏季情况下主要功能房间的自然通风情况。

根据室外风场模拟结果，得出建筑迎风面及背风面的前后平均风压差，同时根据气象参数查询室外空气干球温度，作为室内风场模拟的边界条件。

模拟工况的条件说明可参考附表 A.4.1。

附表 A.4.1　模拟工况示例

通风期	模拟日期	前后风压差/Pa	风向	进风温度/℃
适宜通风期（春秋季）	5 月 3 日	3.5	NNW	26
间歇通风期（夏季）	8 月 1 日	4.3	NW	32

在大区域 CFD 模拟的基础上来评估所选 5 栋户型周围的气流分布。所有的户型模型都要插入到原有的大范围模型中去。

---

[*] 中国气象局气象信息中心资料室，清华大学建筑技术科学系. 中国建筑热环境分析专用气象数据集[M]. 北京：中国建筑工业出版社，2005.

◎ 数值分析软件

数值分析报告应包括：数值分析计算软件的介绍。

常用数值分析软件简介同本书附录 A.2.1。

A.4.3　模型建立

◎ 模型建立

数值分析报告模型建立时应包括但不限于：物理模型、计算区域、网格展示和建模说明。

模型建立要求。

（1）建筑模型

根据项目建筑楼层平面图和门窗大样图，建立建筑室内模型和门窗实际可开启部分的模型。此外，物理模型构建还应包括：

1）要求选出至少 5 户典型户型，要求尽可能地代表更多的户型单元。如果建筑的户型种类少于 5 种，则要求列出所有户型。

2）建筑门窗及其他通风口均应根据常见的开闭情况进行建模。

3）自然通风的通风口开口面积应按照实际的开启面积进行设置。

4）目标建筑的室内空间的建模对象应包含所有室内隔断（如大型橱柜类家具，可不包含桌椅等不显著阻隔通风的家具）。

（2）计算区域

室内模拟计算域边界为目标建筑外围护结构。除了附属空间或避难所，其他所有的住区或功能区都应当被考虑。

（3）网格划分

室内的网格应能反映所有显著阻隔通风的室内设施，网格过渡比不宜大于 2，一般建议为 1.2～1.5，此外，还应满足以下要求：

1）水平面最小网格尺寸不大于内墙厚度，内墙内至少一个网格，网格纵横比不大于 3 且不小于 1/3；垂直方向网格纵横比不大于 3 且不小于 1/3，一般网格数不低于 10。

2）一般门窗实际可开启部分网格至少 4 个，有条件时，网格数在 9 个以上。室内网格尺寸推荐 0.1～0.2m。

3）对于抽象出来的厚度为零的内墙和外墙，其内墙和外墙要能被识别。

4）污染源、送风口附近或其他物理量梯度较大的区域应加密网格。

模型建立建议：

采用室内外联合模拟的方法时宜采用多尺度网格，采用多尺度网格时，目标建筑较远处网格疏松，目标建筑近处网格加密。应在网格构建完成后对网格独立性进行说明。

◎ 边界条件

数值分析报告边界条件应包括但不限于：边界条件、初始设置条件、气象参数及其他控制参数的设定方法和计算精度说明。

边界条件要求：

1）模拟都应该在当地年平均气象参数的等温线条件和稳态条件下进行，并且室内风环境模型应在室外空气绝热条件下完成。

2）基于过渡季节典型的风向和风速室外风环境模拟结果，根据建筑立面风压作为室内自然通风模拟的边界条件。

3）室内风环境模拟的入口边界条件需基于室外风环境模拟靠近室内入口处取值，地面和墙面粗糙系数设置进行单独说明（无特殊要求时墙面 0.5，地面 0.8）。

压力取值要求：

1）依据室外风环境模拟结果，在各个开窗通风口距离 0.5m 处读取压力大小，并读取各个户型的前后压差。所选平面须位于建筑的中间位置，如果典型户型不在建筑的中间位置，那么必须截取距离建筑中间位置最近的建筑户型进行选取。

2）平均风压差值取每个典型户型不同户在相应高度水平的压差平均值。

3）选择的典型户型的风压差值应不超过平均风压差值的 ±10%。

A.4.4 数值分析结果与结论

◎ 数值分析结果

室内风环境数值分析结果应包括：

1）数值分析得到 10 个网格及以上、人员主要活动区域距地 1.5m 高度的风速分布云图、风速矢量图、平均风速和最大风速列表；考虑热边界条件的自然通风模拟应包含温度分布云图、典型剖面的温度分布云图。

2）包含 4 个网格以上的主要通风口开口截面的速度、压力分布云图、矢量图或温度分布图。

3）室内空气龄分布云图。

4）建筑主要功能房间的换气次数。

数值分析结果要求：

1）云图要求：应对计算结果的上下限进行调整，压力云图和风速云图应体现出较明显的变化，风速矢量图应反映出风流场的气流，并对结果进行说明。

2）计算收敛性要求：计算应在求解充分收敛的情况下停止，即确定残差曲线下降，趋于平线，残差变化率小于 0.001。

◎ 对比分析

根据数值分析结果分析项目室内风环境状态，将换气次数等结果与相关标准要求进行对比，判断达标情况。给出室内风环境的优化措施与实施过程，对比分析优化后的项目室内风环境状态。

◎　结论

进行达标判定，并给出结论。

A.4.5　审查要点（附表 A.4.2）

附表 A.4.2　室内风环境数值分析报告专家判断表

编号	审查要点	具体判断	是否满足
1	数值分析依据	数值分析基础数据有可靠来源，给出参数参考的数据资料	
2	模型选取	数值分析时采用 k-ε 模型、KECHEN 模型或其他适用于计算对象模型	
3	差分格式	未采用一阶差分格式	
4	模拟工况	有适宜通风期（春秋季）、间歇通风期（夏季）两个典型工况的模拟结果	
5	建筑模型	建模时选择尽可能地代表更多的户型单元且至少 5 户典型户型	
		门窗开口面积及开启情况按实际情况进行建模	
		建模对象包含室内空间的所有室内隔断	
6	计算区域	室内模拟计算域边界为目标建筑外围护结构	
		除了附属空间或避难所，其他所有的住区或功能区都被考虑	
7	网格划分	室内的网格能反映所有显著阻隔通风的室内设施，网格过渡比不宜大于 2	
		水平面最小网格尺寸不大于内墙厚度，内墙内至少一个网格，网格纵横比不大于 3 且不小于 1/3；垂直方向网格纵横比不大于 3 且不小于 1/3，一般网格数不低于 10	
		一般门窗实际可开启部分网格至少 4 个	
		对于抽象出来的厚度为零的内墙和外墙，其内墙和外墙能被识别	
8	边界条件	数值分析在当地年平均气象参数的等温线条件和稳态条件下进行	
		室内风环境模型应在室外空气绝热条件下完成	
		基于过渡季节典型的风向和风速室外风环境模拟结果，根据建筑立面风压作为室内自然通风模拟的边界条件	
		地面和墙面粗糙系数设置进行单独说明（无特殊要求时墙面 0.5，地面 0.8）	
		依据室外风环境模拟结果，在各个开窗通风口距离 0.5m 处读取压力大小，并读取各个户型的前后压差	
		平均风压差值取每个典型户型不同户在相应高度水平的压差平均值	
		选择的典型户型的风压差值应不超过平均风压差值的 ±10%	
9	数值分析结果	数值分析得到 10 个网格及以上人员主要活动区域距地 1.5m 高度风速分布云图、风速矢量图、平均风速和最大风速列表；考虑热边界条件的自然通风模拟应包含温度分布云图，典型剖面的温度分布云图	
		包含 4 个网格以上的主要通风口开口截面的速度、压力分布云图、矢量图，或温度分布图	
		室内空气龄分布云图	
		建筑主要功能房间的换气次数	

附录 A.5   重庆市绿色建筑自评估报告性能分析要求
——供暖空调系统能耗模拟分析报告提纲及要求

A.5.1   综合概况

◎ 项目基本信息

能耗模拟报告中项目基本信息项目应包括但不限于：建筑的形状、大小、朝向，内部的空间划分和使用功能、建筑构造尺寸，建筑围护结构传热系数、做法，外窗（包括透光幕墙）太阳得热系数，窗墙面积比和屋面开窗面积。

◎ 标准要求

能耗模拟报告中标准要求应包括：对应的绿色建筑标准及条款、标准规定的计算要求、评分要求和达标要求。

◎ 能耗模拟依据

能耗模拟依据应明确其来源，包括但不限于：应写明基础数据及来源，例如气象参数来源、建筑室内人员数量、照明功率、设备功率、室内温度、供暖和空调系统运行时间等。

数据来源：

1）《民用建筑供暖通风与空气调节设计规范》（GB 50736—2012）。

2）《公共建筑节能设计标准》（GB 50189—2015）。

分析过程可参考《民用建筑绿色性能计算标准》（JGJ/T 449—2018）要求进行。

A.5.2   能耗模拟方法

◎ 计算方法

能耗模拟报告中计算方法应包括但不限于：能耗模拟采用的计算方法、计算参数选取和基本流程。

（1）基本要求

1）空调区的冬季热负荷和夏季冷负荷应进行逐时计算。

2）空调区的夏季冷负荷，应根据各项得热量的种类、性质以及空调区的蓄热特性，分别进行计算。

3）空调系统的夏季冷负荷，应按下列规定确定：

① 末端设备设有温度自动控制装置时，空调系统的夏季冷负荷按所服务各空调区逐时冷负荷的综合最大值确定。

② 末端设备无温度自动控制装置时，空调系统的夏季冷负荷按所服务各空调

区冷负荷的累计值确定。

③ 应计入新风冷负荷、再热负荷以及各项有关的附加冷负荷。

④ 应考虑所服务各空调区的同时使用系数。

4）空调区的下列各项得热量，应按非稳态方法计算其形成的夏季冷负荷，不应将其逐时值直接作为各对应时刻的逐时冷负荷值：

① 通过围护结构传入的非稳态传热量。

② 通过透明围护结构进入的太阳辐射热量。

③ 人体散热量。

④ 非全天使用的设备、照明灯具散热量等。

5）空调区的下列各项得热量，可按稳态方法计算其形成的夏季冷负荷：

① 室温允许波动范围大于或等于±1℃的空调区，通过非轻型外墙传入的传热量。

② 空调区与邻室的夏季温差大于3℃时，通过隔墙、楼板等内围护结构传入的传热量。

③ 人员密集空调区的人体散热量。

④ 全天使用的设备、照明灯具散热量等。

6）空调区的夏季冷负荷计算，应符合下列规定：

① 舒适性空调可不计算地面传热形成的冷负荷；工艺性空调有外墙时，宜计算距外墙2m范围内的地面传热形成的冷负荷。

② 计算人体、照明和设备等散热形成的冷负荷时，应考虑人员群集系数、同时使用系数、设备功率系数和通风保温系数等。

③ 屋顶处于空调区之外时，只计算屋顶进入空调区的辐射部分形成的冷负荷；高大空间采用分层空调时，空调区的逐时冷负荷可按全室性空调计算的逐时冷负荷乘以小于1的系数确定。

（2）能耗模拟计算方法要求

1）以建筑供暖空调系统节能率φ为评价指标，可参照下式计算：

$$\varphi_{HVAC} = \left(1 - \frac{Q_{HVAC}}{Q_{HVAC,ref}}\right) \times 100\%$$

式中，Q_{HVAC}——设计建筑空调采暖系统全年能耗，GJ；

　　　$Q_{HVAC,ref}$——参照建筑空调采暖系统全年能耗，GJ。

2）全年空调和供暖总耗电量应按下式计算：

$$E = E_C + E_H$$

式中，E——全年供暖和空调总耗电量，$kW \cdot h/m^2$；

　　　E_C——全年空调耗电量，$kW \cdot h/m^2$；

　　　E_H——全年供暖耗电量，$kW \cdot h/m^2$。

3）全年空调耗电量应按下式计算：

$$E_C = \frac{Q_C}{A \times SCOP_T}$$

式中，Q_C——全年累计耗冷量（通过动态模拟软件计算得到），$kW \cdot h$；

A——总建筑面积，m^2；

$SCOP_T$——供冷系统综合性能系数，取 2.50。

4）重庆地区全年供暖耗电量应按下式计算：

$$E_H = \frac{Q_H}{A\eta_1 q_1 q_2}\varphi$$

式中，η_1——热源为燃气锅炉的供暖系统综合效率，取 0.75；

q_1——标准天然气热值，取 $9.87kW \cdot h/m^3$；

q_2——发电煤耗（$kgce/kW \cdot h$）取 $0.360kgce/kW \cdot h$（$1kgce=29.3MJ$）；

φ——天然气与标煤折算系数，取 $1.21kgce/m^3$。

◎ 能耗模拟软件

能耗模拟报告应包括：能耗模拟计算软件的介绍，由于不同软件的负荷计算方法可能不同，所以其分析方法应与软件相对应。

常用能耗模拟软件简介如下。

（1）DeST

DeST-h 主要用于住宅建筑热特性的影响因素分析、住宅建筑热特性指标的计算、住宅建筑的全年动态负荷计算、住宅室温计算、末端设备系统经济性分析等领域。DeST-c 是 DeST 开发组针对公共建筑特点推出的专用于公共建筑辅助设计的版本，根据建筑及其空调方案设计的阶段性，DeST-c 对公共建筑的模拟分成建筑室内热环境模拟、空调方案模拟、输配系统模拟、冷热源经济性分析几个阶段，对应的服务于建筑设计的初步设计（研究建筑物本身的特性）、方案设计（研究系统方案）、详细设计（设备选型、管路布置、控制设计等）几个阶段，很好的根据各个阶段设计模拟分析反馈以指导各阶段的设计。

（2）DOE-2

DOE-2，是一个按小时对建筑物能耗分析的软件，可计算建筑物能量性能和设备运行的寿命周期成本（LCC），当前版本是 DOE-2.1E。DOE-2 有四个输入模块（气象数据文件、用户数据文件、建筑材料数据库、围护结构构造数据库），五个处理模块（建筑描述语言预处理程序、负荷模拟、系统模拟、机组模拟、经济分析），四个输出模块（负荷报告、系统报告、机组报告和经济分析报告）。

（3）EnergyPlus

EnergyPlus 是在软件 BLAST 和 DOE-2 基础上进行开发的，具有 BLAST 和 DOE-2 的优点。EnergyPlus 能够根据建筑的物理组成和机械系统（暖通空调系统）

计算建筑的冷热负荷，这是通过暖通空调系统维持室内设定温度。EnergyPlus 还能够输出非常详细的各项数据，如通过窗户的太阳辐射得热等，来和真实的数据进行验证。EnergyPlus 既能够进行建筑冷热负荷计算，也能进行建筑全年动态能耗计算。EnergyPlus 采用集成同步的负荷/系统/设备的模拟方法。在计算负荷时，时间步长可由用户选择，一般为 10~15min。在系统的模拟中，软件会自动设定更短的步长（小至数秒，大至 1h）以便于更快地收敛。EnergyPlus 采用 CTF 来计算墙体传热，采用热平衡法计算负荷。

A.5.3　模型建立

◎　模型建立

能耗模拟报告模型建立时应包括但不限于：能够表达目标建筑和周边遮挡物位置关系的总平面图；通过模拟形成的目标建筑三维物理模型效果图；设计建筑和参照建筑的供暖空调系统选取及建模说明。

（1）物理模型建立及简化基本原则

1）物理模型的几何尺寸应按照实际建筑尺寸 1∶1 构建，应包含主要功能空间，并且区分建筑内外分区。

2）非空调空间可以合理合并，同方向同功能的相邻空间可以按需要合并。

3）对于中庭空间，应合理区分竖向温度分区；对于无竖向温度差异的标准层建筑，建模时可以用"典型层"简化。

4）不应忽略周边建筑的遮挡以及建筑的自遮挡。

5）不透光围护结构应根据输入的建筑各立面和屋面的非透光部位主体结构层、保温层、找坡层等材料和厚度，考虑建筑围护结构的蓄热性能。

6）透光围护结构要求根据模拟软件建立的建筑模型和外遮阳设施，按现行国家标准《民用建筑热工设计规范》（GB 50176—2016）的计算方法计算透光部位的太阳得热系数（SHGC）。

（2）设计建筑及参照建筑建模原则

1）设计建筑的形状、大小、朝向、内部的空间划分和使用功能、建筑构造尺寸、建筑围护结构传热系数、做法、外窗（包括透光幕墙）太阳得热系数、窗墙面积比、屋面开窗面积应与建筑设计文件一致。

2）参照建筑的形状、大小、朝向、内部的空间划分和使用功能、建筑构造尺寸应与设计建筑一致；当设计建筑的屋顶透光部分的面积大于《公共建筑节能设计标准》（GB 50189—2015）第 3.2.7 条的规定时，参照建筑的屋顶透光部分的面积应按比例缩小，使参照建筑的屋顶透光部分的面积符合《公共建筑节能设计标准》（GB 50189—2015）第 3.2.7 条的规定。

3）参照建筑围护结构做法应与建筑设计文件一致，围护结构热工性能参数取值应符合《公共建筑节能设计标准》（GB 50189—2015）第 3.3 节的规定。

（3）设计系统及参照系统选取原则

设计系统及参照系统的选取应满足表 5.33 要求。

参照建筑的集中空调系统、单元式机组、新风热回收系统、水泵的一次泵、二次泵系统等选取要求应满足《绿色建筑评价标准》（DBJ50/T-066—2014）第 5.2.7 条要求。

◎ 计算条件

能耗模拟报告计算条件应包括但不限于：设计建筑和参照建筑的空气调节和供暖系统运行时间、室内温度、照明功率密度值及开关时间、房间人均占有的使用面积及在室率、人员新风量及新风机组运行时间表、电气设备功率密度及使用率、室内热源散热量辐射和对流的比例、人员散热量和散湿量的设定方法。

1）计算设计建筑全年累计耗冷量和累计耗热量时，应符合下列规定：

建筑的空气调节和供暖系统运行时间、室内温度、照明功率密度值及开关时间、房间人均占有的使用面积及在室率、人员新风量及新风机组运行时间表、电气设备功率密度及使用率、室内热源散热量辐射和对流的比例、人员散热量和散湿量应按附表 A.5.1～附表 A.5.16 设置。

附表 A.5.1　空气调节和供暖系统的日运行时间

建筑类别	系统工作时间	
办公建筑	工作日	7:00～18:00
	节假日	—
校园建筑——教学楼	工作日	7:00～18:00
	节假日	—
商店建筑	全年	8:00～21:00
医疗建筑——门诊楼	全年	8:00～21:00
宾馆建筑	全年	1:00～24:00
公路客运站	全年	8:00～22:00
铁路客运站	全年	7:00～24:00
航空港——旅客公共区	全年	0:00～24:00
体育建筑	全年	9:00～21:00
观演建筑	全年	10:00～22:00
展览建筑	全年	10:00～21:00

附表 A.5.2　办公建筑、教学楼、宾馆建筑、住院部、商店建筑、门诊楼供暖空调区室内温度

建筑类别	运行时段	运行模式	下列计算时刻/h 供暖空调区室内设定温度/℃											
			1	2	3	4	5	6	7	8	9	10	11	12
办公建筑、教学楼	工作日	空调	37	37	37	37	37	37	28	26	26	26	26	26
		供暖	5	5	5	5	5	12	18	20	20	20	20	20
	节假日	空调	37	37	37	37	37	37	37	37	37	37	37	37
		供暖	5	5	5	5	5	5	5	5	5	5	5	5

续表

建筑类别	运行时段	运行模式	下列计算时刻/h 供暖空调区室内设定温度/℃											
			1	2	3	4	5	6	7	8	9	10	11	12
宾馆建筑、住院部	全年	空调	25	25	25	25	25	25	25	25	25	25	25	25
		供暖	22	22	22	22	22	22	22	22	22	22	22	22
商店建筑、门诊楼	全年	空调	37	37	37	37	37	37	37	28	25	25	25	25
		供暖	5	5	5	5	5	5	12	16	18	18	18	18

建筑类别	运行时段	运行模式	下列计算时刻/h 供暖空调区室内设定温度/℃											
			13	14	15	16	17	18	19	20	21	22	23	24
办公建筑、教学楼	工作日	空调	26	26	26	26	26	26	37	37	37	37	37	37
		供暖	20	20	20	20	20	20	18	12	5	5	5	5
	节假日	空调	37	37	37	37	37	37	37	37	37	37	37	37
		供暖	5	5	5	5	5	5	5	5	5	5	5	5
宾馆建筑、住院部	全年	空调	25	25	25	25	25	25	25	25	25	25	25	25
		供暖	22	22	22	22	22	22	22	22	22	22	22	22
商店建筑、门诊楼	全年	空调	25	25	25	25	25	25	25	25	37	37	37	37
		供暖	18	18	18	18	18	18	18	18	12	5	5	5

附表 A.5.3 其他类型建筑供暖空调区室内温度

运行模式	时间	室内空气温度/℃
空调	正常工作	26
	正常工作时间的前 1h	28
	其他	37
供暖	正常工作	18
	正常工作时间的前 1h	15
	其他	5

附表 A.5.4 照明功率密度值

建筑类别		照明功率密度/（W/m²）
办公建筑		9.0
校园建筑——教学楼		9.0
商店建筑	一般商场	10.0
	高档商场	16.0
医疗建筑——门诊楼		9.0
宾馆建筑		7.0
交通建筑——候车（机）、售票、出发大厅		9.0
体育建筑		7.0
观演建筑		9.0
展览建筑		10.0

附表 A.5.5 办公建筑、教学楼、宾馆建筑、住院部、商店建筑、门诊楼照明开启率时间表

建筑类别	运行时段	下列计算时刻/h 照明开启率/%											
		1	2	3	4	5	6	7	8	9	10	11	12
办公建筑、教学楼	工作日	0	0	0	0	0	0	10	50	95	95	95	80
	节假日	0	0	0	0	0	0	0	0	0	0	0	0

续表

建筑类别	运行时段	下列计算时刻/h 照明开启率/%											
		1	2	3	4	5	6	7	8	9	10	11	12
宾馆建筑、住院部	全年	10	10	10	10	10	10	30	30	30	30	30	30
商店建筑、门诊楼	全年	10	10	10	10	10	10	10	50	60	60	60	60

建筑类别	运行时段	下列计算时刻/h 照明开启率/%											
		13	14	15	16	17	18	19	20	21	22	23	24
办公建筑、教学楼	工作日	80	95	95	95	95	30	30	0	0	0	0	0
	节假日	0	0	0	0	0	0	0	0	0	0	0	0
宾馆建筑、住院部	全年	30	30	50	50	60	90	90	90	90	80	10	10
商店建筑、门诊楼	全年	60	60	60	60	80	90	100	100	100	10	10	10

附表 A.5.6　其他类型建筑照明开启率时间表

时间	照明开启率/%
正常工作	90
正常工作时间的前 1h	20
其他	10

附表 A.5.7　不同类型房间人均占有的建筑面积

建筑类别		人均占有的建筑面积/（m²/人）
办公建筑		10.0
校园建筑——教学楼		6.0
商店建筑	一般商场	5.0
	高档商场	10.0
医疗建筑——门诊楼		8.0
宾馆建筑		25.0
交通建筑——候车（机）、售票、出发大厅		10.0
体育建筑		4.0
观演建筑		4.0
展览建筑		4.0

附表 A.5.8　办公建筑、教学楼、宾馆建筑、住院部、商店建筑、门诊楼房间人员逐时在室率

建筑类别	运行时段	下列计算时刻/h 房间人员逐时在室率/%											
		1	2	3	4	5	6	7	8	9	10	11	12
办公建筑、教学楼	工作日	0	0	0	0	0	0	10	50	95	95	95	80
	节假日	0	0	0	0	0	0	0	0	0	0	0	0
宾馆建筑	全年	70	70	70	70	70	70	70	50	50	50	50	50
住院部	全年	95	95	95	95	95	95	95	95	95	95	95	95
商店建筑	全年	0	0	0	0	0	0	0	20	50	80	80	80
门诊楼	全年	0	0	0	0	0	0	0	20	50	95	80	40

建筑类别	运行时段	下列计算时刻/h 房间人员逐时在室率/%											
		13	14	15	16	17	18	19	20	21	22	23	24
办公建筑、教学楼	工作日	80	95	95	95	95	30	30	0	0	0	0	0
	节假日	0	0	0	0	0	0	0	0	0	0	0	0
宾馆建筑	全年	50	50	50	50	50	50	70	70	70	70	70	70

续表

建筑类别	运行时段	下列计算时刻/h 房间人员逐时在室率/%											
		13	14	15	16	17	18	19	20	21	22	23	24
住院部	全年	95	95	95	95	95	95	95	95	95	95	95	95
商店建筑	全年	80	80	80	80	80	80	80	70	50	0	0	0
门诊楼	全年	20	50	60	60	20	20	0	0	0	0	0	0

附表 A.5.9 其他类型建筑房间人员逐时在室率

时间	房间人员逐时在室率/%
正常工作	90
正常工作时间的前 1h	10
其他	0

附表 A.5.10 不同类型房间的人均新风量

建筑类别		新风量/ [m³/（h·人）]
办公建筑		30.0
校园建筑——教学楼		30.0
商店建筑	一般商场	15.0
	高档商场	20.0
医疗建筑——门诊楼		30.0
宾馆建筑		30.0
交通建筑——候车（机）、售票、出发大厅		20.0
体育建筑		20.0
观演建筑		14.0
展览建筑		20.0

附表 A.5.11 新风运行情况（1表示新风开启，0表示新风关闭）

建筑类别	运行时段	下列计算时刻/h 新风运行情况											
		1	2	3	4	5	6	7	8	9	10	11	12
办公建筑、教学楼	工作日	0	0	0	0	0	0	1	1	1	1	1	1
	节假日	0	0	0	0	0	0	0	0	0	0	0	0
宾馆建筑	全年	1	1	1	1	1	1	1	1	1	1	1	1
住院部	全年	1	1	1	1	1	1	1	1	1	1	1	1
商店建筑	全年	0	0	0	0	0	0	0	1	1	1	1	1
门诊楼	全年	0	0	0	0	0	0	0	1	1	1	1	1

建筑类别	运行时段	下列计算时刻/h 新风运行情况											
		13	14	15	16	17	18	19	20	21	22	23	24
办公建筑、教学楼	工作日	1	1	1	1	1	1	1	0	0	0	0	0
	节假日	0	0	0	0	0	0	0	0	0	0	0	0
宾馆建筑	全年	1	1	1	1	1	1	1	1	1	1	1	1
住院部	全年	1	1	1	1	1	1	1	1	1	1	1	1
商店建筑	全年	1	1	1	1	1	1	1	1	1	0	0	0
门诊楼	全年	1	1	1	1	1	1	0	0	0	0	0	0

注：其他类型建筑按照其实际工作情况确定新风运行情况。

附表 A.5.12　不同类型房间电器设备功率密度

建筑类别		电器设备功率密度/（W/m²）
办公建筑		15.0
校园建筑——教学楼		5.0
商店建筑	一般商场	10.0
	高档商场	20.0
医疗建筑——门诊楼		20.0
宾馆建筑		15.0
交通建筑——候车（机）、售票、出发大厅		10.0
体育建筑		10.0
观演建筑		10.0
展览建筑		10.0

附表 A.5.13　办公建筑、教学楼、宾馆建筑、住院部、商店建筑、门诊楼电气设备逐时使用率

建筑类别	运行时段	下列计算时刻/h 电气设备逐时使用率/%											
		1	2	3	4	5	6	7	8	9	10	11	12
办公建筑、教学楼	工作日	0	0	0	0	0	0	10	50	95	95	95	50
	节假日	0	0	0	0	0	0	0	0	0	0	0	0
宾馆建筑	全年	0	0	0	0	0	0	0	0	0	0	0	0
住院部	全年	95	95	95	95	95	95	95	95	95	95	95	95
商店建筑	全年	0	0	0	0	0	0	30	50	80	80	80	
门诊楼	全年	0	0	0	0	0	0	20	50	95	80	40	
建筑类别	运行时段	下列计算时刻/h 电气设备逐时使用率/%											
		13	14	15	16	17	18	19	20	21	22	23	24
办公建筑、教学楼	工作日	50	95	95	95	95	30	30	0	0	0	0	0
	节假日	0	0	0	0	0	0	0	0	0	0	0	0
宾馆建筑	全年	0	0	0	0	0	80	80	80	80	80	0	0
住院部	全年	95	95	95	95	95	95	95	95	95	95	95	95
商店建筑	全年	80	80	80	80	80	80	80	70	50	0	0	0
门诊楼	全年	20	50	60	60	20	20	0	0	0	0	0	0

附表 A.5.14　其他类型建筑电气设备逐时使用率

时间	电气设备逐时使用率/%
正常工作	85
正常工作时间的前 1h	10
其他	0

附表 A.5.15　室内热源散热量辐射和对流的比例

热源	辐射比例/%	对流比例/%
照明	67	33

续表

热源	辐射比例/%	对流比例/%
设备	30	70
人体显热	40	60

附表 A.5.16　人员散热量和散湿量

建筑类别	显热/（W/人）	潜热/（W/人）	散湿量/［g/（h·人）］
办公建筑	61	46	68
校园建筑——教学楼	61	46	68
商店建筑	58	123	184
医疗建筑——门诊楼	61	46	68
宾馆建筑	62	46	68
交通建筑——候车（机）、售票、出发大厅	61	73	109
体育建筑	61	73	109
观演建筑	62	46	68
展览建筑	61	73	109

2）计算参照建筑全年累计耗冷量和累计耗热量时，应符合下列规定：

建筑空气调节和供暖系统的运行时间、室内温度、照明功率密度及开关时间、房间人均占有的使用面积及在室率、人员新风量及新风机组运行时间表、电气设备功率密度及使用率应与设计建筑一致。

A.5.4　能耗模拟结果与结论

◎　能耗模拟结果

供暖空调系统能耗模拟结果应包括建筑全年供暖空调总负荷与总耗电量。

能耗模拟结果要求：

1）应以参照建筑与设计建筑的供暖和空气调节总耗电量作为其能耗判断的依据。

2）参照建筑与设计建筑的供暖耗气量应折算为耗电量。

◎　对比分析

根据能耗模拟结果分析项目暖通空调系统能耗降低幅度，将设计建筑和参照建筑的传热系数、全年供暖空调总耗电量等结果进行对比，得出其能耗降低幅度结果，判断达标情况。报告中给出暖通空调系统的优化措施与实施过程。

◎　结论

对结果进行达标判定，并给出结论。

A.5.5 审查要点（附表 A.5.17）

附表 A.5.17 供暖空调系统能耗模拟分析报告专家判断表

编号	审查要点	具体判断	是否满足
1	能耗模拟依据	能耗模拟基础数据有可靠来源，写明基础数据及参考的数据资料	
2	计算基本要求	空调区的冬季热负荷和夏季冷负荷应进行逐时计算	
		空调区的夏季冷负荷，根据各项得热量的种类、性质以及空调区的蓄热特性，分别进行计算	
		空调系统的夏季冷负荷，应按下列规定确定： ① 末端设备设有温度自动控制装置时，空调系统的夏季冷负荷按所服务各空调区逐时冷负荷的综合最大值确定； ② 末端设备无温度自动控制装置时，空调系统的夏季冷负荷按所服务各空调区冷负荷的累计值确定； ③ 应计及新风冷负荷、再热负荷以及各项有关的附加冷负荷； ④ 应考虑所服务各空调区的同时使用系数	
		空调区的得热量稳态方法计算和非稳态方法计算合理应用，满足要求	
		空调区的夏季冷负荷计算，应符合下列规定： ① 舒适性空调可不计算地面传热形成的冷负荷；工艺性空调有外墙时，宜计算距外墙 2m 范围内的地面传热形成的冷负荷。 ② 计算人体、照明和设备等散热形成的冷负荷时，应考虑人员群集系数、同时使用系数、设备功率系数和通风保温系数等。 ③ 屋顶处于空调区之外时，只计算屋顶进入空调区的辐射部分形成的冷负荷；高大空间采用分层空调时，空调区的逐时冷负荷可按全室性空调计算的逐时冷负荷乘以小于 1 的系数确定	
3	计算方法要求	用 $\varphi_{HVAC} = \left(1 - \dfrac{Q_{HVAC}}{Q_{HVAC,ref}}\right) \times 100\%$ 计算建筑供暖空调系统节能率	
		用 $E = E_C + E_H$ 计算全年空调和供暖总耗电量	
		用 $E_C = \dfrac{Q_C}{A \times SCOP_T}$ 计算全年空调耗电量	
		用 $E_H = \dfrac{Q_H}{A\eta_1 q_1 q_2}\varphi$ 计算全年供暖耗电量	
4	建筑模型建立	物理模型的几何尺寸应按照实际建筑尺寸 1:1 构建，应包含主要功能空间，并且区分建筑内外分区	
		非空调空间合理合并，同方向同功能的相邻空间按需要合并	
		对于中庭空间，合理区分竖向温度分区；对于无竖向温度差异的标准层建筑，建模时可以用"典型层"简化	
		不应忽略周边建筑的遮挡以及建筑的自遮挡	
		不透光围护结构应根据输入的建筑各立面和屋面的非透光部位主体结构层、保温层、找坡层等材料和厚度，考虑建筑围护结构的蓄热性能	
		透光围护结构要求根据模拟软件建立的建筑模型和外遮阳设施，按现行国家标准《民用建筑热工设计规范》（GB 50176—2016）的计算方法计算透光部位的太阳得热系数（SHGC）	

编号	审查要点	具体判断	是否满足
4	建筑模型建立	设计建筑的形状、大小、朝向、内部的空间划分和使用功能、建筑构造尺寸、建筑围护结构传热系数、做法、外窗（包括透光幕墙）太阳得热系数、窗墙面积比、屋面开窗面积应与建筑设计文件一致	
		参照建筑的形状、大小、朝向、内部的空间划分和使用功能、建筑构造尺寸应与设计建筑一致；当设计建筑的屋顶透光部分的面积大于《公共建筑节能设计标准》（GB 50189—2015）第 3.2.7 条的规定时，参照建筑的屋顶透光部分的面积应按比例缩小，使参照建筑的屋顶透光部分的面积符合《公共建筑节能设计标准》（GB 50189—2015）第 3.2.7 条的规定	
		参照建筑围护结构做法应与建筑设计文件一致，围护结构热工性能参数取值应符合《公共建筑节能设计标准》（GB 50189—2015）第 3.3 节的规定	
5	供暖空调系统选取	设计系统及参照系统的选取应满足本书附表 A.5.1 要求	
6	计算条件	建筑的空气调节和供暖系统运行时间、室内温度、照明功率密度值及开关时间、房间人均占有的使用面积及在室率、人员新风量及新风机组运行时间表、电气设备功率密度及使用率、室内热源散热量辐射和对流的比例、人员散热量和散湿量应按本书附表 A.5.1～附表 A.5.17 设置	
		建筑空气调节和供暖系统的运行时间、室内温度、照明功率密度及开关时间、房间人均占有的使用面积及在室率、人员新风量及新风机组运行时间表、电气设备功率密度及使用率应与设计建筑一致	
7	能耗模拟结果	建筑全年供暖空调总负荷与总耗电量	
		以参照建筑与设计建筑的供暖和空气调节总耗电量作为其能耗判断的依据	
		参照建筑与设计建筑的供暖耗煤量和耗气量应折算为耗电量	

附录 B 计算分析报告提纲及要求

附录 B.1 重庆市绿色建筑自评估报告性能分析要求
——土石方平衡分析计算报告提纲及要求

B.1.1 综合概况

◎ 项目基本信息

项目基本信息项目应包括但不限于：建筑位置、占地面积、建筑面积、绝对标高、场地平均高程、室外地坪设计标高、建筑基底面积、工程地下室回填量（实方）、实际留存土方能力。

◎ 标准要求

标准要求应包括：对应的绿色建筑标准及条款、标准规定的计算要求、评分要求及达标要求。

B.1.2 计算过程

◎ 计算依据

计算依据应包括但不限于：应写明基础数据及来源、参考标准、资料，例如地形参数、计算建筑具体信息、地质情况及周围环境等。
1）《建筑地基基础工程施工质量验收标准》（GB 50202—2018）。
2）工程施工图纸。
3）工程场地详细勘察阶段岩土工程勘察报告书。
4）施工组织设计及土方开挖专项施工方案。

◎ 计算方法

计算方法应包括但不限于：介绍计算基本方法和流程。
例如：方格网计算法（也可采用其他计算方法）。
（1）划方格网

根据地形图划分方格网，尽量使其与测量或施工坐标网重合，方格一般采用（20m×20m）～（40m×40m）（地形平坦、机械化施工时也可采用100m×100m），将相应设计标高和自然地面标高分别标注在方格点的右上角和右下角，求出各点的施工高度（挖或填），填在方格网左上角，挖方为（+），填方为（-）。

（2）计算零点位置

计算确定方格网中两端角点施工高度符号不同的方格边上零点位置，标于方格网上，连接零点，即得填方与挖方区的分界线（附图 B.1.1）。零点的确定方法如下：

$$X_w = \frac{ah_w}{h_t + h_w}$$

$$X_t = \frac{ah_t}{h_t + h_w}$$

式中，X_w——零点据挖方角顶的距离，m；

X_t——零点据填方角顶的距离，m；

h_t——填方高度，m；

h_w——挖方高度，m；

a——方格边长，m。

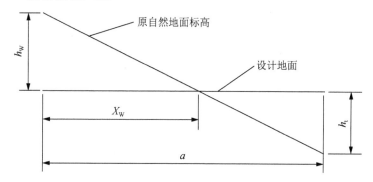

附图 B.1.1 填方与挖方区分界线

（3）计算土方工程量

按方格网底面图形和体积计算公式，计算每个方格内的挖方或填方量。

1）四角点全填方（或全挖方，附图 B.1.2），即

$$V = \frac{a^2}{4}(h_1 + h_2 + h_3 + h_4)$$

式中，V——填方（+）或挖方（-）的体积，m³；

h_1、h_2、h_3、h_4——各角点（或边点、凹点、中间点）的自然地面标高，m。

2）一角点填方（或挖方），另外三角点挖方（或填方）（附图 B.1.3）。

$$V_+ = \frac{a^2 h_1^3}{4(h_1 + h_4)(h_1 + h_2)}$$

$$V_- = \frac{a^2}{6}(2h_2 + 2h_4 + h_3 - h_1) + V_+$$

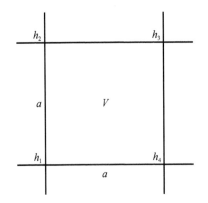

附图 B.1.2　四角点全填方（或全挖方）

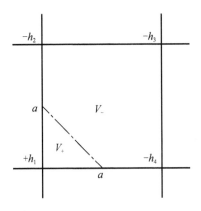

附图 B.1.3　一角点填方（或挖方）

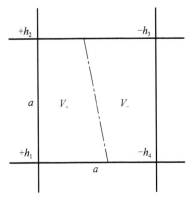

附图 B.1.4　一侧两角点填方（或挖方）

3）一侧两角点填方（或挖方），另一侧两角点挖方（或填方）（附图 B.1.4）。

$$V_+ = \frac{a^2}{4}\left(\frac{h_1^2}{h_1 + h_4} + \frac{h_2^2}{h_2 + h_3} \right)$$

$$V_- = \frac{a^2}{4}\left(\frac{h_4^2}{h_4 + h_1} + \frac{h_3^2}{h_3 + h_2} \right)$$

（4）汇总

分别将挖方区和填方区所有方格计算土方量汇总，即得该建筑场地挖方区和填方区的总土方量。

◎　计算内容

计算内容包括但不限于：土方开挖量计算、土方回填量计算。

要求：土石方平衡分析计算，应根据土方的施工标高、挖填区面积、挖填区土方量，并考虑各种变更因素（如土的松散率、压缩率、沉降量等）进行调整后，对土方进行平衡分析计算。

（1）土方开挖量计算

1）对场地外围墙位置和场地原地面标高进行测量，测量场地平均标高（m），有原地面标高测量成果图（示例见附图 B.1.5），为土方开挖回填及土方平衡做好准备工作。

2）确定工程基坑开挖边线长（m），宽（m），大体上呈凸形。确定基础开挖深度（m），基坑及独立柱基础开挖，确定边坡的放坡系数（推荐采用 1：0.3），除结构宽度外，基坑底边留置 600mm 宽工作面，在 CAD 中放出开挖边线图及坑底边线图，可测得基坑开挖面积及基坑底面积。

由以上数据计算出基坑开挖土方量和外围独立柱基础开挖土方量（万 m^3）。

附图 B.1.5　原地面标高测量成果

（2）土方回填量计算

确定工程设计建筑室外标高（m），原场地标高（m），计算回填土方量的范围是地下室外墙周边至自然地面标高，共计约（万 m³ 实方）。

◎ 计算结果

土石方平衡计算结果应包括：挖土方量，填土方量，弃方量，借方量。
例如：

经过计算分析，并合理组织挖方及填方，挖土方为＿＿＿＿＿＿＿ m³，填土方为＿＿＿＿＿＿＿ m³，弃方为＿＿＿＿＿＿＿ m³，借方为＿＿＿＿＿＿＿ m³，整个项目差土为＿＿＿＿＿＿＿ m³，（未）实现土石方平衡。

B.1.3　结论

对结果进行达标判定，并给出结论。

B.1.4　审查要点（附表 B.1.1）

附表 B.1.1　土石方平衡分析计算报告专家判断表

编号	审查要点	具体判断	是否满足
1	计算依据	计算基础数据有可靠来源，写明基础数据及来源、参考标准、资料	
2	计算方法	计算方法明确，计算过程清晰	
3	计算内容	土方开挖量计算正确，有原地面标高测量成果图	
		土方回填量计算正确	
4	计算结果	计算结果包括：挖土方量，填土方量，弃方量，借方量。通过计算，能够实现土石方平衡	

附录 B.2　重庆市绿色建筑自评估报告性能分析要求
——可再生能源利用率分析计算报告提纲及要求

B.2.1　综合概况

◎ 项目基本信息

项目基本信息项目应包括但不限于：建筑位置、占地面积、建筑面积、建筑类型。

◎ 标准要求

标准要求应包括：对应的绿色建筑标准及条款、标准规定的计算要求、评分要求及达标要求。

B.2.2 计算过程

◎ 计算依据

计算依据应包括但不限于：应写明基础数据及来源、参考标准、资料，例如项目地理位置、自然资源条件等。

1) 《可再生能源建筑应用工程评价标准》（GB/T 50801—2013）。
2) 《民用建筑太阳能热水系统应用技术规范》（GB 50364—2018）。
3) 《地源热泵系统工程技术规范（2009 年版）》（GB 50366—2005）。
4) 《水（地）源热泵机组》（GB/T 19409—2013）。
5) 《地埋管地源热泵系统技术规程》（DBJ50-199—2014）。
6) 《地表水水源热泵系统设计标准》（DBJ50-116—2010）。
7) 《太阳能光伏照明装置总技术规范》（GB 24460—2009）。

例如：

自然资源条件说明：项目地处东经 120°03′～121°07′、北纬 27°21′～27°46′之间，太阳能辐射年总量为 4 501 000kJ/（m² · a）。年平均温度 17.8℃，极端最低温度-3.9℃，极端最高温度 39.6℃。重庆地区年日照辐射量为 3058.51kJ/（m² · a），日照小时数为 1118.19h。

◎ 计算方法

计算方法应包括但不限于：介绍计算基本方法和流程。

可再生能源利用率为

$$R = \frac{Q_1}{Q_2}$$

式中，R——可再生能源应用比例，%；

$\quad Q_1$——可再生能源提供热水量（空调冷热量、发电量）；

$\quad Q_2$——项目年热水用量（空调总冷热量、年能耗）。

由于不同种类可再生能源的度量方法、品位和价格都不同，本条分三类进行评价。有多种用途时可同时得分，但本条累计得分不超过 10 分。

◎ 计算内容及结果

（1）可再生能源提供生活用热水比例

1) 系统设计。结合场地的选址、建筑太阳能热水系统提供热水范围、当地可再生资源情况等，对建筑热水系统及太阳能热水系统的设计情况及系统设备参数进行介绍。

2) 项目生活用热水总量。

项目全年用热水量计算为

$$Q_{ra} = \sum \frac{q_r n_r D_r}{1000} \qquad (B.2.1)$$

式中：Q_{ra}——生活热水年节水用水量，m^3/a；

$\quad q_r$——热水节水用水定额，按《民用建筑节水设计标准》（GB 50555—2010）表 3.1.7 的规定选用 [L/（人·d）或 L/（单位数·d）]，表中未直接给出定额者，可通过人、次/d 等进行换算；

$\quad n_r$——使用人数或单位数，以年平均值计算，住宅可按 3～5 人/户，入住率 60%～80% 计算；

$\quad D_r$——年用水天数，d/a，根据使用情况确定。

3）可再生能源提供热水量。

太阳能光热系统年产热能力为

$$W_a = A \cdot F_{hx} \cdot J_d \cdot \eta_{cd} \cdot (1 - \eta_L) \cdot b \qquad (B.2.2)$$

式中：W_a——太阳能热水系统使用时间内集热器全年产热量，kJ；

$\quad A$——太阳能集热器总面积，m^2；

$\quad F_{hx}$——换热器换热因子，直接加热系统取 1.0，间接加热系统取 0.80；

$\quad J_d$——太阳能热水系统使用时间内集热器采光面上年均日辐照量，kJ/（$m^2 \cdot a$）；

$\quad \eta_{cd}$——集热器全日集热效率，取值 0.50；

$\quad \eta_L$——管路及储水箱热损失率，取值 0.20；

$\quad b$——太阳能集热系统的使用效率系数，取 0.8。

太阳能光热系统产生的热水量为

$$Q'_{ra} = \frac{W_a}{C \cdot (t_r - t_1) \cdot p} \qquad (B.2.3)$$

式中：Q'_{ra}——太阳能光热系统产生的热水量，m^3；

$\quad C$——水的比热，4.187kJ/（kg·℃）；

$\quad t_r$——设计热水温度，可取 60℃；

$\quad t_1$——全年用水期间内冷水平均温度，取 15℃；

$\quad \rho$——热水密度，取 1000kg/m^3。

4）可再生能源应用比例。

可再生能源提供生活用热水比例按第 B.2.1 节方法计算。

（2）可再生能源提供空调冷热量比例

1）系统设计。结合场地的选址、建筑空调用冷热量、当地可再生资源情况等，对建筑空调系统及地源热泵系统的设计情况及系统设备参数进行介绍。

2）项目空调总冷热量。简介项目负荷计算使用软件，根据项目供暖空调系统能耗模拟分析得到项目空调总冷热量数据，具体要求参考《供暖空调系统能耗模拟分析报告提纲及要求》。

3）可再生能源提空调冷热量。

① 根据负荷计算结果和项目空调系统设计方案，确定系统的机组。

② 根据重庆市《公共建筑节能（绿色建筑）设计标准》（DBJ50/T-052—2016），结合项目自身的运营情况，确定本项目的运营时间表。可参考附表 B.2.1 确定。

附表 B.2.1 空气调节和供暖系统的日运行时间

建筑类别	系统工作时间	
办公建筑	工作日	7:00～18:00
	节假日	—
校园建筑——教学楼	工作日	7:00～18:00
	节假日	—
商店建筑	全年	8:00～21:00
医疗建筑——门诊楼	全年	8:00～21:00
宾馆建筑	全年	1:00～24:00
公路客运站	全年	8:00～22:00
铁路客运站	全年	7:00～24:00
航空港——旅客公共区	全年	0:00～24:00
体育建筑	全年	9:00～21:00
观演建筑	全年	10:00～22:00
展览建筑	全年	10:00～21:00

③ 根据机组选择情况和运行时间确定地源热泵和常规系统的供冷供热量，结果列入附表 B.2.2。

附表 B.2.2 空调和供暖系统冷热量统计

类型	地源热泵提供量/kW	冷水机组提供量/kW
空调		
供暖		
运行时间/h		
合计/（kW·h）		

4）可再生能源应用比例。

可再生能源提供空调用冷热量比例按第 B.2.1 节方法计算。

（3）可再生能源提供电量比例

1）系统设计。结合场地的选址、当地可再生资源情况等，对太阳能光伏系统的设计情况及系统设备参数进行介绍。

2）项目总电量。根据设备功率、能耗模拟等基础数据，使用能耗模拟软件计算建筑的年耗电量，应包括照明插座、空调、电力、特殊用电的能耗模拟。

　　3）可再生能源提供热水量。

　　太阳能光伏系统的年发电量为

$$H_y = W \eta_b \eta_i f D_T \qquad (B.2.4)$$

式中：H_y ——年有效发电量，kW·h/年；

　　　　W ——太阳能光伏发电系统总的峰值功率，W；

　　　　η_b ——蓄电池库伦效率，取 0.8～0.92；

　　　　η_i ——逆变器的效率，取 0.94；

　　　　f ——衰减及灰尘等性能参数衰减参数，取 0.8～0.98；

　　　　D_T ——年峰值日照时数，h/年，重庆地区取 1118.19。

　　4）可再生能源应用比例。

　　可再生能源提供电量比例按 B.2.1 节方法计算。

B.2.3　结论

　　对结果进行达标判定，并给出结论。

B.2.4　审查要点（附表 B.2.3）

附表 B.2.3　可再生能源利用率分析计算报告专家判断表

编号	审查要点	具体判断		是否满足
1	计算依据	计算基础数据有可靠来源，写明基础数据及来源、参考标准、资料。写明项目地理位置及自然资源条件，以便计算		
2	计算方法	计算方法明确，计算过程清晰		
3	系统设计	结合场地的选址、建筑设计情况、当地可再生资源情况等，对建筑可再生能源系统的设计情况及系统设备参数进行介绍		
4	可再生能源提供生活用热水比例	项目全年用热水量为 $$Q_{rn} = \sum \frac{q_r n_r D_r}{1000} \qquad (1)$$		
		太阳能光热系统年产热能力为 $$W_a = A \cdot F_{hx} \cdot J_d \cdot \eta_{cd} \cdot (1-\eta_L) \cdot b \qquad (2)$$		
5	可再生能源提供空调冷热量比例	简介项目负荷计算使用软件，根据项目供暖空调系统能耗模拟分析得到项目空调总冷热量数据		
		根据机组选择情况和运行时间确定地源热泵和常规系统的供冷供热量		
6	可再生能源提供电量比例	根据设备功率、能耗模拟等基础数据，计算建筑的年耗电量		
		太阳能光伏系统的年发电量为 $$H_y = W \eta_b \eta_i f D_T \qquad (3)$$		

附录 B.3 重庆市绿色建筑自评估报告性能分析要求 ——非传统水源利用率计算报告提纲及要求

B.3.1 综合概况

◎ 项目基本信息

项目基本信息项目应包括但不限于：建筑类型、建筑位置、占地面积、建筑面积等。

当项目包含多种建筑类型，如住宅、办公建筑、旅馆、商场、会展等时，可统筹考虑项目内水资源的各种情况，确定综合利用方案。

◎ 标准要求

标准要求应包括：对应的绿色建筑标准及条款、标准规定的计算要求、评分要求及达标要求。

B.3.2 计算过程

◎ 计算依据

计算依据应包括但不限于：应写明基础数据及来源、参考标准、资料、例如等。

1) 《建筑给水排水设计规范（2009 年版）》（GB 50015—2003）。

2) 《民用建筑节水设计标准》（GB 50555—2010）。

3) 《城镇污水再生利用工程设计规范》（GB 50335—2016）。

◎ 计算方法

计算方法应包括但不限于：介绍计算基本方法和流程。

非传统水源利用率通过下列公式计算：

$$R_u = \frac{W_u}{W_t} \times 100\%$$

$$W_u = W_R + W_r + W_o$$

式中，R_u ——非传统水源利用率，%；

W_u ——非传统水源设计使用量（设计阶段）或实际使用量（运行阶段），m^3/a；

W_R ——再生水设计利用量（设计阶段）或实际利用量（运行阶段），m^3/a；

W_r ——雨水设计利用量（设计阶段）或实际利用量（运行阶段），m^3/a；

W_o——其他非传统水源利用量（设计阶段）或实际利用量（运行阶段），
m^3/a；

W_t——设计用水总量（设计阶段）或实际用水总量（运行阶段），m^3/a。

式中设计使用量为年用水量，由平均日用水量和用水时间计算得出。实际使用量应通过统计全年水表计量的情况计算得出。式中用水量计算不包含冷却用水量和室外景观水体补水量。

◎ 计算内容

计算内容包括但不限于：设计用水总量、再生水设计利用量、雨水设计利用量、其他非传统水源利用量（如无其他非传统水源利用可不计算）。

（1）设计用水总量

生活用水年节水用水量 W_t 的计算应符合下列规定。

1）住宅的生活用水年节水用水量，即

$$Q_{za} = \frac{q_z n_z D_z}{1000} \tag{B.3.1}$$

式中，Q_{za}——住宅生活用水年节水用水量，m^3/a；

q_z——节水用水定额，按《民用建筑节水设计标准》（GB 50555—2010）
表 3.1.1 的规定选用，L/（人·d）；

n_z——居住人数，按 3～5 人/户，入住率 60%～80% 计算；

D_z——年用水天数，d/a，可取 D_z=365d/a。

2）公共建筑的生活用水年节水用水量，即

$$Q_{ga} = \sum \frac{q_g n_g D_g}{1000} \tag{B.3.2}$$

式中，Q_{ga}——宿舍、旅馆等公共建筑的生活用水年节水用水量，m^3/a；

q_g——节水用水定额，按《民用建筑节水设计标准》（GB 50555—2010）
表 3.1.2 的规定选用，L/（人·d）或 L/（单位数·d），表中未直接给出定额者，可通过人、次/d 等进行换算；

n_g——使用人数或单位数，以年平均值计算；

D_g——年用水天数，d/a，根据使用情况确定。

3）生活热水年节水用水量，即

$$Q_{ra} = \sum \frac{q_r n_r D_r}{1000} \tag{B.3.3}$$

式中，Q_{ra}——生活热水年节水用水量，m^3/a；

q_r——热水节水用水定额，按《民用建筑节水设计标准》（GB 50555—2010）
表 3.1.7 的规定选用，L/（人·d）或 L/（单位数·d），表中未直接

给出定额者，可通过人、次/d 等进行换算；

n_r——使用人数或单位数，以年平均值计算，住宅可按式（B.3.1）的 n_z 计算；

D_r——年用水天数，d/a，根据使用情况确定。

4）浇洒草坪、绿化年均灌水定额可按附表 B.3.1 的规定确定。

附表 B.3.1　浇洒草坪、绿化年均灌水定额

草坪种类	灌水定额 [$m^3/(m^2 \cdot a)$]		
	特级养护	一级养护	二级养护
冷季型	0.66	0.50	0.28
暖季型	—	0.28	0.12

5）冲洗路面、地面等用水量。浇洒道路用水定额可根据路面性质按附表 B.3.2 的规定选用，并应考虑气象条件因素后综合确定。

附表 B.3.2　浇洒道路用水定额

路面性质	用水定额/[$L/(m^2 \cdot 次)$]
碎石路面	0.40～0.70
土路面	1.00～1.50
水泥或沥青路面	0.20～0.50

注：1. 广场浇洒用水定额亦可参照本表选用。

　　2. 每年浇洒天数按当地情况确定，如无数据年浇洒次数可按 30 次计。

6）洗车场洗车用水量。汽车冲洗用水定额应根据冲洗方式按附表 B.3.3 的规定选用，并应考虑车辆用途、道路路面等级和污染程度等因素后综合确定。附设在民用建筑中停车库抹车用水可按 10%～15% 轿车车位计。

附表 B.3.3　汽车冲洗用水定额

冲洗方式	高压水枪冲洗/[$L/（辆 \cdot 次）$]	循环用水冲洗补水/[$L/（辆 \cdot 次）$]	抹车/[$L/（辆 \cdot 次）$]
轿车	40～60	20～30	10～15
公共汽车、载重汽车	80～120	40～60	15～30

注：1. 同时冲洗汽车数量按洗车台数量确定。

　　2. 在水泥和沥青路面行驶的汽车，宜选用下限值；路面等级较低时，宜选用上限值。

　　3. 冲洗一辆车可按 10min 考虑。

　　4. 软管冲洗时耗水量大，不推荐采用。

7）冲厕用水量。

冲厕用水年用水量为

$$W_{ca} = \frac{q_c n_c D_c}{1000} \tag{B.3.4}$$

式中，W_{ca}——年冲厕用水量，m^3/a；

　　q_c——日均用水定额，按《民用建筑节水设计标准》（GB 50555—2010）的规定采用，L/（人·d）。

　　n_c——年平均使用人数，人。对于酒店客房，应考虑年入住率；对于住宅，应按居住人数，按 3～5 人/户，一般情况可按 3.2 人/户选取，入住率 60%～80% 计算。

　　D_c——年平均使用天数，d/a，与生活用水的使用天数相同。

（2）再生水设计利用量

当再生水由建筑再生水处理站供应时，建筑再生水系统的年回用再生水量应按下列公式进行计算，并应选取三个水量中的最小数值，即

$$W_R = 0.8 \times Q_{sa} \tag{B.3.5}$$

$$W_R = 0.8 \times 365 Q_{cd} \tag{B.3.6}$$

$$W_R = 0.9 \times Q_{xa} \tag{B.3.7}$$

式中，W_R——再生水的年回用量，m^3/a；

　　Q_{sa}——再生水原水的年收集量，m^3/a；应根据上面计算的年用水量 ω_t 乘 0.9 计算；

　　Q_{cd}——再生水处理设施的日处理水量，应按经过水量平衡计算后的再生水原水量取值，m^3/d；

　　Q_{xa}——再生水供应管网系统的年需水量，m^3/a，应根据《民用建筑节水设计标准》（GB 50555—2010)的规定计算。

（3）雨水设计利用量

1）雨水回用系统的年用雨水量为

$$W_r = (0.6 \sim 0.7) \times 10 \psi_c h_a F \tag{B.3.8}$$

式中，W_r——年用雨水量，m^3；

　　ψ_c——雨量径流系数；

　　h_a——常年降雨厚度，mm；

　　F——计算汇水面积，hm^2，按 2）确定；

　　0.6～0.7——除去不能形成径流的降雨、弃流雨水等外的可回用系数。

2）汇水面积。计算汇水面积 F 可按下列公式进行计算，并可与雨水蓄水池汇水面积相比较后取三者中最小值，即

$$F = \frac{V}{10 \psi_c h_d} \tag{B.3.9}$$

$$F = \frac{3Q_{\text{hd}}}{10\psi_{\text{c}}h_{\text{d}}}$$　　　　　（B.3.10）

式中，h_{d}——常年最大日降雨厚度，mm；

　　　　V——蓄水池有效容积，m^3；

　　　　Q_{hd}——雨水回用系统的平均日用水量，m^3。

3）径流系数。径流系数可按附表 B.3.4 的规定取值。

附表 B.3.4　径流系数表

地面种类	ψ_{c}
各种屋面、混凝土或沥青路面	0.85～0.95
大块石铺砌路面或沥青表面处理的碎石路面	0.55～0.65
级配碎石路面	0.40～0.50
干砌砖石或碎石路面	0.35～0.40
非铺砌土路面	0.25～0.35
公园或绿地	0.10～0.20

4）降雨量基础资料。根据统计资料，重庆降雨资料见附表 B.3.5（如有最新资料可更新）。

附表 B.3.5　重庆 1961～1990 年的降雨资料

月份	1	2	3	4	5	6	7	8	9	10	11	12
降雨量/mm	20	31	37	102	159	166	171	138	149	96	53	26
降雨日数	10	10	11	14	17	16	13	11	16	15	14	11
日降雨量/mm	2	2.1	3.4	7.3	9.4	10.4	13.2	12.5	9.3	6.4	3.8	2.4

（4）其他非传统水源利用量

其他非传统水源利用量应按实际情况计算。

◎　计算结果

非传统水源利用率计算结果应包括：非传统水源利用率计算结果。

应列表逐月计算需水量及可收集水量，进行水量平衡分析（附表 B.3.6）。

附表 B.3.6　非传统水源水量平衡计算表

月份	1	2	3	4	5	6	7	8	9	10	11	12
降雨量/mm												
屋面收集/m^3												
绿地收集/m^3												
月总收集/m^3												
雨水年总收集/m^3												

续表

月份	1	2	3	4	5	6	7	8	9	10	11	12
办公盥洗/m³												
直饮水/m³												
冷凝水/m³												
月总收集/m³												
中水年总收集/m³												
办公冲厕/m³												
汽车抹车/m³												
道路浇洒/m³												
绿化浇灌/m³												
月总用水量/m³												
总用水量/m³												
非传统水富余量/m³												
非传统水利用量/m³												
非传统水利用总量/m³												

设计用水总量计算结果应包括项目所有用途的用水量，无相应用途时可以不做计算（附表 B.3.7）。

附表 B.3.7　设计用水总量计算结果统计表

设计用水总量			
用途	人数/面积	用水定额	年用水量/（m³/a）
生活用水年节水用水量			
生活热水年节水用水量			
浇洒草坪、绿化年均灌水			
洗车场洗车用水量			
冲厕用水量			
总量（包括 10%未预见水量）			

非传统水源利用率计算结果（附表 B.3.8）。

附表 B.3.8　非传统水源利用率计算结果统计表

非传统水源设计使用量/（m³/a）			设计用水总量 /（m³/a）	非传统水源利用率
再生水设计利用量 /（m³/a）	雨水设计利用量 /（m³/a）	其他非传统水源利用量 /（m³/a）		

B.3.3　结论

对结果进行达标判定，并给出结论。

B.3.4 审查要点（附表 B.3.9）

附表 B.3.9 非传统水源利用率计算报告专家判断表

编号	审查要点	具体判断	是否满足
1	计算依据	计算基础数据有可靠来源，写明基础数据及来源、参考标准、资料	
2	计算方法	计算方法明确，计算过程清晰。非传统水源利用率为 $$R_\mathrm{u} = \frac{W_\mathrm{u}}{W_\mathrm{t}} \times 100\%$$ $$W_\mathrm{u} = W_\mathrm{R} + W_\mathrm{r} + W_\mathrm{o}$$	
3	设计用水总量	设计用水总量计算结果应包括项目所有用途的用水量，无相应用途时可以不做计算：生活用水年节水用水量、生活热水年节水用水量、浇洒草坪、绿化年均灌水、洗车场洗车用水量、冲厕用水量，并按照附录 B.3.2 节 3 中关于设计用水总量的内容计算。	
4	再生水设计利用量	再生水设计利用量选取下列三个水量中的最小数值，即 $$W_\mathrm{R} = 0.8 \times Q_\mathrm{sa}$$ $$W_\mathrm{R} = 0.8 \times 365 Q_\mathrm{cd}$$ $$W_\mathrm{R} = 0.9 \times Q_\mathrm{xa}$$	
5	雨水设计利用量	雨水回用系统的年用雨水量应按下式计算为 $$W_\mathrm{r} = (0.6 \sim 0.7) \times 10 \psi_\mathrm{c} h_\mathrm{a} F$$	
6	计算结果	逐月计算需水量及可收集水量，进行水量平衡分析	
		通过计算，项目的非传统水源利用率能够满足本条的要求	

附录 B.4 重庆市绿色建筑自评估报告性能分析要求 ——高强度材料使用比例计算报告提纲及要求

B.4.1 综合概况

◎ 项目基本信息

项目基本信息项目应包括但不限于：建筑位置、占地面积、建筑面积、建筑类型。

◎ 标准要求

标准要求应包括：对应的绿色建筑标准及条款、标准规定的计算要求、评分要求及达标要求。

B.4.2 计算过程

◎ 计算依据

计算依据应包括但不限于：应写明基础数据来源、参考标准、资料。

1）《绿色建筑评价标准》（DBJ50/T-066—2014）。

2）设计评价为结构施工图、项目概预算清单。

3）竣工评价为竣工图、材料决算清单。

◎ 计算内容及结果

（1）400MPa 级及以上钢筋用量比例计算

统计应明确项目钢筋使用部位及用量，实际统计时需保留（或增加）使用的钢筋种类。如果涉及多栋建筑，应分楼栋号分别统计（附表 B.4.1）。

附表 B.4.1　400MPa 级及以上钢筋用量比例计算表

序号	楼层号	受力普通钢筋等级	用量/t	使用部位（梁、柱、板、墙）	用量/t
1		HPB300ϕ16			
2		HPB300ϕ18			
3		HPB300ϕ20			
4		HPB300ϕ22			
5		HRB400ϕ6			
6		HRB400ϕ8			
7		HRB400ϕ10			
8		HRB400ϕ12			
9		HRB400ϕ14			
10		HRB400ϕ16			
11		HRB400ϕ18			
12		HRB400ϕ20			
13		HRB400ϕ22			
14					
15					
合计		400MPa 级及以上钢筋的重量			
		受力钢筋总用量			
		400MPa 级及以上钢筋占受力钢筋总用量的比例			

（2）强度等级不小于 C50 的混凝土用量比例计算

统计应明确项目钢筋使用部位及用量，实际统计时只需保留（或增加）使用的混凝土钢筋种类。如果涉及多栋建筑，应分楼栋号分别统计（附表 B.4.2）。

附表 B.4.2　高强度混凝土用量比例计算表

序号	楼层号	混凝土强度等级	用量/m³	使用部位（梁、柱、板、墙）	用量/m³
1		C15			
2		C20			
3		C25			
4		C30			

续表

序号	楼层号	混凝土强度等级	用量/m³	使用部位（梁、柱、板、墙）	用量/m³
5		C35			
6		C40			
7		C45			
8		C50			
9		C55			
10		C60			
11		C65			
12		C70			
13		C75			
14		C80			
15					
16					
合计		强度等级为 C50 及以上等级的混凝土重量			
		竖向承重结构混凝土总量			
		强度等级为 C50 及以上等级的混凝土作为竖向承重结构混凝土的比例			

注：1. 高耐久性混凝土须按《混凝土耐久性检验评定标准》（JGJ/T 193—2009）进行检测，抗硫酸盐等级 KS90、抗氯离子渗透、抗碳化及早期开裂均达到Ⅲ级、不低于现行标准《混凝土结构耐久性设计规范》（GB/T 50476—2017）中 50 年设计寿命要求。

　　2. 若涉及多栋建筑，应按单栋建筑进行分别计算，计算方式同上。

（3）Q345 及以上高强钢材用量比例计算

统计应明确项目高强钢材使用部位及用量（附表 B.4.3），实际统计时需保留（或增加）使用的高强钢材强度等级。如果涉及多栋建筑，应分楼栋号分别统计。

附表 B.4.3　高强钢材用量比例计算表

序号	楼层号	钢材强度等级	用量/t	使用部位（梁、柱、板、墙）	用量/t
1		Q235			
2		Q345			
3		Q390			
4		Q420			
5					
6					
合计		Q345 及以上高强钢材的重量			
		钢材总量			
		Q345 及以上高强钢材用量与钢材总量的比例			

注：若涉及多栋建筑，应按单栋建筑进行分别计算，计算方式同上。

B.4.3 结论

进行达标判定，并给出结论。

B.4.4　审查要点（附表 B.4.4）

附表 B.4.4　高强度材料使用比例计算报告专家判断表

编号	审查要点	具体判断	是否满足
1	计算依据	计算基础数据有可靠来源，写明基础数据及来源、参考标准、资料。设计评价数据来源为结构施工图、项目概预算清单；竣工评价数据来源为竣工图、材料决算清单	
2	计算内容	统计明确高强度材料的使用部位及用量	
		如果涉及多栋建筑，分楼栋号分别统计	
3	计算结果	计算结果满足标准要求	

附录 B.5　重庆市绿色建筑自评估报告性能分析要求
——可再循环材料使用比例计算报告提纲及要求

B.5.1　综合概况

◎ 项目基本信息

项目基本信息项目应包括但不限于：建筑位置、占地面积、建筑面积和建筑类型。

◎ 标准要求

标准要求应包括：对应的绿色建筑标准及条款、标准规定的计算要求、评分要求及达标要求。

B.5.2　计算过程

◎ 计算依据

计算依据应包括但不限于：应写明基础数据来源、参考标准、资料。
1）《绿色建筑评价标准》（DBJ50/T-066—2014）。
2）设计评价为结构施工图、项目概预算清单。
3）竣工评价为竣工图、材料决算清单。

◎ 计算内容及结果

应说明建筑主要使用的不可循环材料［一般为混凝土、建筑砂浆（含砂和水泥）、墙体填充材料（砌块等）、乳胶漆涂料、防水材料等］和可循环材料［一般为钢筋（一级钢、三级钢等）、各种钢材（如型钢、钢管、铁艺、铁皮等）、铝合金型材、建筑玻璃、木材、铜等］，并根据项目的建筑面积，进行计算建安工程量，计算出大宗材料的用量，其余辅材可根据实际情况进行估算。具体详细计算表见附表 B.5.1。

附表 B.5.1 可再循环材料利用率计算表

建筑材料种类		重量/t	使用部位	建筑材料重量合计/t	建筑材料总重量/t	可再循环材料利用率/%
不可循环材料	混凝土					
	乳胶漆					
	屋面卷材					
	石材					
	砌块					
	……					
	其他					
可循环材料	钢材					
	铜					
	木材					
	铝合金型材					
	石膏制品					
	门窗玻璃					
	玻璃幕墙					
	砂浆					
	……					
	其他					

注：分别计算参评范围内住宅部分与公建部分可再利用和可再循环材料重量占建筑材料总重量的比例，取住宅建筑得分与公共建筑得分中的低分。

B.5.3 结论

对结果进行达标判定，并给出结论。

B.5.4 审查要点（附表 B.5.2）

附表 B.5.2 可再循环材料使用比例计算报告专家判断表

编号	审查要点	具体判断	是否满足
1	计算依据	计算基础数据有可靠来源，写明基础数据及来源、参考标准、资料。设计评价数据来源为结构施工图、项目概预算清单；竣工评价数据来源为竣工图、材料决算清单	
2	计算内容	统计明确可再循环材料的使用部位及用量	
		分别计算参评范围内住宅部分与公建部分可再利用和可再循环材料重量占建筑材料总重量的比例，取住宅建筑得分与公共建筑得分中的低分	
3	计算结果	计算结果满足标准要求	

附录 B.6 重庆市绿色建筑自评估报告性能分析要求——建筑构件隔声性能及室内背景噪声计算报告提纲及要求

B.6.1 综合概况

◎ 项目基本信息

项目基本信息项目应包括但不限于：建筑类型、建筑位置、建筑面积等。

◎ 标准要求

标准要求应包括：对应的绿色建筑标准及条款、标准规定的计算要求、评分要求及达标要求。

此外，还应列出《民用建筑隔声设计规范》（GB 50118—2010）中与项目建筑类型相对应的要求。

B.6.2 计算过程

◎ 计算依据

计算依据应包括但不限于：应写明基础数据及来源、参考标准、资料等。

1）《民用建筑隔声设计规范》（GB 50118—2010）。

2）《民用建筑热工设计规范》（GB 50176—2016）。

3）《环境影响评价技术导则声环境》（HJ 2.4—2009）。

4）《建筑门窗空气声隔声性能分级及检测方法》（GB/T 8485—2008）。

5）《建筑声学设计原理》。

6）《建筑隔声评价标准》（GB/T 50121—2005）。

7）《噪声控制与建筑声学设备和材料选用手册》。

8）《建筑隔声设计——空气声隔声技术》。

9）《噪声与振动控制手册》。

10）《建筑隔声与吸声构造》（08J931，建质［2008］18 号）。

11）相关检测报告。

12）相关科技论文。

13）该项目《环境影响报告书》或《室外声环境数值分析报告》。

14）本项目相关图纸及其相关技术文件等。

◎ 围护结构计权隔声量

计权隔声量的完整计算方法参考《建筑隔声评价标准》（GB/T 50121—2005）编制，仅在计算隔墙时完整列出其他构造介绍可采用的引用资料及简易算法。如果未能找到相近构造的计权隔声量数据，则应根据本报告中"（2）隔墙的空气声计权隔声量"介绍的计算方法对计权隔声量进行计算。此外，如有论文测试数据支撑，可以参考其测试结果。

（1）建筑围护结构做法

应说明外墙类型、分户墙类型、楼板类型、外窗类型。

（2）隔墙的空气声计权隔声量

应列出隔墙构造及相关参数（附表 B.6.1）。

附表 B.6.1　隔墙构造及相关参数

分户墙构造	厚度/mm	密度/（kg/m³）	综合面密度 m/（kg/m²）	分户墙构造示意
水泥砂浆	20	1800	232（0.020×1800+0.200×800+0.020×1800）	水泥砂浆 烧结页岩空心砖 水泥砂浆
烧结页岩空心砖	200	800		
水泥砂浆	20	1800		20　200　20

注：材料密度引自《民用建筑热工设计规范》（GB 50176—2016）。

应有隔墙构造的 1/3 倍频程中心频率的隔声量计算值检测数据，如附表 B.6.2 所示。

附表 B.6.2　烧结页岩空心砖墙体 1/3 倍频程中心频率的隔声量计算值

频率/Hz	100	125	160	200	250	315	400	500
隔声量/dB	33.3	33.8	34.1	34.9	36.3	40.2	42.1	43.5
频率/Hz	630	800	1000	1250	1600	2000	2500	3150
隔声量/dB	44.5	45.2	46.2	48.4	50.9	52.60	52.4	52.3

在确定隔墙构造的空气声计权隔声量时，应按以下步骤进行：

1）将一组精确到 0.1dB 的 1/3 倍频程空气声隔声测量量在坐标纸上绘制成一条测量量的频谱曲线。

2）将具有相同坐标比例的并绘有 1/3 倍频程空气声隔声基准曲线（附图 B.6.1）的透明纸覆盖在绘有上述曲线的坐标纸上，使横坐标相互重叠，并使纵坐标中基准曲线 0dB 与频谱曲线的一个整数坐标对齐。

3）将基准曲线向测量量的频谱曲线移动，每步 1dB，直至不利偏差之和尽量地大，但不超过 32.0dB 为止，计算方法按式（B.6.1）。

4）低于基准曲线的任一 1/3 倍频程中心频率的隔声量，与基准曲线的差不超过 8.0dB，计算方法按式（B.6.2）。

5）此时基准曲线上 0dB 线所对应的绘有测量量频谱曲线的坐标纸上纵坐标的整分贝数，就是该组测量量所对应的单值评价量。

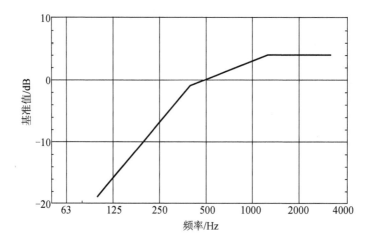

附图 B.6.1　1/3 倍频程空气声隔声基准曲线

采用 1/3 倍频程测量时，单值评价量 X_w 为满足式（B.6.1）的最大值，精确到 1dB，即

$$P = \sum_{i=1}^{16} P_i \leqslant 32 \tag{B.6.1}$$

式中，P——不利偏差总和，dB；

　　　　i——频带的序号，$i=1\sim16$，代表 $100\sim3150$Hz 范围内的 16 个 1/3 倍频带；

　　　　P_i——频带不利偏差，按式（B.6.2）计算：

$$P_i = \begin{cases} X_w + K_i - X_i & X_w + K_i - X_i > 0 \\ 0 & X_w + K_i - X_i \leqslant 0 \end{cases} \tag{B.6.2}$$

式中，X_w——所要计算的单值评价量，应是《建筑隔声评价标准》（GB/T 50121—2005）中表 3.1.1-1 和表 3.1.1-2 中列出的各种测量量和相应的单值评价量；

　　　　X_i——第 i 个频带的测量量，精确到 0.1dB；

　　　　K_i——第 i 个频带的基准值，详见附表 B.6.3。

附表 B.6.3　1/3 倍频程空气声隔声基准值 K_i

频率/Hz	100	125	160	200	250	315	400	500
基准值/dB	−19	−16	−13	−10	−7	−4	−1	0
频率/Hz	630	800	1000	1250	1600	2000	2500	3150
基准值/dB	1	2	3	4	4	4	4	4

此外，尚需考虑频谱修正量的问题。频谱修正量 C_j 为

$$C_j = -10\lg \sum 10^{(L_{ij} - X_i)/10} - X_w \tag{B.6.3}$$

式中，j——频谱序号，$j=1$ 或 2，1 为计算 C 的频谱 1，2 为计算 C_{tr} 的频谱 2；

X_w——单值评价量；

i——100～3150Hz 的 1/3 倍频程或 125～2000Hz 的倍频程序号；

L_{ij}——第 j 号频谱的第 i 个频带的声压级，详见附表 B.6.4；

X_i——第 i 个频带的测量量，精确到 0.1dB。

附表 B.6.4　计算频谱修正量的声压级频谱

频率/Hz	声压级 L_{ij}			
	用于计算 C 的频谱 1		用于计算 C_{tr} 的频谱 2	
	1/3 倍频程	倍频程	1/3 倍频程	倍频程
100	−29		−20	
125	−26	−21	−20	−14
160	−23		−18	
200	−21		−16	
250	−19	−14	−15	−10
315	−17		−14	
400	−15		−13	
500	−13	−8	−12	−7
630	−12		−11	
800	−11		−9	
1000	−10	−5	−8	−4
1250	−9		−9	
1600	−9		−10	
2000	−9	−4	−11	−6
2500	−9		−13	
3150	−9	—	−15	—

计算出隔墙构造的计权隔声量+粉红噪声频谱修正值（R_w+C）结果，据此判断该隔墙的空气声隔声性能是否满足《民用建筑隔声设计规范》（GB 50118—2010）要求。

（3）外墙的空气声计权隔声量

应列出隔墙构造及相关参数（如附表 B.6.5）。

附表 B.6.5　外墙构造及相关参数

外墙构造	厚度/mm	密度/（kg/m³）	综合面密度 m/（kg/m²）
水泥砂浆	25	1800	211
岩棉板	60	100	（0.025×1800+0.060×100+0.200×800）
普通烧结页岩空心砖砌体	200	800	

注：材料密度引自《民用建筑热工设计规范》（GB 50176—2016）。

建筑外墙构造的隔声量可以参考《建筑声学设计原理》附录二中给出的数据，选择综合面密度相近的外墙构造。例如，附表 B.6.5 计算出综合面密度为 211kg/m²，可以引用 210mm 厚矿渣三孔空心砖墙（面密度为 210kg/m²）的隔声量数据（计权隔声量 46dB），取其倍频程中心频率的隔声量，见附表 B.6.6。

附表 B.6.6 210 厚矿渣三孔空心砖墙的空气声隔声量

频率/Hz	125	250	500	1000	2000	4000	计权隔声量
隔声量/dB	33	38	41	46	53	52	46

频谱修正量 C_j 按式 B.6.3 计算，计算出外墙构造的计权隔声量+交通噪声频谱修正值（R_w+C_{tr}）结果，据此判断该外墙的空气声隔声性能是否满足《民用建筑隔声设计规范》（GB 50118—2010）要求。

（4）楼板的空气声计权隔声量

应列出楼板构造及相关参数（如附表 B.6.7）。

附表 B.6.7 楼板构造及相关参数

楼板构造	厚度 /mm	密度 /（kg/m³）	综合面密度 m /（kg/m²）	分户楼板构造示意
碎石、卵石混凝土	30	2300	319 (0.030×2300+ 0.010×2500)	碎石、卵石混凝土 钢筋混凝土
钢筋混凝土	100	2500		

注：材料密度引自《民用建筑热工设计规范》（GB 50176—2016）。

计算楼板构造的计权隔声量+粉红噪声频谱修正值（R_w+C）应采用以下两种方法，并综合分析比较：

1）简易插值计算。查询《建筑隔声与吸声构造》（08J931，建质〔2008〕18 号），其中外墙 1 和外墙 2 隔声性能见附表 B.6.8 所示。

附表 B.6.8 常见楼板隔声性能

编号	楼板构造	厚度/mm	面密度 /（kg/m²）	计权隔声量 R_w/dB	R_w+C
外墙 1	钢筋混凝土	120	276	49	47
外墙 2	钢筋混凝土	150	360	52	51

示例中楼板综合面密度 319kg/m²，若按照线性插值粗略估计，其 R_w+C 约为 49dB，满足《民用建筑隔声设计规范》（GB 50118—2010）要求。

2）公式计算。将该楼板构造按复合构造考虑，参考《建筑隔声设计——空气声隔声技术》一书中可查得艾尔杰里的两个经验公式，详见式（B.6.4）和式（B.6.5）。根据该经验公式进行计算分析。

$$R_w = 23 \lg m - 9 (m \geqslant 200 kg/m^2) \tag{B.6.4}$$

$$R_w = 13.5\lg m + 13 (m \leqslant 200\text{kg}/\text{m}^2) \quad\quad\quad (\text{B}.6.5)$$

示例中楼板单位面积质量为 $319\text{kg}/\text{m}^2 > 200\text{kg}/\text{m}^2$，根据式（B.6.4）计算得

$$R_w = 23\lg m - 9 = 23\lg 319 - 9 = 49\text{dB}$$

频谱修正量 C_j 按式（B.6.3）计算，计算出外墙构造的计权隔声量+粉红噪声频谱修正值（$R_w + C$）结果，据此判断该楼板的空气声隔声性能是否满足《民用建筑隔声设计规范》（GB 50118—2010）要求。

（5）门的空气声计权隔声量

应说明项目主要采用的门。《噪声控制与建筑声学设备和材料选用手册》可查得若干钢板门扇的实测隔声量，如有相近构造可以参考其隔声量结果；如无相应构造，应结合项目情况进行实测，例如取门扇面、背板厚度约 1mm，空腔厚度约 65mm，即门扇厚度为 67mm 的门扇隔声量实测数据，详见附表 B.6.9。

附表 B.6.9 67mm 的钢板复合门扇隔声量实测数据

频率/Hz	100	125	160	200	250	315	400	500
隔声量/dB	22	31	38	36	40	43	43	48
频率/Hz	630	800	1000	1250	1600	2000	2500	3150
隔声量/dB	51	53	55	58	60	62	63	66

将附表 B.6.9 中数据计权得到其计权隔声量为 49dB，即 $R_w = 49\text{dB}$。

实际工程中，必须考虑门扇安装后，门缝的漏声情况。参照《噪声与振动控制工程手册》中实测数据，门缝不做处理与门缝全密封两种不同情况隔声量差异很大，可达 14dB（可近似认为计权隔声量差值可达 14dB），详见附表 B.6.10。

附表 B.6.10 门缝密封程度对隔声性能的影响

编号	门缝处理	平均隔声量/dB
1	全密封	33.3
2	双道橡胶 9 字形条	30.6
3	单道软橡胶 9 字形条	27.6
4	单道硬橡胶 9 字形条	25.6
5	不处理	19.8

考虑不利情况（门缝"不处理"），示例中分户门空气声计权隔声量的区间近似为 35dB。

谱修正量 C_j 按式（B.6.3）计算，计算出外墙构造的计权隔声量+粉红噪声频谱修正值（$R_w + C$）结果，据此判断门的空气声隔声性能是否满足《民用建筑隔声设计规范》（GB 50118—2010）要求。

（6）外窗的空气声计权隔声量

应说明项目交通干线采用的外窗构造，明确其隔声性能等级。《建筑门窗空气

声隔声性能分级及检测方法》（GB/T 8485—2008）中给出了建筑门窗的空气声隔声性能分级指标值，见附表 B.6.11。

附表 B.6.11 建筑门窗的空气声隔声性能分级

分级	外门、外窗的分级指标值/dB	内门、内窗的分级指标值/dB
1	$20 \leqslant R_w + C_{tr} < 25$	$20 \leqslant R_w + C < 25$
2	$25 \leqslant R_w + C_{tr} < 30$	$25 \leqslant R_w + C < 30$
3	$30 \leqslant R_w + C_{tr} < 35$	$30 \leqslant R_w + C < 35$
4	$35 \leqslant R_w + C_{tr} < 40$	$35 \leqslant R_w + C < 40$
5	$40 \leqslant R_w + C_{tr} < 45$	$40 \leqslant R_w + C < 45$
6	$R_w + C_{tr} \geqslant 45$	$R_w + C \geqslant 45$

例如，隔声性能为 3 级的外窗空气声计权隔声量在 30～35dB。

此外，还可以参考国家建筑材料工业建筑五金水暖产品质量监督检验测试中心公开发表的相关资料，查找与项目外窗结构相近的计权隔声量。

根据以上数据，可以判断交通干线外窗空气声隔声性能是否满足《民用建筑隔声设计规范》（GB 50118—2010）要求。

◎ 楼板的计权标准化撞击声压级

楼板构造及相关参数与计算空气隔声量时相同，需说明吊顶形式。例如，采用轻钢龙骨石膏板吊顶，以附表 B.6.7 的楼板构造为例。

《建筑声学设计原理》可查得与本项目楼板类似构造，详见附表 B.6.12。

附表 B.6.12 某楼板标准撞击声级

构造	各频带的标准撞击声级/dB					平均撞击声压级/dB
	125Hz	250Hz	500Hz	1000Hz	2000Hz	
—20mm厚水泥抹面 —50mm厚混凝土楼板 —38mm厚板条抹灰	70	73	72	71	66	67

《噪声控制与建筑声学设备和材料选用手册》可查得与本项目类似的构造，详见附表 B.6.13。

附表 B.6.13　某楼板标准撞击声级

构造	各频带的标准撞击声级/dB						平均撞击声压级/dB
	100Hz	200Hz	400Hz	800Hz	1600Hz	3200Hz	
钢筋混凝土楼板 φ8mm钢筋吊钩 50mm×75mm龙骨两端支承 25mm×40mm杉木条@400 25mm厚甘蔗板 25mm×40mm杉木条@400 板条钢丝网吊顶	61	57.5	58	66	56.3	55	59

　　由此，可以根据项目的实际情况估算的计权标准化撞击声声压级，据此判断楼板的计权标准化撞击声压级是否满足《民用建筑隔声设计规范》（GB 50118—2010）要求。

　　如果未能找到相近构造的平均撞击声压级参数，则应根据《建筑隔声评价标准》（GB/T 50121—2005）第 4 章介绍的计算方法对计权标准化撞击声压级进行计算。

◎ 室内背景噪声级计算

（1）室外噪声条件及分析对象

室外噪声条件可参考以下资料：

　　1）根据项目《室外声环境数值分析报告》的分析结果作为室外噪声的基础参数。

　　2）根据项目所在地的实际情况，分析其主要噪声源。并根据项目《环境影响报告书》，节选出环境监测站对项目所在场地的昼夜间声环境的监测结果为室外噪声的基础参数。

　　判断项目所在地昼、夜间声环境是否满足《声环境质量标准》（GB 3096—2008）中相关区域标准。

　　根据建筑的平面功能分布，选取建筑的最不利噪声房间。室外噪声应选取测试得到的最不利噪声值计算，如室外噪声最不利结果为 64.5dB（A）。

（2）围护结构不同频率隔声量

应说明最不利噪声房间外围护结构构造的隔声量，一般包括外墙和外窗。

（3）组合墙计权隔声量计算

组合墙隔声量计算应按式（B.6.6）计算

$$R_0 = 10\lg\frac{1}{\tau_0} \tag{B.6.6}$$

式中，R_0——组合墙隔声量；

　　　τ_0——组合后的等效透射系数，即

$$\tau_0 = \frac{\sum \tau_n S_n}{\sum S_n} \qquad\qquad (\text{B.6.7})$$

式中，τ_n——各构件的透射系数，$\tau_n = 10^{-\frac{R}{10}}$；

　　　S_n——各构件的面积。

（4）窗墙间缝隙对隔声的影响

　　通常窗和墙之间有 0.5cm^2 左右的缝隙，该处缝隙会用材料填实。考虑到填充材料并不具备一定的隔声性能以及最不利的原则，认为该处为窗墙间缝隙。窗墙间缝隙对隔声量的影响应根据附图 B.6.2 计算。

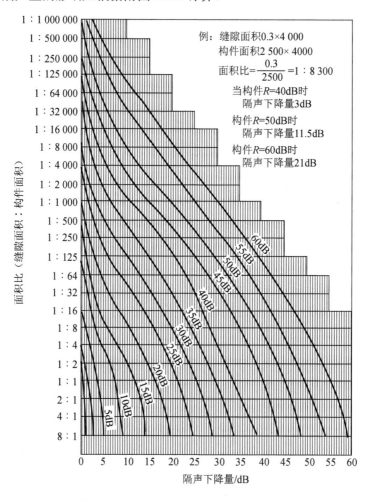

附图 B.6.2　缝隙对构件隔声影响的计算图表

　　由此，可以计算窗墙组合在缝隙影响下的隔声量。

（5）室外噪声源引起的室内声压级计算

室外声源可以认为距离室内有一定距离，所以室内声压级计算为

$$L_p = L_W + 10\lg\frac{4}{R} \tag{B.6.8}$$

式中，L_p——室内声压级，dB；

L_W——声源声功率级，dB；

R——房间常数，按式（B.6.8）计算：

$$R = \frac{S\bar{\alpha}}{1-\bar{\alpha}} \tag{B.6.9}$$

式中：S——室内总表面积，m²；

$\bar{\alpha}$——室内平均吸声系数，常用材料和结构的吸声系数可参考《建筑声学设计原理》附录一。

由此，可以计算出由室外噪声源引起的室内声压级 L_{p1}。

（6）室内空调噪声影响值

应说明最不利噪声房间的风系统形式，给出该房间的空调风系统平面图，如果是风机盘管加新风系统，还应列出房间风机盘管型号及噪声，如附表 B.6.14。

附表 B.6.14　房间风机盘管型号及噪声

设备编号	设备型号	风量 /（m³/h）	电机功率 /W	水流量 /（m³/h）	噪声 /dB（A）
FCU-1	YGFC03CC3S	430	28	0.569	$L_{p2}=38$
FCU-2	YGFC04CC3S	530	41	0.724	$L_{p3}=40.5$

（7）室内背景噪声级计算结果

根据室外噪声源引起的室内声压级 L_{p1}，室内空调噪声影响值 L_{p2} 和 L_{p3}，综合考虑室外噪声和室内设备噪声后，对室内背景噪声级进行声级叠加计算。

声压级叠加计算按附表 B.6.15 进行，计算原则如下：

1）由两个声压级的差（$L_{p1}-L_{p2}$）从表中求得对应的附加值，将它加到较高的那个声压级上，即可求出两者的总声压级。

2）当数个声压级进行叠加时，可按从小到大的顺序，反复运用这个方法逐次进行。

3）如果两个声压级差超过 15dB，则附加值可以忽略不计。

附表 B.6.15　声压级的差值与增值的关系

$L_{p1}-L_{p2}$	0	0.1	0.2	0.3	0.4	0.5	0.6	0.7	0.8	0.9
0	3.0	3.0	2.9	2.9	2.8	2.8	2.7	2.7	2.6	2.6
1	2.5	2.5	2.5	2.4	2.4	2.3	2.3	2.3	2.2	2.2
2	2.1	2.1	2.1	2.0	2.0	1.9	1.9	1.9	1.8	1.8
3	1.8	1.7	1.7	1.7	1.6	1.6	1.6	1.5	1.5	1.5
4	1.5	1.4	1.4	1.4	1.4	1.3	1.3	1.3	1.2	1.2
5	1.2	1.2	1.2	1.1	1.1	1.1	1.1	1.0	1.0	1.0
6	1.0	1.0	0.9	0.9	0.9	0.9	0.9	0.8	0.8	0.8
7	0.8	0.8	0.8	0.7	0.7	0.7	0.7	0.7	0.7	0.7
8	0.6	0.6	0.6	0.6	0.6	0.6	0.6	0.6	0.5	0.5
9	0.5	0.5	0.5	0.5	0.5	0.5	0.5	0.4	0.4	0.4
10	0.4	—	—	—	—	—	—	—	—	—
11	0.3	—	—	—	—	—	—	—	—	—
12	0.3	—	—	—	—	—	—	—	—	—
13	0.2	—	—	—	—	—	—	—	—	—
14	0.2	—	—	—	—	—	—	—	—	—
15	0.1	—	—	—	—	—	—	—	—	—

　　由此，可以计算出综合室内背景噪声级，据此判断室内背景噪声级是否满足《民用建筑隔声设计规范》（GB 50118—2010）要求。

B.6.3　结论

　　将以上所有计算结果逐一与标准对比，进行达标判定，并给出结论。

B.6.4　审查要点（附表 B.6.16）

附表 B.6.16　建筑构件隔声性能及室内背景噪声计算报告专家判断表

编号	审查要点	具体判断	是否满足
1	计算依据	计算基础数据有可靠来源，写明基础数据及来源、参考标准、资料	
2	围护结构计权隔声量	计算方法明确，计算过程清晰，计算内容包含第 B.6.2 节中围护结构计数隔声量的所有内容。 有相关资料（如《建筑声学设计原理》《噪声与振动控制工程手册》）提供隔声量的结果，说明其数据出处；如果未能找到相近构造的计权隔声量数据，则应根据第 B.6.2 节介绍的计算方法对计权隔声量进行计算	
3	楼板的计权标准化撞击声压级	如果未能找到相近构造的平均撞击声压级参数，则应根据《建筑隔声评价标准》（GB/T 50121—2005）第 4 章介绍的计算方法对计权标准化撞击声压级进行计算	
4	室内背景噪声计算	计算方法明确，计算过程清晰，计算内容包含第 B.6.2 节中室内背景噪声级计算的所有的内容	
5	计算结果	通过计算，项目的围护结构计权隔声量、楼板的计权标准化撞击声压级、室内背景噪声级计算结果满足《民用建筑隔声设计规范》（GB 50118—2010）要求	

附录 C 提交材料清单

附表 C.0.1 申报材料清单

标识类型	提交材料
绿色建筑设计评价标识	绿色建筑评价标识申报声明
	项目申报书，需有建筑主管部门签章
	绿色建筑自评估报告
	咨询单位与咨询专家的名单及简介
	申报单位简介、营业执照等相关资料
	施工图设计文件审查合格书复印件，包括建筑、结构、给排水、电气、暖通、节能、绿建专篇等
	工程立项批文、规划许可、园林批复、环评批复、初步设计批复等复印件
	建设、设计、咨询单位的资质证书复印件
	工程造价概算或预算
绿色建筑竣工评价标识	绿色建筑评价标识申报声明
	项目申报书，需有建筑主管部门签章
	绿色建筑自评估报告
	咨询单位与咨询专家的名单及简介
	申报单位简介、营业执照等相关资料
	竣工验收备案资料，包括建筑、结构、给排水、电气、暖通、节能、绿建专篇等
	工程项目审批文件的复印件，包括项目规划许可批复文件、项目用地许可批复文件、项目施工许可批复文件、项目环境保护论证文件、项目园林许可批复文件等
	建设、设计、咨询、施工、监理单位的资质证书复印件
	建筑能效（绿色建筑）测评与标识综合评价表、标识证书
	工程造价概算或决算
绿色建筑评价标识	绿色建筑评价标识申报声明
	项目申报书，需有建筑主管部门签章
	绿色建筑自评估报告
	咨询单位与咨询专家的名单及简介
	申报单位简介、营业执照等相关资料
	竣工验收备案资料，包括建筑、结构、给排水、电气、暖通、节能、绿建专篇等
	工程项目审批文件的复印件，包括项目规划许可批复文件、项目用地许可批复文件、项目施工许可批复文件、项目环境保护论证文件、项目园林许可批复文件等
	建设、设计、咨询、施工、监理、物业管理单位的资质证书复印件
	建筑能效（绿色建筑）测评与标识综合评价表、标识证书
	工程造价决算

附表 C.0.2　初审材料清单

标识类型	提交材料
绿色建筑设计评价标识	申报材料清单中的对应资料
	项目节能计算书
	项目环评报告书
	项目设计变更及相关审查意见
	对于必须满足重庆市公建节能设计标准强制一星级要求的项目，需提供绿色建筑星级评审与公建节能标准强制一星级条文分析对照表
	项目标识评审介绍 PPT，包含项目概况、项目效果图、项目平立面图、项目位置及周边情况、项目主要应用技术、项目亮点、项目满足重庆市公建节能标准要求的情况说明、项目对照绿建评价标准的满足情况、项目的整体达标情况、针对具体项目需作特殊说明的内容等
	项目达标条文中涉及的各类计算分析报告
绿色建筑竣工评价标识	申报材料清单中的对应资料
	项目节能计算书
	项目环评报告书
	项目设计变更及相关审查意见
	对于必须满足重庆市公建节能设计标准强制一星级要求的项目，需提供绿色建筑星级评审与公建节能标准强制一星级条文分析对照表
	项目标识评审介绍 PPT，包含项目概况、项目效果图、项目平立面图、项目位置及周边情况、项目主要应用技术、项目亮点、项目满足重庆市公建节能标准要求的情况说明、项目对照绿建评价标准的满足情况、项目的整体达标情况、针对具体项目需作特殊说明的内容等
	项目达标条文中涉及的各类计算分析报告
	项目达标条文中涉及的相关材料、设备、环境等的性能检测报告
	项目达标条文中涉及的工程预决算资料
绿色建筑评价标识	申报材料清单中的对应资料
	项目节能计算书
	项目环评报告书
	项目设计变更及相关审查意见
	对于必须满足重庆市公建节能设计标准强制一星级要求的项目，需提供绿色建筑星级评审与公建节能标准强制一星级条文分析对照表
	项目标识评审介绍 PPT，包含项目概况、项目效果图、项目平立面图、项目位置及周边情况、项目主要应用技术、项目亮点、项目满足重庆市公建节能标准要求的情况说明、项目对照绿建评价标准的满足情况、项目的整体达标情况、针对具体项目需作特殊说明的内容等
	项目达标条文中涉及的各类计算分析报告
	项目达标条文中涉及的相关材料、设备、环境等的性能检测报告
	项目达标条文中涉及的工程预决算资料

附表 C.0.3　评审材料清单

标识类型	提交材料
绿色建筑设计评价标识	初审材料清单中的对应资料
	全套经审查的施工图，包括建筑、结构、给排水、电气、暖通、节能、绿建专篇、景观园林、装修一体化图等
绿色建筑竣工评价标识	初审材料清单中的对应资料
	全套经审查的施工图，包括建筑、结构、给排水、电气、暖通、节能、绿建专篇、景观园林、装修一体化图等
	施工过程控制文件、施工记录文档、影像资料等
绿色建筑评价标识	初审材料清单中的对应资料
	全套经审查的施工图，包括建筑、结构、给排水、电气、暖通、节能、绿建专篇、景观园林、装修一体化图等
	施工过程控制文件、施工记录文档、影像资料等
	运行记录相关文件

附表 C.0.4　设计阶段支撑材料清单

条文	条文关键词	支撑材料
4.1.1	选址合规	项目场地区位图、地形图以及当地城乡规划、国土、文化、园林、旅游或相关保护区等有关行政管理部门提供的法定规划文件或出具的证明文件
4.1.2	场地安全	地形图、应对措施及相关检测报告、地勘报告（含场址灾害危险性评估报告、污染源检测报告）
4.1.3	建筑布局	规划管理文件、设计文件和日照模拟分析报告
4.1.4	无超标污染源	环评报告、各相关专业设计图纸及说明
4.1.5	绿化植物类型	规划设计文件及其植物配植报告
4.1.6	绿化用地	规划设计文件、园林批复、人均公共绿地计算书
4.2.1	节约集约用地	相关设计文件、人均居住用地指标计算书、容积率计算书
4.2.2	绿化用地	相关设计文件、居住建筑平面日照等时线模拟图、计算书
4.2.3	地下空间	地下空间相关设计文件及计算书
4.2.4	光污染	光污染分析专项报告、玻璃的光学性能检验报告、灯具的光度检验报告、照明设计资料、照明施工图
4.2.5	环境噪声	环境噪声影响测试评估报告、噪声预测分析报告、总平面规划
4.2.6	风环境	风环境模拟计算报告
4.2.7	透水地面	相关设计文件、室外景观总平图、乔木种植平面图、构筑物设计详图、户外活动场地遮阴面积比例计算书、屋面做法详图及道路铺装详图，屋面、道路表面建材的太阳辐射反射系数统计表
4.2.8	公共交通设施	相关设计文件、建筑总平面图、场地公共交通设施布局图
4.2.9	人车分流、无障碍设计	相关设计文件、建筑总平面图、竖向及景观设计文件
4.2.10	停车场所	建筑总平面，自行车、摩托车、电瓶车库/棚及附属设施设计施工图，停车场（库）设计施工图、错时停车管理制度证明、地面交通流线分析图等
4.2.11	公共服务设施	总平面图（规划局盖章）、建筑平面图（含公共配套服务设施的相关楼层）、共享共用设施或空间，拟向社会开放部分的规划设计与组织管理实施方案等
4.2.12	保护地形地貌	相关设计文件、生态保护和补偿计划及土石方平衡的相关分析报告，场地原地形图及带地形的规划设计图、表层土利用方案、乔木等植被保护方案（保留场地内全部原有中龄期以上的乔木，允许移植），水面保留方案总平面图、竖向设计图、景观设计总平面图、拟采取的生态恢复措施与实施方案

续表

条文	条文关键词	支撑材料
4.2.13	绿色雨水设施	地形图及场地规划设计文件、场地雨水综合利用方案或雨水专项规划设计、施工图纸（含总图、景观设计图、室外给排水总平面图等）、计算书
4.2.14	场地径流控制	当地降雨统计资料、设计说明书（或雨水专项规划设计报告）、设计控制雨量计算书、施工图文件（含总图、景观设计图、室外给排水总平面图等）
4.2.15	绿化方式与植物	相关设计文件、计算书，景观设计文件及其植物配植报告
5.1.1	建筑节能设计	所有建筑的围护结构、外窗及幕墙设计图纸、设备选型、计算文件和节能计算书
5.1.2	冷热源机组能效	设计图纸及说明书
5.1.3	分户冷热计量及控制	图纸及说明书中有关室（户）温调节设施及分户计量热量的技术措施内容
5.1.4	电热设备	暖通空调专业设计图纸和文件
5.1.5	冷热源能耗分项计量	相关冷热源设计图纸和文件
5.1.6	用电能耗分项计量	相关照明系统设计图纸和文件
5.1.7	照明功率密度值	电气专业设计图纸和文件
5.2.1	建筑优化设计	建筑专业及建筑节能相关设计图纸和文件、优化设计报告
5.2.2	外窗幕墙可开启	建筑专业及建筑节能相关设计图纸和文件
5.2.3	热工性能	建筑节能计算书等相关设计文件和专项计算分析报告
5.2.4	墙体自保温体系	设计文件
5.2.5	冷热源机组能效	暖通空调专业设计图纸和文件
5.2.6	输配系统效率	暖通空调专业设计图纸和计算文件
5.2.7	暖通空调系统优化	建筑节能计算书等相关设计文件和专项计算分析报告
5.2.8	过渡季节能	暖通空调及其他相关专业的设计图纸和计算文件
5.2.9	部分负荷节能	暖通空调及其他相关专业的设计图纸和计算文件
5.2.10	照明节能控制	电气专业的设计图纸和计算文件
5.2.11	照明功率密度值	电气专业设计图纸和文件
5.2.12	电梯、扶梯等节能控制措施	相关专业的设计图纸和计算文件，以及人流平衡计算分析报告
5.2.13	节能型电气设备	相关专业的设计图纸和计算文件
5.2.14	排风能量回收系统	暖通空调及其他专业的相关设计文件和专项计算分析报告
5.2.15	蓄冷蓄热	暖通空调及其他专业的相关设计文件和专项计算分析报告
5.2.16	余热废热利用	暖通空调、给排水及其他专业的相关设计文件和专项计算分析报告
5.2.17	可再生能源	暖通空调、给排水、电气及其他专业的相关设计文件和专项计算分析报告
6.1.1	水资源利用方案	水资源利用方案
6.1.2	给排水系统	设计文件，包括设计说明书、施工图、计算书
6.1.3	节水器具与设备	设计文件，包括设计说明书、施工图、产品说明书等
6.1.4	游泳池等给水系统	设计文件
6.2.1	节水用水定额	—
6.2.2	避免管网漏损	有关防止管网漏损措施的施工图纸（含分级水表设置示意图）、设计说明等
6.2.3	超压出流	施工图纸、设计说明书、计算书（含各层用水点用水压力计算表）、产品说明
6.2.4	用水计量	施工图纸（含水表设置示意图）、设计说明书
6.2.5	采取有效节水措施	施工图纸、设计说明书（含相关产品的设备材料表）
6.2.6	卫生器具水效	施工图纸、设计说明书、产品说明书（含相关节水器具的性能参数要求）
6.2.7	绿化灌溉	施工图纸、设计说明书（含相关节水灌溉产品的设备材料表）、景观设计图纸（含苗木表、当地植物名录等）、节水灌溉产品说明书
6.2.8	空调循环冷却水系统	施工图纸、设计说明书、计算书、产品说明书
6.2.9	其他节水技术或措施	施工图纸、设计说明书、计算书、产品说明书

续表

条文	条文关键词	支撑材料
6.2.10	非传统水源	施工图纸文件（含当地相关主管部门的许可）、设计说明书、非传统水源利用计算书
6.2.11	冷却水补水使用非传统水源	施工图纸、设计说明书、冷却水补水量及非传统水源利用计算书
6.2.12	景观水体设计	施工图纸文件（含景观设计图纸）、设计说明书、水量平衡计算书
6.2.13	温泉热水	设计说明书、相关部门批复文件
6.2.14	对空调冷却水系统进行水处理	施工图纸、设计说明书、计算书、产品说明书
7.1.1	禁限材料	设计文件
7.1.2	400MPa 热轧带肋钢筋	设计文件
7.1.3	建筑造型简约	设计文件，有装饰性构件的应提供其功能说明书和造价说明，对无功能作用的装饰性构件应提供造价计算书
7.2.1	建筑形体规则	建筑图、结构施工图
7.2.2	结构优化	建筑图、结构施工图和地基基础方案比选论证报告、结构体系节材优化设计书和结构构件节材优化设计书
7.2.3	土建装修一体化	土建、装修各专业施工图及其他证明材料
7.2.4	利用已有建筑物、构筑物	建筑施工图及已有建筑物、构筑物情况说明
7.2.5	灵活隔断	建筑、结构施工图及可重复使用隔墙的比例计算书
7.2.6	预制结构构件	施工图、工程材料用量概预算清单
7.2.7	整体化厨卫	建筑设计或装修设计图和设计说明
7.2.8	清水混凝土	建筑施工图及清水混凝土使用说明
7.2.9	本地建筑材料	—
7.2.10	预拌砂浆	施工图及说明
7.2.11	高强建筑结构材料	结构施工图及高强度材料用量比例计算书
7.2.12	高耐久性建筑结构材料	建筑及结构施工图
7.2.13	装饰装修建筑材料	—
7.2.14	绿色建材	—
7.2.15	可再利用和可再循环建筑材料	工程概预算材料清单和相关材料使用比例计算书
7.2.16	废弃物建筑材料	—
7.2.17	预拌混凝土	施工图及说明
8.1.1	室内噪声级	相关设计文件，基于环评报告室外噪声要求对室内的背景噪声影响（也包括室内噪声源影响）的分析报告以及图纸上的落实情况，及可能的声环境专项设计报告
8.1.2	门窗等的隔声性能	设计图纸（主要是围护结构的构造说明、图纸、以及相关的检测报告）、相关设计文件、构件隔声性能的实验室检验报告
8.1.3	空气污染物浓度	—
8.1.4	照明数量质量	电气专业相关设计文件和图纸，照明灯具技术参数及专项计算分析报告
8.1.5	暖通设计参数	暖通专业设计说明等设计文件
8.1.6	内表面不结露	外围护结构结点构造图、防结露计算书和系统设计资料
8.1.7	屋顶、外墙隔热性能	围护结构热工设计说明等图纸或文件，以及围护结构隔热性能计算书
8.1.8	建筑材料、装修材料中有害物质含量	—
8.1.9	外墙、屋面防水性能	相关建筑图纸、技术措施

续表

条文	条文关键词	支撑材料
8.2.1	室内噪声级	建筑设计平面图纸，室内的背景噪声分析报告（应基于项目环评报告并综合考虑室内噪声源的影响）以及图纸上的落实情况，及可能的声环境专项设计报告
8.2.2	构件隔声性能	设计图纸（主要是围护结构的构造说明、图纸、以及相关的检测报告）、相关设计文件、构件隔声性能的实验室检验报告
8.2.3	噪声干扰	设计图纸
8.2.4	专项声学设计	设计图纸和声学设计专项报告
8.2.5	户外视野	建筑专业平面和门窗的设计图纸和文件，以及主要功能房间的视线模拟分析报告
8.2.6	采光系数	相关设计文件和采光系数计算分析报告
8.2.7	天然采光优化	相关设计文件、天然采光模拟分析报告和照明设计说明及图纸
8.2.8	可调节遮阳	建筑专业相关设计文件和图纸，以及产品检验检测报告
8.2.9	供暖空调系统末端调节	建筑专业相关设计文件和图纸，以及产品检验检测报告
8.2.10	自然通风	建筑空间平面图、规划设计图等相关设计文件和图纸，建筑门窗表以及必要的自然通风模拟分析报告
8.2.11	室内气流组织	建筑专业平面图、门窗表以及暖通专业相关设计文件和图纸，以及气流组织模拟分析报告
8.2.12	IAQ 监控	暖通和电气专业相关设计文件和图纸
8.2.13	CO 监控	暖通和电气专业相关设计文件和图纸
11.2.1	围护结构热工性能指标	建筑节能计算书等相关设计文件和专项计算分析报告
11.2.2	卫生器具的用水效率	给排水专业施工图纸、设计说明书、产品说明书（含相关节水器具的性能参数要求）
11.2.3	建筑结构体系	结构专业设计图纸以及专项计算分析报告
11.2.4	IAQ 监控	暖通空调、电气专业设计图纸和文件
11.2.5	室内空气污染物	—
11.2.6	建筑方案	建筑等相关专业设计图纸和说明、分析论证报告，以及专项分析论证报告
11.2.7	选用废弃场地	规划设计应对措施的合理性及环评报告
11.2.8	BIM 技术	规划设计阶段的 BIM 技术应用报告
11.2.9	碳排放计算	碳排放计算分析报告
11.2.10	新技术、新材料、新产品、新工艺	设计图纸、设计说明书，相关分析论证报告
11.2.11	空调冷凝水	冷凝水回收利用设计说明书
11.2.12	冷、热源机组能效	暖通空调专业设计图纸和文件
11.2.13	分布式热电冷联供技术	相关设计文件、计算分析报告（包括负荷预测、系统配置、运行模式、经济和环保效益等方面）

附表 C.0.5　竣工阶段支撑材料清单

（除设计阶段支撑材料清单外，还需提交以下资料）

条文	条文关键词	支撑材料
4.1.1	选址合规	—
4.1.2	场地安全	—
4.1.3	建筑布局	竣工图、日照模拟分析报告
4.1.4	无超标污染源	—
4.1.5	绿化植物类型	—
4.1.6	绿化用地	竣工图、计算书

续表

条文	条文关键词	支撑材料
4.2.1	节约集约用地	竣工图、计算书
4.2.2	绿化用地	竣工图、计算书
4.2.3	地下空间	—
4.2.4	光污染	竣工图、光污染分析专项报告、玻璃及灯具进场复验报告等相关检测报告
4.2.5	环境噪声	—
4.2.6	风环境	—
4.2.7	透水地面	相关竣工图、测试报告、建筑屋面、道路表面建材的太阳辐射反射系数检验报告
4.2.8	公共交通设施	相关竣工图、现场照片
4.2.9	人车分流、无障碍设计	相关竣工图
4.2.10	停车场所	相关竣工图、自行车、摩托车、电瓶车停车设施、机动车停车设施现场照片及错时停车管理记录
4.2.11	公共服务设施	相关竣工图，有关证明文件，配套服务设施使用的实景照片以及公共设施共享或错时向周边居民免费开放的证明（制度及其他经营证明文件）
4.2.12	保护地形地貌	地形地貌与原设计的一致性以及原有场地自然水域、湿地和植被的保护情况，水体和植被修复改造过程的照片和记录，修复补偿情况，表层土收集、堆放、回填过程的照片、施工组织文件和施工记录，以及表层土收集利用量的计算书
4.2.13	绿色雨水设施	地形图、相关竣工图、场地雨水综合利用方案或雨水专项规划设计、计算书
4.2.14	场地径流控制	相关竣工图、场地年径流总量控制报告
4.2.15	绿化方式与植物	相关竣工图、计算书
5.1.1	建筑节能设计	竣工交付报告
5.1.2	冷热源机组能效	设计图纸及说明书
5.1.3	分户冷热计量及控制	图纸及说明书中有关室（户）温调节设施及分户计量热量的技术措施内容
5.1.4	电热设备	—
5.1.5	冷热源能耗分项计量	分项计量记录
5.1.6	用电能耗分项计量	—
5.1.7	照明功率密度值	—
5.2.1	建筑优化设计	—
5.2.2	外窗幕墙可开启	—
5.2.3	热工性能	—
5.2.4	墙体自保温体系	—
5.2.5	冷热源机组能效	系统竣工图纸、主要产品型式检验报告
5.2.6	输配系统效率	系统竣工图纸
5.2.7	暖通空调系统优化	系统竣工图纸、主要产品型式检验报告
5.2.8	过渡季节能	系统竣工图纸、主要产品型式检验报告、运行记录等
5.2.9	部分负荷节能	系统竣工图纸、主要产品型式检验报告
5.2.10	照明节能控制	系统竣工图纸、主要产品型式检验报告等
5.2.11	照明功率密度值	—
5.2.12	电梯、扶梯等节能控制措施	查阅系统竣工图纸、主要产品型式检验报告等
5.2.13	节能型电气设备	系统竣工图纸、主要产品型式检验报告等
5.2.14	排风能量回收系统	系统竣工图纸、主要产品型式检验报告、专项计算分析报告
5.2.15	蓄冷蓄热	系统竣工图纸、主要产品型式检验报告、专项计算分析报告

续表

条文	条文关键词	支撑材料
5.2.16	余热废热利用	系统竣工图纸、主要产品型式检验报告
5.2.17	可再生能源	系统竣工图纸、主要产品型式检验报告、第三方检测报告
6.1.1	水资源利用方案	—
6.1.2	给排水系统	竣工图纸、设计说明书、产品说明
6.1.3	节水器具与设备	竣工图纸、设计说明书、产品说明书、产品节水性能检测报告
6.1.4	游泳池等给水系统	—
6.2.1	节水用水定额	—
6.2.2	避免管网漏损	—
6.2.3	超压出流	竣工图纸、设计说明书、产品说明
6.2.4	用水计量	竣工图纸、设计说明书
6.2.5	采取有效节水措施	竣工图纸、设计说明书（含相关产品的设备材料表）
6.2.6	卫生器具水效	竣工图纸、设计说明书、产品说明书、产品节水性能检测报告
6.2.7	绿化灌溉	绿化灌溉用水制度和计量报告
6.2.8	空调循环冷却水系统	竣工图纸
6.2.9	其他节水技术或措施	竣工图纸
6.2.10	非传统水源	竣工图纸、设计说明书、用水计量统计计算书
6.2.11	冷却水补水使用非传统水源	竣工图纸、设计说明书、计算书
6.2.12	景观水体设计	竣工图纸、设计说明书、计算书
6.2.13	温泉热水	—
6.2.14	对空调冷却水系统进行水处理	—
7.1.1	禁限材料	工程材料决算材料清单
7.1.2	400MPa热轧带肋钢筋	竣工图纸
7.1.3	建筑造型简约	竣工图纸和相关说明
7.2.1	建筑形体规则	竣工图
7.2.2	结构优化	竣工图
7.2.3	土建装修一体化	土建、装修各专业竣工图及其他证明材料
7.2.4	利用已有建筑物、构筑物	建筑竣工图及已有建筑物、构筑物情况说明
7.2.5	灵活隔断	建筑、结构竣工图及可重复使用隔墙的比例计算书
7.2.6	预制结构构件	竣工图、工程材料用量决算清单
7.2.7	整体化厨卫	竣工图、工程材料用量决算表、施工记录
7.2.8	清水混凝土	建筑竣工图、清水混凝土施工记录
7.2.9	本地建筑材料	材料进场记录及本地建筑材料使用比例计算书等证明文件
7.2.10	预拌砂浆	竣工图及说明，以及砂浆用量清单等证明文件
7.2.11	高强建筑结构材料	竣工图、施工记录及材料决算清单
7.2.12	高耐久性建筑结构材料	施工记录及材料决算清单中高耐久性建筑结构材料的使用情况，砼配合比报告单以及混凝土配料清单，第三方出具的进场及复验报告，采用高耐久性建筑结构材料的情况
7.2.13	装饰装修建筑材料	材料决算清单、材料检测报告
7.2.14	绿色建材	绿色建材的认证或备案材料

续表

条文	条文关键词	支撑材料
7.2.15	可再利用和可再循环建筑材料	工程决算材料清单和相应的产品检测报告
7.2.16	废弃物建筑材料	工程决算材料清单、以废弃物为原料生产的建筑材料检测报告和废弃物建材资源综合利用认定证书等证明材料
7.2.17	预拌混凝土	竣工图纸及说明，以及预拌混凝土用量清单等证明文件
8.1.1	室内噪声级	典型时间、主要功能房间的室内噪声第三方检测报告
8.1.2	门窗等的隔声性能	相关竣工图、检查典型房间现场隔声第三方检测报告
8.1.3	空气污染物浓度	室内污染物检测报告
8.1.4	照明数量质量	电气专业相关竣工图纸，照明灯具技术参数以及建筑室内照度情况的现场第三方检测报告
8.1.5	暖通设计参数	—
8.1.6	内表面不结露	相关竣工文件
8.1.7	屋顶、外墙隔热性能	相关竣工文件
8.1.8	建筑材料、装修材料中有害物质含量	装饰装修竣工图纸和材料清单，由具有资质的第三方检验机构出具的产品检验报告
8.1.9	外墙、屋面防水性能	第三方检测报告
8.2.1	室内噪声级	典型时间、主要功能房间的室内噪声第三方检测报告
8.2.2	构件隔声性能	相关竣工图、检查典型房间现场隔声第三方检测报告
8.2.3	噪声干扰	—
8.2.4	专项声学设计	声学性能测试报告
8.2.5	户外视野	相关竣工文件
8.2.6	采光系数	相关竣工文件，以及天然采光模拟或实测分析报告
8.2.7	天然采光优化	相关竣工文件，以及天然采光和人工照明现场实测报告
8.2.8	可调节遮阳	相关竣工图纸
8.2.9	供暖空调系统末端调节	相关竣工图纸
8.2.10	自然通风	相关竣工图纸
8.2.11	室内气流组织	相关竣工图纸，气流组织模拟分析报告或测试报告
8.2.12	IAQ监控	相关竣工图纸、运行记录
8.2.13	CO监控	相关竣工图纸
9.1.1	施工管理体系	该项目组织机构的相关制度文件，在施工过程中各种主要活动的可证明记录，包括可证明时间、人物、事件的纸质和电子文件，影像资料等
9.1.2	施工环保计划	施工全过程环境保护计划书、施工单位ISO 14001认证文件、环境保护实施记录文件（包括责任人签字的检查记录、照片或影像等）、可能有的当地环保局或建委等有关部门对环境影响因子如扬尘、噪声、污水排放评价的达标证明，记录文件包括对采取的措施、检查等有责任人签字，以及有关图片、影像等的佐证
9.1.3	职业健康安全	职业健康安全管理计划、施工单位OHSAS18000职业健康与安全体系认证文件、现场作业危险源清单及其控制计划、现场作业人员个人防护用品配备及发放台账，必要时核实劳动保护用品或器具进货单。实施记录，如劳保用品发放记录、职业健康的有关照片、影像佐证等；安全方面的安全措施、安全教育、安全检查记录等
9.1.4	绿色专项交底	各专业设计文件交底记录；需要提交设计院提供的绿色建筑重点内容要点说明；建设单位组织的绿色建筑重点内容专项会审记录

条文	条文关键词	支撑材料
9.2.1	施工降尘	由建设单位、施工单位、监理单位签字确认的降尘措施实施记录
9.2.2	施工降噪	竣工评价和运行评价查阅每月不少于一次的场界噪声测量记录、降噪措施记录表，审查噪声测量记录是否包含施工现场噪声源及相应降噪措施是否合理有效。查阅场界测量的等效声级纪录，按照 GB 12523 要求，在噪声源发生阶段测量
9.2.3	施工废弃物	建筑施工废弃物减量化资源化计划，回收站出具的建筑施工废弃物回收单据，各类建筑材料进货单，各类工程量结算清单，施工单位统计计算的每 10 000m² 建筑施工固体废弃物排放量
9.2.4	施工用能	施工节能和用能方案，用能监测记录，建成每平方米建筑能耗值
9.2.5	施工用水	施工节水和用水方案，用水监测记录，建成每平方米建筑水耗值，有监理证明的循环水使用记录以及项目配置的施工现场水循环使用设施，循环水使用照片、影像等证明资料
9.2.6	混凝土损耗	混凝土用量结算清单、预拌混凝土进货单，施工单位统计计算的预拌混凝土损耗率
9.2.7	钢筋损耗	查阅专业化生产钢筋用量结算清单、成型钢筋进货单，施工单位统计计算的成型钢筋使用率，现场钢筋加工的钢筋工程量清单、钢筋用量结算清单，钢筋进货单，施工单位统计计算的现场加工钢筋损耗率。设计评价预审时，查阅采用专业化加工的建议文件，如条件具备情况、有无加工厂、运输距离等
9.2.8	定性型模板	查阅模板工程施工方案、定型模板进货单或租赁合同，模板工程量清单，以及施工单位统计计算的定型模板使用率；查看模架施工方案。必要时可查阅定型模板的租赁或购买合同，结合流水查看采用定型模板的面积
9.2.9	绿色专项实施	各专业设计文件会审记录、施工日志记录
9.2.10	设计变更	各专业设计文件变更记录、洽商记录、会议纪要、施工日志记录。针对绿色建筑重点内容，如果没有发生变更，应该查阅有监理工程师签字的无变更证明材料；如果发生了变更，应查看相应的设计变更申请表、设计变更记录文件、设计变更通知单等，业主方应提交变更后绿色性能说明
9.2.11	耐久性检测	建筑结构耐久性的施工专项方案和检测报告，对有关绿色建筑材料、设备的检测报告
9.2.12	土建装修一体化施工	土建装修一体化的证明资料；竣工验收时主要功能空间的实景照片及说明；装修材料、机电设备检测报告、性能复试报告；建筑竣工验收证明、建筑质量保修书、使用说明书。设计评价预审时，查阅土建装修一体化设计图纸、效果图。有关材料、设备的检测、复试报告可采用分项工程验收的资料
9.2.13	竣工调试	设计文件中机电系统综合调试和联合试运转方案和技术要点，施工日志、调试运转记录。设计评价预审时，查阅设计方提供的综合调试和联合试运转技术要点文件
9.2.14	材料运输装卸	材料运输记录（包括材料类型、材料采购地点、运输方式、装卸方法的记录），由建设方提供材料运输组织相关分析报告
9.2.15	临时生活设施	施工组织记录等相关文件、相关技术报告
9.2.16	表面耕植土	申报单位提供的相关报告分析或者证明文件，证明已对场地内良好的表面耕植土进行收集和利用，核查施工前后现场绿化情况以及场内良好的表面耕植土进行收集和利用情况
11.2.1	围护结构热工性能指标	材料性能、运行数据
11.2.2	卫生器具的用水效率	竣工图纸、产品节水性能检测报告
11.2.3	建筑结构体系	竣工图纸

续表

条文	条文关键词	支撑材料
11.2.4	IAQ 监控	系统竣工图纸、主要产品型式检验报告、第三方检测报告等
11.2.5	室内空气污染物	室内污染物检测报告
11.2.6	建筑方案	—
11.2.7	选用废弃场地	场地利用情况、治理效果或检测报告
11.2.8	BIM 技术	规划设计、施工建造报告
11.2.9	碳排放计算	—
11.2.10	新技术、新材料、新产品、新工艺	竣工图纸
11.2.11	空调冷凝水	冷凝水回收利用设计说明书
11.2.12	冷、热源机组能效	系统竣工图纸、主要产品型式检验报告
11.2.13	分布式热电冷联供技术	相关竣工图、主要产品型式检验报告

附表 C.0.6 运营阶段支撑材料清单[*]

（除设计、竣工阶段支撑材料清单外，还需提交以下资料）

条文	条文关键词	支撑材料
5.1.6	用电能耗分项计量	分项计量记录
5.2.5	冷热源机组能效	运行记录
5.2.6	输配系统效率	主要产品型式检验报告、运行记录
5.2.7	暖通空调系统优化	运行记录
5.2.9	部分负荷节能	运行记录
5.2.10	照明节能控制	运行记录
5.2.12	电梯、扶梯等节能控制措施	运行记录
5.2.13	节能型电气设备	运行记录
5.2.14	排风能量回收系统	运行记录
5.2.15	蓄冷蓄热	运行记录
5.2.16	余热废热利用	运行记录
5.2.17	可再生能源	运行记录
6.1.2	给排水系统	水质检测报告、运行数据报告
6.2.1	节水用水定额	实测用水量计量情况报告和建筑平均日用水量计算书
6.2.2	避免管网漏损	竣工图纸（含分级水表设置示意图）、设计说明，用水量计量和漏损检测及整改情况的报告
6.2.4	用水计量	各类用水的计量记录及统计报告
6.2.5	采取有效节水措施	产品说明书或产品检测报告、各类用水的计量记录及统计报告
6.2.8	空调循环冷却水系统	冷却水系统的运行数据、蒸发量、冷却水补水量的用水计量报告和计算书
6.2.9	其他节水技术或措施	水表计量报告
6.2.10	非传统水源	用水计量记录及统计报告、非传统水源水质检测报告
6.2.11	冷却水补水使用非传统水源	用水计量记录及统计报告、非传统水源水质检测报告
6.2.12	景观水体设计	景观水体补水的用水计量记录及统计报告、景观水体水质检测报告
6.2.14	对空调冷却水系统进行水处理	竣工图纸、冷却水系统的运行数据、蒸发量、冷却水补水量的用水计量报告和计算书

---

[*] 运营阶段评审大部分条文前序评审已经具备了相应支撑材料，本附表仅列出需要重新提交支撑材料的条文及清单。

续表

条文	条文关键词	支撑材料
8.1.5	暖通设计参数	典型房间空调期间的室内温湿度第三方检测报告，新风机组风量检测报告，以及典型房间空调期间的室内二氧化碳浓度第三方检测报告
8.1.9	外墙、屋面防水性能	业主投诉记录
10.1.1	运行管理制度	重点关注如何通过有效的管理措施来实现降低能源消耗、水资源综合利用、绿色运营等目标。本条重点审查物业管理公司提交的节能、节水、节材、绿化等相应管理制度以及日常管理记录、现场考察和用户抽样调查的实际情况中确认各项制度得以实施，并对照国家及当地政府禁止或限制的化学药品的目录
10.1.2	垃圾管理制度	垃圾收集处理的竣工图纸及设施清单、物业管理机构制定的垃圾管理制度
10.1.3	污染物排放	污染物排放管理制度文件，项目运行期排放废气、污水等污染物的排放检测报告，物业管理机构提供建筑运营期（一年内）的第三方检测报告
10.1.4	绿色设施工况	节能、节水设施的设计文件，核查节能、节水设施的运行数据月报与年报和能源系统运行数据
10.1.5	自控系统工况	设备自控系统竣工文件、运行记录，相应的系统运行记录。系统对主要耗能设备监控的实时工作情况
10.2.1	管理体系认证	物业管理机构的 ISO 14001、ISO 9001 和 GB/T 23331 的认证证书，以及相关的工作文件
10.2.2	操作规程	操作管理制度、操作规程、应急预案、操作人员的专业证书、节能节水系统的运行记录
10.2.3	管理激励体制	物业管理机构的工作考核体系文件、业主和租用者以及管理企业之间的合同，业主反馈意见书
10.2.4	教育宣传机制	绿色教育宣传的工作记录与报道记录，绿色设施使用手册，媒体报道（媒体名称、报道时间、栏目和内容）
10.2.5	设施检查调试	相关设备的检查、调试、运行、标定记录，以及能效改进方案等文件。物业管理机构的设备管理措施、检查调试、运行记录，设备能效改造等方案、施工文档和改造后的运行记录
10.2.6	空调节能运行管理评价	供暖、通风与空调系统运行考核情况
10.2.7	空调系统清洗	物业管理机构空调通风系统检查、清洗计划、工作记录和清洗效果评估报告
10.2.8	非传统水源记录	非传统水源的检测、计量记录，定期的水质和水量监测记录报告
10.2.9	智能化系统	智能化系统工程专项设计文档（不接受未经深化的建筑电气弱电施工图）、施工变更文件、验收报告及运行记录。设计评价时预审安防系统、建筑设备监控管理系统、信息网络系统、监控中心及信息机房等设计文件
10.2.10	物业管理信息化	现场操作物业信息管理系统，针对建筑工程及设备、配件档案和维修的信息记录，能耗和环境的监测数据。应提供至少 1 年的用水量、用电量、用气量、用冷热量、设备部品更换等的数据
10.2.11	病虫害防治	化学药品的进货清单与使用记录，并现场核实农药和化肥管理账册和管理责任制
10.2.12	植物生长状态	绿化管理报告，现场核实和用户抽样调查
10.2.13	垃圾站（间）	垃圾站（间）的冲洗和排水设施，垃圾清运记录和用户抽样调查
10.2.14	垃圾分类	可生物降解垃圾的单独收集的比例、可生物降解垃圾处理间的设计文件
11.2.4	IAQ 监控	运行记录
11.2.8	BIM 技术	施工建造、运行管理阶段的 BIM 技术应用报告
11.2.9	碳排放计算	碳排放计算分析报告，以及相应措施的运行情况
11.2.12	冷、热源机组能效	运行记录

附录 D 重庆市绿色建筑评价标识用乡土植物推荐名录

根据重庆市《绿色建筑评价标准》（DBJ50/T-066—2014）的要求，为统一规范其中关于乡土植物的选择，重庆市建筑节能协会绿色建筑专业委员会组织行业专家在参考相关资料的基础上整理完成了适合于重庆种植和生长的常见乡土植物推荐名录，供重庆市绿色建筑设计咨询参考。

各项目在申报绿色建筑评价标识时，需对应该推荐名录勾选各自项目设计中选用的植物，并在各分类下方写明用量计算方法。为统一植物数量的统计方法，对于重庆市《绿色建筑评价标准》（DBJ50/T-066—2014）所提及的植物数量，统一按照植物的种植植株/丛/簇进行计量，在建筑竣工和运行评价时，需提供对应的建筑园林竣工图、植物购买合同等予以支撑。

附表 D.0.1 乔木

□香樟	□大叶女贞	□枇杷	□山杜英	□黄葛树	□润楠	□广玉兰
□棕榈	□椤木石楠	□川杨桐	□猴欢喜	□冬青	□黑壳楠	□四川山矾
□杨梅	□银木荷	□杜英	□小叶榕	□柚子	□雪松	□柏木
□鱼尾葵	□龙柏	□柳杉	□羊蹄甲	□重阳木	□蒲葵	□罗汉松
□白兰花	□桂花	□红豆杉	□杏	□桧柏	□侧柏	□桢楠
□假槟榔	□深山含笑	□乐昌含笑	□天竺桂	□扁柏	□大头茶	□杜英
□无患子	□枫香	□银杏	□黄连木	□梨	□合欢	□朴树
□臭椿	□栾树	□苦楝	□榔榆	□乌桕	□水杉	□皂荚
□枫杨	□灯台树	□鹅掌楸	□麻栎	□白栎	□南酸枣	□枳椇
□槲栎	□青榨槭	□榆	□珊瑚朴	□桑	□柘	□君迁子
□刺楸	□沙梨	□构树	□桃	□泡桐	□樱花	□喜树
□悬铃木	□垂丝海棠	□三角枫	□鱼木	□贴梗海棠	□梧桐	□榉树
□白玉兰	□二乔玉兰	□红梅	□垂柳	□板栗	□桤木	□旱柳
□华西枫杨	□紫薇	□八角枫	□乌柿	□油柿	□紫玉兰	□木芙蓉
□刺桐	□龙牙花	□鸡爪槭	□杜仲	□池杉	□落羽杉	□李
□丝棉木	□红叶李	□碧桃	□花石榴	□红枫	□国槐	□茶条槭
□五角枫	□七叶树					

用量说明：按植株/丛/簇数进行统计用量。

附表 D.0.2　灌木

□南天竹	□油茶	□十大功劳	□栀子	□枸骨	□苏铁	□云南黄馨
□黄杨	□小叶女贞	□山茶	□桃叶珊瑚	□含笑	□六月雪	□棕竹
□夹竹桃	□小叶蚊母	□大叶黄杨	□海桐	□红叶石楠	□红继木	□杜鹃
□金叶女贞	□佛顶桂	□茶梅	□萼距花	□八角金盘	□红花油茶	□毛叶丁香
□铺地柏	□翠柏	□一叶兰	□水麻	□九里香	□黄荆	□珊瑚树
□月季	□扶桑	□木槿	□金银木	□醉鱼草	□石榴	□胡颓子
□绣球	□结香	□溲疏	□紫叶小檗	□棣棠	□绣线菊	□牡丹
□金丝桃	□千头柏	□蜡梅	□火棘	□紫荆		

用量说明：按植株/丛/簇数进行统计用量。

附表 D.0.3　其他

□苦竹	□慈竹	□毛竹	□箸竹	□凤尾竹	□紫竹	□孝顺竹
□桂竹	□罗汉竹	□斑竹	□水竹	□龟甲竹	□碧玉间黄金竹	□络石
□木通	□薜荔	□常春藤	□扶芳藤	□鸡血藤	□木香	□爬山虎
□油麻藤	□葡萄	□紫藤	□大血藤	□迎春		

用量说明：按植株/丛/簇数进行统计用量。

附录 E 重庆市绿色建筑室内车库技术要求

《重庆市绿色建筑室内车库技术要求》是对申报重庆市绿色建筑评价标识项目的配套室内车库在满足重庆市《绿色建筑评价标准》（DBJ50/T-066—2014）的基础上，针对性地提出的其在节地、节能、节水、节材与室内环境质量方面应满足的具体要求，包括基本要求和更高要求两部分。

基本要求的具体措施包括无障碍设施设置、风机能效等级要求、风机调控要求、照明照度及功率密度值要求、防水排水措施设置、建材环保性能要求、安全措施设置、标识标牌设置等；更高要求的具体措施包括车库优化措施应用、智能化停车措施设置、高性能建筑材料应用、自然采光措施设置、自然通风措施设置、一氧化碳监控系统设置等。

E.1 基 本 要 求

E.1.1 节地与室外环境

1）车库内人行通道、主要出入口和停车位均采用无障碍设计，且与建筑场地外人行通道无障碍连通。

2）车库内主要交叉道路处应设置减速设施和凸面镜，车位应设置橡胶车挡，重要部位处应设置橡胶防撞板。

E.1.2 节能与能源利用

1）车库照明应按《建筑照明设计标准》（GB 50034—2013）要求采用分区控制和定时控制节能控制措施，并合理设置自动感应和照度调节等措施。

2）车库照明照度、一般显色指数、统一眩光值、照明功率密度值应达到《车库建筑设计规范》（JGJ 100—2015）相关要求，车库内照明应亮度分布均匀，避免眩光。

3）车库内设备用房照明照度、一般显色指数、统一眩光值、照明功率密度值等指标均满足《建筑照明设计标准》（GB 50034—2013）中的规定。

4）车库通风系统应能定时启、停，风机应能实现调速运行。

5）车库通风系统风机效率应达到《通风机能效限定值及能效等级》（GB 19761—2009）二级能效要求。

6）车库通风系统风机的单位风量耗功率符合现行国家标准《公共建筑节能

设计标准》（GB 50189—2015）的规定。

7）车库三相配电变压器满足现行国家标准《三相配电变压器能效限定值及能效等级》（GB 20052—2013）的节能评价值二级及以上要求。

8）车库及配套设备房内水泵、风机等设备及其他电气装置满足相关现行国家标准的节能评价值要求。

E.1.3   节水与水资源利用

1）车库给排水系统设置合理、安全。

2）车库外墙、屋面应具有良好的防水性能。

3）防水排水措施。

① 做好车库顶排水，车库排水应符合《地下工程防水技术规范》（GB 50108—2008）的规定。

② 机动车停车库应设置带有隔油措施的集水井（坑）和排水设施。

③ 机动车停车库的排水经隔油处理后，应排入污水管网或重复利用。

④ 机动车停车库内不应设置无固定围护体和排水设施的机动车洗车设施。

⑤ 下车库坡道出入口应设置高于道路的凸坎，其雨水排水内涝防治设计重现期为50～100年，其明沟（管渠）排水应设置雨水集水池及排水设施。

E.1.4   室内环境质量

1）车库室内空气中的氨、甲醛、苯、总挥发性有机物（TVOC）、氡等污染物浓度应符合现行国家标准《室内空气质量标准》（GB/T 18883—2002）的有关规定。

2）车库建筑材料、装修材料中有害物质含量符合室内装饰装修材料相关国家标准《室内装饰装修材料 人造板及其制品中甲醛释放限量》（GB 18580—2017）、《室内装饰装修材料 溶剂型木器涂料中有害物质限量》（GB 18581—2009）、《室内装饰装修材料 内墙涂料中有害物质限量》（GB 18582—2008）、《室内装饰装修材料 胶粘剂中有害物质限量》（GB 18583—2008）、《室内装饰装修材料 木家具中有害物质限量》（GB 18584—2015）、《室内装饰装修材料 壁纸中有害物质限量》（GB 18585—2016）、《室内装饰装修材料 聚氯乙烯卷材地板中有害物质限量》（GB 18586—2001）、《室内装饰装修材料 地毯、地毯衬垫及地毯胶粘剂有害物》（GB 18587—2016）、《混凝土外加剂中释放氨限量》（GB 18588—2001）、《建筑材料放射性核素限量》（GB 6566—2010）和《民用建筑工程室内环境污染控制规范（2013 年版）》（GB 50325—2010）的规定。

3）安全措施。

① 车库内的主要通道、车库电梯出入口等部位应按照《居住区智能化系统配置与技术要求》（CJ/T 174—2003）的规定设置摄像装置。

② 车库应按照《居住区智能化系统配置与技术要求》（CJ/T 174—2003）的

规定，在车辆出入口设置智能化措施进行管理或计费，实现车辆出入及存放时间记录、查询、区内车辆存放管理等。

③ 车库应按照《居住区智能化系统配置与技术要求》（CJ/T 174—2003）的规定，对停车出入口车辆管理装置与居住区物业管理中心计算机实行联网使用，并宜对出入车辆进行自动引导、自动识别及特殊车辆位置识别。

4）标识标牌。

① 车库应有停车场指示牌、车辆进出口指示牌、人行出入口指示牌、各楼栋车库出入口指标牌，地下停车场警示牌、车辆管理规定牌、车辆防盗守则牌、消防车道牌、车位号牌、禁鸣、禁停、限速、限高、管理员监督栏、落客区牌等标识标牌。

② 根据《车库建筑设计规范》（JGJ 100—2015）要求，机动车车库内的标志和标线应符合下列规定：

a. 应在每层出入口的显著部位设置标明楼层和行驶方向的标志。

b. 应在楼地面上用彩色线条标明行驶方向、用 10～15cm 尺寸统一的宽线条标明停车位。

c. 在各层柱间及通车道尽端，应设置停车区位的标志。

E.2　更　高　要　求

E.2.1　节地与室外环境

1）合理布局，优化车位布置，提高空间利用率，应提供车位优化分析报告。车库设计应在保障使用功能的前提下，合理控制柱网与结构柱截面尺寸、结构体系选型、车库与上部建筑的结构关系、人防设施及设备用房的位置及尺寸、交通流线组织、屋面消防车道等影响停车效率的因素，相关指标应满足《地下车库停车效率指标表》（附表 E.2.1）。

附表 E.2.1　地下车库停车效率指标表

类型		面积指标/（m²/辆）	层高指标/m
不结合人防设计	非顶层	≤33（38）	≤3.6（3.9）
	有绿化覆土或消防车道顶层		≤3.9（4.2）
结合人防设计	人防区域总建筑面积<1/2 车库总建筑面积	≤36（40）	≤3.9（4.2）
	人防区域总建筑面积>1/2 车库总建筑面积	≤38（42）	

注：1. 无括号指标适用于居住建筑配套车库，括号内指标适用于公共建筑配套车库。

　　2. 不结合人防设计的车库顶层，无绿化覆土或消防车道的采用非顶层指标。

　　3. 不适用于机械式停车库。

　　4. 不适用于建筑面积小于 2000m² 的车库。

　　5. 不适用于小型车、微型车以外的其他车型停车区域。

2）合理设置停车场所，并采取下列措施中至少 2 项：

① 自行车、摩托车、电瓶车等停车设施位置合理、方便出入。

② 根据相关国家和地方规定设置电动车充电装置。

③ 采用机械式停车库等方式节约集约用地。

④ 采用错时停车方式向社会开放，提高停车场（库）使用效率。

3）其他优化措施：

① 车库顶板覆土绿化应满足园林要求，且采用乡土植物，乡土植物占总植物数量的比率应≥70%。

② 车库顶板覆土深度不低于 1.5m。

③ 车库噪声指标应符合现行国家标准《社会生活环境噪声排放标准》（GB 22337—2008）规定；车库及其出入口不得布置在教室、病房等区域的直接贴临部位，应避免车辆行驶和噪声对教室、病房等区域的干扰。

E.2.2　节能与能源利用

车库应按《智能建筑设计标准》（GB 50314—2015）及《车库建筑设计规范》（JGJ 100—2015）中的相关规定，设有车位信息系统和自动报警系统，并设置如下智能化管理系统：

① 设有出入口控制系统、智能化电子计费系统、广播系统。

② 应至少被一种无线通信信号覆盖。

③ 停车库出入口控制系统应与火灾自动报警系统联动。

④ 公共建筑室内大型和特大型车库应设置停车诱导系统、反向寻车诱导系统、电子标签系统、车辆以及驾驶人高清图像比对系统、视频监控系统。

E.2.3　节材与材料资源利用

1）车库采用高耐久性建筑结构材料。

① 混凝土结构，混凝土竖向承重结构采用强度等级不小于 C50 混凝土用量占竖向承重结构中混凝土总量的比例超过 50%。

② 钢结构，采用耐候结构钢或耐候型防腐涂料。

2）车库室内装饰装修采用耐久性好、易维护的建筑材料。

E.2.4　室内环境质量

1）在具备应用条件时，合理采用高窗、自然采光井、光导系统等措施，改善车库的自然采光效果，对于满足自然采光的区域，实现 60%以上面积的平均采光系数≥0.5%；地下空间平均采光系数≥0.5%的面积与首层地下室面积的比例＞5%。

2）在具备应用条件时，车库应合理优化建筑空间、平面布局和构造设计，改善自然通风效果。在过渡季典型工况下，对于满足自然通风的区域，实现 60%

以上平均自然通风换气次数不小于 2 次/h。

3）地下空间设置与排风设备联动的一氧化碳浓度监控装置，实现通风系统与监控系统的实时动态调控，保证地下车库污染物浓度符合有关标准的规定。

E.3　其 他 要 求

对本技术要求发布前已获得我市绿色建筑设计评价标识的项目，在不影响项目实施的情况下，应全面执行上述要求；对已按原设计实施且涉及建筑结构、建筑外立面、大型设备更换等因素无法执行上述要求时，应提供相应的证明材料并予以书面说明，经专家评审确无执行条件的，可予以认可。

附录 F 绿色建筑竣工、运行项目现场查勘技术要点

章节	标准条文	类型	条文关键字	查勘对象	查勘方式 巡查	查勘方式 核查	数量	拍照留存	竣工阶段	运行阶段	备注
建筑与规划	4.2.3	评分项	地下空间（居建≥5%、≥20%、≥35%；公建50%~80%、80%~100%、≥100%）	地下空间利用情况	✓		全数	✓	✓		
	4.2.8	评分项	公共交通设施（公交车站500m之内/地铁站800m之内；2条公共交通线路）	场地与公共交通设施距离；便捷人行通道	✓		全数	✓	✓		
	4.2.9	评分项	人车分流、无障碍设计	无障碍设计（车库、主要出入口、电梯、卫生间）	✓		车库、主要出入口、电梯、卫生间各1处	✓	✓		
	4.2.10	评分项	停车场所	摩托车、电瓶车等停车设施（遮阳、防雨）；机动车位设计数量、范围	✓		单栋楼1处（若有）	✓	✓		
	4.2.11	评分项	公共服务设施（居建：幼儿园300m、小学500m、商业500m、1000m内5种服务）	公共服务	✓		全数	✓	✓		
	5.2.2	评分项	外窗幕墙可开启（幕墙：5%~10%、≥10%；窗：35%~40%、≥40%）	现场测量可开启面积		✓	窗户随机每类抽样1套；幕墙随机抽样1层	✓	✓		
	8.2.4	评分项	专项声学设计	检查措施；随意选择位置，现场感受语言清晰度等	✓		全数检查	✓	✓		
车库	车库要求	标识标牌	各类引导指示牌	✓		每种各1处	✓	✓		

续表

章节	标准条文	类型	条文关键字	查勘对象	查勘方式 巡查	查勘方式 核查	数量	拍照留存	竣工阶段	运行阶段	备注
暖通	5.1.2	控制项	冷热源机组能效（满足公建标准）	现场核查机组性能、能效值		✓	总数量少于等于 5 台时，逐台；总数量大于 5 台时，抽取 5 台	✓	✓		针对非精装修居住建筑，家用空调器能效比一律不得分
	5.1.4	控制项	电热设备								
	5.2.5	评分项	冷热源机组能效（提高幅度 6%左右）								
	11.2.12	加分项	冷、热源机组能效（提高幅度 12%左右）								
	5.2.6	评分项	输配系统效率	水泵的扬程、效率；风机的全压、效率		✓	每种 1 台	✓	✓		
	5.1.3	控制项	分户冷热计量及控制	室（户）温调节设施及分户计量热量的设施	✓		单栋楼 2 处	✓	✓		对象仅为集中采暖/空调的居住建筑
	5.1.5	控制项	冷热源能耗分项计量	分项计量安装与否、运行记录	✓		全数	✓	✓	✓	竣工阶段查看安装与否，运行阶段查看运行记录
	5.1.1	控制项	建筑节能设计	窗户类型	✓		单栋楼 2 处	✓	✓		
	5.2.3	评分项	热工性能（5%、10%）								
	11.2.1	加分项	热工性能指标（20%）								
	5.2.14	评分项	排风能量回收系统（集中空调，效率>60%；双向换气装置，效率>55%）	现场核查设备性能、回收热效率、运行记录		✓	每种 1 台	✓	✓	✓	竣工阶段实地查看额定热效率，运行阶段查看运行记录
	5.2.15	评分项	蓄冷蓄热（用于蓄冷的电驱动蓄能设备提供的设计日的冷量达到 30%；或谷电时段蓄冷设备全负荷运行的 80%应能全部蓄存并充分利用）	现场核查设备、运行记录		✓	每种 1 台	✓	✓	✓	竣工阶段查看安装与否，运行阶段查看运行记录

章节	标准条文	类型	条文关键字	查勘对象	查勘方式 巡查	查勘方式 核查	数量	拍照留存	竣工阶段	运行阶段	备注
暖通	5.2.16	评分项	余热废热利用（建筑所需蒸汽设计日总量的40%；或供暖设计日总量的30%；或生活热水设计日总量的60%）	现场核查设备、运行记录		✓	每种1台	✓	✓	✓	竣工阶段查看安装与否，运行阶段查看运行记录
	5.2.17	评分项	可再生能源（20%）	现场核查设备、运行记录		✓	每种1台	✓	✓	✓	竣工阶段查看安装与否，运行阶段查看运行记录
	6.2.8	评分项	空调循环冷却水系统	冷却塔（清洁情况、漂水情况、补水计量装置运行记录）	✓		每种1台	✓		✓	
	6.2.14	评分项	对空调冷却水系统进行水处理		✓			✓		✓	
	8.1.6	控制项	内表面不结露	墙体有无霉变	✓		单栋楼2处	✓		✓	
	8.2.8	评分项	可调节遮阳（25%、50%）	可调节遮阳装置是否安装	✓		全数	✓	✓		
	8.2.9	评分项	供暖空调系统末端调节（75%、90%）	末端调节装置	✓		单栋楼2处	✓	✓		
	8.2.10	评分项	自然通风（8%）	现场测量通风开口面积、房间面积		✓	每种户型1处	✓	✓		仅限居住建筑，公共建筑查看相关模拟报告即可
	8.2.12	评分项	IAQ监控	空气质量监控装置	✓		单栋楼2处	✓	✓	✓	竣工阶段查看安装与否，运行阶段查看运行记录
	8.2.13	评分项	CO监控	车库CO监控装置	✓		单个地下车库2处	✓	✓	✓	竣工阶段查看安装与否，运行阶段查看运行记录

续表

章节	标准条文	类型	条文关键字	查勘对象	查勘方式 巡查	查勘方式 核查	数量	拍照留存	竣工阶段	运行阶段	备注
暖通	11.2.11	加分项	空调冷凝水	冷凝水回收利用相关措施、运行记录	✓		全数	✓	✓	✓	竣工阶段查看安装与否，运行阶段查看运行记录
	11.2.13	加分项	分布式热电冷联供技术	现场核查设备、运行记录		✓	全数	✓	✓	✓	竣工阶段查看安装与否，运行阶段查看运行记录
给排水	5.2.17	评分项	可再生能源（20%）	设备安装情况、运行记录		✓	随机1个系统	✓	✓	✓	竣工阶段查看安装与否，运行阶段查看运行记录
	6.1.3	控制项	节水器具与设备	型号、效率等级		✓	单栋楼2处	✓	✓		针对非精装修居住建筑，节水器具一律不得分
	6.2.6	评分项	卫生器具水效率（2级）								
	6.1.4	控制项	游泳池等给水系统	水处理设施运行记录、消毒过滤装置替换、清洗记录	✓		全数	✓	✓	✓	竣工阶段查看安装与否，运行阶段查看运行记录
	6.2.3	评分项	超压出流	顶楼及底楼用水点压力	✓		单栋顶楼及底楼各1处	✓	✓		
	6.2.4	评分项	用水计量	现场核查仪表、运行记录	✓		全数	✓	✓	✓	
	6.2.5	评分项	采取有效节水措施	公共浴室恒温装置、付费系统	✓		单栋楼1处	✓	✓		
	6.2.9	评分项	其他节水技术或措施	节水措施、运行记录	✓		每种1处	✓	✓	✓	竣工阶段查看安装与否，运行阶段查看运行记录
	6.2.10	评分项	非传统水源	雨水/中水收集池水质、水量，消毒措施、运行记录	✓		全数	✓	✓	✓	竣工阶段查看安装与否，其他由运行阶段查勘
车库	车库要求		排水	隔油池	✓		抽查1个	✓	✓		

章节	标准条文	类型	条文关键字	查勘对象	查勘方式 巡查	查勘方式 核查	数量	拍照留存	竣工阶段	运行阶段	备注
电气	5.1.6	控制项	用电能耗分项计量	分项计量安装与否、运行记录	✓		全数	✓	✓	✓	竣工阶段查看安装与否,运行阶段查看运行记录
	5.1.7	控制项	照明功率密度值(现行值)	灯具瓦数		✓	每种1个	✓	✓		针对非精装修居住建筑,照明功率密度值达目标值一条一律不得分
	5.2.11	评分项	照明功率密度值(主要功能房间达目标值/所有区域达目标值)								
	5.2.10	评分项	照明节能控制	节能控制方式能否正常运行	✓		每种1处		✓	✓	
	5.2.12	评分项	电梯、扶梯等节能控制措施	电梯能效、节能控制措施	✓	✓	每种1台	✓	✓	✓	
	5.2.13	评分项	节能型电气设备	变压器、非空调用风机及水泵的设备能效		✓	每种1台	✓	✓		
	5.2.17	评分项	可再生能源(发电)	设备安装情况、运行记录		✓	随机1个系统	✓	✓	✓	竣工阶段查看安装与否,运行阶段查看运行记录
	8.1.4	控制项	照明数量质量	现场感受照度、眩光	✓		单栋1处		✓	✓	
	10.2.9	评分项	智能化系统	全技术防范系统、信息通信系统、建筑设备监控管理系统、安(消)防监控中心	✓		全数	✓	✓	✓	
	10.2.10	评分项	物业管理信息化	物业信息管理系统、数据记录情况	✓		各类数据1份	✓	✓	✓	竣工阶段查看安装与否,运行阶段查看运行记录
	车库要求	车库要求	安全、智能化	摄像装置;智能化管理、计费;车辆自动引导、识别;停车寻车诱导系统	✓		每种1处	✓	✓	✓	

续表

章节	标准条文	类型	条文关键字	查勘对象	查勘方式 巡查	查勘方式 核查	数量	拍照留存	竣工阶段	运行阶段	备注
建材	4.2.7	评分项	透水地面	道路路面及建筑屋面材质、乔木遮阴面积	✓		全数	✓	✓		
	7.1.3	控制项	装饰构件	与竣工图是否相符	观察检查		单栋1处		✓		
	7.2.3	评分项	土建装修一体化	土建装修一体化	观察检查		单栋1处	✓	✓		
	7.2.5	评分项	灵活隔断	灵活隔断	✓		单栋1处	✓	✓		仅限公共建筑
	7.2.7	评分项	整体化厨卫	整体化厨卫情况	✓		单栋2处	✓	✓		仅限于居住建筑及酒店
	7.2.8	评分项	清水混凝土	清水混凝土	观察检查		单栋1处	✓	✓		
园林	4.1.5	控制项	绿化植物类型（乡土植物60%）	绿化植物类型（乡土植物）、植物配置比例、种植密度、覆土深度等	✓		场地内全数，包括屋顶绿化等	✓	✓		
	4.2.15	评分项	绿化方式与植物（乡土植物70%）								
	4.1.7	控制项	绿地属性、绿地率	绿色属性确定,公共绿地率	✓		全数	✓	✓		
	4.2.13	评分项	绿色雨水设施	绿色雨水设施	✓		全数	✓	✓		
	6.2.7	评分项	绿化灌溉	设备安装情况、运行记录	✓		全数	✓	✓	✓	竣工阶段查看安装与否,运行阶段查看运行记录
	6.2.12	评分项	景观水体设计	景观水体设计落实情况、景观水体补水的用水计量记录及统计报告	✓		全数	✓	✓	✓	竣工阶段查看落实情况,运行阶段查看运行记录
	10.2.12	评分项	植物生长状态	植物生长状态、存活率、绿化管理报告	✓		全数	✓	✓	✓	由于植物存活情况等随着时间会有所变化,因此竣工、运行阶段均应核查

章节	标准条文	类型	条文关键字	查勘对象	查勘方式 巡查	查勘方式 核查	数量	拍照留存	竣工阶段	运行阶段	备注
结构	7.2.8	评分项	清水混凝土	现场查勘清水混凝土部位	✓		全数	✓	✓		
施工管理	9.2.2	评分项	施工降噪	噪声监测点照片	✓		全数		✓		
	9.2.4	评分项	施工用能	相关记录	✓		全数		✓		
	9.2.5	评分项	施工用水	雨水收集池照片	✓		全数		✓		
运行过程	10.1.1	控制项	运行管理制度	运行管理制度、操作规程	✓		全数	✓		✓	
	10.2.2	评分项	操作规程								
	10.1.2	控制项	垃圾管理制度	垃圾场（现场有无气味、冲洗设备、垃圾收集运输情况）；垃圾桶（垃圾分类处理、沿路垃圾桶间的距离）	✓		垃圾总站及抽检2个垃圾收集分站；抽查沿路5个垃圾桶	✓		✓	
	10.2.13	评分项	垃圾站（间）								
	10.2.14	评分项	垃圾分类								
	10.1.3	控制项	污染物排放	车库及餐饮隔油池（清洁、正常运行）	✓		随机抽查1个	✓		✓	
	10.1.4	控制项	绿色设施工况	节能节水一年的运行数据（包括非传统水源水质及水量记录）	✓		一年的数据，全数	✓		✓	
	10.2.8	评分项	非传统水源记录								
	10.2.1	评分项	管理体系认证	认证文件	✓		全数	✓		✓	
	10.2.3	评分项	管理激励体制	能源资源管理激励机制、与租用者签订的合同中是否包含节能条款、是否采用合同能源管理模式	✓		全数	✓		✓	
	10.2.4	评分项	教育宣传机制	相关证明文件、图片等	✓		全数	✓		✓	
	10.2.5	评分项	设施检查调试	调试、运行管理记录	✓		全数	✓		✓	
	10.2.7	评分项	空调系统清洗	清洗记录	✓		全数	✓		✓	

注：1. 查勘方式中核查指要勘察具体的技术参数；巡查指要查勘但不涉及技术指标。

2. 表中所示为竣工、运行连续申报的情况，如项目为进行竣工申报而直接进行运行阶段申报的，则表中所述竣工、运行阶段的要点均应覆盖。

主要参考文献

第十届全国人民代表大会常务委员会，2008．中华人民共和国城乡规划法：中华人民共和国主席令第七十四号 [A/OL]．[2017-10-28]．http://www.gov.cn/flfg/2007-10/28/content_788494.htm.

丁勇，李百战，2012．重庆地区地源热泵系统技术应用[M]．重庆：重庆大学出版社.

公安部办公厅，教育部办公厅，2015．中小学幼儿园安全防范工作规范（试行）：公治[2015]168 号 [A/OL]．[2018-09-10]．https://wenku.baidu.com/view/67785cc169eae009581becfe.html.

国家市场监督管理总局，中国国家标准化管理委员会，2018．合成树脂乳液内墙涂料：GB/T 9756—2018[S]．北京：中国标准出版社.

国家市场监督管理总局，中国国家标准化管理委员会．2018．实木地板第 1 部分：技术要求：GB/T 15036.1— 2018[S]．北京：中国质检出版社.

国家质量监督检验检疫总局，2003．空调通风系统清洗规范：GB 19210—2003[S]．北京：中国标准出版社.

国家质量监督检验检疫总局，卫生部，国家环境保护总局，2002．室内空气质量标准：GB /T18883—2002[S]．北京：中国标准出版社.

环境保护部，国家质量监督检验检疫总局，2008．声环境质量标准：GB 3096—2008[S]．北京：中国环境科学出版社.

环境保护部，国家质量监督检验检疫总局，2011．建筑施工场界环境噪声排放标准：GB 12523—2011[S]．北京：中国环境科学出版社.

刘加平，2009．建筑物理 [M]．4 版．北京：中国建筑工业出版社.

吕玉恤．2011．噪声控制与建筑声学设备和材料选用手册[M]．北京：化学工业出版社.

马大猷．2002 噪声与振动控制工程手册[M]．北京：机械工业出版社.

王厚华，2006．传热学[M]．重庆：重庆大学出版社.

吴硕贤，2010．建筑声学设计原理[M]．北京：中国建筑工业出版社.

袁建新．2004．建筑隔声设计——空气声隔声技术[M]．北京：中国建筑工业出版社.

中国城市科学研究会绿色建筑与节能专业委员会，2013．绿色校园评价标准：CSUS/GBC 04—2013[S/OL]．[2018-09-01]．https://wenku.baidu.com/view/37a15f1cc850ad02de804153.html.

中国建筑科学研究院，2015．绿色建筑评价技术细则[M]．北京：中国建筑工业出版社.

中华人民共和国工业和信息化部．2013．水嘴通用技术条件：QB/T 1334—2013[S]．北京：中国轻工业出版社.

中华人民共和国国家质量监督检验检疫总局，中国国家标准化管理委员会，2012．中小型三相异步电动机能效限定值及能效等级：GB 18613—2012[S]．北京：中国标准出版社.

中华人民共和国国家质量监督检验检疫总局，2001．混凝土外加剂中释放氨的限量：GB 18588—2001[S]．北京：中国标准出版社.

中华人民共和国国家质量监督检验检疫总局，2001．室内装饰装修材料 壁纸中有害物质限量：GB 18585— 2001[S]．北京：中国标准出版社.

中华人民共和国国家质量监督检验检疫总局，2001．室内装饰装修材料 木家具中有害物质限量：GB 18584— 2001[S]．北京：中国标准出版社.

中华人民共和国国家质量监督检验检疫总局，中国国家标准化管理委员，2013．转速可控型房间空气调节器能效限定值及能效等级：GB 21455—2013[S]．北京：中国标准出版社.

中华人民共和国国家质量监督检验检疫总局，中国国家标准化管理委员，2015．冷水机组能效限定值及能源效率等级：GB 19577—2015[S]．北京：中国标准出版社.

中华人民共和国国家质量监督检验检疫总局，中国国家标准化管理委员会，2004．单元式空气调节机能效限定值及能源效率等级：GB 19576—2004[S]．北京：中国标准出版社.

中华人民共和国国家质量监督检验检疫总局，中国国家标准化管理委员会，2007．浸渍纸层压木质地板：GB/T 18102—2007[S]．北京：中国标准出版社.

中华人民共和国国家质量监督检验检疫总局，中国国家标准化管理委员会，2007．清水离心泵能效限定值及节能评价值：GB 19762—2007[S]．北京：中国标准出版社.

中华人民共和国国家质量监督检验检疫总局，中国国家标准化管理委员会，2008．多联式空调（热泵）机组能效限定值及能源效率等级：GB 21454—2008[S]．北京：中国标准出版社．

中华人民共和国国家质量监督检验检疫总局，中国国家标准化管理委员会，2008．空气过滤器：GD /T14295 2008[S]．北京：中国标准出版社．

中华人民共和国国家质量监督检验检疫总局，中国国家标准化管理委员会，2008．室内装饰装修材料 胶粘剂中有害物质限量：GB 18583—2008[S]．北京：中国标准出版社．

中华人民共和国国家质量监督检验检疫总局，中国国家标准化管理委员会，2008．室内装饰装修材料 内墙涂料中有害物质限量：GB 18582—2008[S]．北京：中国标准出版社．

中华人民共和国国家质量监督检验检疫总局，中国国家标准化管理委员会，2009．金属及金属复合材料吊顶板：GB/T 23444—2009[S]．北京：中国标准出版社．

中华人民共和国国家质量监督检验检疫总局，中国国家标准化管理委员会，2009．室内装饰装修材料 溶剂型木器涂料中有害物质限量：GB 18581—2009[S]．北京：中国标准出版社．

中华人民共和国国家质量监督检验检疫总局，中国国家标准化管理委员会，2009．通风机能效限定值及能效等级：GB 19761—2009[S]．北京：中国标准出版社．

中华人民共和国国家质量监督检验检疫总局，中国国家标准化管理委员会，2010．房间空气调节器能效限定值及能效等级：GB 12021.3—2010[S]．北京：中国标准出版社．

中华人民共和国国家质量监督检验检疫总局，中国国家标准化管理委员会，2010．水嘴用水效率限定值及用水效率等级：GB 25501—2010[S]．北京：中国标准出版社．

中华人民共和国国家质量监督检验检疫总局，中国国家标准化管理委员会，2012．便器冲洗阀用水效率限定值及用水效率等级：GB 28379—2012[S]．北京：中国标准出版社．

中华人民共和国国家质量监督检验检疫总局，中国国家标准化管理委员会，2012．采暖空调系统水质:GB/T 29044—2012[S].北京：中国标准出版社．

中华人民共和国国家质量监督检验检疫总局，中国国家标准化管理委员会，2012．淋浴器用水效率限定值及用水效率等级：GB 28378—2012[S]．北京：中国标准出版社．

中华人民共和国国家质量监督检验检疫总局，中国国家标准化管理委员会，2012．小便器用水效率限定值及用水效率等级：GB 28377—2012[S]．北京：中国标准出版社．

中华人民共和国国家质量监督检验检疫总局，中国国家标准化管理委员会，2013．三相配电变压器能效限定值及能效等级：GB 20052—2013[S]．北京：中国标准出版社．

中华人民共和国国家质量监督检验检疫总局，中国国家标准化管理委员会，2013．实木复合地板：GB/T 18103—2013[S]．北京：中国标准出版社．

中华人民共和国国家质量监督检验检疫总局，中国国家标准化管理委员会，2014．陶瓷片密封水嘴：GB 18145—2014[S]．北京：中国标准出版社．

中华人民共和国国家质量监督检验检疫总局，中国国家标准化管理委员会，2015．玻璃幕墙光热性能：GB /T 18091—2015[S]．北京：中国标准出版社．

中华人民共和国国家质量监督检验检疫总局，中国国家标准化管理委员会，2015.陶瓷砖：GB/T 4100—2015[S]．北京：中国标准出版社．

中华人民共和国国家质量监督检验检疫总局，中国国家标准化管理委员会，2015．卫生陶瓷：GB/T 6952—2015[S]．北京：中国标准出版社．

中华人民共和国国家质量监督检验检疫总局，中国国家标准化管理委员会，2017．坐便器用水效率限定值及用水效率等级：GB 25502—2017[S]．北京：中国标准出版社．

中华人民共和国国家质量监督检验检疫总局，中国国家标准化管理委员会，2018．家用和类似用途电动洗衣机：GB/T 4288—2018[S]．北京：中国标准出版社．

中华人民共和国国家质量监督检验检疫总局，中国国家标准化管理委员会，江西省产品质量监督检测院，等，2017．室内装饰装修材料人造板及其制品中甲醛释放限量：GB 18580—2017[S]．北京：中国标准出版社．

中华人民共和国国家质量监督检验检疫总局，中国国家标准化管理委员会．2012．能源管理体系要求：GB/T 23331—2012 [S].北京：中国标准出版社．

中华人民共和国国家质量监督检验检疫总局;中国国家标准化管理委员会, 2006. 竹地板: GB/T 20240—2006[S]. 北京: 中国标准出版社.

中华人民共和国国务院办公厅, 2007. 国务院办公厅关于严格执行公共建筑空调温度控制标准的通知: 国办发[2007]42 号[Z/OL]. (2017-06-01)[2018-12-05]. http://www.gov.cn/gongbao/content/2007/content_678925.htm.

中华人民共和国建设部, 国家质量监督检验检疫总局, 2001. 室内装饰装修材料 聚氯乙烯卷材地板中有害物质限量: GB 18586—2001[S]. 北京: 中国标准出版社.

中华人民共和国建设部, 国家质量监督检验检疫总局, 2001. 室内装饰装修材料 地毯、地毯衬垫及地毯用胶粘剂中有害物质释放限量: GB 18587—2001[S]. 北京: 中国标准出版社.

中华人民共和国建设部, 中华人民共和国国家质量监督检验检疫总局, 2005.剧场、电影院和多用途厅堂建筑声学设计规范: GB/T 50356—2005[S] 北京: 中国计划出版社.

中华人民共和国建设部, 中华人民共和国国家质量监督检验检疫总局, 2005. 民用建筑设计通则: GB 50352—2005[S]. 北京: 中国建筑工业出版社.

中华人民共和国建设部, 中华人民共和国国家质量监督检验检疫总局, 2005. 住宅建筑规范: GB 50368—2005[S]. 北京: 中国建筑工业出版社.

中华人民共和国建设部, 中华人民共和国国家质量监督检验检疫总局, 2009. 地源热泵系统工程技术规范（2009版）: GB 50366—2005)[S]. 北京: 中国建筑工业出版社.

中华人民共和国卫生部, 2007. 工作场所有害因素职业接触限值 第 1 部分:化学有害因素: GB Z2.1—2007[S]. 北京: 人民卫生出版社.

中华人民共和国住房和城乡建设部, 2008. 城市夜景照明设计规范: JGJ/T 163—2008[S]. 北京: 中国建筑工业出版社.

中华人民共和国住房和城乡建设部, 2008. 燃气冷热电三联供工程技术规程: CJJ 145—2010[S]. 北京: 中国建筑工业出版社.

中华人民共和国住房和城乡建设部, 2009. 混凝土耐久性检验评定标准: JGJ/T 193—2009[S]. 北京: 中国建筑工业出版社.

中华人民共和国住房和城乡建设部, 2009. 清水混凝土应用技术规程: JGJ 169—2009[S]. 北京: 中国建筑工业出版社.

中华人民共和国住房和城乡建设部, 2010. 展览建筑设计规范: JGJ 218—2010[S]. 北京: 中国建筑工业出版社.

中华人民共和国住房和城乡建设部, 2011. 公共浴场给水排水工程技术规程: CJJ160—2011[S]. 北京: 中国建筑工业出版社.

中华人民共和国住房和城乡建设部, 2012. 夏热冬暖地区居住建筑节能设计标准: JGJ75—2012[S]. 北京: 中国建筑工业出版社.

中华人民共和国住房和城乡建设部, 2014. 非接触式给水器具: CJ/T194—2014[S]. 北京: 中国标准出版社.

中华人民共和国住房和城乡建设部, 2015. 博物馆建筑设计规范: JGJ 66—2015[S]. 北京: 中国标准出版社.

中华人民共和国住房和城乡建设部, 2016. 宿舍建筑设计规范: JGJ 36—2016[S]. 北京: 中国建筑工业出版社.

中华人民共和国住房和城乡建设部, 2017. 建筑施工安全检查标准: JGJ 59—2017[S]. 北京: 中国建筑工业出版社.

中华人民共和国住房和城乡建设部, 2018. 民用建筑绿色性能计算标准: JGJ/T449—2018[S]. 北京: 中国标准出版社.

中华人民共和国住房和城乡建设部, 国家市场监督管理总局, 2018. 城市居住区规划设计规范(2016 年版): GB 50180—2018[S]. 北京: 中国建筑工业出版社.

中华人民共和国住房和城乡建设部, 中华人民共和国工业和信息化部, 2012. 住房和城乡建设部 工业和信息化部关于加快应用高强钢筋的指导意见: 建标[2012]1 号[A/OL]. (2012-01-014)[2018-12-05]. http://www.mohurd.gov.cn/wjfb/201202/t20120118_208485.html.

中华人民共和国住房和城乡建设部, 中华人民共和国国家质量监督检验检疫总局, 2006. 室外排水设计规范（2016年版）: GB 50014—2006[S]. 北京:中国计划出版社.

中华人民共和国住房和城乡建设部, 中华人民共和国国家质量监督检验检疫总局, 2010. 民用建筑隔声设计规范: GB 50118—2010[S]. 北京: 中国建筑工业出版社.

中华人民共和国住房和城乡建设部，中华人民共和国国家质量监督检验检疫总局，2010. 民用建筑节水设计标准：GB 50555—2010[S]. 北京：中国建筑工业出版社.

中华人民共和国住房和城乡建设部，中华人民共和国国家质量监督检验检疫总局，2011. 节能建筑评价标准：GB/T 50668—2011[S]. 北京：中国建筑工业出版社.

中华人民共和国住房和城乡建设部，中华人民共和国国家质量监督检验检疫总局，2011. 中小学校设计规范：GB 50099—2011[S]. 北京：中国建筑工业出版社.

中华人民共和国住房和城乡建设部，中华人民共和国国家质量监督检验检疫总局，2012. 民用建筑供暖通风与空气调节设计规范：GB 50736—2012[S]. 北京：中国建筑工业出版社.

中华人民共和国住房和城乡建设部，中华人民共和国国家质量监督检验检疫总局，2012. 屋面工程质量验收规范：GB 50207—2012[S]. 北京：中国建筑工业出版社.

中华人民共和国住房和城乡建设部，中华人民共和国国家质量监督检验检疫总局，2013. 建筑采光设计标准：GB 50033—2013[S]. 北京：中国建筑工业出版社.

中华人民共和国住房和城乡建设部，中华人民共和国国家质量监督检验检疫总局，2013. 建筑照明设计标准：GB 50034—2013[S]. 北京：中国建筑工业出版社.

中华人民共和国住房和城乡建设部，中华人民共和国国家质量监督检验检疫总局，2013. 可再生能源建筑应用工程评价标准：GB/T 50801—2013[S]. 北京：中国建筑工业出版社.

中华人民共和国住房和城乡建设部，中华人民共和国国家质量监督检验检疫总局，2013. 绿色办公建筑评价标准：GB/T 50908—2013[S]. 北京：中国建筑工业出版社.

中华人民共和国住房和城乡建设部，中华人民共和国国家质量监督检验检疫总局，2013. 绿色商店建筑评价标准：GB/T 51100—2015[S]. 北京：中国建筑工业出版社.

中华人民共和国住房和城乡建设部，中华人民共和国国家质量监督检验检疫总局，2013. 民用建筑工程室内环境污染控制规范（2013 年版）：GB 50325—2010[S]. 北京：中国计划出版社.

中华人民共和国住房和城乡建设部，中华人民共和国国家质量监督检验检疫总局，2014. 绿色建筑评价标准：GB/T50378—2014[S]. 北京：中国建筑工业出版社.

中华人民共和国住房和城乡建设部，中华人民共和国国家质量监督检验检疫总局，2015. 公共建筑节能设计标准：GB 50189—2015[S]. 北京：中国建筑工业出版社.

中华人民共和国住房和城乡建设部，中华人民共和国国家质量监督检验检疫总局，2015.混凝土结构设计规范（2015 年版）：GB 50010—2010[S]. 北京：中国建筑工业出版社，

中华人民共和国住房和城乡建设部，中华人民共和国国家质量监督检验检疫总局，2015. 绿色医院建筑评价标准：GB/T 51153—2015[S]. 北京：中国计划出版社.

中华人民共和国住房和城乡建设部，中华人民共和国国家质量监督检验检疫总局，2015. 智能建筑设计标准：GB 50314—2015[S]. 北京：中国计划出版社.

中华人民共和国住房和城乡建设部，中华人民共和国国家质量监督检验检疫总局，2016. 城镇污水再生利用工程设计规范:GB 50335—2016[S].北京：中国建筑工业出版社.

中华人民共和国住房和城乡建设部，中华人民共和国国家质量监督检验检疫总局，2016. 建筑抗震设计规范（2016 年版）：GB 50011—2010[S]. 北京：中国建筑工业出版社.

中华人民共和国住房和城乡建设部，中华人民共和国国家质量监督检验检疫总局，2016. 绿色博览建筑评价标准：GB/T 51148—2016[S]. 北京：中国建筑工业出版社.

中华人民共和国住房和城乡建设部，中华人民共和国国家质量监督检验检疫总局，2016. 绿色饭店建筑评价标准：GB /T51165—2016[S]. 北京：中国建筑工业出版社.

中华人民共和国住房和城乡建设部，中华人民共和国国家质量监督检验检疫总局，2016. 民用建筑热工设计规范：GB 50176—2016[S]. 北京：中国建筑工业出版社.

中华人民共和国住房和城乡建设部，中华人民共和国国家质量监督检验检疫总局，2017. 建筑与小区雨水控制及利用工程技术规范：GB 50400—2016[S] 北京：中国建筑工业出版社.

重庆市城乡建设委员会，2008. 公共建筑采暖、通风与空调系统节能运行管理标准：DBJ50-081—2008[S]. [2008-11-01]. http://www.jianbiaoku.com/webarbs/book/119121/3633627.shtml.

重庆市城乡建设委员会，2010．关于进一步加强全市高切坡、深基坑和高填方项目勘察设计管理的意见：渝建发〔2010〕166 号[EB/OL]．（2010-12-31）[2015-09-23]. http://www.cq.gov.cn/wzzx/bmqxwj0/content_177204.

重庆市城乡建设委员会，2014．绿色建筑评价标准：DBJ50/T-066—2014[S/OL]．[2018-9-10]．http://www.jianbiaoku.com/ webarbs/book/50076/1671747.shtml.

重庆市城乡建设委员会，2016．公共建筑节能（绿色建筑）设计标准：DBJ50-052—2016[S/OL]．[2016-09-01]. http://www.jianbiaoku.com/webarbs/book/10225/2384898.shtml.

重庆市城乡建设委员会，2016．居住建筑节能65%（绿色建筑）设计标准：DBJ50-071—2016[S/OL]．[2016-09-1]. http://www. jianbiaoku.com/webarbs/book/9655/2722700.shtml.

重庆市第三届人民代表大会常务委员会，2014．重庆市城市园林绿化条例(2014 修正)[Z/OL]．（2014-12-19）. http://www.ccpc.cq.cn/Home/Index/more/id/194416.html.

ASHRAE. 2016. Ventilation for Acceptable Indoor Air Quality: ANSI/ASHRAE Standard 62.1-2016 [S/OL]. [2018-11-20]. https://www.ashrae.org/